“十二五”职业教育国家规划教材
经全国职业教育教材审定委员会审定
普通高等教育“十一五”国家级规划教材
普通高等教育“十五”国家级规划教材
教育部高职高专规划教材

电气自动控制原理与系统

第3版

主　编　陈渝光
副主编　苏玉刚　刘述喜
参　编　薛明君　王海萍　肖蕙蕙
　　　　施　海　卢光飞
主　审　孙　跃

机械工业出版社

本书是“十二五”职业教育国家规划教材，经全国职业教育教材审定委员会审定。

本书是在保持《电气自动控制原理与系统 第2版》特色的基础上进行更新和修订的。全书包括自动控制原理部分与自动控制系统部分。自动控制原理部分以工程预期模型和性能指标、频率分析法分析、典型系统动静态性能、工程校正方法为主线组织教材结构和内容，直接使用开环频率指标，应用预期开环频率特性校正自动控制系统。自动控制系统部分始终贯穿系统结构、关键部件、性能指标、系统参数确定与调试、实例和仿真分析主线，强化交流调速系统的应用。

本书第一章~第五章为经典的线性自动控制原理，第六章、第七章为直流相控调速系统和直流脉宽调速系统，第八章~第十章为异步电动机交流调速系统，第十一章为位置随动控制系统。

本书充分体现“以能力培养为本，以应用为核心”的原则，做到理论联系实际，图文并茂、应用性强。

本书内容可作为一门课程开设，也可分开作为“自动控制原理”和“自动控制系统”两门课程开设，自动控制系统部分的内容相对独立，便于不同专业选用。书中各种控制系统的实例及仿真分析可用于对学生相关实践环节的指导。

本书可作为应用型本科、高职高专、自学考试和成人高等教育的自动化类专业、电气类专业、机电一体化专业教材，也可供从事电气自动化的工程技术人员参考。

为方便教学，本书配有电子课件、习题解答、模拟试卷等，凡选用本书作为教材的学校，均可来电免费索取。咨询电话：010-88379375；电子邮箱：wangzongf@163.com。

图书在版编目（CIP）数据

电气自动控制原理与系统/陈渝光主编.—3版.—北京：机械工业出版社，2016.1（2024.1重印）

“十二五”职业教育国家规划教材

ISBN 978-7-111-52245-4

Ⅰ.①电… Ⅱ.①陈… Ⅲ.①电气控制-自动控制系统-中等专业学校-教材 Ⅳ.①TM571.2②TP273

中国版本图书馆CIP数据核字（2015）第285936号

机械工业出版社（北京市百万庄大街22号 邮政编码100037）
策划编辑：于 宁 王宗锋 责任编辑：王宗锋
版式设计：霍永明 责任校对：樊钟英
封面设计：鞠 杨 责任印制：郜 敏
中煤（北京）印务有限公司印刷
2024年1月第3版第7次印刷
184mm×260mm · 15.75印张 · 385千字
标准书号：ISBN 978-7-111-52245-4
定价：49.00元

电话服务	网络服务
客服电话：010-88361066	机 工 官 网：www.cmpbook.com
010-88379833	机 工 官 博：weibo.com/cmp1952
010-68326294	金 书 网：www.golden-book.com
封底无防伪标均为盗版	机工教育服务网：www.cmpedu.com

前 言

《电气自动控制原理与系统》2000年出版，2008年修订，十几年来受到读者厚爱，先后被评为普通高等教育“十五”国家级规划教材、普通高等教育“十一五”国家级规划教材、“十二五”职业教育国家规划教材。本书自动控制原理部分以工程预期模型和性能指标、频率分析法分析、典型系统动静态性能、工程校正方法为主线组织教材结构和内容，直接使用开环频率指标，应用预期开环频率特性校正自动控制系统，删除了高阶系统时域分析、根轨迹分析法、利用闭环频率特性分析系统性能等内容，强化了工程理念。自动控制系统部分对直流调速部分进行较大幅度的精简，强化交流调速系统的应用，特别是异步电动机的变频调速。自动控制系统部分始终贯穿系统结构、关键部件、性能指标、系统参数确定与仿真分析主线，强化分析问题与解决问题的能力。

本书主要内容包括：自动控制系统的基本概念、自动控制系统的数学模型、自动控制系统的时域分析法、自动控制系统的频率分析法、自动控制系统的伯德图校正、直流相控调速系统、直流脉宽调速系统、异步电动机调压调速系统、异步电动机串级调速系统、异步电动机变频调速系统和位置随动控制系统。

本书充分体现了“以能力培养为本，以应用为核心”的原则，做到理论联系实际，图文并茂、应用性强。本书由重庆理工大学陈渝光教授主编。其中第一章~第五章、第八章、第九章由陈渝光教授编写，第六章由薛明君副教授、王海萍副教授编写，第七章、第十章由苏玉刚教授编写，第十一章由刘述喜教授编写。本书相关章节的仿真和电子课件由刘述喜教授编写。参加教材编写的还有肖蕙蕙、施海和卢光飞等。重庆长安汽车股份有限公司高级工程师赵琦、中冶赛迪工程技术股份有限公司高级工程师郭键等参加了教材结构和内容设计。本书由重庆大学孙跃教授主审。作者在此谨致谢意。

本书内容可作为一门课程开设，也可分开作为“自动控制原理”和“自动控制系统”两门课程开设，建议授课学时为64~80学时。自动控制系统部分的内容相对独立，便于不同专业选用。书中各种控制系统的实例及仿真分析可用于指导学生相关实践环节。

限于作者水平有限，书中难免有缺点和错误，恳请读者批评指正。

编　者

目　录

第一章　自动控制系统的基本概念

自动控制学科由自动控制技术和自动控制理论两部分组成。自动控制技术广泛地应用于工业、农业、军事、科学研究、交通运输、物流、建筑业、商业、医疗、管理、服务业和家庭等各个领域。尽管自动控制系统种类繁多，结构和用途各异，但它们的基本原理是一样的。自动控制理论就是在解决各种自动控制技术问题的过程中逐步形成和发展起来的一门研究自动控制技术的基础理论，它是分析、设计和调试自动控制系统的理论基础。

自动控制理论大致可分为经典控制理论（Classical Control Theory）和现代控制理论（Modern Control Theory）。经典控制理论以传递函数作为数学工具，采用时域分析法、频率分析法和根轨迹分析法等方法，研究单输入、单输出自动控制系统的分析与设计问题；而现代控制理论则是以矩阵理论等数学方法作为数学工具，采用状态空间分析法等方法，研究复杂的多变量控制系统、变参数非线性系统、最优控制、动态系统辨识、自适应控制、人工智能控制以及将过程控制与信息处理相结合的综合自动控制。

第一节　开环控制与闭环控制

在电力电子变流技术课程中，已经介绍了晶闸管（Thyristor，TH）供电的直流调速系统，如图 1-1 所示。

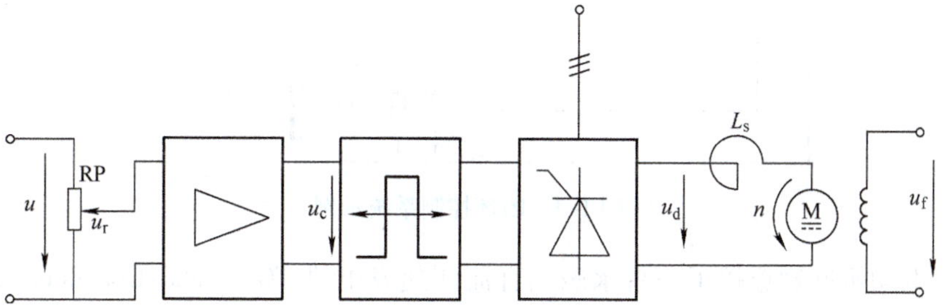

图 1-1　晶闸管直流调速系统框图

所谓控制系统（Control System），就是通过执行规定的功能来实现某一给定目标的一些相互关联单元的组合。由人直接或间接操作执行装置的控制方式称为手动控制（Manual Control）；无需人去直接或间接操纵执行装置，而是利用控制装置（控制器）控制被控制量自动地按预定的规律变化的控制方式则称为自动控制（Automatic Control）。

图 1-1 中，由电位器、放大器、触发器、晶闸管整流装置以及直流电动机等组成控制系统，其功能是改变晶闸管输出电压，它的给定目标是通过调节晶闸管输出电压达到调节电动机转速的目的。它通过手工调节 u_r 来达到改变转速 n 的目的，这种控制方式属于手动控制。

由于该控制系统无反馈环节，只有输入量的前向控制作用，输出量并不反馈回来影响输入量的控制作用，因而将它称为开环控制系统（Open-Loop Control System）。一般开环控制系统框图如图 1-2 所示。

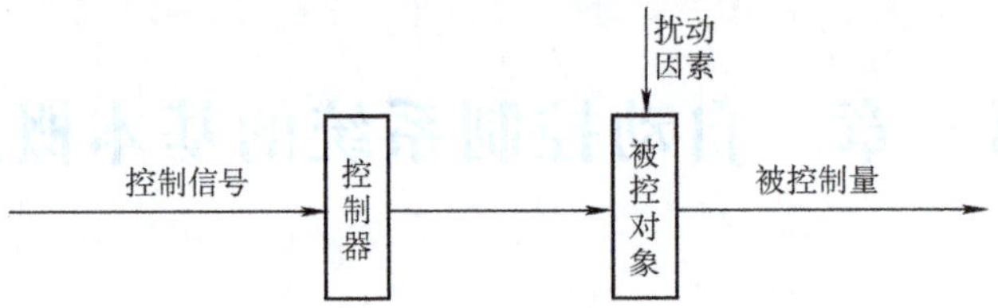

图 1-2 一般开环控制系统框图

开环控制系统的优点是结构简单、系统稳定性好、调试方便、成本低。开环控制系统的精度主要取决于控制信号的标定精度、控制装置参数的稳定程度以及外部扰动因素。因此，在输入量和输出量之间的关系固定，且内部参数和外部负载等扰动因素不大，或这些扰动因素可以预测并进行补偿的前提下，应尽量采用开环控制系统。

开环控制的缺点是：当控制过程中受到来自系统外部的各种扰动因素（如负载变化、电源电压波动等）以及来自系统内部的扰动因素（如元器件参数变化等）时，都将会直接影响输出量，而控制系统不能自动进行补偿。因此，开环系统对控制信号和元器件的精度要求较高。

为了消除或减小扰动的影响，常采用闭环控制（Close-Loop Control）。图 1-3 为具有转速负反馈的闭环控制系统。

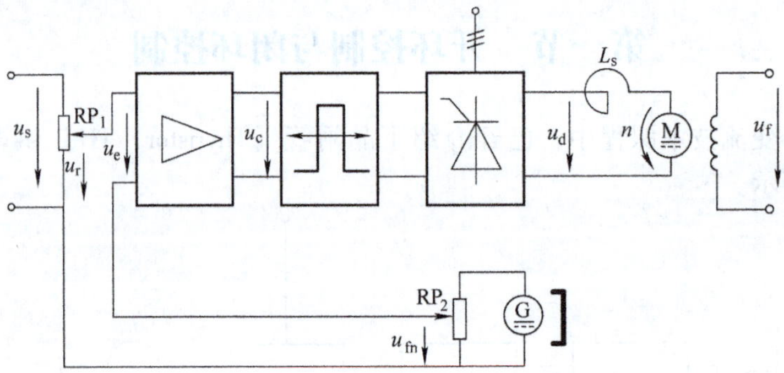

图 1-3 闭环控制系统示例

图中，电动机同轴连接了一台永磁式直流测速发电机 TG（Tacho-Generator），它将检测到的转速信号 n 转变成电压信号 u_{fn}，并以负反馈形式反馈回输入端，作用于控制部分，形成闭合环路。当 u_r 固定不变而转速 n 因某些因素（如负载转矩 T_L 增加，或电源电压 U_S 下降）降低时，通过负反馈的调节作用，将使转速回升。其调节过程如下：

$$n\downarrow \to u_{fn}\downarrow \to u_e=(u_r-u_{fn})\uparrow \to u_c\uparrow \to u_d\uparrow \to n\uparrow$$

闭环控制系统利用了负反馈获取偏差（u_r-u_{fn}）信号，再利用偏差产生控制作用去克服偏差。这种控制原理称为反馈控制原理。因而，闭环控制系统又称为反馈控制系统（Feedback Control System）。该系统具有抗扰动能力，除对反馈通道上的元器件精度和给定信号装置的精度要求较高外，对系统中的其他元器件的要求不高。但缺点是安装、调试困难，如调试水平欠佳，系统可能工作不稳定（详见第三章第六节）。一般闭环控制系统框图如图 1-4 所示。

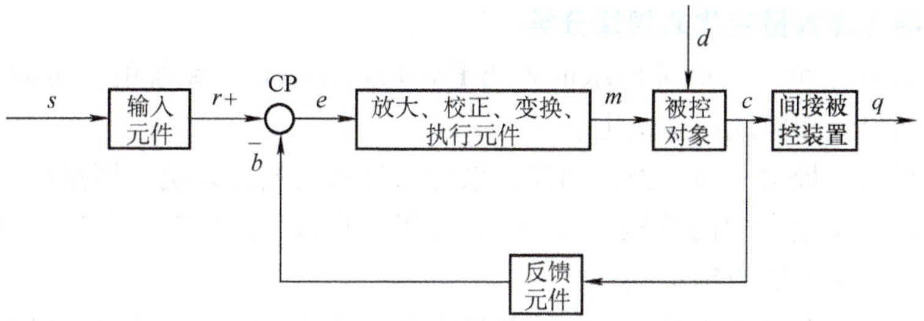

图 1-4　一般闭环控制系统框图

由图 1-4 可知，一般闭环控制系统主要包括以下内容。

1）指令信号（Command Signal）s——又称为输入信号，系统设计时已经确定。

2）输入元件（Input Element）——将指令信号变换为系统所需的参考输入量。

3）参考输入量（Reference Input Variable）r——又称为给定量，是实际输入到系统的控制信号。

4）比较元件（Comparing Element）CP——具有两个或两个以上的输入信号，而输出信号是输入信号的代数和。

5）偏差信号（Error Signal）e——反馈控制系统比较元件的输出信号。

6）放大元件（Amplification Element）——由于偏差信号一般很小，所以要经过该元件进行电压及功率放大，以驱动执行元件。

7）校正元件（Compensation Element）——用以改善系统性能指标的元件。

8）执行元件（Executive Element）——驱动被控对象的装置。

9）操纵量（Manipulation Variable）m——执行装置作用于被控对象的信号。

10）被控对象（Controlled Plant）——自动控制系统中需要进行控制的设备或生产过程。

11）被控量（Controlled Variable）c——系统被控对象的输出，它是系统的控制目标。

12）扰动量（Disturbance）d——所有妨碍参考输入量对被控量按要求进行正常控制的因素。

13）反馈元件（Feedback Element）——它对被控量进行测量，并输出反馈信号。

14）反馈信号（Feedback Signal）b——与被控量成某种函数关系并反馈到比较元件上的信号。

此外，还有间接被控制装置及间接被控量 q。

第二节　自动控制系统的分类

一、按照控制策略分类

自动控制系统根据控制策略的不同可分为顺序（Sequence）自动控制（即开环控制）系统与反馈控制系统两类，其中顺序自动控制系统又可分为如下两类。

（1）时间顺序控制　按时间安排顺序执行预先给定的顺序命令。

（2）条件顺序控制　顺序根据前一阶段的控制结果，选定下一阶段所要完成的控制目标。

二、按照参考输入量变化的规律分类

（1）恒值控制系统（Control System With Fixed Set-Point） 系统的参考输入量是恒定值，并要求系统的输出量相应地保持恒定。

恒值控制系统是最常见的一类自动控制系统，如自动调速系统、恒温控制系统和恒张力控制系统，以及工业生产中的恒压（压力）、稳压（电压）、稳流（电流）和恒频（频率）自动控制系统都属于恒值控制系统。

图1-3所示为一自动调速系统。其控制过程如前所述，它能保持电动机恒速运行。

图1-5所示为一恒温自动控制系统。其控制过程如下：

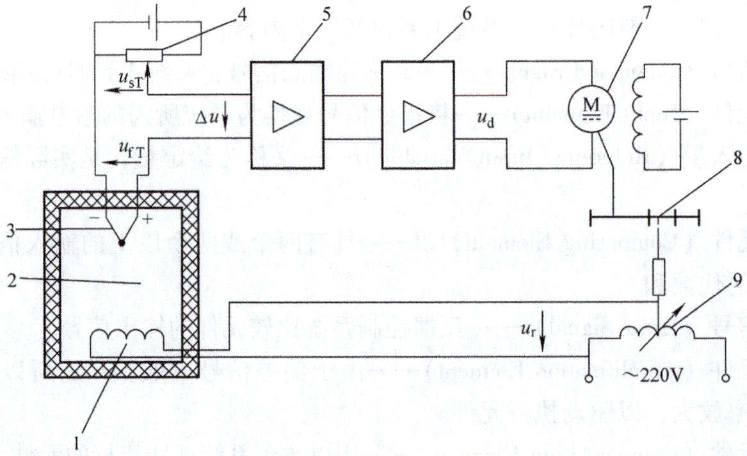

图1-5 恒温自动控制系统

1—加热电阻丝 2—电炉箱 3—热电偶 4—给定电位器 5—电压放大器 6—功率放大器 7—直流伺服电动机 8—减速器 9—调压变压器

温度↑→u_{fT}↑→Δu↓→产生电压u_d→电动机转动→带动调压器滑动臂转动→u_r↓→温度↓→直到$\Delta u=0$→电动机停转→温度恒定。

图1-6所示为一液位自动控制系统，其调节过程如下：

水位↑→浮子上浮→下触点闭合→电动机正转→关小阀门→水位↓→下触点断开→电动机停止工作→水位恒定在规定的范围内。

图1-7所示为一恒张力自动控制系统。在纸张卷绕系统中，为避免拉裂、拉伸变形或褶皱等现象发生，通常应将张力保持为一定值。图中右边为卷绕筒驱动系统（恒定线速度的自动调速系统），它以恒定的线速度卷绕被卷绕物。左边为开卷筒张力控制系统，其调节过程如下：

张力↑→滚筒摇臂失去平衡而上移→产生偏角位移量→偏差电压↑→电制动器制动力矩↓→张力↓→直到张力达到平衡。

（2）随动系统（Follow-up Control System） 系统参考输入量按一定规律变化（或随机变化），并要求系统的输出量能跟随输入量的变化而变化。这种控制系统通常以功率很小的输入信号操纵大功率的工作机械。

随动系统广泛应用于刀架跟随系统、火炮控制系统、雷达导引系统和机器人控制系统等。图1-8所示为一随动系统，其调节过程如下：

$\varphi_1\uparrow\rightarrow\Delta u\uparrow\rightarrow u_d\uparrow\rightarrow$电动机带动$\varphi_2\uparrow\rightarrow$直到$\varphi_1=\varphi_2\rightarrow\Delta u=0\rightarrow u_d=0\rightarrow$电动机停转。

（3）程序控制系统（Programmed Control） 这种控制系统的参考输入量不为常值，它是按预先编制的程序变化的。如炉温控制系统中的温度调节，要求温度按预先设定的规律（程序）变化（自动升温、恒温和降温）。

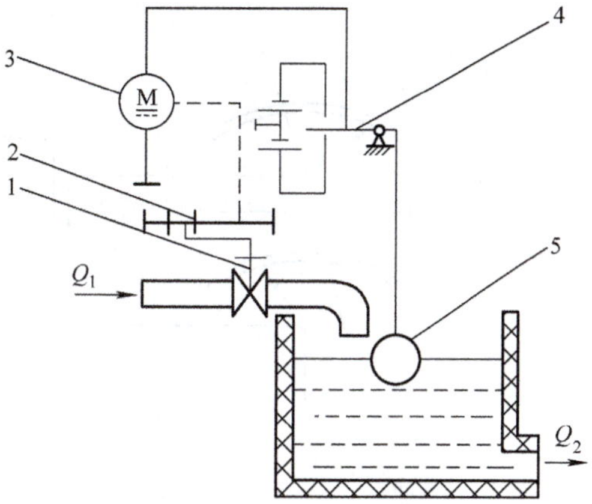

图 1-6 液位自动控制系统

1—水阀 2—减速器 3—直流伺服电动机 4—机械式触点开关 5—浮子

三、按照被控量分类

（1）运动控制系统（Motion Control System） 运动控制系统的特点是以电动机为被控对象控制机械运动，其中包括恒值控制系统。

（2）生产过程自动控制系统（简称过程控制）（Process Control System） 这里的生产过程通常指在某设备中将原料放在一定的外界条件下，经过物理或化学变化而制成产品的过程。如化工、石油、造纸中的原料生产，冶金、发电中的热力过程等。在这些过程中，往往要求自动提供一定的外界条件，例如温度、压力、流量、液位、黏度、浓度等参量保持恒值或按一定的规律变化。

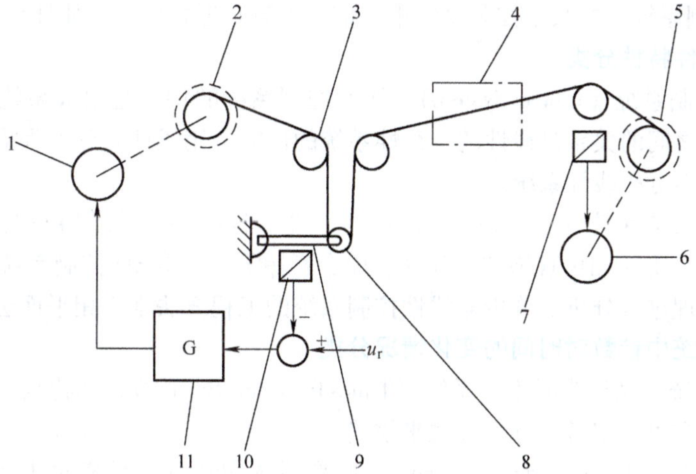

图 1-7 恒张力自动控制系统

1—电制动器 2—开卷筒 3—被卷物 4—被卷物加工设备 5—卷绕筒 6—卷绕筒驱动系统 7—速度检测器 8—浮动滚筒 9—浮动滚筒臂 10—偏角检测仪 11—线性控制器

四、按照信号的作用特点分类

（1）连续控制系统（Continuous Control System） 也称为模拟控制系统（Analogue Control System）。组成系统的所有元器件的输出量都是输入量的连续函数。上述示例均为连续控制系统。

（2）断续控制系统（Discontinuous Control System） 系统中包含断续元件，其输入量是连续量，而输出量是断续量。常见的断续控制系统有以下几种。

1）继电器控制系统（Relay Control System），亦称为开关控制系统，如常规的机床电气

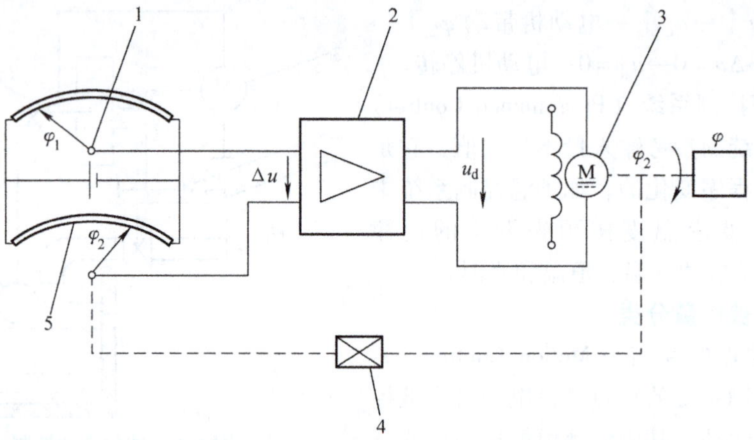

图 1-8 随动系统

1—控制器电位器 2—放大器 3—直流伺服电动机 4—减速器 5—反馈电位器

控制系统。

2）离散控制系统（Discrete Control System），又称为采样数据控制系统（Sampled-data Control System）。系统中的信号是脉冲序列或采样数据量，其脉冲的幅值、宽度及符号取决于采样时刻的输入量。离散控制系统通常用差分方程来描述。

3）数字控制系统。在数字控制系统中，信号以数码形式传递，如计算机控制系统。

五、按照元件特性分类

（1）线性控制系统（Linear System） 线性控制系统的特点是组成系统的所有元器件的输入量和输出量之间的关系是线性的。线性系统的性能常用线性微分方程描述，可以应用叠加原理和拉氏变换分析线性系统。

（2）非线性控制系统（Non-linear System） 非线性控制系统的特点是系统中的某些元器件具有非线性性质（如出现饱和、死区、库仑摩擦等）。非线性控制系统不能使用线性微分方程和叠加原理进行分析。分析非线性控制系统的工程方法常用相平面法和描述函数法。

六、按照系统中参数对时间的变化情况分类

（1）定常系统 又称为时不变系统（Time-Invariant System），其特点是系统的全部参数不随时间变化，它可用定常微分方程式来描述。

（2）时变系统（Time-Varying System） 时变系统的特点是系统的部分参数是时间的函数，随时间变化而变化。

七、按照自动控制系统的功能分类

（1）自动调节系统（Automatic Regulating System） 即恒值控制系统。

（2）最优控制系统（Optimum Control System） 最优控制系统是指使控制系统实现对某种性能指标达到最佳的控制。

（3）自适应控制系统（Adaptive Control System） 自适应控制系统是一种能够连续测量输入信号和系统特征的变化，自动地改变系统的结构与参数，使系统具有适应环境变化并始终保持优良品质的自动控制系统。例如，飞机特性随飞行高度和气流速度而变化；轧机张力随卷板机卷绕钢板多少而变化等。在这些情况下，普通固定结构的反馈自动控制系统就不能满足需要了，它们只能采用自适应控制系统。

（4）自学习系统（Self-Learning System）　它具有辨识、判断、积累经验和学习的功能。在控制特性不能确切地用数学模型描述时，采用自学习控制系统可以在工作过程中不断地测量，评估系统的特性，并决定最优控制方案，实现性能指标最优控制。

（5）智能控制系统（Intelligent Control System）　智能控制实际是研究与模拟人类或生物智能活动及其控制与信息传递过程的规律，研制具有人类或生物智能的工程控制与信息处理系统的一个多学科交叉的学科。它的发展得益于人工智能、认知科学、模糊集理论和生物控制论等许多学科的发展。智能控制系统是在不确定环境下仿效人类或生物的智能，实现对系统的自动控制，获得系统总体上最优或次优的性能指标。

第三节　对控制系统的性能要求

对自动控制系统性能（Performance Specification）的基本要求可以归纳为三点：稳定性、快速性和准确性，通常用系统的稳定性、稳态特性和动态特性来描述。

一、系统的稳定性

稳定性（Stability）是指系统重新恢复平衡状态的能力。当扰动量（或给定量）发生变化时，输出量将会偏离原来的稳定值，这时，通过系统的反馈调节作用，系统可能回到（或接近）原来的稳定值（或跟随给定量稳定下来），如图 1-9a 所示，则该系统是稳定的。但控制系统输出也可能是发散的，即系统不稳定，如图 1-9b 所示。不稳定的控制系统无法完成正常的控制任务，甚至会损害设备，造成事故。因此，对任何控制系统，系统正常工作的首要条件是其必须是稳定系统。

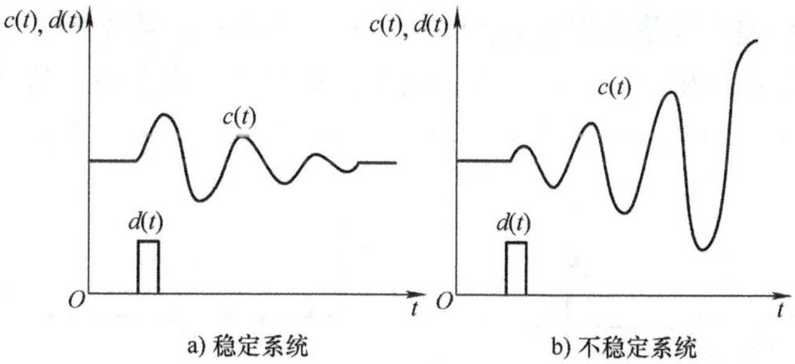

图 1-9　系统的稳定性

另外，对于稳定系统，还要求具有一定的稳定裕量（Stability Margin），也就是要求系统具备一定的相对稳定性，以免由于系统参数随环境等因素的变化而导致系统进入不稳定状态。

二、系统的动态性能指标

由于控制系统的元件和被控制对象通常都具有一定的惯性（如机械惯性、电磁惯性和热惯性等），并受到能源功率的限制，系统中各种参数（如速度、位移、电流和温度等）的变化不可能突变。因此，系统从一个稳态过渡到另一个稳态需要经历一段时间，即需要经历一个过渡过程。表征这个过渡过程的性能指标称为动态性能指标（Dynamic Performance Specification），又称为动态响应指标。通常用系统对突加给定信号时的动态响应性能来表征其动态性能指标。

图1-10为系统对突加给定信号的动态响应曲线。

动态响应指标通常用最大超调量(Maximum Overshoot) $\sigma_p\%$、建立时间(Setting Time) t_s 和振荡次数(Order Number) N 来评价。

(1) 最大超调量 $\sigma_p\%$ 最大超调量是输出量 $c(t)$ 与稳态值 $c(\infty)$ 的最大偏差 Δc_{max} 与稳态值 $c(\infty)$ 之比。即

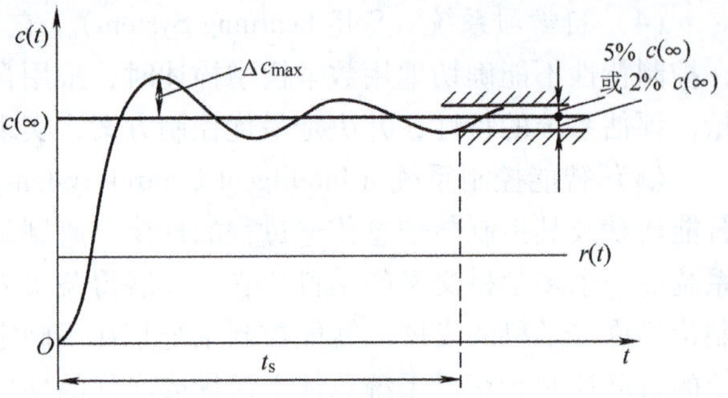

图1-10 系统对突加给定信号的动态响应曲线

$$\sigma_p\% = \frac{\Delta c_{max}}{c(\infty)} \times 100\%$$

最大超调量反映了系统的动态精度，超调量越小，说明系统过渡过程进行得越平滑。控制系统不同，对最大超调量的要求也不同。

(2) 建立时间 t_s 建立时间（又称为调节时间或过渡过程时间）指系统响应曲线与其稳态值之差达到并且不再超过规定的误差范围 $\delta c(\infty)$ 所需的时间，其误差范围一般定为 $\delta = \pm 2\% \sim \pm 5\%$。它反映了系统的快速性能，建立时间越小，系统快速性越好。

(3) 振荡次数 N 振荡次数指 t_s 时间范围内输出信号的振荡周期数，即 t_s 时间内系统响应曲线穿越稳态值次数的一半。振荡次数越少，系统稳定性能越好。

三、系统的稳态性能指标（Steady-State Performance Specification）

系统从一个稳态过渡到另一个稳态，或系统受到扰动作用又重新进入平衡状态后，系统会出现偏差，这种偏差称为稳态误差 e_{ss}(Steady-State Error)。系统稳态误差的大小表征系统的稳态精度，即系统的准确程度。稳态误差越小，则系统的稳态精度越高。对于 $e_{ss}=0$ 的系统，称为无静差系统；而 $e_{ss}\neq 0$ 的系统，则称为有静差系统，如图1-11所示。

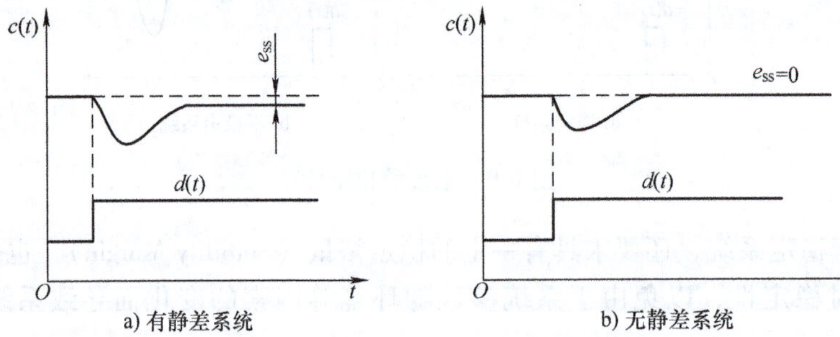

图1-11 自动控制系统的稳态性能

在上述指标中，$\sigma_p\%$ 和 N 反映了系统的稳定性，t_s 反映了系统的快速性，而 e_{ss} 反映了系统的准确性。简而言之，希望控制系统达到稳、准、快。

然而，在同一控制系统中，这些性能指标往往是相互矛盾的。这就需要根据具体控制对象所提出的要求对其中的某些指标有所侧重，同时又要注意兼顾其他性能指标。此外，在考虑提高系统性能指标的同时，还要考虑到系统的可靠性和经济性。

第四节 研究自动控制系统的基本方法

自动控制系统虽然种类繁多、形式不同，但其研究的内容和方法却是类似的，其研究内容主要分为系统分析和系统设计两部分。本课程主要研究与直流调速系统、交流调速系统和位置随动系统相关的自动控制原理和自动控制技术。它们都可以归纳为单输入、单输出自动控制系统的范畴，一般采用经典自动控制原理进行系统分析和系统设计。因而，本书第一章~第五章将研究经典自动控制原理。

一、系统分析

对自动控制系统进行分析研究，首先应对系统进行定性分析。所谓定性分析，就是在弄清组成系统的各单元及元件在系统中的地位和作用，以及它们之间的相互联系的基础上，分析系统的工作原理。然后，在定性分析的基础上，建立系统的数学模型；再应用自动控制理论对系统的稳定性、稳态性能和动态性能进行定量分析。最后，在系统定性和定量分析的基础上找到改善系统性能、提高系统技术指标的有效途径。以上过程称为对控制系统的分析，简称系统分析。

经典自动控制理论中，系统的分析方法有时域分析法（Time-domain Analysis Method）、频率分析法（Frequency Response Method）和根轨迹法（The Root locus Method）等。这几种分析方法各有所长。自动控制系统分析的基本步骤如图 1-12 所示。本书第一章~第四章将介绍自动控制系统的基本分析方法。

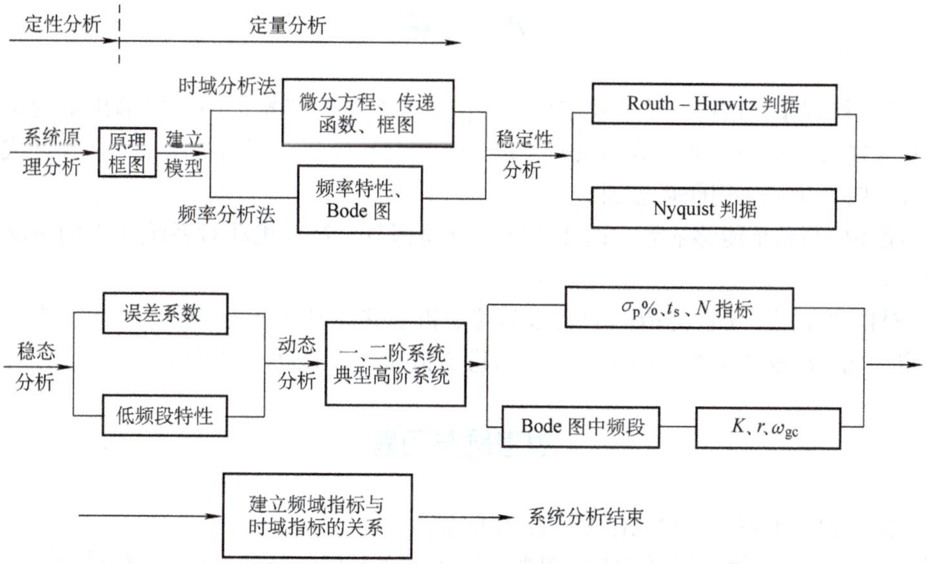

图 1-12 自动控制系统分析的基本步骤

二、系统设计

自动控制系统的目的就是实现对被控制对象的控制，当被控制对象确定后，根据其工作条件及生产要求可以提出对控制系统性能指标的要求。在确定了合理的系统性能指标的基础上，进行系统的初步设计。选择系统的执行元件、放大元件、比较元件和测量元件等。上述元件除放大元件的放大系数可以调整外，其他元件的参数基本上是固定的，它们与被控对象一起组成系统的不可变部分，或称为系统的固有部分。为了使系统既有满意的稳态精度又有满意的动态精度，就必须在已选定的系统固有部分的基础上，增设一些必要的装置，使系统能全面满足设计要求的性能指标。为满足性能指标所增设的装置称为校正装置（Compensator），加入校正装置使控制系统性能得到改善的过程称为对控制系统的校正（Compensation），简称系统校正。

自动控制系统的校正的基本步骤如图 1-13 所示。本书第五章将介绍自动控制系统的基本校正方法。

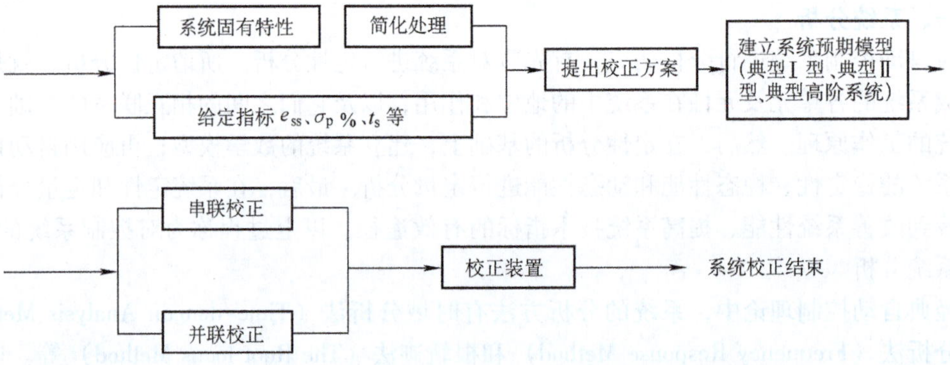

图 1-13 自动控制系统校正的基本步骤

小　结

1）开环控制系统结构简单、稳定性好，但不能自动补偿扰动因素对输出量的影响。当系统扰动量能够进行补偿或影响不大时，可以采用开环控制；而当扰动量无法预计或控制系统要求较高时，则应采用闭环控制。

2）闭环控制系统能够依靠反馈环节进行自动调节，补偿扰动对系统产生的影响，提高系统精度。

3）对自动控制系统性能指标的要求是稳、准、快。动态指标 $\sigma_p\%$ 和 N 反映了系统的相对稳定性能，t_s 反映了系统的快速性，而稳态指标 e_{ss} 反映了系统的准确性。

思考题与习题

1-1　什么是开环控制与闭环控制？试分析它们的特点。

1-2　图 1-14 所示系统为电压负反馈的调速系统。试与图 1-3 所示系统比较，两者在原理上有何不同，如果两个系统的放大系数相同，哪一个系统的调节精度较高？为什么？

1-3　晶体管稳压电路如图 1-15 所示，试指出给定量、被控量、反馈量和扰动量，并绘制系统框图。

1-4　图 1-16 所示为一水位自动控制系统。试画出系统框图，并说明系统的给定量、被控量、反馈量和扰动量是什么？

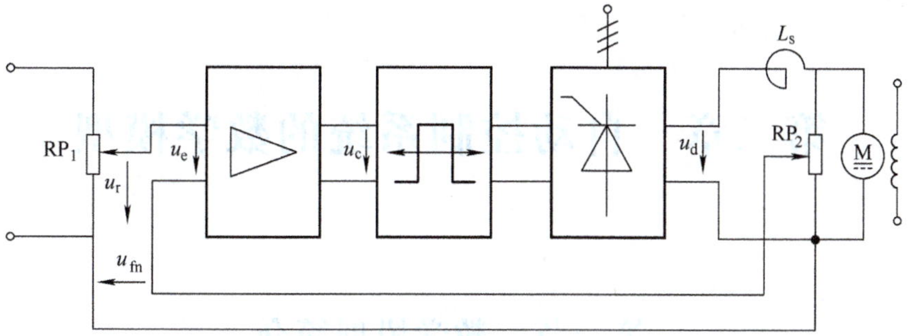

图 1-14　电压负反馈的调速系统

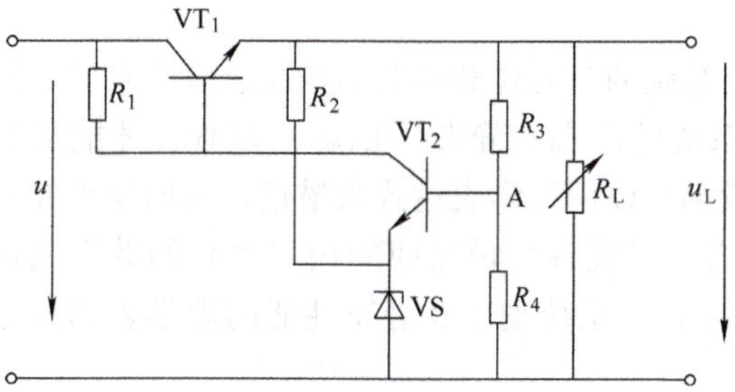

图 1-15　晶体管稳压电路

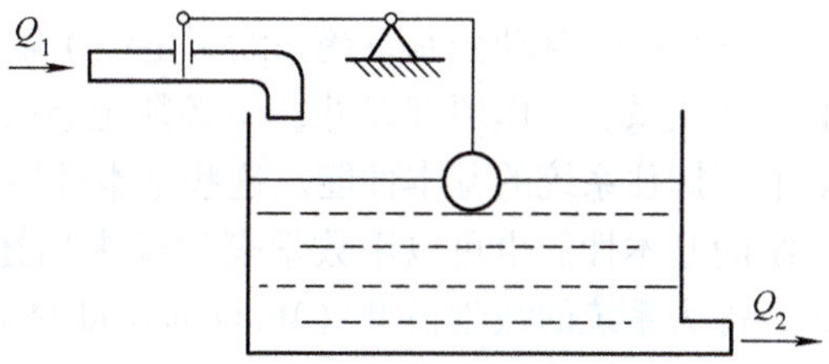

图 1-16　水位自动控制系统

1-5　试画出图 1-17 所示的位置随动系统框图，并指出系统的测量元件、执行元件和被控对象。

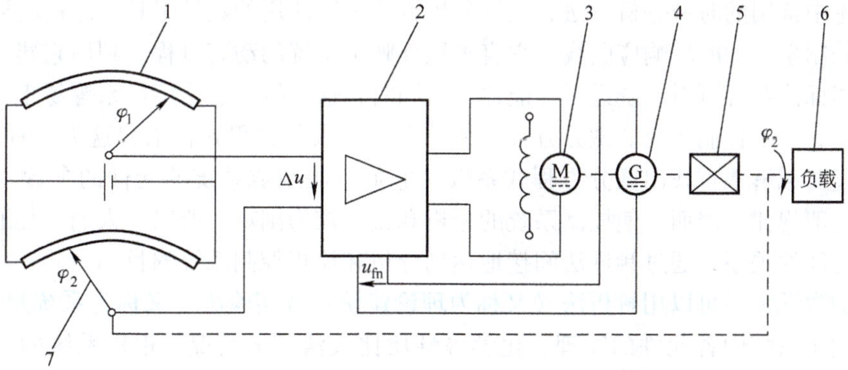

图 1-17　位置随动系统

1—控制器电位器　2—放大器　3—直流伺服电动机　4—测速发电机

5—减速器　6—负载　7—反馈电位器

第二章　自动控制系统的数学模型

第一节　数学模型简介

一、概述

研究一个自动控制系统，除了定性了解组成系统的各元件和环节的功能，以及它们之间的相互关系、工作原理以外，还必须定量分析系统的动态、静态（稳态）过程，才能从本质上把握住系统的基本性能。这些基本性能一般都可以用数学表达式来描述，因而整个控制系统的基本性能也可以用数学表达式来描述。描述系统各变量之间的相互关系的数学表达式，称为系统的数学模型（Mathematical Model）。描述系统动态及静态性能的数学表达式分别称为动态及静（稳）态模型。

经典控制理论中常用的数学模型有时域（Time Domain）模型——微分方程，复频域（Complex Frequency Domain）模型——传递函数、动态和静态框图，频域（Frequency Domain）模型——频率特性、Bode 图等。这些数学模型一般都是可以相互转换的，它们是经典控制理论中常用的时域分析方法、频域分析方法等所使用的数学工具。通过时域分析方法可以得到控制系统的时域响应曲线，它直观地反映了系统的动态过程，利用它建立起来的系统概念、指标体系等可对系统进行性能评估。同时，这些概念、指标体系等易于人们理解和使用。但是，一个控制系统的微分方程往往是高阶的微分方程式，求解这类方程式较困难。同时，通过时域解很难找出微分方程式系数（它们取决组成系统的元件的参数）对方程解的影响的一般规律。因而，使控制系统的分析和校正较为困难。所以，人们往往通过建立频域和时域之间的关系，通过频域法间接地达到分析和校正控制系统的目的。

系统的数学模型可以用解析法（又称为理论建模）或实验法（又称为系统辨识）建立。解析法适用于系统中各元件的物理、化学等性质比较清楚的情况。根据系统的实际结构参数，从系统各元件所依据的物理、化学等规律出发建立系统的数学模型。如果系统的运动机理复杂而不便于分析或不可能进行分析时，则应使用实验法建立数学模型，即人为地在系统或元件的输入端加上一定形式的测试信号，分析系统中各变量的运动规律，然后选择适当的数学表达式，使之近似地逼近这种运动规律，以此作为系统的数学模型。

用解析法建立系统的数学模型时，应合理地简化其数学模型。模型过于简单，会使分析结果误差太大；模型过于复杂，则会导致分析计算上的困难。一般应在精度许可的前提下，尽量简化其数学模型。

二、微分方程式

建立微分方程式（Differential Equation）的一般步骤如下：

1）全面了解系统的工作原理、组成结构和系统运动所遵循的物理（化学）规律，确定其输入、输出量。

2）从系统的输入端入手，在充分考虑相邻元件或环节相互影响的前提下，依次列写元件或环节的微分方程式。

3）综合各环节微分方程式，得到系统的微分方程式。

4）将系统的微分方程式整理成标准形式：将与输入量有关的各项放在方程式的右边，将与输出量有关的各项放在方程式的左边，各导数项按降幂排列，并将方程式中的系数化为具有一定物理意义的表示形式，如时间常数等。

【例 2-1】 建立图 2-1 所示直流电动机的微分方程式。

【解】 直流电动机各物理量之间的基本关系如下：

$$u_d = i_d R_d + L_d \frac{\mathrm{d}i_d}{\mathrm{d}t} + e$$

$$T_d = K_T \Phi i_d$$

$$e = K_e \Phi n$$

$$T_d - T_L = J_G \frac{\mathrm{d}n}{\mathrm{d}t}$$

$$J_G = \frac{GD^2}{k}$$

$$k = 375 \ \frac{\mathrm{m}}{\mathrm{s}} \ \frac{\mathrm{r}}{\mathrm{min}}$$

式中　u_d——电枢电压；

e——电枢电动势；

i_d——电枢电流；

R_d——电枢电阻；

L_d——电枢漏电感；

T_d——电磁转矩；

T_L——摩擦和负载阻力矩；

Φ——磁通；

K_T——转矩常数；

K_e——电动势常数；

n——转速；

J_G——转动惯量；

GD^2——飞轮矩。

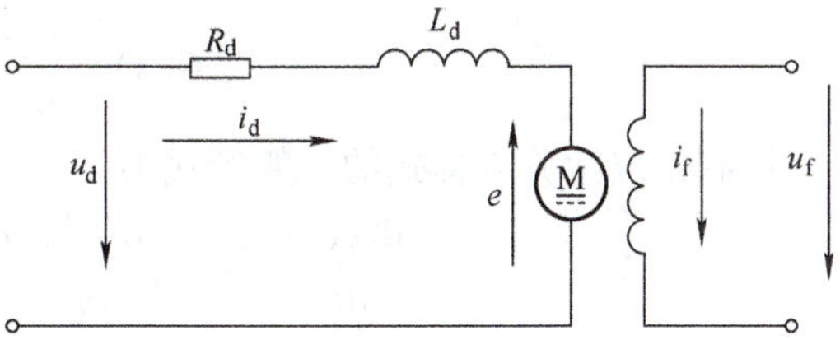

图 2-1　直流电动机

现主要分析电枢电压 u_d 对电动机转速 n 的影响，因此，应以 u_d 作为输入量，n 作为输出量，T_L 作为扰动量。消去中间变量 i_d、T_d 和 e，并整理成标准形式，就可得到电枢电压控制的直流电动机的微分方程式，即

$$\tau_m \tau_d \frac{\mathrm{d}^2 n}{\mathrm{d}t^2} + \tau_m \frac{\mathrm{d}n}{\mathrm{d}t} + n = \frac{1}{K_e \Phi} u_d - \frac{R_d}{K_e K_T \Phi^2}\left(\tau_d \frac{\mathrm{d}T_L}{\mathrm{d}t} + T_L\right) \tag{2-1}$$

式中　τ_m——电动机的机电时间常数，有

$$\tau_m = \frac{J_G R_d}{K_e K_T \Phi^2} \tag{2-2}$$

τ_d——电枢回路的电磁时间常数，有

$$\tau_{\mathrm{d}}=\frac{L_{\mathrm{d}}}{R_{\mathrm{d}}} \tag{2-3}$$

由式（2-1）可见，电动机的转速与电动机自身的固有参数τ_{m}、τ_{d}有关，与电枢电压u_{d}、负载转矩T_{L}以及负载转矩对时间的变化有关。

若不考虑电动机负载的影响，则

$$\tau_{\mathrm{m}}\tau_{\mathrm{d}}\frac{\mathrm{d}^2 n}{\mathrm{d}t^2}+\tau_{\mathrm{m}}\frac{\mathrm{d}n}{\mathrm{d}t}+n=\frac{1}{K_{\mathrm{e}}\Phi}u_{\mathrm{d}} \tag{2-4}$$

三、传递函数

一个控制系统性能的好坏，取决于系统的内在因素，即系统的结构参数，而与外部施加的信号无关。因而，对于一个控制系统品质好坏的评价可以通过对系统结构参数的分析来达到，而不需要直接对系统输出响应进行分析。

传递函数（Transfer Function）是在拉氏变换基础之上引入的描述线性定常系统或元件输入、输出关系的函数。它是和微分方程一一对应的一种数学模型，能方便地分析系统和元件结构参数对系统响应的影响。经典控制理论中广泛应用的频率法和根轨迹法，都是建立在传递函数这种数学模型基础之上的，因此，传递函数是经典控制理论中最基本也是最重要的数学模型。

当初始条件为零时，线性定常系统或元件输出信号$c(t)$的拉氏变换式与输入信号$r(t)$的拉氏变换式之比，称为该系统或元件的传递函数，记为$G(s)$，即

$$G(s)=\frac{L[c(t)]}{L[r(t)]}=\frac{C(s)}{R(s)} \tag{2-5}$$

控制系统微分方程式的一般形式为

$$a_n\frac{\mathrm{d}^n c(t)}{\mathrm{d}t^n}+a_{n-1}\frac{\mathrm{d}^{n-1}c(t)}{\mathrm{d}t^{n-1}}+\cdots+a_1\frac{\mathrm{d}c(t)}{\mathrm{d}t}+a_0c(t)$$
$$=b_m\frac{\mathrm{d}^m r(t)}{\mathrm{d}t^m}+b_{m-1}\frac{\mathrm{d}^{m-1}r(t)}{\mathrm{d}t^{m-1}}+\cdots+b_1\frac{\mathrm{d}r(t)}{\mathrm{d}t}+b_0r(t)$$

设$r(t)$、$c(t)$初始条件为零，对上式进行拉氏变换并整理得

$$G(s)=\frac{C(s)}{R(s)}=\frac{b_ms^m+b_{m-1}s^{m-1}+\cdots+b_1s+b_0}{a_ns^n+a_{n-1}s^{n-1}+\cdots+a_1s+a_0}=\frac{M(s)}{N(s)} \tag{2-6}$$

式中 $M(s)$ ——传递函数的分子多项式；

$N(s)$ ——传递函数的分母多项式。

由上述分析可以清楚地看出传递函数的性质：

1）传递函数是由拉氏变换导出的，因此，它只适用于线性定常系统，且只能反映零初始条件下的全部运动规律。

2）传递函数是s的复变函数，其$M(s)$、$N(s)$中的各项系数均由系统或元件的结构参数决定，并与微分方程式中的各项系数一一对应。$N(s)=0$是控制系统的特征方程式，它与微分方程式的特征方程式一一对应。

3）传递函数表征系统或元件本身的特性，而与输入信号无关，但它不能反映系统或元件的物理结构。也就是说，对于许多物理性质截然不同的系统或元件，它们可以有相同形式的传递函数。

4）由于能源功率的限制和实际系统或元件总是具有惯性的缘故，其输出量不可能无限

制上升，因而有：$n \geqslant m$。通常将分母多项式的阶数设为 n，称为 n 阶系统。

5）传递函数表征输入输出信号间的信号传递关系，因此对于同一系统选取不同的输入、输出变量，传递函数将不同。

6）传递函数还可以表示成零、极点的形式，即

$$G(s)=K_{\mathrm{r}}\frac{(s-z_1)(s-z_2)\cdots(s-z_m)}{(s-p_1)(s-p_2)\cdots(s-p_n)}=K_{\mathrm{r}}\frac{\prod_{i=1}^{m}(s-z_i)}{\prod_{j=1}^{n}(s-p_j)} \tag{2-7}$$

式中 K_{r}——$K_{\mathrm{r}}=b_m/a_n$，是传递函数常数用零、极点形式表示时的传递系数；

z_1、z_2、…、z_m——分子多项式 $M=0$ 的根，称为零点；

p_1、p_2、…、p_n——分母多项式 $N=0$ 的根，称为极点。

z_i、p_i 可为实数、虚数或复数。若为虚数或复数，必为共轭虚数或共轭复数。闭环系统的动态、稳态性能与闭环系统的零点、极点分布密切相关。零点、极点可用图 2-2 所示的零极图表示。

7）传递函数也常表示成时间常数的形式，即

$$G(s)=\frac{b_m s^m+b_{m-1}s^{m-1}+\cdots+b_1 s+b_0}{a_n s^n+a_{n-1}s^{n-1}+\cdots+a_1 s+a_0}=K\frac{\prod_{i=1}^{m}(\tau_i s+1)}{\sum_{j=1}^{n}(\tau_j s+1)}$$

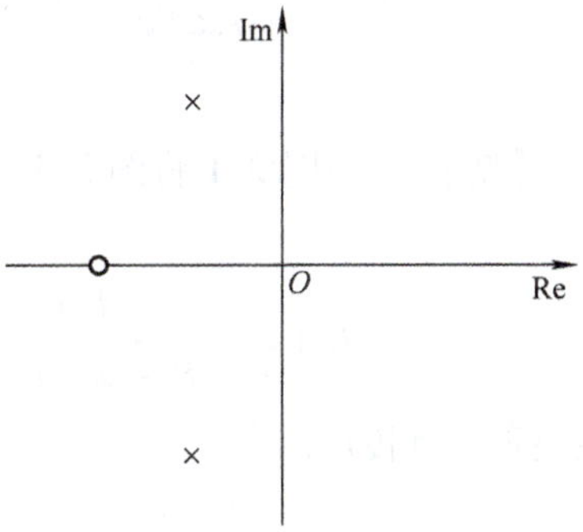

图 2-2 零极图

×—极点 ○—零点

式中 τ_i——分子多项式中各因子的时间常数；

τ_j——分母多项式中各因子的时间常数；

K——传递函数中的一个系数，称为传递系数。

四、传递函数的求取

1. 直接计算法

对于元件或简单系统，首先建立描述元件或系统的微分方程式，然后在零初始条件下对方程式进行拉氏变换，即可按传递函数的定义求得元件或系统的传递函数。

【例 2-2】 试求取图 2-1 所示直流电动机输入电压与转速之间的传递函数。

【解】 对式(2-4) 进行拉氏变换后可得

$$\tau_{\mathrm{m}}\tau_{\mathrm{d}}s^2N(s)+\tau_{\mathrm{m}}sN(s)+N(s)=\frac{1}{K_{\mathrm{e}}\Phi}U_{\mathrm{d}}(s)$$

$$\frac{N(s)}{U_{\mathrm{d}}(s)}=\frac{1/(K_{\mathrm{e}}\Phi)}{\tau_{\mathrm{m}}\tau_{\mathrm{d}}s^2+\tau_{\mathrm{m}}s+1}$$

2. 阻抗法

求取无源网络或电子调节器的传递函数，采用阻抗法求取更为方便。表 2-1 中列出了电路中电阻、电容和电感的阻抗传递函数。

表 2-1 阻抗传递函数

元件名称	电路形式	元件微分方程	阻抗传递函数
电阻 R		$u(t)=Ri(t)$	$Z(s)=\frac{U(s)}{I(s)}=R$

（续）

元件名称	电路形式	元件微分方程	阻抗传递函数
电感 L		$u(t)=L\frac{\mathrm{d}i(t)}{\mathrm{d}t}$	$Z(s)=\frac{U(s)}{I(s)}=Ls$
电容 C	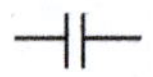	$u(t)=\frac{1}{C}\int i(t)\mathrm{d}t$	$Z(s)=\frac{U(s)}{I(s)}=\frac{1}{Cs}$

【例 2-3】 试求取图 2-3a 所示电路的传递函数。

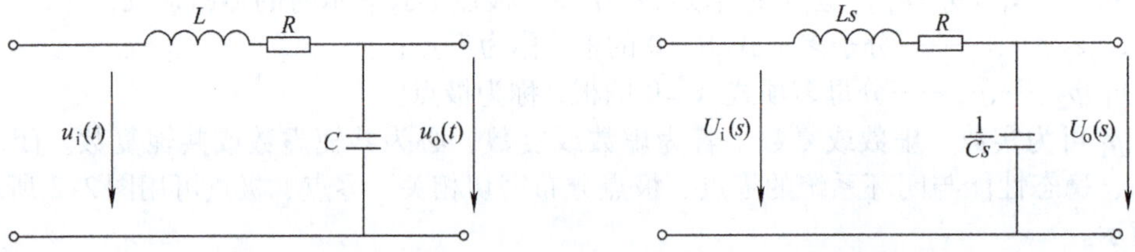

a) RLC电路　　a) 复频域电路图

图 2-3 RLC 电路

【解】 应用表2-1 将图 2-3a 转换成复频域电路图，如图 2-3b 所示。据基尔霍夫定律可写出

$$U_o(s)=\frac{U_i(s)}{R+Ls+1/(sC)}\frac{1}{Cs}$$

经整理得到传递函数

$$G(s)=\frac{U_o(s)}{U_i(s)}=\frac{1}{LCs^2+RCs+1}$$

【例 2-4】 试求取图 2-4a 所示的比例积分（PI）调节器的传递函数。

【解】 将图2-4a 转换成复频域电路图，如图 2-4b 所示。

由电子技术知识可知

$$G(s)=\frac{U_o(s)}{U_i(s)}=-\frac{R_1C_1s+1}{R_0C_1s}$$

3. 利用动态框图求取传递函数

对于复杂系统，应先求出元件的传递函数，再利用动态框图和框图运算法则，可方便地求解系统的传递函数。该方法将在第二章第三节中讨论。

五、线性系统的两个重要性质

（1）齐次性　如果线性系统对输入信号 $x(t)$ 的响应为 $y(t)$，则输入信号为 $ax(t)$ 时，其响应为 $ay(t)$。

（2）叠加性　如果线性系统对 $x_1(t)$ 和 $x_2(t)$ 的响

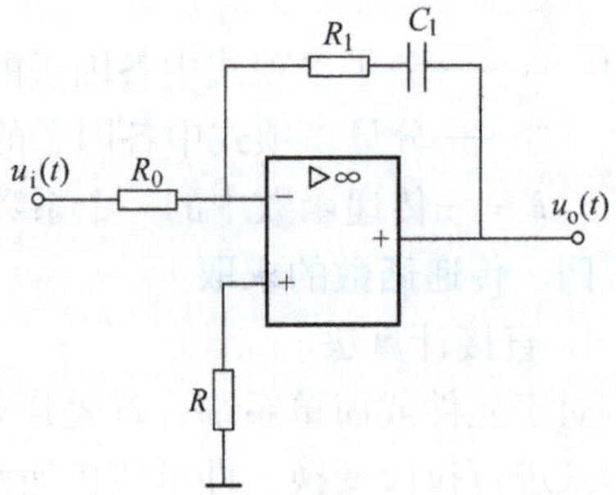

a) 比例积分调节器

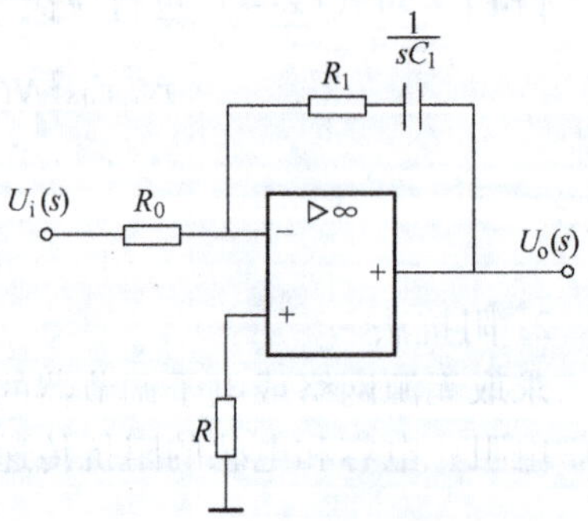

b) 复频域电路图

图 2-4 比例积分调节器

应分别为 $y_1(t)$ 和 $y_2(t)$，则系统输入信号为 $x_1(t)+x_2(t)$ 时，系统的响应为 $y_1(t)+y_2(t)$。

由线性系统的齐次性和叠加性可知：作用于线性定常系统的多个输入信号（它们可以作用于不同的输入端）的总响应等于各个输入信号单独作用时产生的响应的代数和。线性系统的这两个重要性质使得线性定常系统的分析大为简化。

六、非线性元件的线性化处理

在建立数学模型时，常会遇到非线性关系，它们用非线性方程描述。非线性方程的性质一般比线性方程更复杂。工程上对于非本质的非线性元件常常采取线性化处理措施。所谓线性化就是在一定的工作范围内，用近似的线性方程代替这些非线性方程。常用的线性化方法有如下几种。

1. 忽略非线性因素

如果非线性因素对系统的影响很小，就可采用该方法。例如电位器，它是用来将角位移或线位移信号转化为电压信号的最简单的元件。线绕式电位器的结构图如图 2-5a 所示，由于电位器匝数有限，所以电位器触点从一匝到另一匝时，所形成的电压变化是呈阶梯形的，如图 2-5b 所示。如果电位器的匝数足够多，则电位器特性的阶梯就很小，其特性可以用直线代替。

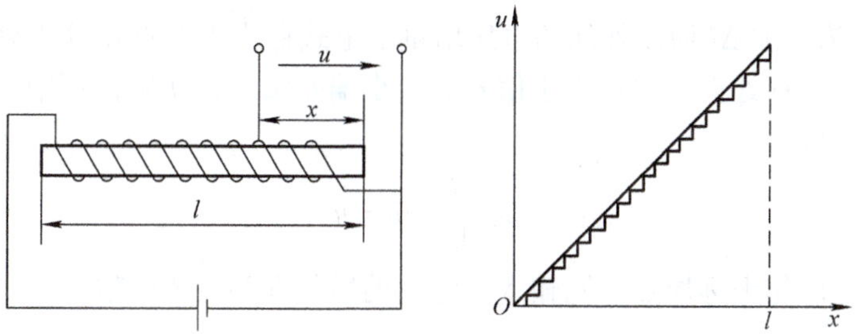

a) 结构图　　b) 特性曲线

图 2-5 线绕式电位器结构与特性曲线

2. 取线性段

如非线性元件在其工作范围内是近似线性的，则取其线性部分，忽略其非线性部分。如单相全控桥式可控整流电路电阻性负载时的输出电压为

$$U_d = 0.9U_2 \frac{1+\cos\alpha}{2}$$

其 $U_d=f(\alpha)$ 曲线如图 2-6 所示。从图中可以看到，控制角 $\alpha=\pi/4\sim3\pi/4$ 时曲线的线性度较好。

3. 小信号分析法

从图 2-7 所示 $\psi=f(i)$ 曲线可知：铁心电感 $L=\mathrm{d}\psi/\mathrm{d}t$ 为一变量。当工作点在 A 以下时，L 为一常数，即铁心电感在此工作范围内可视为线性元件；但工作点在 A 以上时，L 为一变量，即铁心电感应视为非线性元件。

如工作点在 B 点时，施加一小信号 $\Delta i \ll I_B$，此时 $\tan\alpha=\Delta\psi'/\Delta i$，由于 Δi 较小，$\Delta\psi'\approx\Delta\psi$，故

$$\tan\alpha=\frac{\Delta\psi'}{\Delta i}=L_B\approx\frac{\Delta\psi}{\Delta i}$$

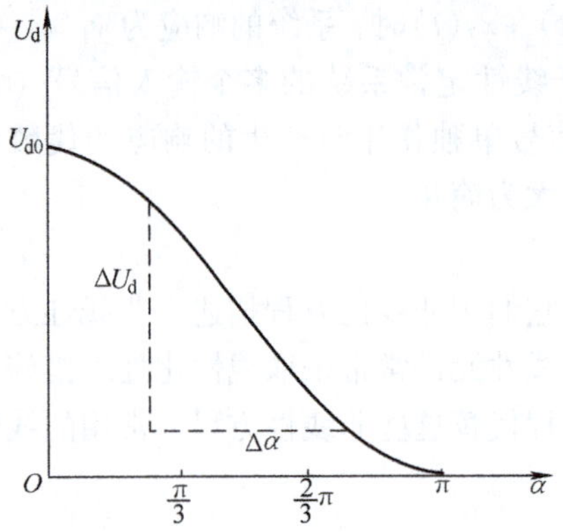

图 2-6 单相全控桥 $U_d=f(\alpha)$ 曲线

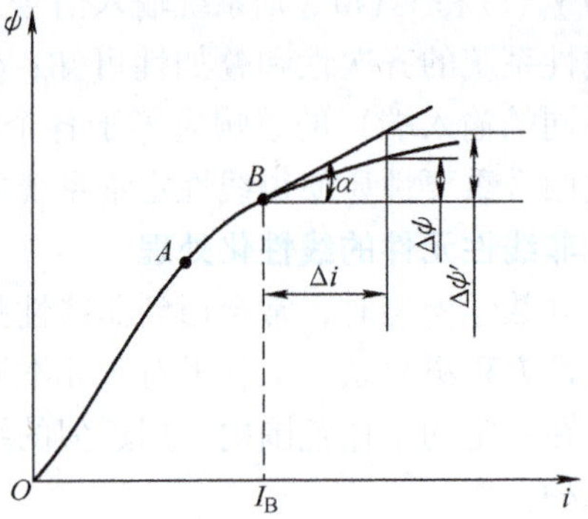

图 2-7 $\psi=f(i)$ 曲线

因此外加一小信号，其电感可近似为 B 点电感。外加信号越小，这种近似程度越高。由于 A 点以上各点斜率不同，因而工作点不同，其电感也不同。在 B 点处的微分方程为

$$L_B\frac{\mathrm{d}\Delta i}{\mathrm{d}t}+\Delta iR=\Delta u$$

上式中，Δu 为增加 Δi 而需外加的电压增量。上式称为工作点在 B 点处铁心线圈线性化增量微分方程式。这种处理方法称为小信号法或小偏差法。在实际使用中，为简单起见，常省略增量符号而写成

$$L_B\frac{\mathrm{d}i}{\mathrm{d}t}+iR=u$$

如果将工作点取作坐标原点，则输入与输出的增量即为输入、输出变量本身。

第二节 典型环节的传递函数及其功能框图

若通过微分方程的最简单形式（如一阶或二阶微分方程式）描述元件或其中一部分的动态性能时，通常称这种简单形式为典型环节（Typical Elements）。控制系统中有许多结构性质不同的元件，只要它们的数学模型的形式相同，则其动态性能必然存在内在联系，因而可以将它们归成一类，以有利于研究系统内部各单元之间的动态关系。控制系统可视为由若干典型环节按一定方式组合而成。同时，基于环节的定义，一个元件可能仅由一个典型环节构成，但也可能包含数个典型环节，或者由数个典型环节构成一个环节。

典型环节都可以用功能框（Function Block）表示。功能框是用带框的图形符号（包含输入、输出信号间的功能关系）来表示功能相关的元件的组合体。下面介绍常用的典型环节。

一、比例环节（Proportional Element）

1. 微分方程

$$c(t)=Kr(t) \tag{2-8}$$

式中 K——比例系数。

2. 传递函数

$$G(s)=K \tag{2-9}$$

3. 动态响应

当 $r(t)=1(t)$ 时，有

$$c(t)=K \tag{2-10}$$

比例环节能立即成比例地响应输入量的变化，如图 2-8 所示。它是自动控制系统中最常见的环节，如电子放大器、齿轮减速器和杠杆机构等。

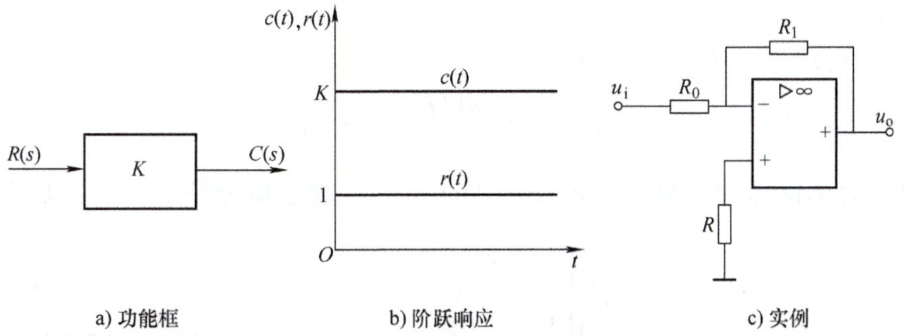

图 2-8　比例环节

二、积分环节（Integrating Element）

1. 微分方程

$$c(t)=\frac{1}{\tau_i}\int_0^t r(t)\mathrm{d}t \tag{2-11}$$

式中　τ_i——积分时间常数。

2. 传递函数

$$G(s)=\frac{1}{\tau_i s} \tag{2-12}$$

3. 动态响应

当 $r(t)=1(t)$ 时，有

$$c(t)=t/\tau_i \tag{2-13}$$

如图 2-9 所示，阶跃响应曲线随时间增长而线性增长。凡是输出量对输入量有储存和积累特点的元件一般都具有积分特性。如电容的电量与电流、速度与加速度、水箱的水位与水流量等。

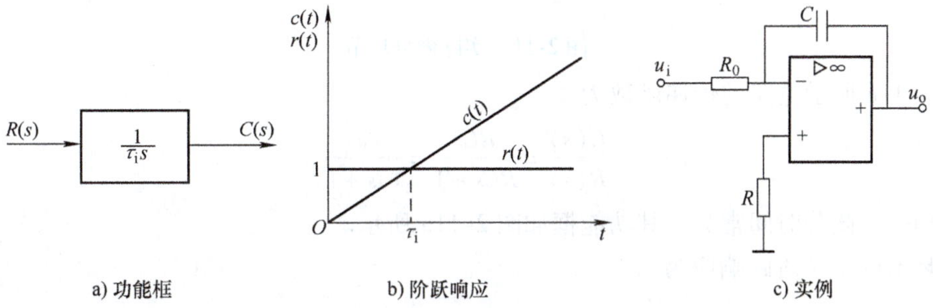

图 2-9　积分环节

三、理想微分环节（Ideal Differential Element）

1. 微分方程

$$c(t) = \tau_d \frac{dr(t)}{dt} \tag{2-14}$$

式中 τ_d——微分时间常数。

2. 传递函数

$$G(s) = \tau_d s \tag{2-15}$$

3. 动态响应

当 $r(t) = 1(t)$ 时，有

$$c(t) = \tau_d \frac{d1(t)}{dt} = \tau_d \delta(t) \tag{2-16}$$

式中，$\delta(t)$ 为单位脉冲函数（Unit Pulse Function）。理想微分环节的阶跃响应如图 2-10 所示。

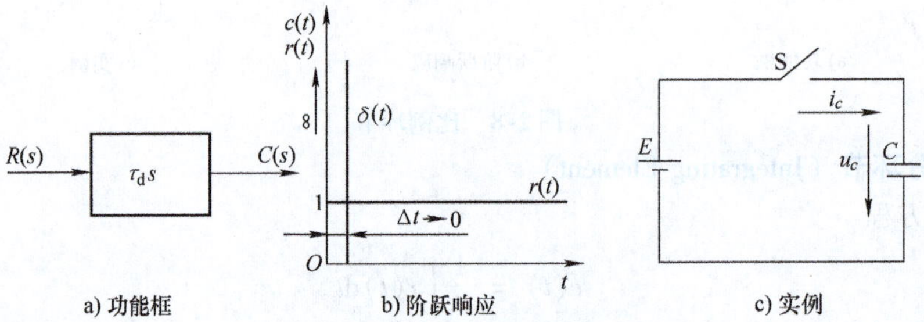

图 2-10 理想微分环节

理想微分环节输入输出关系与积分环节正好相反，传递函数互为倒数。在实际中，往往使用一些近似环节来执行微分作用，我们称它们为实际微分环节，如图 2-11 所示。

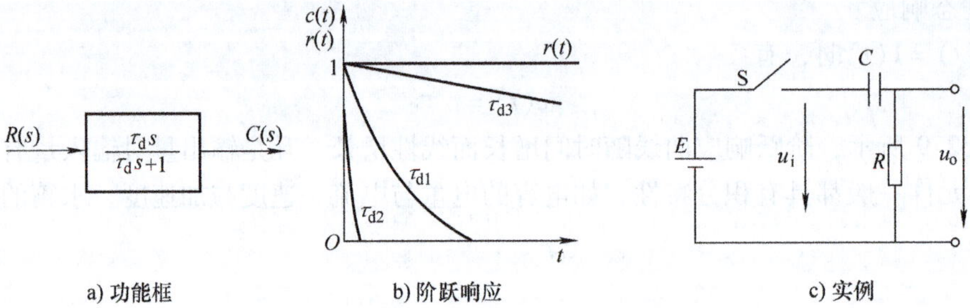

图 2-11 实际微分环节

图 2-11c 所示电路的传递函数为

$$\frac{C(s)}{R(s)} = \frac{RCs}{RCs+1} = \frac{\tau_d s}{\tau_d s+1} \tag{2-17}$$

式中 τ_d——微分时间常数，其功能框如图 2-11a 所示。

该环节的单位阶跃响应为

$$c(t) = e^{-\frac{1}{\tau_d}t} \tag{2-18}$$

从图 2-11b 中可知，当 τ_d 为 τ_{d1} 时，它为一实际的微分环节。实际微分环节可以视为理想微分环节与惯性环节相串联；当 τ_d 很小时（如 $\tau_d = \tau_{d2}$ 时），$c(t)$ 为一尖脉冲，此时传递函数近似为$\tau_d s$，即近似为理想微分环节；当τ_d很大时（$\tau_d=\tau_{d3}$），传递函数可近似为1，即近似为比例环节。

四、惯性环节（Inertia Element）

1. 微分方程

$$\tau\frac{\mathrm{d}c(t)}{\mathrm{d}t}+c(t)=r(t) \tag{2-19}$$

式中　τ——惯性时间常数。

2. 传递函数

$$G(s)=\frac{1}{\tau s+1} \tag{2-20}$$

3. 动态响应

当$r(t)=1(t)$时，有

$$c(t)=1-\mathrm{e}^{-\frac{t}{\tau}} \tag{2-21}$$

惯性环节的功能框、阶跃响应曲线和实例如图2-12所示。由图2-12b可见，当输入量发生变化时，输出量不能突变，只能按指数规律变化。当时间常数很大时（如$\tau=\tau_3$），惯性环节可以近似为积分环节；当时间常数很小（如$\tau=\tau_1$）时，惯性环节可以近似为比例环节。常见的惯性环节有直流发电机和测温热电偶等。

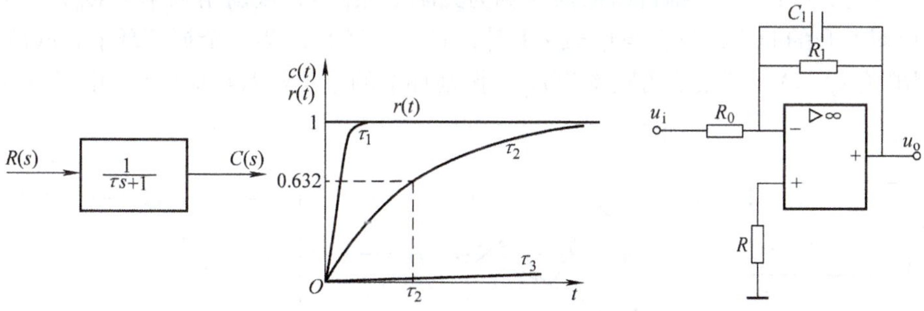

a) 功能框　b) 阶跃响应　c) 实例

图2-12　惯性环节

五、比例微分环节（Proportional Differential Element）

比例微分环节又称为一阶微分环节。

1. 微分方程

$$c(t)=\tau_d\frac{\mathrm{d}r(t)}{\mathrm{d}t}+r(t) \tag{2-22}$$

2. 传递函数

$$G(s)=\tau_d s+1 \tag{2-23}$$

3. 动态响应

比例微分环节的阶跃响应为比例环节和理想微分环节响应的叠加，如图2-13所示。比例微分环节输入输出关系与惯性环节正好相反，传递函数互为倒数。

六、振荡环节（Oscillating Element）

1. 微分方程

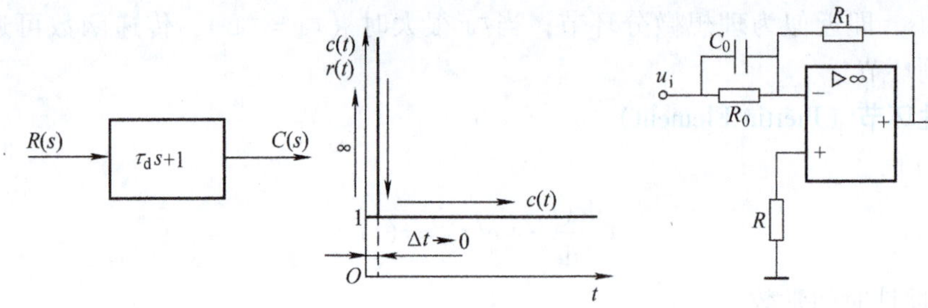

a) 功能框　　b) 阶跃响应　　c) 实例

图 2-13　比例微分环节

$$\tau^2 \frac{\mathrm{d}^2 c(t)}{\mathrm{d}t^2} + 2\tau\zeta \frac{\mathrm{d}c(t)}{\mathrm{d}t} + c(t) = r(t) \tag{2-24}$$

2. 传递函数

$$G(s) = \frac{1}{\tau^2 s^2 + 2\zeta\tau s + 1} = \frac{\omega_n^2}{s^2 + 2\zeta\omega_n s + \omega_n^2} \tag{2-25}$$

式中　ω_n——无阻尼自然振荡角频率（Undamped Natural Frequency），$\omega_n = 1/\tau$；

ζ——阻尼比（damped Ratio）。

3. 动态响应

当 $\zeta = 0$ 时，$c(t)$ 为等幅自由振荡（称为无阻尼振荡），振荡角频率为 ω_n；当 $\zeta \geqslant 1$ 时，$c(t)$ 为单调上升的曲线；只有当 $0 < \zeta < 1$ 时，式（2-25）才为一个振荡环节，$c(t)$ 减幅振荡（称为阻尼振荡），其振荡角频率为 ω_d。振荡环节的单位阶跃响应曲线如图 2-14b 所示。

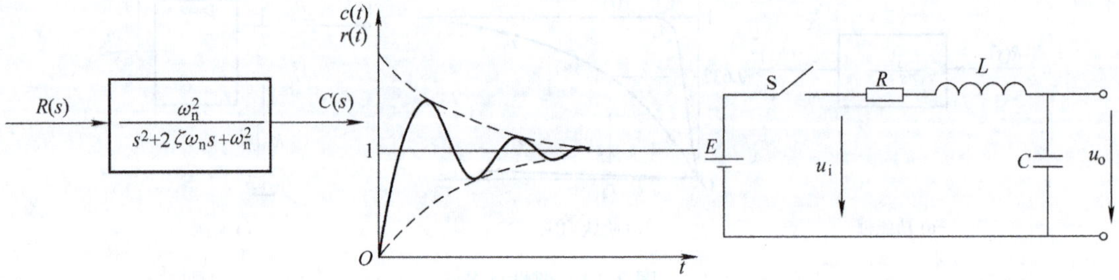

a) 功能框　　b) 阶跃响应　　c) 实例

图 2-14　振荡环节

当 $r(t) = 1(t)$ 时，有

$$c(t) = 1 - \frac{\mathrm{e}^{-\zeta\omega_n t}}{\sqrt{1-\zeta^2}} \sin(\omega_d t + \varphi) \tag{2-26}$$

式中　ω_d——阻尼自然振荡角频率，$\omega_d = \omega_n \sqrt{1-\zeta^2}$；

$\varphi = \arctan \dfrac{\sqrt{1-\zeta^2}}{\zeta}$。

七、延迟环节（Delay Element）

延迟环节（又称为纯滞后环节）的输出量与输入量变化形式相同，只是在时间上有所延迟，如图 2-15 所示。

1. 微分方程

$$c(t)=r(t-\tau_D) \tag{2-27}$$

式中　τ_D——纯延迟时间常数。

2. 传递函数

$$G(s)=e^{-\tau_D s}=\frac{1}{e^{\tau_D s}} \tag{2-28}$$

若将其按泰勒（Tailor）级数展开，可得

$$e^{\tau_D s}=1+\tau_D s+\frac{\tau_D^2 s^2}{2!}+\frac{\tau_D^3 s^3}{3!}+\cdots$$

若τ_D很小，则可只取其前两项，即

$$e^{\tau_D s}\approx 1+\tau_D s$$

于是有

$$G(s)\approx\frac{1}{\tau_D s+1} \tag{2-29}$$

3. 动态响应

动态响应曲线如图 2-15b 所示。

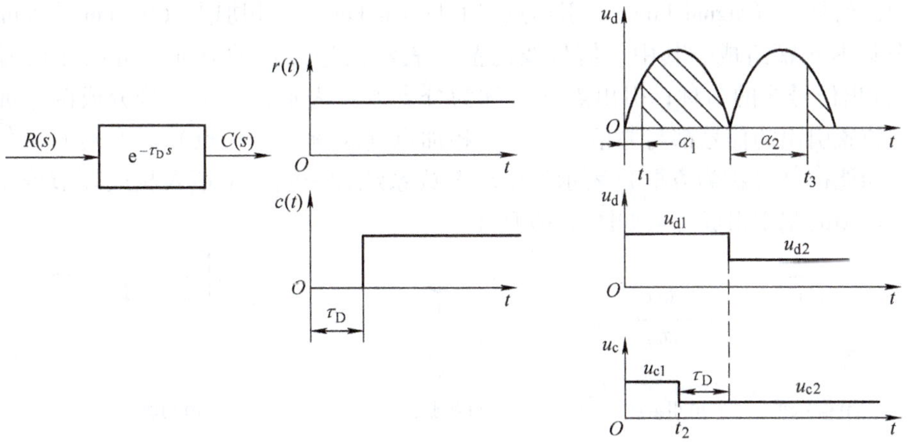

a) 功能框　　b) 阶跃响应　　c) 实例

图 2-15　延迟环节

延迟环节实例：在晶闸管整流电路中，当触发延迟角由 α_1 变到 α_2 时，若晶闸管已导通，则要等到下一个自然换向点以后才能起作用，即达到改变触发延迟角的目的。这样，晶闸管整流电路的输出平均电压 U_d 的改变相对于控制电压的改变延迟了一段时间τ_D，如图 2-15c 所示。

显然，τ_D 不是一个固定时间，它的大小与 u_c 发生变化的时间有关，是一个随机量，最大可能的延迟时间与整流电路的形式和交流电源的频率有关，可由下式确定。

$$\tau_{Dmax}=\frac{1}{qf}$$

式中　q——交流电源一个周期内的整流电压波峰数；

f——交流电源频率。

为计算方便，往往取常数，一种方法是按最严重的情况考虑取$\tau_D=\tau_{Dmax}$，另一种方法是按统计平均值取$\tau_D=\tau_{Dmax}/2$。表2-2列出了各种整流电路的最大延迟时间和平均延迟时间。

表2-2 整流电路延迟时间 (单位：ms)

电路形式	单相半波	单相全波、桥式	三相零式、半控桥	三相全控桥、六相零式
τ_{Dmax}	20	10	6.67	3.33
τ_D	10	5	3.33	1.67

第三节 框 图

一、框图（Block Diagram）

框图又称为结构图。控制系统中常用框图来形象地描述各元件（环节）之间和各作用量之间的相互关系，它具有简明、直观和运算方便的特点。框图又分为动态框图（描述动态关系）和静态框图（描述静态关系）。由于静态框图仅描述环节或系统的静态关系，因而可视为动态框图的特殊情况，它将在直流调速系统的静态分析中得到广泛的应用。

框图由信号线（Signal Line）、引出点（Take Off Point）、相加点（Summing Point）和功能框四个基本元素组成。其中，信号线的箭头表示信号传输的方向，可以在信号线的上（下）方标出信号线的名称；引出点（又称为分支点）表示将一个信号分成两路或多路输出，同一位置引出的信号都与原信号相同；相加点（又称为比较点）具有对几个信号求和的功能；功能框（又称为方框）表示一个环节或系统，功能框中填入相应环节或系统的传递函数。框图的基本组成元素如图2-16所示。

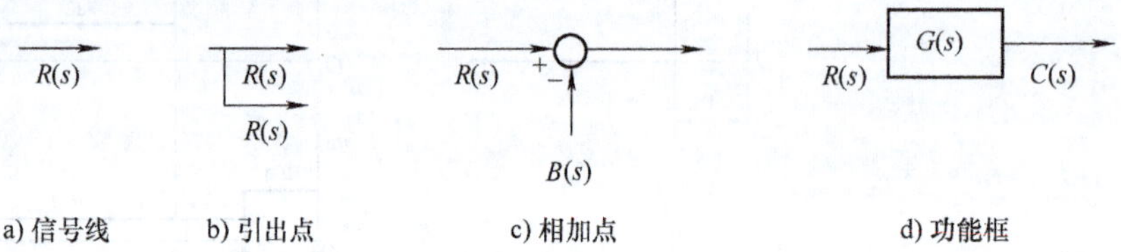

图2-16 框图的基本元素

二、自动控制系统框图的建立

1）根据系统电路图画出其复频域电路图。

2）从输入开始，由左至右，根据系统中各变量的传递顺序，用信号线连接各元件或环节的功能框，直至输出为止。

3）从输出量开始，用信号线将反馈变量引至有关比较点，构成主反馈或局部反馈环节。

【例2-5】 试建立图2-1所示直流电动机的框图［以电枢电压$U_d(s)$为参考输入量、转速$N(s)$为输出量］。

【解】 1）列出直流电动机各环节的微分方程式、传递函数和框图，见表2-3。

2）按$U_d(s)\rightarrow I_d(s)\rightarrow T_d(s)\rightarrow N(s)$顺序，依次连接各环节框图。

3）标出参考输入量$U_d(s)$、输出量$N(s)$、扰动量$T_L(s)$和中间变量$I_d(s)$、$T_d(s)$。这

样就完成了直流电动机框图的建立，如图 2-17 所示。

表 2-3　直流电动机各环节的框图

序号	微分方程及其拉氏变换式	传递函数	功能框
Ⅰ	$u_d(t)=R_d i_d(t)+L_d\dfrac{di_d(t)}{dt}+e(t)$ $U_d(s)-E(s)=(L_d s+R_d)I_d(s)$	$\dfrac{I_d(s)}{U_d(s)-E(s)}=\dfrac{1/R_d}{\tau_d s+1}$	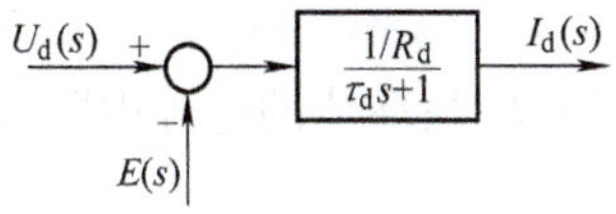
Ⅱ	$T_d(t)=K_T\Phi i_d(t)$ $T_d(s)=K_T\Phi I_d(s)$	$\dfrac{T_d(s)}{I_d(s)}=K_T\Phi$	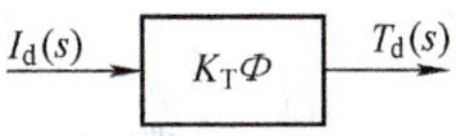
Ⅲ	$T_d(t)-T_L(t)=J_G\dfrac{dn(t)}{dt}$ $T_d(s)-T_L(s)=J_G sN(s)$	$\dfrac{N(s)}{T_d(s)-T_L(s)}=\dfrac{1}{J_G s}$	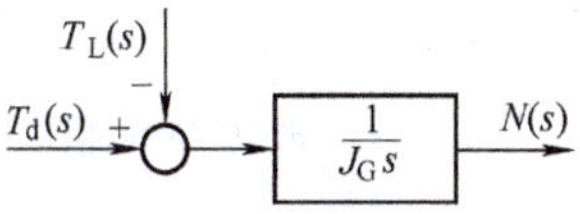
Ⅳ	$e(t)=K_e\Phi n(t)$ $E(s)=K_e\Phi N(s)$	$\dfrac{E(s)}{N(s)}=K_e\Phi$	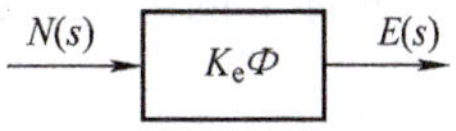

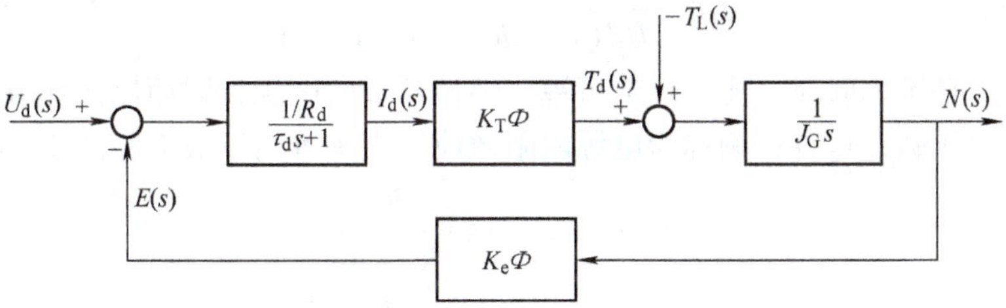

图 2-17　直流电动机框图

三、框图代数（Block Diagram Algebra）

框图代数又称为框图的等效变换。它利用框图进行数学运算，并对框图进行变换和简化。框图代数主要有两类：一类是环节的合并；另一类是引出点的移动或比较点的移动。

1. 环节的合并

（1）串联环节的合并　如图 2-18a 所示，串联环节第一个环节的输出量是第二个环节的输入量。由图 2-18 得

$$X_2(s)=X_1(s)G_1(s)$$
$$X_3(s)=X_2(s)G_2(s)$$
$$X_3=X_1(s)G_1(s)G_2(s)$$

其等效传递函数为

$$\frac{X_3(s)}{X_1(s)}=G_1(s)G_2(s) \tag{2-30}$$

由式（2-30）可知，串联环节的等效传递函数是各个环节传递函数相乘，其等效功能框如图 2-18b 所示。

a) 串联环节 b) 等效功能框

图 2-18 串联环节的合并

（2）串联环节的电源内阻效应及负载效应 图 2-19 为比例环节和惯性环节串联时的电路图。

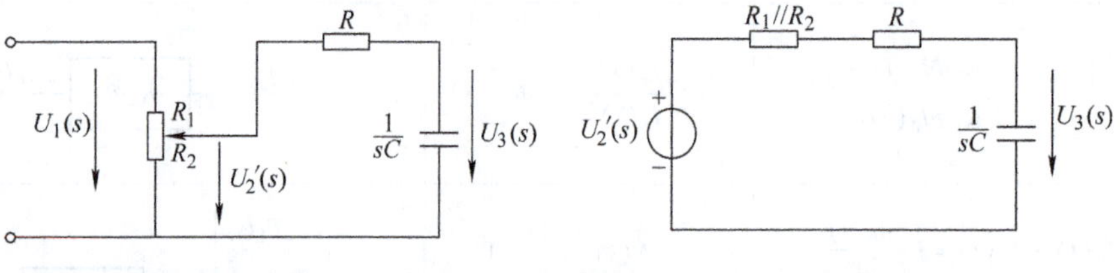

a) 复频域电路图 b) 等效电路图

图 2-19 比例环节和惯性环节串联电路

串联前各环节的传递函数分别为

$$G_1'(s)=\frac{U_2'(s)}{U_1(s)}=\frac{R_2}{R_1+R_2}=K_p$$

$$G_2'=\frac{U_3(s)}{U_2'(s)}=\frac{1}{RCs+1}=\frac{1}{\tau s+1}$$

比例、惯性环节串联时，比例环节可视为惯性环节的电源，因而比例环节的内阻将影响惯性环节的传递函数，这种影响称为电源内阻效应。由戴维南等效电路图 2-19b 可得

$$U_2'(s)=U_1(s)\frac{R_2}{R_1+R_2}$$

$$U_3(s)=U_2'(s)\frac{1}{[(R_1//R_2)+R]Cs+1}$$

$$\frac{U_3(s)}{U_1(s)}=\frac{R_2}{R_1+R_2}\frac{1}{[(R_1//R_2)+R]Cs+1}=G_1'(s)G_2(s)$$

其功能框图如图 2-20a 所示。显然，由于电源内阻效应的影响，传递函数发生了较大变化。但当电源内阻较小时，即 $(R_1//R_2)\ll R$ 时，

$$G_2(s)\approx G_2'(s)$$

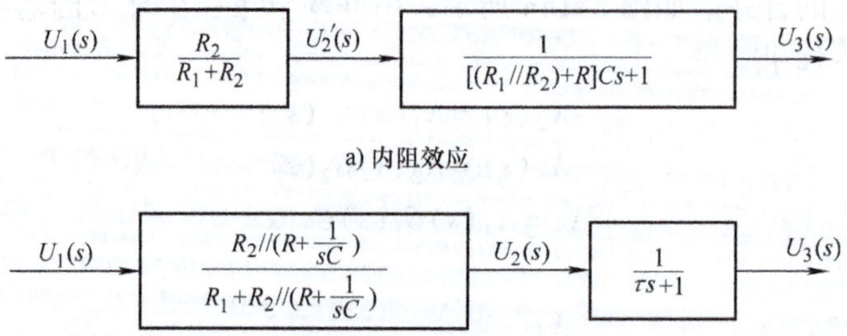

b) 负载效应

图 2-20 串联环节的内阻效应及负载效应

比例、惯性环节串联时，也可以将惯性环节视为比例环节的负载阻抗，因而惯性环节的

阻抗将影响比例环节的传递函数，这种影响称为负载效应。同理，可推导出串联环节的传递函数为

$$\frac{U_2(s)}{U_1(s)}=\frac{R_2/\!/\left(R+\frac{1}{sC}\right)}{R_1+R_2/\!/\left(R+\frac{1}{sC}\right)}$$

$$\frac{U_3(s)}{U_2(s)}=\frac{1}{RCs+1}=\frac{1}{\tau s+1}$$

式中　$U_2(s)$ ——电位器接负载后的输出电压象函数。

因此，串联环节等效传递函数为

$$\frac{U_3(s)}{U_1(s)}=\frac{R_2/\!/\left(R+\frac{1}{sC}\right)}{R_1+R_2/\!/\left(R+\frac{1}{sC}\right)}\frac{1}{\tau s+1}=G_1(s)G_2'(s)$$

可见，比例环节考虑了负载效应后，其传递函数发生了变化，如图 2-20b 所示。只有当 $[R+1/(sC)]>>R_2$ 时，$G_1(s)=G_1'(s)$。

上述两种情况下推导的串联环节等效传递函数虽然形式不同，但两者值是相等的。因而，在计算不同环节串联时，应考虑采用何种效应计算更简单。只有在上一级电源内阻较小或下一级负载阻抗较大时，或加了隔离电路之后才可不考虑这两种效应。这样的环节称为无电源内阻效应或无负载效应环节。本书以后讨论的串联环节，在无特别说明的情况下，所有串联环节均为无电源内阻效应或无负载效应环节。

（3）并联环节的合并　图 2-21 所示为三个并联环节的合并。

由图 2-21a 可得

$$X_o(s)=X_i(s)[G_1(s)-G_2(s)+G_3(s)] \tag{2-31}$$

可见，并联环节的等效传递函数为各环节传递函数的代数和，其等效功能框如图 2-21b 所示。

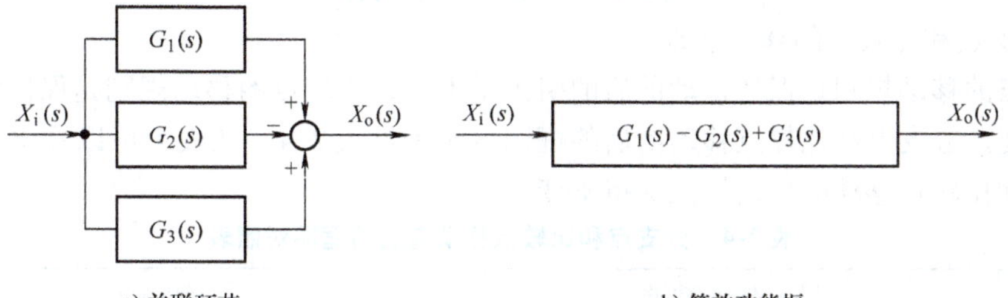

图 2-21　三个并联环节的合并

（4）反馈环节的变换　图 2-22 为一反馈环节变换。

由图 2-22a 可得

$$C(s)=E(s)G(s)$$

$$R(s)\pm C(s)H(s)=E(s)$$

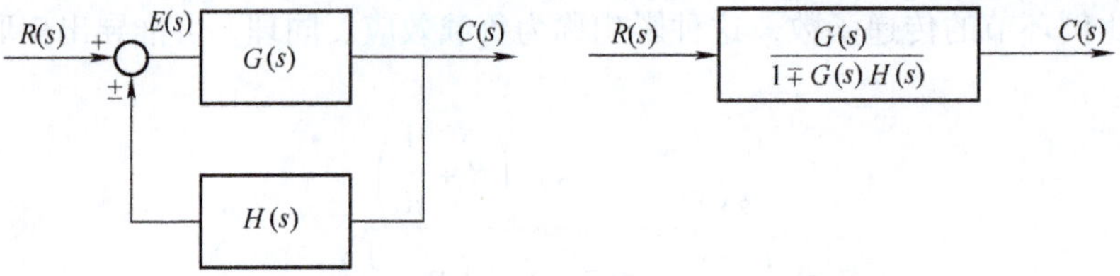

a) 反馈环节　　b) 等效功能框

图 2-22　反馈环节变换

因而其等效传递函数为

$$\frac{C(s)}{R(s)}=\frac{G(s)}{1\mp G(s)H(s)} \tag{2-32}$$

其等效功能框如图 2-22b 所示。如果反馈环节的传递函数 $H(s)=1$，则称为单位反馈（Unity Feedback）或直接反馈（Direct Feedback），其等效传递函数为

$$\frac{C(s)}{R(s)}=\frac{G(s)}{1\mp G(s)} \tag{2-33}$$

2. 比较点的互换、合并

由图 2-23a 可知，

$$X_4(s)=X_1(s)-X_2(s)+X_3(s)=X_1(s)+X_3(s)-X_2(s)$$

因而可得到：比较点的互换，输出量保持不变，如图 2-23b 所示；比较点合并，输出量也不变，如图 2-23c 所示。

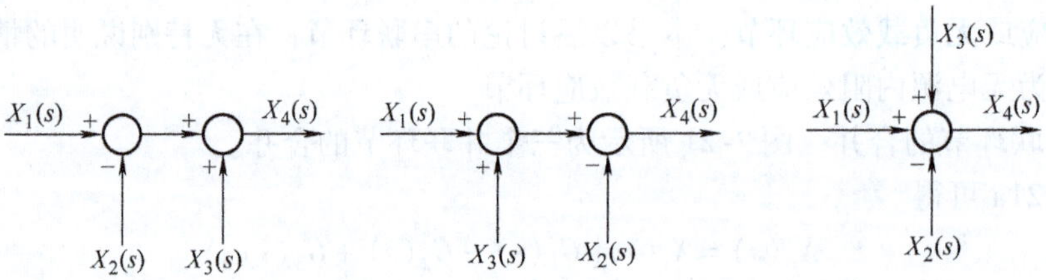

a)　　b)　　c)

图 2-23　比较点的互换与合并

3. 分支点和比较点的移动规则

分支点的移动规则是保持移动前后的引出量不变；比较点的移动规则是保持移动前后的输出量不变。分支点和比较点移动前后的框图对照表见表 2-4。从表中可以看出，移动规则是分支点和比较点移动前后信号值保持不变。

表 2-4　分支点和比较点移动前后的框图对照表

位置	移动前框图	移动后框图
引出点前移	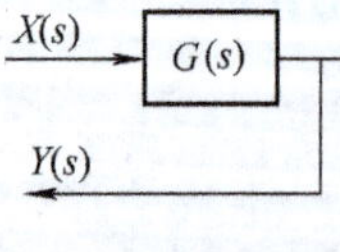 a)	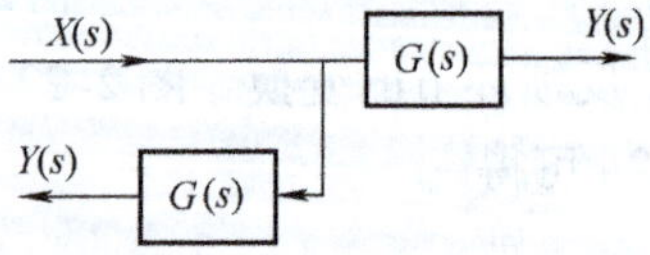 b)

（续）

位置	移动前框图	移动后框图
引出点后移	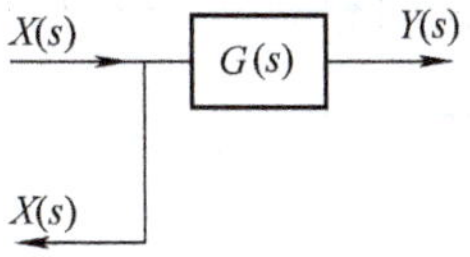 c)	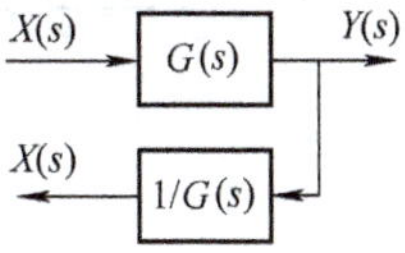 d)
比较点前移	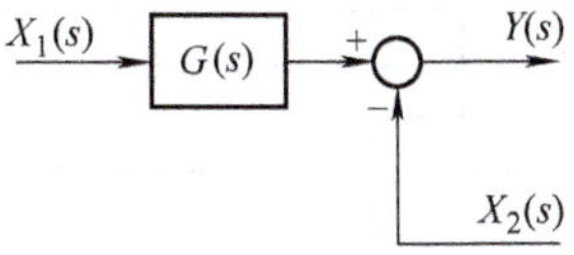 e)	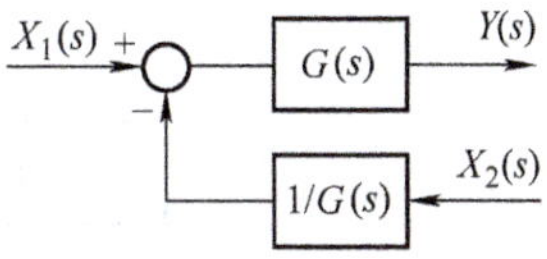 f)
比较点后移	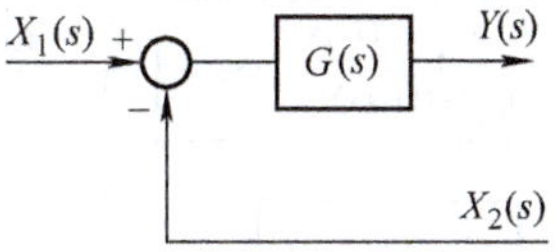 g)	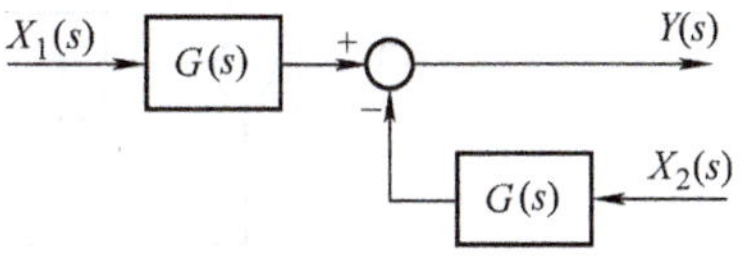 h)

4. 非单位反馈系统化为单位反馈系统

利用比较点的移动规则，可以很容易将图 2-24a 所示的非单位反馈系统等效变换成图 2-24b所示的单位反馈系统。

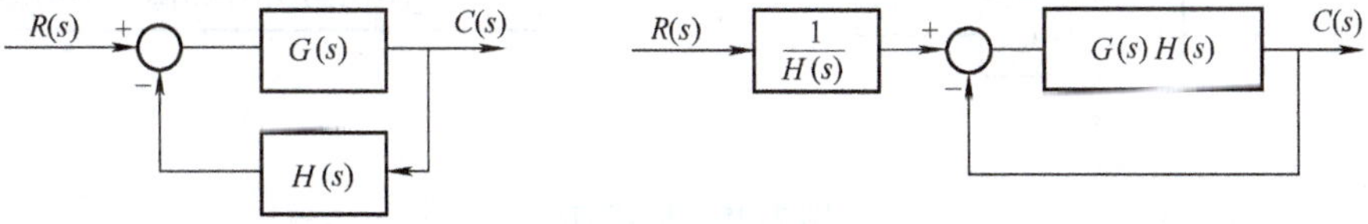

a) 非单位反馈系统　　b) 单位反馈系统

图 2-24　非单位反馈系统等效变换

四、利用框图代数求取传递函数

在利用框图代数求取传递函数时，较为困难的是求取交叉反馈的多环控制系统（Multiple Loop Feedback Control System）的传递函数。简化的关键是利用引出点和比较点的移动解除环间的交叉，简化成大环套小环的互不交叉的多回路框图形式。而对多回路框图，可以由里向外进行变换，直至变换成一个等效的功能框。如果有多个输入量分别作用在系统的不同部位上，或系统有多个输出量，则应分别对每一个输入量或输出量逐个进行框图代数运算。

【例 2-6】 已知系统框图如图 2-25a 所示，试求该系统传递函数 $G(s)=C(s)/R(s)$。

【解】 1）首先，根据分支点移动规则，解除交叉结构，如图 2-25b 所示。

2）根据反馈环节等效规则，求出内环传递函数，如图 2-25c 所示。

3）根据串联环节等效规则，求出主通道上的传递函数，如图 2-25d 所示。

4）最后，根据反馈环节等效规则，求出系统传递函数，如图 2-25e 所示。

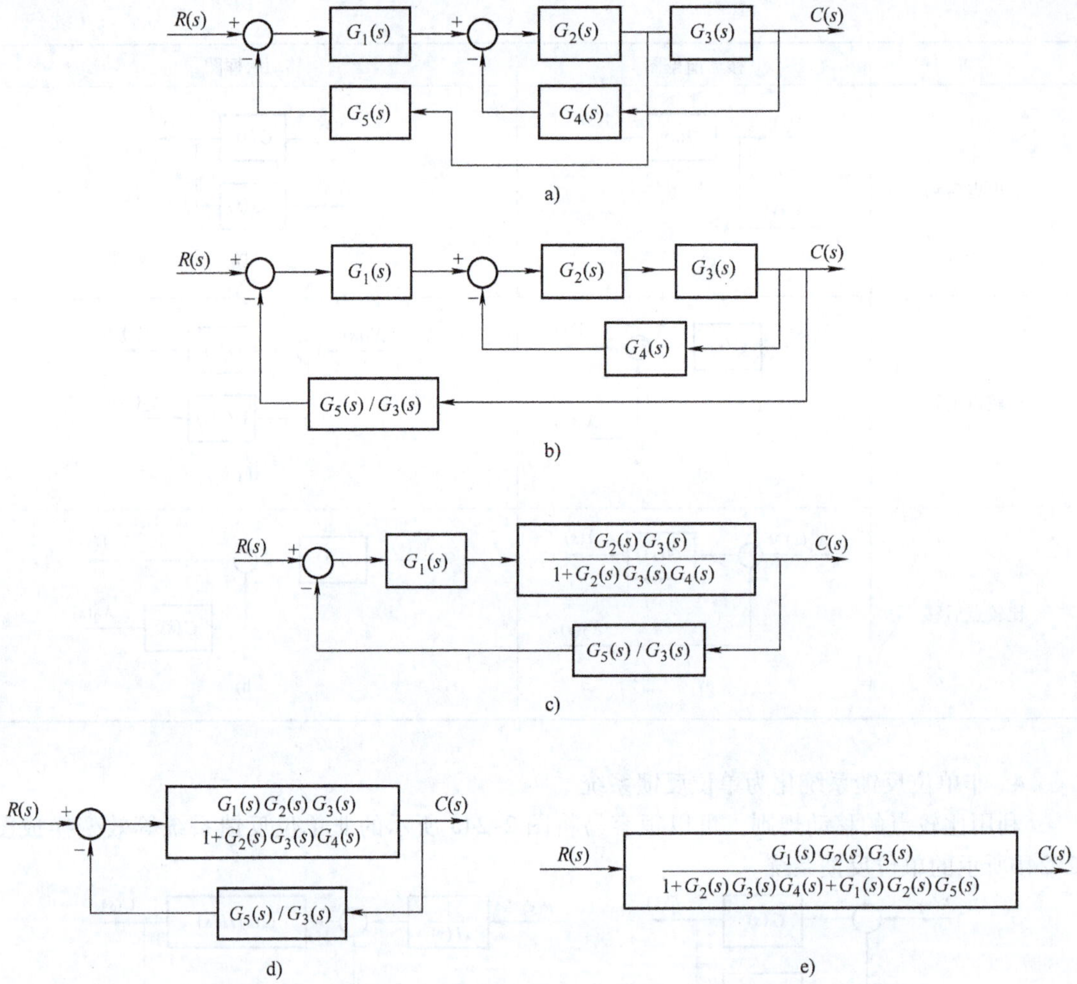

图 2-25 框图简化

五、常用闭环系统传递函数计算的简便方法

根据梅逊（Mason）公式，可以得到以下闭环系统传递函数计算的简便公式。

（1）多环相互接触的控制系统 该系统的特点是前向通道只有一条，各环都与前向通道接触，而且环与环之间都有公共部分（环与环相互接触）。多环相互接触的控制系统的等效传递函数可以由下式得到

$$G(s)=\frac{C(s)}{R(s)}=\frac{\prod_{i=1}^{n}G_i(s)}{1+\sum_{j=1}^{m}G_{oj}(s)} \tag{2-34}$$

式中，$G(s)$ 的分子为前向通道各串联环节传递函数之积（n 为前向通道串联环节数），分母为各回环开环传递函数之和加 1（m 为反馈环数目），且每一回环开环传递函数的符号为：负反馈时取正，正反馈时取负。

对于其中有独立回环系统，不可直接应用该式计算。

【例 2-7】 已知系统框图如图 2-26 所示，试求该系统传递函数 $G(s)=C(s)/R(s)$。

【解】 图2-26 所示的框图为三环互相接触的控制系统。系统有一条前向通道，各环都与前向通道接触，且环与环之间都有公共部分，即环与环之间相互接触。利用式（2-34）可直接写出该系统的传递函数，即

$$G(s)=\frac{C(s)}{R(s)}=\frac{G_1G_2G_3G_4}{1+G_1G_2G_3G_4+G_2G_3H_1+G_3G_4H_2}$$

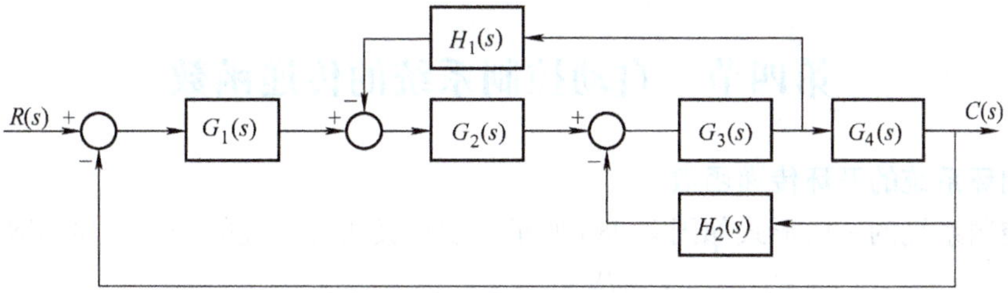

图 2-26 多环相互接触的控制系统

（2）具有多环互不接触回路的控制系统 该类型系统的传递函数可直接由式（2-35）得到

$$G(s)=\frac{C(s)}{R(s)}=\frac{\prod_{i=1}^{n}G_i(s)}{1+\sum_{j=1}^{m}G_{oj}(s)+\sum_{a,b}G_{oa}(s)G_{ob}(s)+\sum_{a,b,c}G_{oa}(s)G_{ob}(s)G_{oc}(s)+\cdots} \tag{2-35}$$

式中，分子为前向通道各串联环节传递函数之积（n 为前向通道串联环节数）；分母第二项为各回环开环传递函数之和（m 为反馈环数目），且每一回环开环传递函数的符号为：负反馈时取正，正反馈时取负；分母第三项为所有两个互不接触回环开环传递函数乘积之和；分母第四项为所有三个互不接触回环开环传递函数乘积之和；分母第五项、第六项等，依此类推。

式（2-34）、式（2-35）只能求解有一条前向通道的系统的等效传递函数。对于前向通道多于一条时，应先运用框图代数简化成一条前向通道，再应用上式。

【例 2-8】 设系统框图如图 2-27 所示，试求该系统传递函数 $G(s)=C(s)/R(s)$。

图中，$G_1(s)=1/(sC_1)$，$G_2(s)=1/R_1$，$G_3(s)=1/(sC_2)$，$G_4(s)=1/R_2$。

【解】 图2-27 所示的框图为具有互不接触回路的系统。系统有一条前向通道，共有三个回路都与前向通道接触，有一组互不接触回路Ⅰ、Ⅲ。利用式（2-35）可直接写出该系统的传递函数，即

$$\begin{aligned}G(s)=\frac{C(s)}{R(s)}&=\frac{G_1G_2G_3G_4}{1+(G_1G_2+G_2G_3+G_3G_4)+G_1G_2G_3G_4}\\&=\frac{G_1G_2G_3G_4}{1+G_1G_2G_3G_4+G_1G_2+G_2G_3+G_3G_4}\\&=\frac{1}{s^2R_1R_2C_1C_2+s(R_1C_1+R_2C_2+R_2C_1)+1}\end{aligned}$$

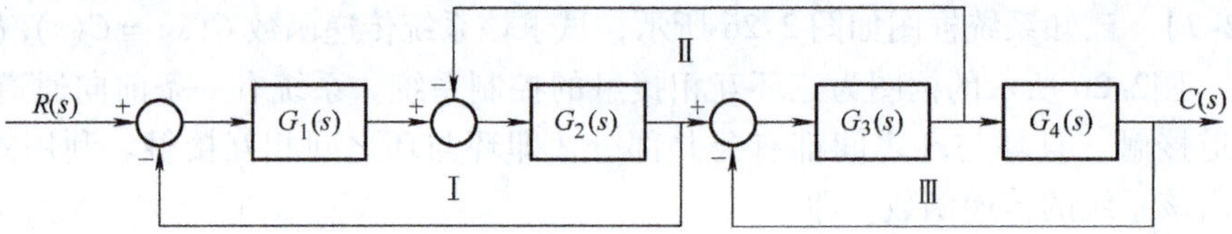

图 2-27 具有多环互不接触回路传递函数计算

第四节 自动控制系统的传递函数

一、闭环系统的开环传递函数

自动控制系统的一般形式如图 2-28a 所示，现定义闭环系统的开环传递函数为

$$G_0(s)=\frac{B(s)}{R(s)}=G_1(s)G_2(s)H(s) \tag{2-36}$$

应注意：$G_0(s)$ 为闭环系统的开环传递函数，指断开主反馈通道（开环）而得到的，而非开环系统的传递函数。$G_0(s)$ 主要用来研究控制系统的固有性能。

二、闭环传递函数

图 2-28 所示的系统中给定量 $R(s)$ 与扰动量 $D(s)$ 均为系统的输入量，利用叠加原理可得到两个传递函数：

1）$R(s)$作用下的闭环传递函数(令 $D(s)=0$)。

$$G_R(s)=\frac{C_R(s)}{R(s)}=\frac{G_1(s)G_2(s)}{1+G_1(s)G_2(s)H(s)}=\frac{G_1(s)G_2(s)}{1+G_0(s)} \tag{2-37}$$

$G_R(s)$ 主要用来研究控制系统的跟随性能（即输出量跟随给定量变化的性能）。

2）$D(s)$ 作用下的闭环传递函数（令 $R(s)=0$）。

当 $R(s)=0$ 时，图 2-28a 所示的系统框图可改画为图 2-28b(图中比较点等效为 −1 环节)，并进一步等效为图 2-28c 所示的电路，因而

$$G_D(s)=\frac{C_D(s)}{D(s)}=\frac{G_2(s)}{1+G_1(s)G_2(s)H(s)}=\frac{G_2(s)}{1+G_0(s)} \tag{2-38}$$

$G_D(s)$ 主要用来研究控制系统的抗扰动性能。

3）在给定量 $R(s)$ 和扰动量 $D(s)$ 同时作用时，运用叠加原理可得到闭环系统的总输出响应，即

$$C(s)=C_R(s)+C_D(s)$$

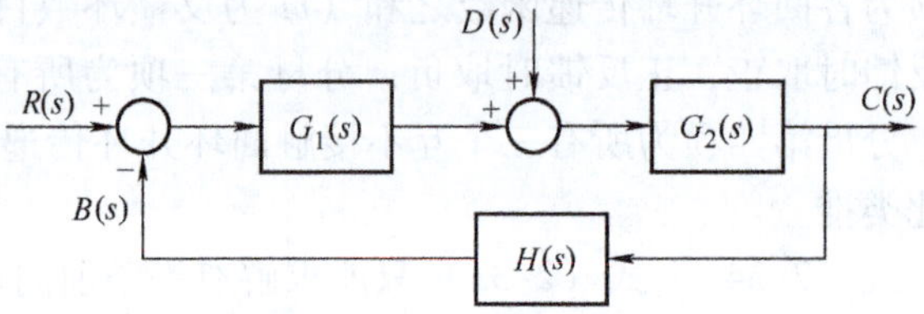

a) 一般形式

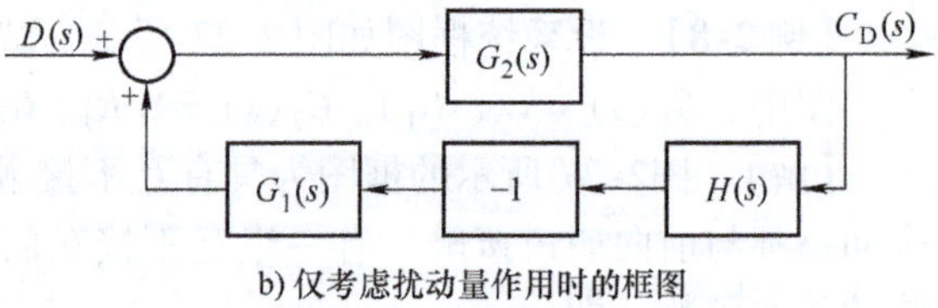

b) 仅考虑扰动量作用时的框图

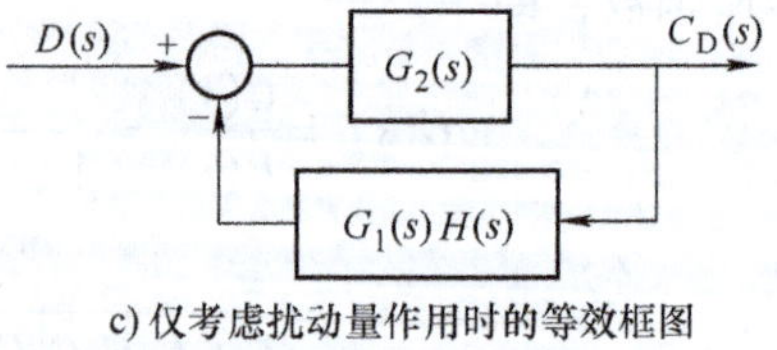

c) 仅考虑扰动量作用时的等效框图

图 2-28 自动控制系统的一般形式

$$= \frac{G_1(s)G_2(s)}{1+G_0(s)}R(s) + \frac{G_2(s)}{1+G_0(s)}D(s) \quad (2\text{-}39)$$

综上所述，自动控制系统传递函数的特点如下：

1）各种闭环传递函数的分母均为 $1+G_0(s)$，即它们的极点相同。这说明系统极点与外部输入信号[如 $r(t)$、$d(t)$ 等]的形式和在系统中所处的位置无关。同时也说明了它和输出信号形式和在系统中取得输出信号的位置无关。系统极点仅由系统的特征方程式 $1+G_0(s)=0$ 决定，它反映了系统的固有特性。因而，系统的开环传递函数 $G_0(s)$ 可以用来研究系统的固有特性。

2）对于 $G_D(s)$，当 $|G_0(s)|>>1$ 时，

$$G_D(s) \approx \frac{G_2(s)}{G_0(s)} = \frac{1}{G_1(s)H(s)}$$

若 $|G_1(s)H(s)|>>1$，则 $|G_D(s)|\to 0$，因而扰动被抑制了。这就是闭环控制系统的优点之一（抑制扰动的基本原理）。从而可以看出：闭环控制系统具有抗扰动能力，扰动的抑制主要与 $G_1(s)H(s)$ 有关，即扰动的抑制只能从扰动信号引入点前的环节入手解决。

3）对于 $G_R(s)$，当 $|G_0(s)|>>1$ 时，

$$G_R(s) \approx \frac{1}{H(s)}$$

因此，$G_1(s)G_2(s)$ 的参数变化将不影响控制系统的输出，这是闭环控制系统的另一个优点。从而可以看出：闭环控制系统能克服主通道上元件参数的变化，但对反馈元件（测量元件）的误差或参数变化引起的误差（扰动）却无能为力。

对于单位反馈系统即 $H(s)=1$ 的系统，当 $|G_0(s)|>>1$ 时，$C(s)\approx R(s)$，即控制系统基本上可完全实现对输入信号的复现，或者说它基本上能够完全跟随 $R(s)$ 的变化。

三、闭环控制系统的偏差传递函数

在控制系统的分析中，除了要了解输出量的变化规律外，还常常关心误差的变化规律，即动态过程中存在的误差，称为动态误差。控制误差的大小，也就达到了控制系统精度的目的。同时，根据反馈控制的基本原理，偏差也是一个重要的参数，偏差与误差之间存在一一对应的关系，因此通过研究偏差即可达到分析误差的目的。

1. 只有 $R(s)$ 作用时[令 $D(s)=0$]的偏差传递函数

图 2-28a 可等效为图 2-29a，由此可求得

$$G_{ER}(s) = \frac{E_R(s)}{R(s)} = \frac{1}{1+G_1(s)G_2(s)H(s)} = \frac{1}{1+G_0(s)} \quad (2\text{-}40)$$

2. 只有 $D(s)$ 作用时[令 $R(s)=0$]的偏差传递函数

将图 2-29b 等效变换成图 2-29c，可求得

$$G_{ED}(s) = \frac{E_D(s)}{D(s)} = \frac{-G_2(s)H(s)}{1+G_1(s)G_2(s)H(s)} = \frac{-G_2(s)H(s)}{1+G_0(s)} \quad (2\text{-}41)$$

3. $R(s)$ 和 $D(s)$ 同时作用时的偏差

由叠加定理可得

$$E(s) = E_R(s) + E_D(s) = \frac{1}{1+G_0(s)}R(s) - \frac{G_2(s)H(s)}{1+G_0(s)}D(s) \quad (2\text{-}42)$$

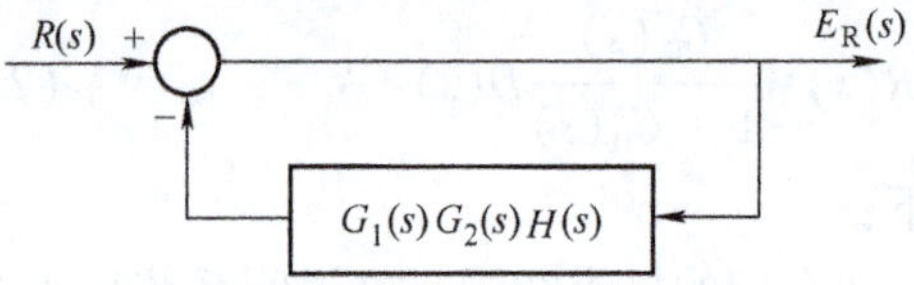

a) 仅考虑给定量作用时的框图

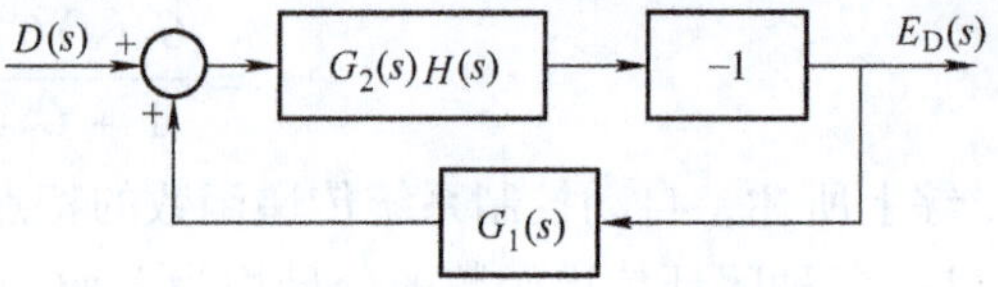

b) 仅考虑扰动量作用时的框图

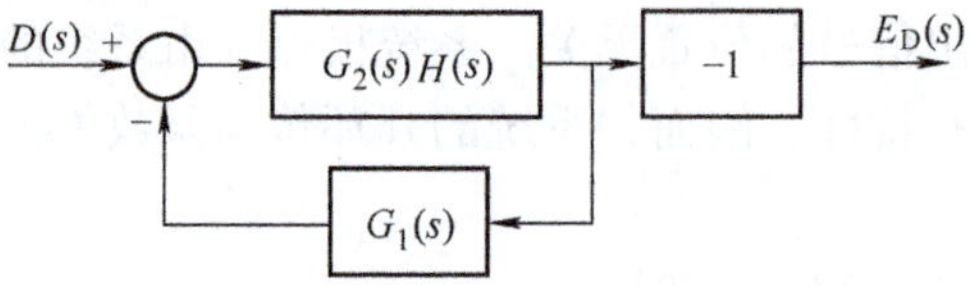

c) 仅考虑扰动量作用时的等效框图

图 2-29 闭环系统误差传递函数

4. 特点

1）当$|G_0(s)|>>1$时，有

$$\frac{E_D(s)}{D(s)}\approx-\frac{1}{G_1(s)}$$

因此，偏差（或误差）与扰动作用点前的环节密切相关。

2）$G_{ER}(s)$ 用于研究系统输出跟随给定量变化过程中的偏差（误差）；$E_R(s)$ 系统输出跟随给定量变化过程中的偏差（误差）。也正是这个偏差的作用才能产生控制作用——自动控制系统的基本原理。

3）$G_{ED}(s)$ 用于研究扰动所引起的偏差（误差）；$E_D(s)$ 为扰动所引起的偏差（误差）。

4）系统进入稳态后的偏差称为稳态偏差。当系统进入稳态后，若 $E(s)=0$，则称该系统为无差系统；若 $E(s)\neq0$，则称该系统为有差系统。

小　结

1）微分方程是自动控制系统的最基本的数学模型，也是系统的时域数学模型。

2）传递函数是系统或环节在初始条件为零时输出量的拉氏变换式和输入量的拉氏变换式之比。传递函数只与系统（或环节）内部的结构、参数有关，而与输入量、扰动量等外界因素无关。它表征系统（或环节）的固有特性，是自动控制系统中的复频域模型，也是自动控制系统中最常用的数学模型。

3）对于同一系统，若选取的输入量和输出量不同，则其对应的微分方程式和传递函数也不同。

4）自动控制系统的框图是一种图形化的数学模型，它直观地显示了系统的结构特点、各参变量和作用量在系统中的作用和地位，清楚地表明了各环节间的相互关系。

5）控制系统框图可用框图代数或控制系统常用的传递函数简化公式来简化。

6）传递函数 $G_0(s)$ 用来描述系统的固有特性，$G_R(s)$ 用来描述系统的跟随性能，$G_D(s)$用来描述系统的抗扰动性能，$G_{ER}(s)$ 用来研究系统输出跟随给定量变化过程中的偏差（误差），$G_{ED}(s)$ 用来研究扰动所引起的偏差（误差）。

7）闭环控制系统具有抗扰动能力，扰动的抑制只能从扰动信号引入点前的环节入手解决。闭环控制系统虽然能克服主通道上元件参数的变化，但对反馈元件（测量元件）的误差和因参数变化而引起的误差（扰动）却无能为力。

8）当系统进入稳态后，若 $E(s)=0$，则称该系统为无差系统；若 $E(s)\neq 0$，则称该系统为有差系统。

思考题与习题

2-1　什么是时域模型，时域模型用什么表示？

2-2　什么是复频域模型，复频域模型用什么表示？

2-3　为什么两个惯性环节串联不可能构成振荡环节？构成振荡环节的必要条件是什么？

2-4　惯性环节在什么条件下可以近似为比例环节？在什么条件下可以近似为积分环节？

2-5　二阶系统是一个振荡环节，这种说法对吗？为什么？

2-6　试求出图 2-30 所示常用调节器的传递函数。

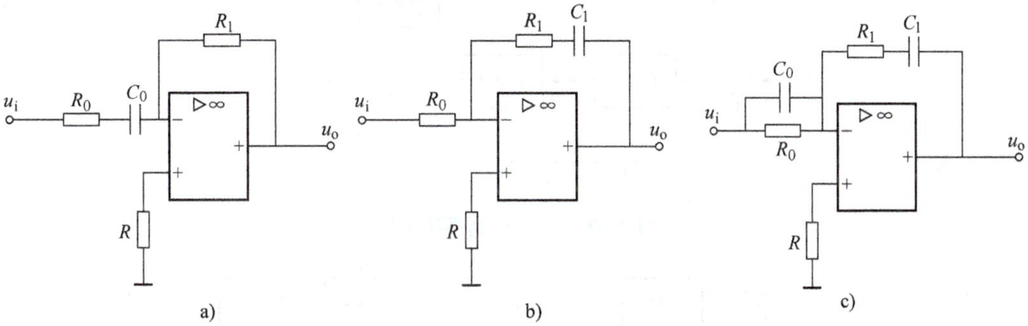

图 2-30　常用调节器

2-7　试证明图 2-31 所示网络的传递函数为

$$\frac{U_o(s)}{U_i(s)}=\frac{1}{R^2C^2S^2+\left(3RC+\frac{R^2C}{Z}\right)s+\left(1+\frac{2R}{Z}\right)}$$

2-8　试绘制图 2-32 所示系统的框图，并求出电动机转速 n 与发电机励磁（他励）电压 u_f 之间的传递函数。

2-9　试简化图 2-33 所示系统的框图，并求出它们的传递函数 $C(s)/R(s)$。

2-10　试简化图 2-34 所示系统的框图。

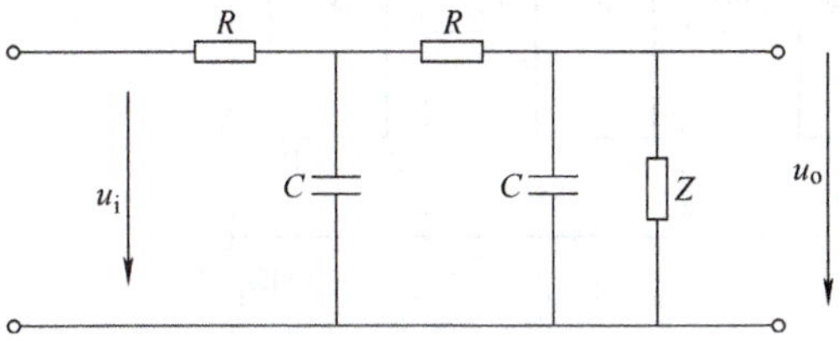

图 2-31　网络传递函数的求取

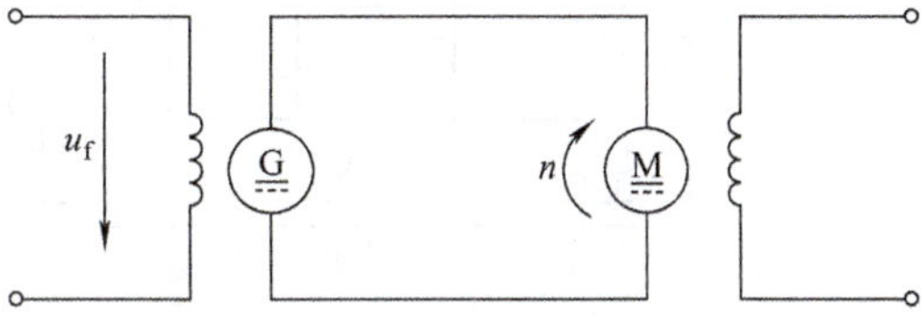

图 2-32　发电机-电动机调速系统

2-11　试说明图 2-35 所示自动控制系统模拟电路由哪些环节组成。并求出该模拟系统的传递函数。

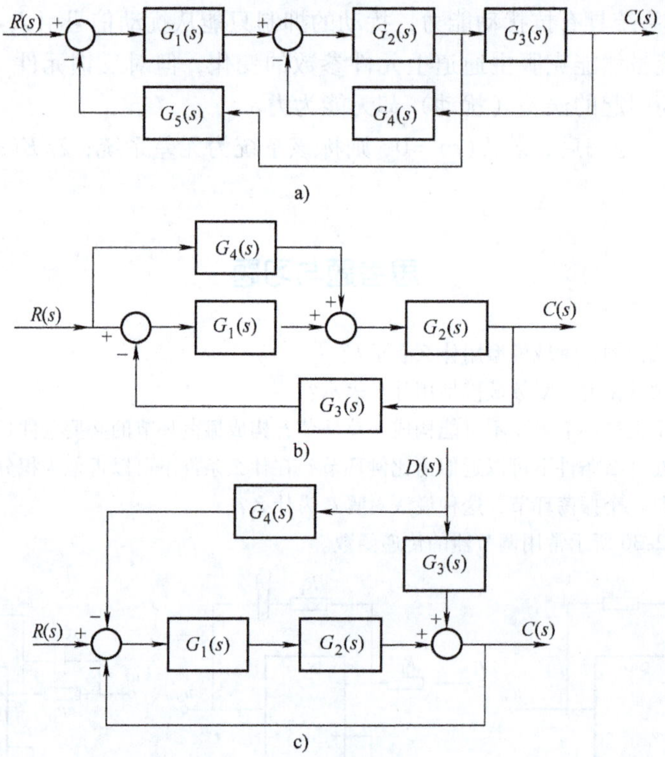

图 2-33 自动控制系统框图

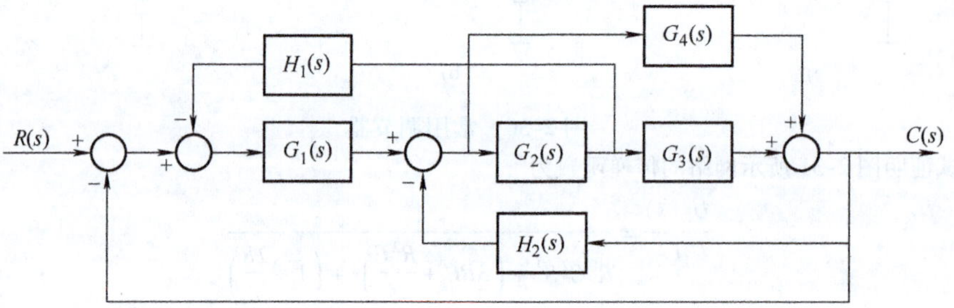

图 2-34 自动控制系统框图

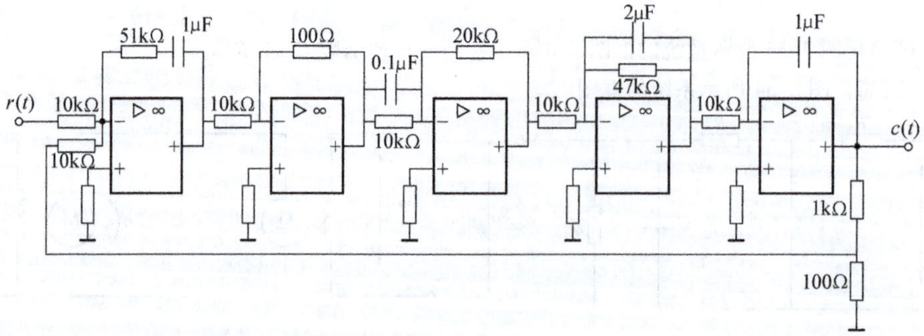

图 2-35 自动控制系统模拟电路

第三章　自动控制系统的时域分析法

第一节　概　　述

第二章介绍了自动控制系统分析中常用的几种数学模型，进而可以利用这些数学模型，采用不同的分析方法对自动控制系统的性能进行全面的计算和分析。

时域（Time Domain）分析法是在一定的输入条件下，使用拉氏变换直接求解自动控制系统时域响应（Time Response）的表达式，从而得到控制系统直观而精确的输出时间响应曲线和性能指标。

在控制工程中，严格来说，任何一个控制系统几乎都是高阶系统（描述系统动态特性的运动方程是高阶微分方程）。系统越复杂，微分方程的阶次越高。分析高阶系统通常是相当复杂的，即使我们使用计算机处理，所求出响应的性能指标也不一定能满足工程上的需要，甚至系统还可能是不稳定的。使用时域分析法难以直接提出改善系统动静态性能的校正方案。在工程实践中，往往根据被控制对象的使用要求确定系统的静态和动态性能指标，再根据性能指标的要求确定预期响应曲线，进而通过校正的方法人为地改变系统的结构、参数和性能，使之满足所要求的性能指标。它并不要求校正后的响应曲线严格按照预期的响应曲线变化，而只要求它的变化趋势与预期响应曲线一致，并满足性能指标的要求即可。工程上常将一阶、二阶等系统响应曲线作为自动控制系统的预期时域响应曲线。

控制系统的时域响应不仅取决于系统本身的结构与参数，还与外加信号有关。因此，需要有一个对各种控制系统性能指标进行比较的基础，也就是预先设定一些典型输入信号，然后比较各种系统对这些输入信号的响应。时域分析法中常用的典型输入信号有如下几种。

（1）单位阶跃函数 $1(t)$　也称为位置信号，其数学表达式为

$$r(t)=1(t)=\begin{cases}0 & t<0\\1 & t\geqslant 0\end{cases} \tag{3-1}$$

单位阶跃函数如图 3-1a 所示，其拉氏变换式为

$$R(s)=L[1(t)]=\frac{1}{s} \tag{3-2}$$

该信号相当于在 $t=0$ 处突加一个恒定的输入信号。对于恒值系统，相当于参考输入量的变化或者扰动量的突变；对于随动系统，相当于突加一个位置输入信号。

（2）单位斜坡函数　也称为速度信号，其数学表达式为

$$r(t)=\begin{cases}0 & t<0\\t & t\geqslant 0\end{cases} \tag{3-3}$$

单位斜坡函数如图 3-1b 所示，其拉氏变换式为

$$R(s)=L[t]=\frac{1}{s^2} \tag{3-4}$$

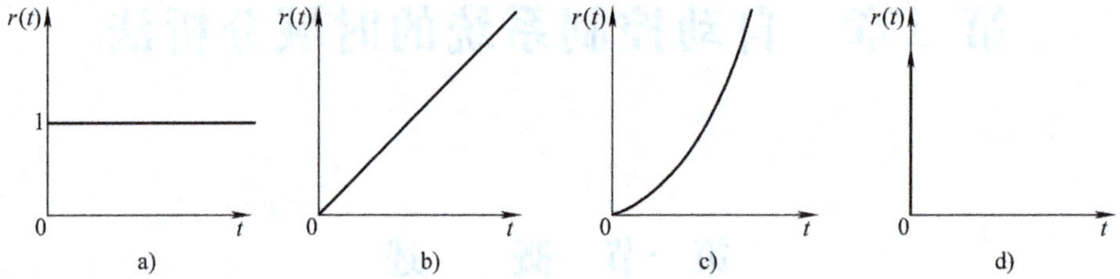

图 3-1 典型时域输入信号

(3) 抛物线函数 也称为加速度信号，其数学表达式为

$$r(t)=\begin{cases}0 & t<0\\ \dfrac{1}{2}t^2 & t\geqslant 0\end{cases} \tag{3-5}$$

抛物线函数如图 3-1c 所示，其拉氏变换式为

$$R(s)=L\left[\frac{1}{2}t^2\right]=\frac{1}{s^3} \tag{3-6}$$

(4) 单位脉冲函数 即狄拉克（Dirac）函数，其数学表达式为

$$r(t)=\delta(t)=\begin{cases}0 & t\neq 0\\ \infty & t=0\end{cases} \tag{3-7}$$

单位脉冲函数如图 3-1d 所示，其拉氏变换式为

$$R(s)=L[\delta(t)]=1 \tag{3-8}$$

对控制系统来说，只要输入信号的强度足够大，且信号持续时间相对于系统的时间常数可以忽略不计时，则该信号可以视为脉冲函数。

对实际系统进行分析时，应根据系统的工作情况选择合适的典型输入信号。同一系统选择不同的输入信号时，其响应也不同。为了对系统的动态性能指标进行比较和研究，通常选用单位阶跃函数。

第二节 一阶系统阶跃响应分析

一阶系统（First Order System）指用一阶微分方程式描述的控制系统，也就是闭环系统的传递函数分母中 s 的最高次幂为 1 的系统。

一、典型一阶系统

典型一阶系统框图如图 3-2 所示。

当 $D(s)=0$ 时，系统参考输入量的传递函数为

$$G_R(s)=\frac{C_R(s)}{R(s)}=\frac{1}{\dfrac{\tau_i}{K_p}s+1}=\frac{1}{\tau s+1}=\frac{1/\tau}{s+1/\tau} \tag{3-9}$$

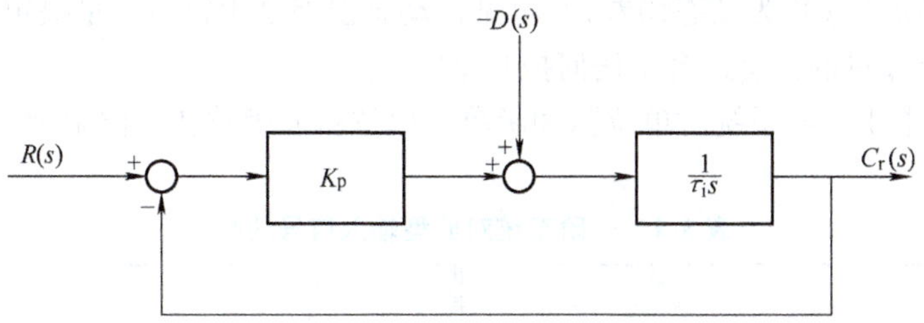

图 3-2 典型一阶系统框图

式中 τ_i——积分环节时间常数；

τ——典型一阶系统时间常数，$\tau=\tau_i/K_p$。

当 $r(t)=1(t)$ 时，$R(s)=1/s$，则

$$C_R(s)=\frac{1/\tau}{s(s+1/\tau)} \tag{3-10}$$

由拉氏反变换可得

$$c_r(t)=L^{-1}\left[\frac{1}{s}+\frac{-1}{s+1/\tau}\right]=1-e^{-\frac{1}{\tau}t} \tag{3-11}$$

由式（3-11）可知，闭环系统传递函数为一阶惯性环节，式中第一项为单位阶跃响应的稳态分量，它等于单位阶跃信号的幅值；式中第二项为瞬态分量。典型一阶系统单位阶跃响应曲线如图 3-3 所示。

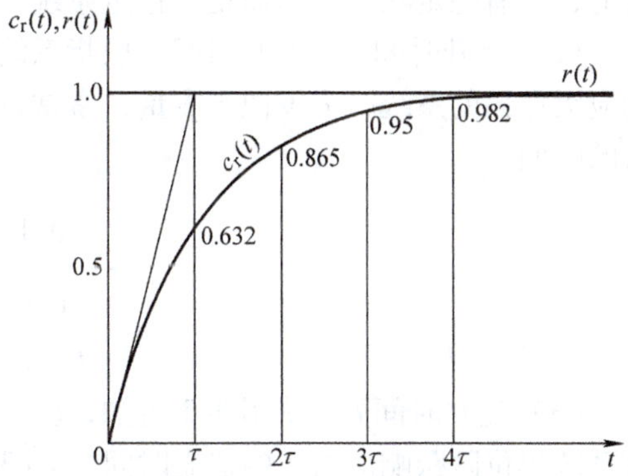

图 3-3 典型一阶系统单位阶跃响应

由上述分析可知：

1）时间常数 τ 是表征系统响应的唯一参数，它与系统响应之间具有确定的对应关系。例如 $t=\tau$ 时，$c_r(t)=0.632$，$t=(2\sim4)\tau$ 时所对应的 $c_r(t)$ 值如图 3-3 所示。用实验法求取一阶系统时间常数 τ 的方法如图 3-3 所示。

2）系统响应曲线在 $t=0$ 处的斜率最大，即

$$\left.\frac{dc_r(t)}{dt}\right|_{t=0}=\left.\left(\frac{1}{\tau}e^{-\frac{1}{\tau}t}\right)\right|_{t=0}=\frac{1}{\tau} \tag{3-12}$$

运用这一特点也可以通过实验法求取时间常数 τ。同时，这一特点也是区分一阶系统和非周期响应曲线与高阶系统的无超调响应曲线的基本标志，后者在 $t=0$ 处的斜率为 0。

3）由 $c_r(t)$ 的计算过程可知：

① $c_r(t)$ 由两个分量组成。其中一个分量 $-e^{-\frac{1}{\tau}t}$ 是随时间衰减的，称为暂态分量（或瞬态分量）；另一分量与输入信号成正比，称为稳态分量。稳态分量与输入信号 $R(s)=1/s$ 的极点 $s=0$ 有关，而与传递函数的极点无关；暂态分量与传递函数 $G_R(s)=1/(\tau s+1)$ 的极点 $s=-1/\tau$ 有关。

② 在暂态分量尚未衰减到零时，输出响应不可能与输入信号同规律变化，也就是说在

动态过程中存在误差（称为动态误差）。可见，动态误差是由暂态分量决定的。

③ 上述两个分量的概念适合于任何控制系统。

同理，可以求出一阶系统对单位脉冲函数、单位斜坡函数和单位抛物线函数的响应，详见表3-1。

表3-1 一阶系统对典型输入信号的响应

$r(t)$	$c(t)$	$r(t)$	$c(t)$
$\delta(t)$	$\frac{1}{\tau}e^{-\frac{1}{\tau}t}$	t	$t-\tau(1-e^{-\frac{1}{\tau}t})$
$1(t)$	$1-e^{-\frac{1}{\tau}t}$	$\frac{1}{2}t^2$	$\frac{1}{2}t^2-\tau t+\tau^2(1-e^{-\frac{1}{\tau}t})$

从表3-1可以看出，系统对输入信号导数的响应等于系统对该输入信号响应的导数；系统对输入信号积分的响应等于系统对该输入信号响应的积分，其积分常数由输出响应的初始条件确定。这一重要特性适用于任何阶次的线性定常系统。

二、一阶系统阶跃响应指标

（1）稳定性　从图3-3可以看出，一阶系统单位阶跃响应是从一个稳态过渡到另一个稳态，因而它是一个绝对稳定（简称稳定）系统。同时，可以看出系统传递函数的极点为负实数。

当图3-2接成正反馈时，系统传递函数的极点为正实数，其单位阶跃响应曲线是逐渐上升的，没有稳定状态，因而是不稳定系统。读者可以自行分析。

（2）上升时间 t_r　上升时间一般指系统响应曲线第一次上升到稳态值所需的时间。对于响应无振荡的系统，为了便于测量，常常将上升时间定义为从稳态值的10%上升到90%所需的时间。

$$0.1=1-e^{-\frac{1}{\tau}t_1}$$

$$0.9=1-e^{-\frac{1}{\tau}t_2}$$

$$t_r=t_2-t_1\approx 2.2\tau \tag{3-13}$$

（3）建立时间 t_s　从图3-3可知，$t=3\tau$时，$\delta=0.05$，$t=4\tau$，$\delta<0.02$。由此可知，一阶系统单位阶跃响应曲线的建立时间 $t_s=(3\sim4)\tau$。工程上一般认为 $t=t_s$ 时系统的瞬态过程已经结束，系统进入稳态阶段。

（4）稳态误差 e_{ss}　稳态误差可由下式确定：

$$e_{ss}=1-c_r(\infty) \tag{3-14}$$

由于该系统稳态误差为零，因而又称为无差系统。

三、具有惯性环节的一阶系统

图3-4为前向通道具有惯性环节，且反馈系数为 α 的环节所组成的一阶系统，其传递函数为

$$\frac{C_R(s)}{R(s)}=\frac{K_p/(1+\alpha K_p)}{[\tau/(1+\alpha K_p)]s+1}=\frac{K_p'}{\tau's+1}$$

式中　τ'——系统时间常数，$\tau'=\frac{\tau}{1+\alpha K_p}$；

K_p'——系统比例系数，$K_p'=\frac{K_p}{1+\alpha K_p}$。

当 $r(t)=1(t)$ 时，由拉氏反变换可得

$$c_r(t)=K_p'(1-e^{-\frac{1}{\tau'}t}) \tag{3-15}$$

与图 3-2 比较，图 3-4 有如下特点：

1）具有惯性环节的一阶系统除了可以通过减小 τ 或增大 K_p 来提高瞬态过程的响应速度，还可以通过加大反馈系数 α 来进一步减小时间常数。图 3-5 示出了 α 分别为 α_1 和 α_2（$\alpha_2>\alpha_1$）时的响应曲线。

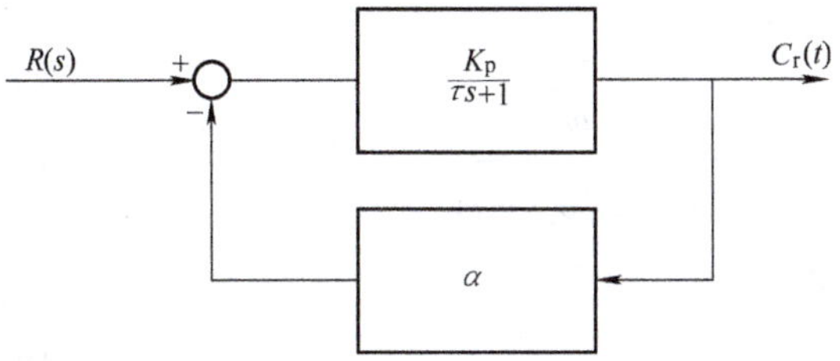

图 3-4　具有惯性环节的一阶系统

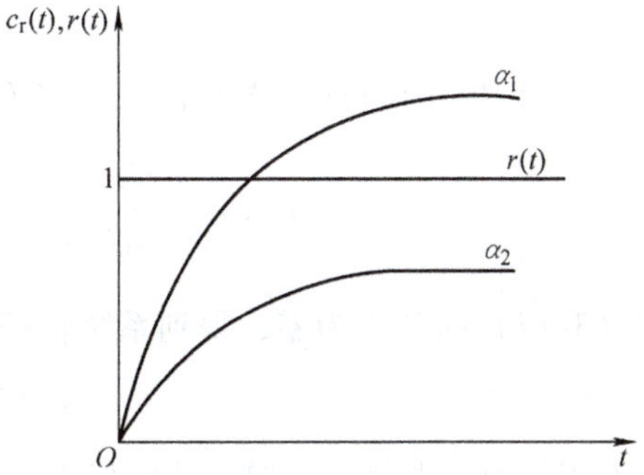

图 3-5　具有惯性环节的一阶系统单位阶跃响应

2）增大反馈系数减小了时间常数，同时也减小了比例系数，因而稳态值也随之减小，如图 3-5 所示。

3）图 3-4 所示系统单位阶跃响应时的稳态误差为

$$e_{ss}=1-\alpha K_p'=\frac{1}{1+\alpha K_p}$$

由于该系统在稳态时存在误差，故常称为有差系统。对比图 3-2 可知，系统前向通道中存在积分环节时，系统的稳态误差为零。

第三节　二阶系统阶跃响应分析

二阶系统指由二阶微分方程描述的系统，即闭环系统传递函数分母中 s 的最高次幂为 2 的系统。

一、二阶系统基本特性

图 3-6 为典型的二阶系统框图，其开环传递函数为

$$G_0(s)=\frac{K}{s(\tau s+1)}=\frac{\omega_n^2}{s(s+2\zeta\omega_n)} \tag{3-16}$$

式中　K——系统的开环放大系数，$K=K_1K_2$；

ω_n——无阻尼自然角频率，$\omega_n=\sqrt{\frac{K}{\tau}}$；

ζ——阻尼比，$\zeta=\frac{1}{2\sqrt{\tau K}}$。

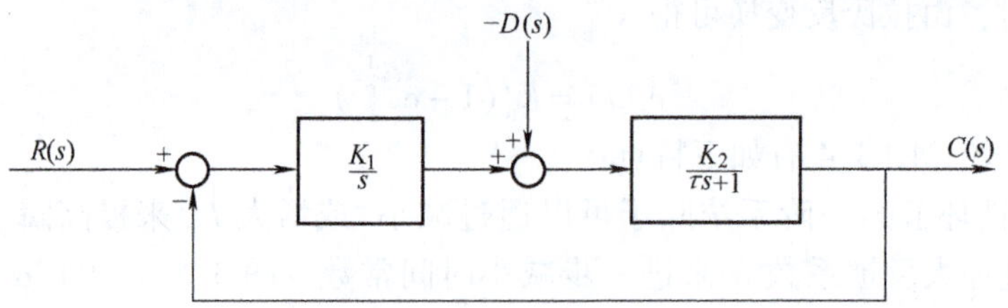

图 3-6 典型二阶系统框图

当 $D(s)=0$ 时，参考输入量的传递函数为

$$G_R(s)=\frac{C_R(s)}{R(s)}=\frac{K}{\tau s^2+s+K}=\frac{\omega_n^2}{s^2+2\zeta\omega_n s+\omega_n^2} \tag{3-17}$$

令式（3-17）的分母为零，得到系统特征方程式为

$$s^2+2\zeta\omega_n s+\omega_n^2=0 \tag{3-18}$$

特征方程的根，即闭环传递函数的极点为

$$s_{1,2}=-\zeta\omega_n\pm\omega_n\sqrt{\zeta^2-1} \tag{3-19}$$

当 $0<\zeta<1$ 时，系统有一对实部为负的共轭复数，称为欠阻尼状态，系统时间响应具有振荡性。

当 $\zeta=1$ 时，系统有一对相等的负实数，称为临界阻尼状态。

当 $\zeta>1$ 时，系统有两个不相等的负实根，称为过阻尼状态。临界阻尼状态和过阻尼状态下，系统时域响应均无振荡现象。

当 $\zeta=0$ 时，系统有一对虚根，称为无阻尼状态，系统时间响应为等幅振荡曲线。

当 $\zeta<0$ 时，系统有一对实部为正的共轭复根。

二阶系统的响应特性完全由 ζ 和 ω_n 决定，所以 ζ 和 ω_n 是描述二阶系统重要的结构参数。当 $\zeta=0$ 和 $\zeta<0$ 时，系统分别处于临界稳定状态和不稳定状态，系统响应无法跟随参考输入量变化，系统无法正常工作。因而下面只讨论 $0<\zeta<1$、$\zeta=1$ 和 $\zeta>1$ 三种情况下系统的阶跃响应。

二、临界阻尼状态（Critical Damped）时的阶跃响应

$$\zeta=1$$

$$s_{1,2}=-\omega_n=-\frac{1}{\tau} \tag{3-20}$$

$$G_R(s)=\frac{\omega_n^2}{s^2+2\omega_n s+\omega_n^2}\frac{1}{s}=\frac{\omega_n^2}{(s+\omega_n)^2}\frac{1}{s} \tag{3-21}$$

由拉氏反变换可得

$$c_r(t)=1-(1+\omega_n t)e^{-\omega_n t} \qquad t\geqslant 0 \tag{3-22}$$

从二阶临界阻尼状态传递函数的极点来看，它相当于两个时间常数为 τ 的惯性环节相串联。二阶系统临界阻尼单位阶跃响应如图 3-7 所示，其特点如下：

1）阶跃响应曲线是单调上升的，且稳态值为1，这一特点与一阶系统相同。因而，它是一个稳定的无差系统。

2）一阶系统阶跃响应曲线的斜率在 $t=0$ 处最大，并逐渐递减至零；而二阶临界阻尼响应曲线的斜率为

$$\frac{\mathrm{d}c_r(t)}{\mathrm{d}t}=\omega_n^2 t\mathrm{e}^{-\omega_n t}$$

对上式求导可知，响应曲线斜率的最大值 $\omega_n\mathrm{e}^{-1}$ 出现在 $t=1/\omega_n=\tau$ 处。由此可知二阶临界阻尼响应曲线斜率由零逐渐增大到最大值 $\omega_n\mathrm{e}^{-1}$，然后再逐渐减小到零，曲线形状呈S形。

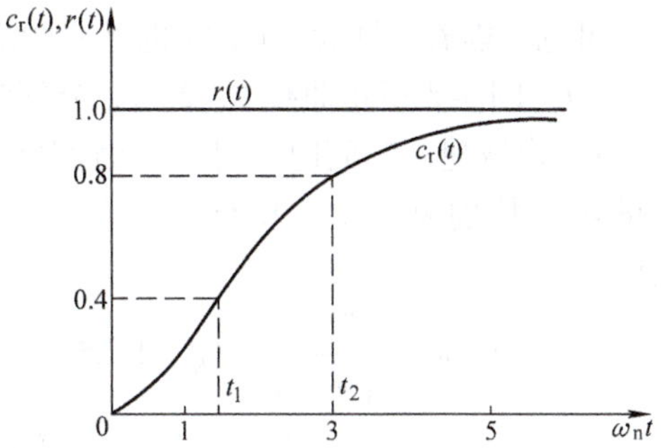

图3-7　二阶系统临界阻尼单位阶跃响应

3）根据上升时间的定义，可计算出 $t_r=3.358\,\tau$。

4）根据建立时间的定义，可计算出 δ 为0.05和0.02时的建立时间分别为 $4.75\,\tau$ 和 $5.84\,\tau$。显然，其建立时间比一阶系统长。

5）如果已知二阶系统阶跃响应曲线，可用下述方法判断是否为临界阻尼状态：首先，响应曲线必须为S形；其次，采用两点法进行判断。

所谓两点法就是测量响应曲线 $c_r(t)$ 值分别为0.4和0.8处所对应的时间 t_1 和 t_2，如图3-7所示。当 $t_1/t_2=0.46$ 时，即可判定为临界阻尼状态，且 $\tau=(t_1+t_2)/4.37$。

三、过阻尼状态（Over Damped）时的阶跃响应

令

$$\tau_1>\tau_2$$

$$\zeta>1$$

$$s_{1,2}=-(\zeta\mp\sqrt{\zeta^2-1})\omega_n \tag{3-23}$$

$$\tau_1=1/(\zeta-\sqrt{\zeta^2-1})\omega_n$$

$$\tau_2=1/(\zeta+\sqrt{\zeta^2-1})\omega_n$$

$$G_R(s)=\frac{\omega_n^2}{[s+(\zeta-\sqrt{\zeta^2-1})\omega_n][s+(\zeta+\sqrt{\zeta^2-1})\omega_n]}$$

$$=\frac{1/(\tau_1\tau_2)}{(s+1/\tau_1)(s+1/\tau_2)} \tag{3-24}$$

由拉氏反变换可得

$$c_r(t)=1-\frac{1}{\tau_1-\tau_2}(\tau_1\mathrm{e}^{-\frac{1}{\tau_1}t}-\tau_2\mathrm{e}^{-\frac{1}{\tau_2}t}) \tag{3-25}$$

从二阶系统响应表达式来看，它由稳态分量和暂态分量组成，其特点如下：

1）暂态分量为两个衰减的指数函数。若 $\tau_1>\tau_2$，则时间常数为 τ_2 的项衰减快，因而它主要对系统响应曲线的前期有影响；时间常数为 τ_1 的项衰减慢，因而它主要影响系统响应曲线的后期。

2）ζ 与 τ_1 和 τ_2 比值关系如下：

$$\frac{\tau_1}{\tau_2}=\frac{\zeta+\sqrt{\zeta^2-1}}{\zeta-\sqrt{\zeta^2-1}}$$

可见，随着ζ增大，τ_1/τ_2也迅速增加。当ζ分别为1.25和2时，τ_1和τ_2比值分别为4和13.9。图3-8所示曲线1、2为ζ分别为1.25和2时的单位阶跃响应。

3）求取建立时间时，可忽略时间常数较小的项，特别是当$\zeta>1.25$时，误差更小。因而

$$t_s\approx\tau_1\ln\delta\frac{\tau_1}{(\tau_1-\tau_2)}\quad(\zeta>1.25)\tag{3-26}$$

4）当$\zeta\geqslant2$时，τ_1/τ_2很大，输出响应表达式第二项的系数接近1，第三项的系数很小，因而，输出响应的表达式可近似为一阶系统，即

$$c_r(t)\approx1-e^{-\frac{1}{\tau_1}t}$$

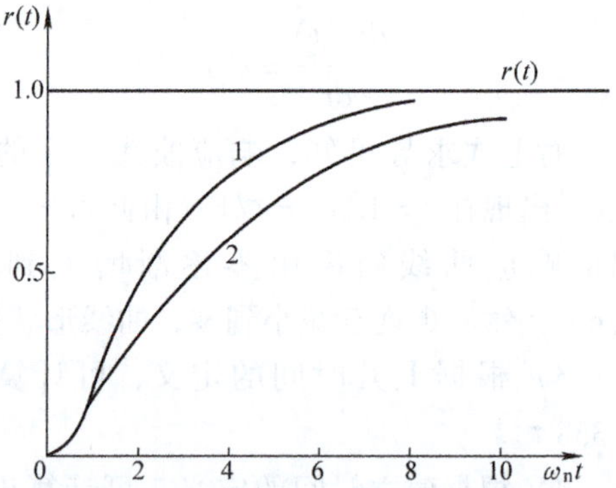

图3-8 二阶系统过阻尼单位阶跃响应

5）当$\zeta\geqslant2$时，阶跃响应主要取决于极点s_1。自动控制原理中常称这样的极点为主导极点（Domainal Pole）。

四、欠阻尼状态阶跃响应

$0<\zeta<1$

$$s_{1,2}=-\zeta\omega_n\pm j\omega_n\sqrt{1-\zeta^2}\tag{3-27}$$

$$G_R(s)=\frac{\omega_n^2}{(s+\zeta\omega_n)^2+(\omega_n\sqrt{1-\zeta^2})^2}\tag{3-28}$$

由拉氏反变换可得

$$c_r(t)=1-\frac{1}{\sqrt{1-\zeta^2}}e^{-\zeta\omega_n t}\sin(\omega_d t+\beta)\quad t\geqslant0\tag{3-29}$$

式中 $\omega_d=\omega_n\sqrt{1-\zeta^2}$；

$\beta=\arctan\dfrac{\sqrt{1-\zeta^2}}{\zeta}=\arccos\zeta$。

从二阶系统响应表达式来看，它由稳态分量和暂态分量组成，其特点如下：

1）暂态分量是一个按指数曲线衰减的正弦振荡表达式，因此，该环节在$0<\zeta<1$时具有振荡的特点，称为振荡环节。二阶系统欠阻尼单位阶跃响应曲线如图3-9所示。

2）$e^{-\zeta\omega_n t}/\sqrt{1-\zeta^2}$是一条指数衰减曲线，它是二阶系统欠阻尼单位阶跃响应曲线的包络线（Envelope）。$\zeta\omega_n$的大小直接反映了正弦幅值衰减的快慢，因而，称其为衰减系数。ω_d是正弦振荡的角频率，因与阻尼有关，所以称为有阻尼自然振荡角频率（Damped Frequency）。β称为阻尼角（Damped Angle）。

3）稳态分量为1，稳态误差为零。

图3-10为二阶系统不同ζ值时的单位阶跃响应曲线。

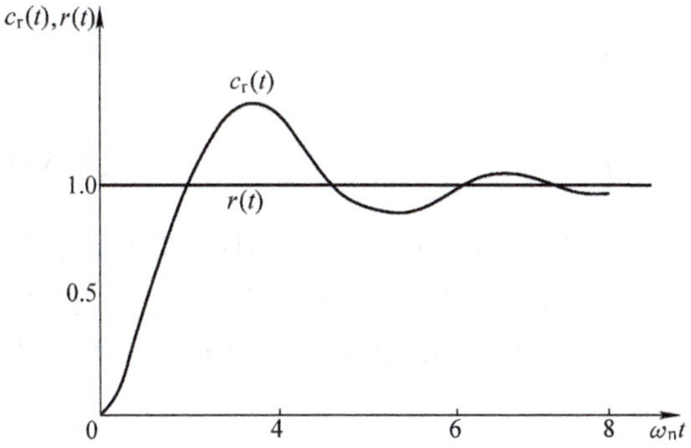

图 3-9　二阶系统欠阻尼单位阶跃响应

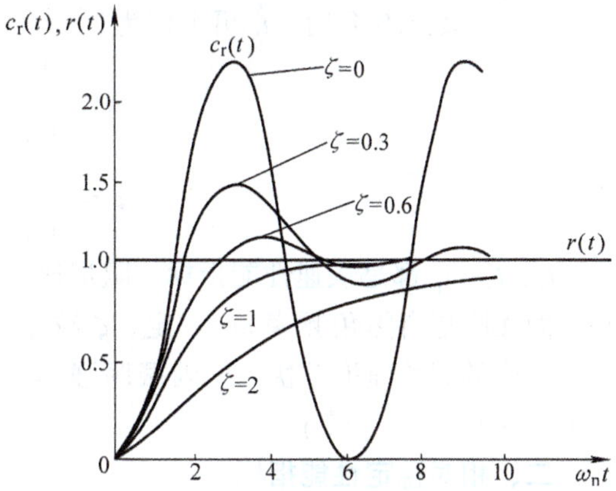

图 3-10　二阶系统不同 ζ 值时的单位阶跃响应

第四节　二阶系统欠阻尼单位阶跃响应性能指标

从上一节分析可知：$\zeta=1$ 和 $\zeta>1$ 时的系统响应均为单调上升的曲线，类似于一阶系统响应曲线，但其响应速度比一阶系统慢。因而，工程上对于绝对不允许产生振荡的控制系统，为提高响应速度，常将一阶系统作为预期模型；而对于那些允许在调节过程中有适度振荡、希望有较快响应速度的控制系统，则将欠阻尼状态二阶系统作为预期模型，或者将与欠阻尼二阶系统具有相似特性的高阶系统作为预期模型（详见第五章）。因此，下面有关性能指标的讨论也仅限于欠阻尼二阶系统。

一、快速性能指标

1. 上升时间 t_r

根据上升时间的定义可计算出

$$t_r=\frac{\pi-\beta}{\omega_d} \tag{3-30}$$

由上式可见，当 ω_n 一定时，阻尼比 ζ 越小，上升时间越小，系统响应速度越快；阻尼比 ζ 一定时，ω_n 越大，上升时间越小。

2. 峰值时间 t_p

峰值时间指系统输出量超过其稳态值，达到第一个峰值所需要的时间。根据定义可计算得到

$$t_p=\frac{\pi}{\omega_d} \tag{3-31}$$

由上式可见，ζ 越小或 ω_n 越大，峰值时间越短，响应越快。

3. 建立时间 t_s

根据建立时间的定义，为简便计算，可用响应曲线的包络线取代实际响应曲线（实际响应曲线的收敛速度比包络线收敛速度快）来近似计算建立时间，即

$$t_s=\frac{1}{\zeta\omega_n}\ln\frac{1}{\delta\sqrt{1-\zeta^2}} \tag{3-32}$$

当 $0.4 \leqslant \zeta \leqslant 0.8$ 时，t_s 可近似为

$$t_s \approx \frac{3}{\zeta\omega_n} = 6\tau, \delta = 0.05 \tag{3-33}$$

或

$$t_s \approx \frac{4}{\zeta\omega_n} = 8\tau, \delta = 0.02 \tag{3-34}$$

t_r、t_s、t_p 都是快速性能指标。阻尼比 ζ 一定，ω_n 越大，t_r、t_s、t_p 就越小，快速性能越好；而无阻尼自然角频率 ω_n 一定，ζ 越小，t_r 和 t_p 也越小，快速性能越好；当 ζ 过小时，虽然响应的起始速度较快，但因振荡强烈，衰减缓慢，所以 t_s 反而增长，快速性变差。当 $\zeta = 0.7 \sim 0.8$ 时，t_s 最小。

二、相对稳定性能指标

1. 最大超调量 $\sigma_p\%$

根据最大超调量的定义可求出

$$\sigma_p\% = e^{-\zeta\pi/\sqrt{1-\zeta^2}} \times 100\% \tag{3-35}$$

上式表明，最大超调量是阻尼比 ζ 的函数，ζ 越大，最大超调量越小，系统相对稳定性越高。如已知最大超调量，可由下式求得 ζ：

$$\zeta = \frac{1}{\sqrt{(\pi/\ln\sigma_p)^2 + 1}}$$

阻尼比 ζ 通常根据最大超调量的要求来确定，并在满足系统相对稳定性的前提下增大 ω_n 来加快系统响应。当 $\zeta = 0.707$ 时，$\omega_{n2} = 2\omega_{n1}$，则 t_{r1}、t_{s1}、t_{p1} 均为 t_{r2}、t_{s2}、t_{p2} 的 2 倍，而它们的最大超调量则是相同的，如图 3-11 所示。

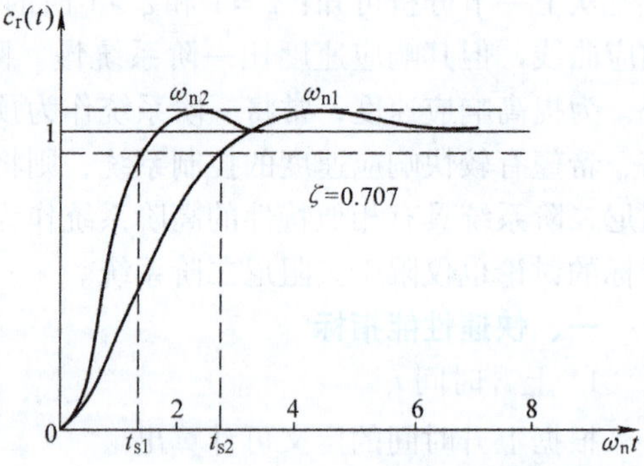

图 3-11 ζ 一定时，ω_n 对系统阶跃响应的影响

2. 振荡次数 N

振荡次数 N 指系统响应在 t_s 时间内输出响应的振荡周期数，也就是在 t_s 时间范围内系统响应曲线穿越稳态值次数的一半。若阶跃响应的有阻尼振荡角频率为 ω_d，即周期为 T_d，根据定义有

$$N = \frac{t_s}{T_d} \approx \frac{(3\sim4)/\zeta\omega_n}{2\pi/\omega_d} = \frac{(1.5\sim2)\sqrt{1-\zeta^2}}{\zeta\pi} \quad (0.4 < \zeta < 0.8) \tag{3-36}$$

可见，振荡次数仅与阻尼比 ζ 有关。ζ 越小，N 越大，振荡越厉害。根据上式计算振荡次数时，若计算结果不为整数，需取与计算结果近似的数，如 0.5、1、1.5、2 等。

综上所述，欲使二阶系统达到满意的性能指标，必须选择合适的 ζ 和 ω_n。增大 ζ，可以减弱系统的振荡性能，提高相对稳定性，从而降低最大超调量和振荡次数；提高 ω_n，可以加快系统响应的快速性。但一般来讲，系统的相对稳定性与系统的快速性之间是存在矛盾的。为了兼顾系统的快速性和稳定性，只有采取折衷的办法。一般工程设计时常采用所谓的"二阶最佳系统"，即取 $\zeta = 0.707$（称为最佳阻尼比），这时 $\sigma_p\% < 5\%$，t_s 也接近最小值，系统具有比较理想的响应过程。

三、系统实际参数与动态指标的关系

在本章第三节中已讨论了二阶系统实际参数 K、τ 与 ζ 和 ω_n 的关系。根据前面的分析可以看出系统实际参数与动态指标的关系。当 $0<\zeta<1$ 时，有如下关系：

1）当开环放大系数 K 增大时，ζ 减小，$\sigma_p\%$、N 增加。即 K 越大系统相对稳定性越差。

2）当时间常数 τ 增大时，ζ 减小，$\sigma_p\%$、N 增大，同时也引起 ω_n 的减小。ω_n 和 ζ 的减小均会引起 t_s 增加。因此，τ 增大对系统快速性不利。

对于阻尼比大于等于 1 的系统，增大 K 会引起 ζ 减小以及 ω_n 增大，导致 t_s 减小。τ 增大会引起 ζ 和 ω_n 下降，但会使 t_s 上升。

第五节　二阶系统扰动阶跃响应分析

当系统中出现扰动输入时，会引起被控制量的变化。系统克服扰动量的影响并恢复稳定运行的能力（即抗扰能力），通常用抗扰性能指标来评价。抗扰性能指标的定义与跟随性能指标相似，一般以系统运行中突加阶跃扰动信号后的动态过程作为抗扰过程。现以二阶系统为例分析系统的抗扰性能指标。

一、二阶系统在扰动作用下的响应曲线

二阶系统在扰动作用下的框图如图 3-12 所示。

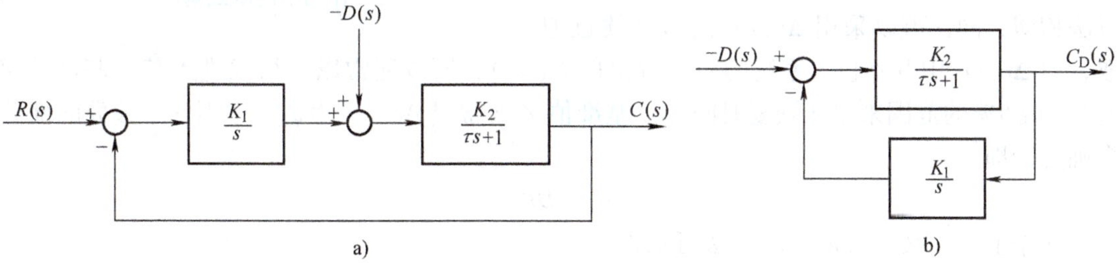

图 3-12　二阶系统在扰动作用下的框图

被控制量对扰动的传递函数为

$$G_D(s)=\frac{C_D(s)}{-D(s)}=\frac{\Delta C(s)}{-D(s)}=\frac{K_2 s}{s(\tau s+1)+K_1K_2}=\frac{1}{K_1}\frac{s\omega_n^2}{s^2+2\zeta\omega_n s+\omega_n^2} \tag{3-37}$$

$$\omega_n=\sqrt{\frac{K}{\tau}}$$

$$\zeta=\frac{1}{2\sqrt{K\tau}}$$

式中　$K=K_1K_2$。

$C_D(s)$［也就是 $\Delta C(s)$］表示仅有扰动作用时系统的输出量，也就是扰动引起系统输出量发生的变化。

当 $-D(s)=-D/s$，$0<\zeta<1$ 时，由拉氏反变换可得

$$\Delta c(t)=c_d(t)=-2K_2D\frac{\zeta}{\sqrt{1-\zeta^2}}e^{-\zeta\omega_n t}\sin\omega_d t \tag{3-38}$$

系统在扰动作用下的响应曲线如图3-13所示。图3-13a为在有扰动信号作用时，系统的响应曲线$c(t)$。图3-13b为扰动引起的输出量的变化$\Delta c(t)$，也就是扰动作用下的动态误差。

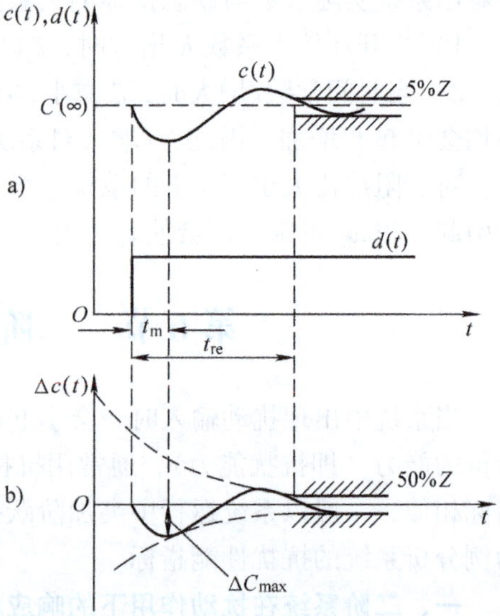

图3-13 二阶系统在扰动作用下的阶跃响应

二、抗扰性能指标

1. 最大动态降落$\Delta C_{max}\%$（Maximum Dynamic Drop）

令$d\Delta c(t)/dt=0$，可求得对应第一个极值点的时间t_m（即对应最大动态速降的时间）为

$$t_m=\frac{\beta}{\omega_d}$$

将t_m代入式（3-38）可得

$$\Delta C_{max}\%=-2DK_2\zeta e^{-\frac{\zeta\beta}{\sqrt{1-\zeta^2}}}\times100\% \tag{3-39}$$

2. 恢复时间t_{re}（Recovery Time）

恢复时间t_{re}的求取方法与建立时间t_s的求取方法相似，同样可以采用$\Delta c(t)$的包络线近似求取，但$\Delta c(t)$中并不包含系统的稳态输出值$C(\infty)$，所以通常以包络线进入某一基准值Z的2%或5%的范围来定义恢复时间t_{re}。基准值Z通常以$\Delta c(t)$表达式中不含ζ参数的部分来确定，即

$$Z=2DK_2$$

根据上述定义和t_{re}的求取方法可求得

$$t_{re}=2\tau\left(\ln\delta+\ln\frac{\sqrt{1-\zeta^2}}{\zeta}\right) \tag{3-40}$$

3. 扰动作用下的振荡次数N_d

$$N_d=\frac{t_{re}}{T_d} \tag{3-41}$$

三、抗扰性能分析

由上面的分析可得到抗扰性能指标与系统参数K、τ或ζ之间的关系，见表3-2。

表3-2 二阶系统抗扰性能指标与ζ的关系

阻尼比ζ		0.9	0.8	0.7	0.6	0.5
最大动态降落$\Delta C_{max}\%$		0.36Z	0.34Z	0.32Z	0.30Z	0.27Z
恢复时间t_{re}（误差带为δZ）	$\delta=5\%$	7.4τ	6.6τ	6τ	5.4τ	4.9τ
	$\delta=2\%$	9.4τ	8.6τ	8τ	7.4τ	6.9τ

由上面的分析可知：

1）K_1增大，K增大，ζ减小，$\Delta C_{max}\%$减小。

2）$\Delta C_{max}\%$ 与基准值 Z 成正比。因此，扰动量 D 增大，或者 K_2（一般为系统固有参数）增大，则 $\Delta C_{max}\%$ 也随之增大。

3）增大扰动作用点之前的增益 K_1，则 K 增大，ζ 减小，$\sigma_p\%$ 增大。因此，增益值的改变对系统的抗扰性能和跟随性能的影响不同。

4）虽然系统的抗扰性能指标和跟随性能指标的求取方法是一样的，但由于扰动量与给定量作用点不同，两者的有关传递函数不同，因而，它们之间不存在一一对应的关系。

在图 3-12 所示的系统中，若将 $G_1(s)$ 与 $G_2(s)$ 所处的位置互换，跟随性能指标并不发生变化，但抗扰性能指标将发生很大的变化。因此，对系统的抗扰性能指标的分析，应根据具体情况进行具体分析。

5）一般来说，最大动态降落越小，恢复时间越短，系统的抗扰性能就越强。

第六节　自动控制系统稳定性分析

一、系统稳定性的概念

稳定性（Stability）是指控制系统在受到扰动信号作用，原有平衡状态被破坏后，经过自动调节能够重新达到平衡状态的性能。当系统在扰动信号作用（如电网电压波动、电动机负载转矩变化等）下，偏离了原来的平衡状态，若系统能通过自身的调节作用使偏差逐渐减小，重新回到平衡状态，则系统是稳定的；若偏差不断增加，即使扰动消失，系统也不能回到平衡状态，则这种系统是不稳定的。如图 3-14 所示。

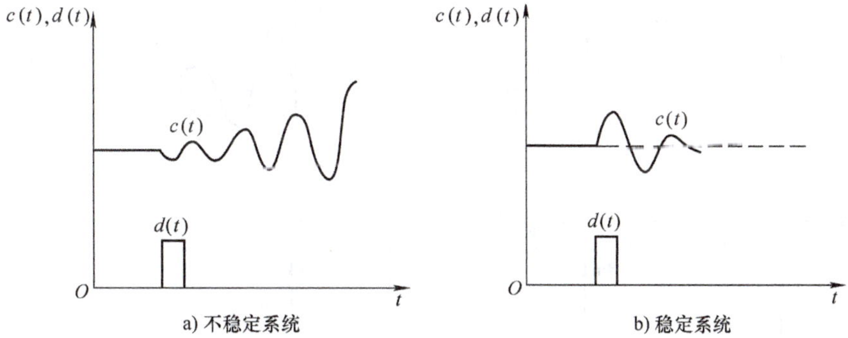

图 3-14　稳定系统与不稳定系统

系统稳定性的概念包括绝对稳定性与相对稳定性。绝对稳定性是指系统稳定与否，而相对稳定性是指在绝对稳定的前提下，系统稳定的程度。

二、系统稳定的充分必要条件

由两个分量的概念可知：系统输出由稳态分量和暂态分量组成。稳态分量取决于输入控制信号，暂态分量取决于闭环传递函数。控制系统要求其输出量总是跟随输入控制信号变化，这就要求系统进入稳态后，暂态分量逐渐衰减到零。

暂态分量的变化主要取决于系统闭环传递函数的极点。由一阶系统和二阶系统的分析可知：

1）若传递函数的极点为负实数，则暂态响应是收敛的，它按指数规律逐渐衰减并趋于零；相反，若传递函数的极点为正实数，则暂态响应是发散的，它按指数曲线增长。

2）若传递函数的极点是一对共轭虚数，则暂态响应是等幅振荡的，处于临界稳定状态。（由于在临界稳定状态下系统输出响应曲线无法跟随输入控制信号变化，因而工程上认为临界稳定状态也是不稳定状态）。

3）若传递函数的极点为一对共轭复数，当实部为负时，则暂态响应是收敛的，其振幅按指数规律逐渐衰减并趋于零；相反，当实部为正时，暂态响应是发散的，振幅按指数规律增长。

4）若传递函数极点为零，则响应为一阶跃信号。

系统闭环传递函数的极点分布及其相应的响应曲线见表3-3。

表3-3 系统闭环传递函数的极点分布及其相应的响应曲线

极点性质			极点在零极图上的位置	系统的运动过程	稳定性
零极图左半平面	1	实数	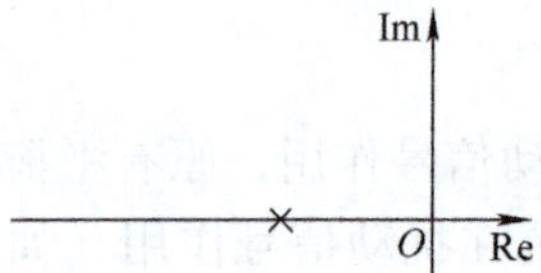	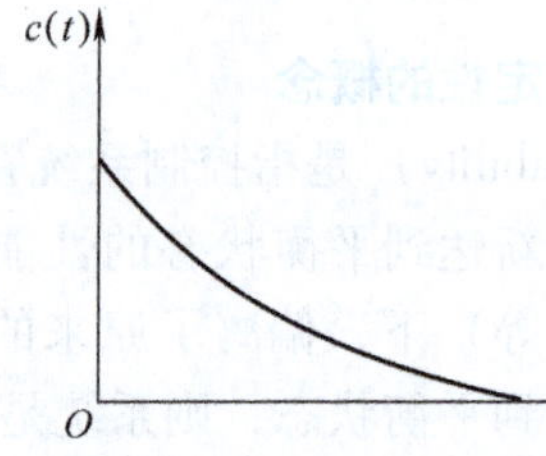	稳定
	2	复数	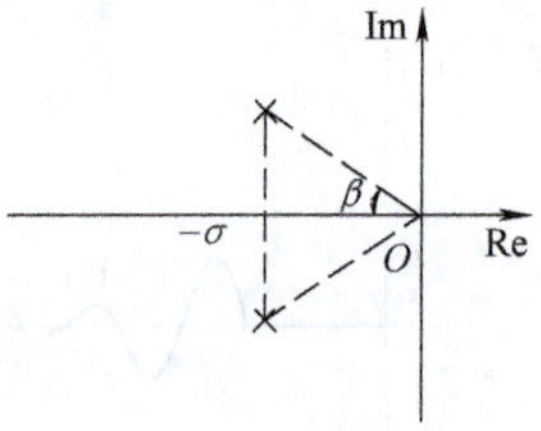	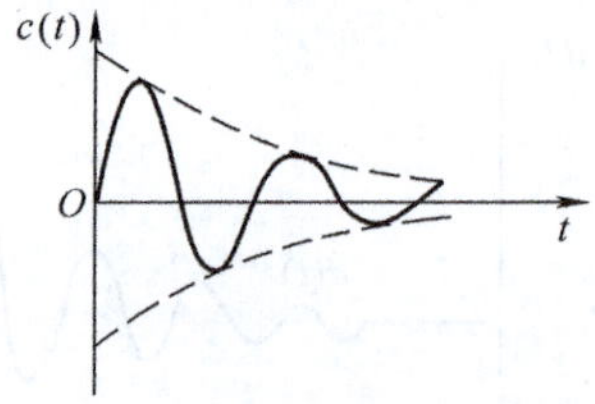	
零极图原点	3	实数	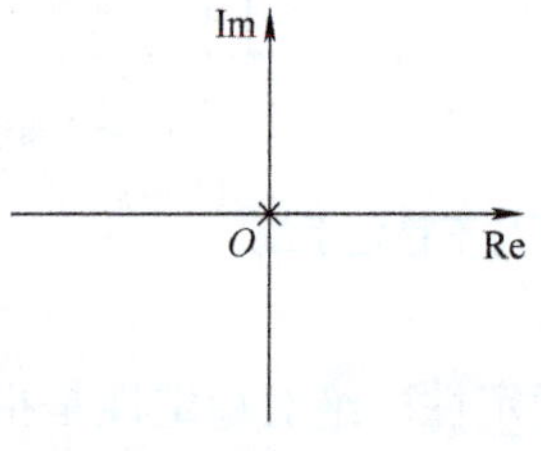	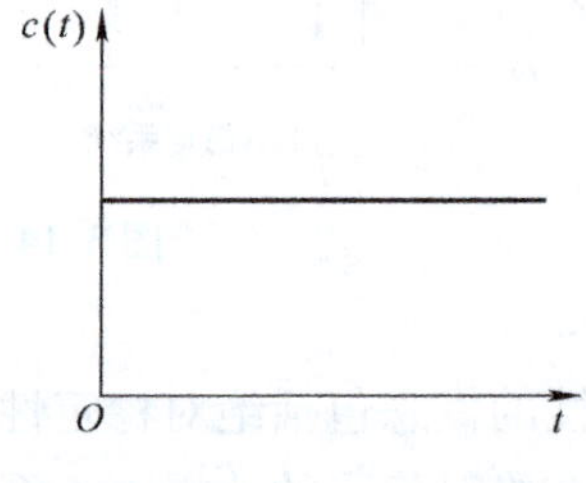	临界稳定
零极图虚轴	4	虚数	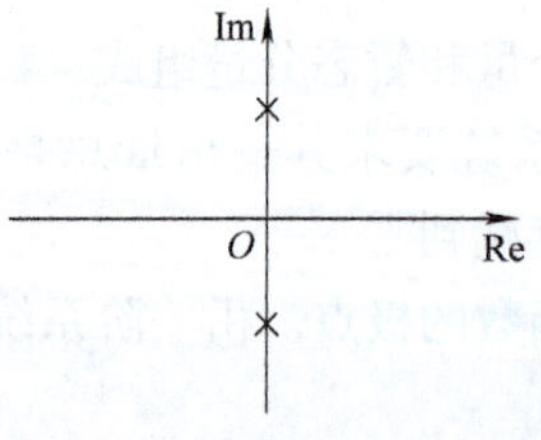	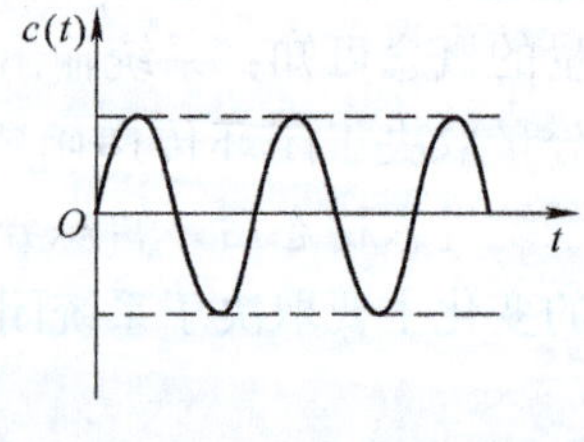	临界稳定

（续）

极点性质			极点在零极图上的位置	系统的运动过程	稳定性
零极图右半平面	5	实数	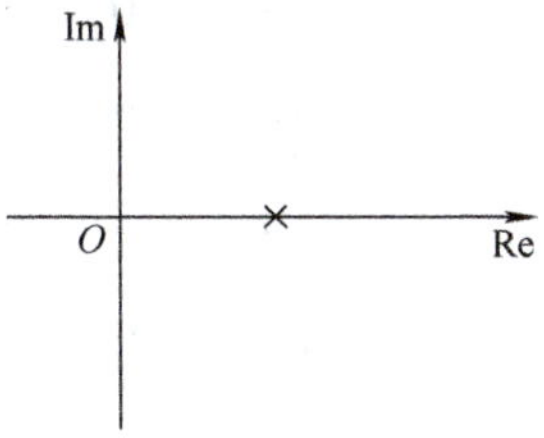	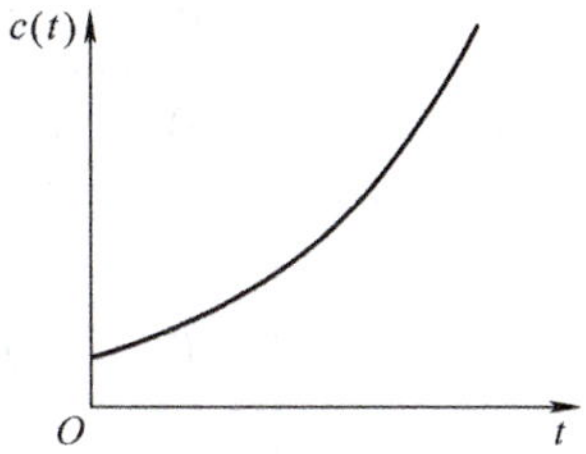	不稳定
	6	复数	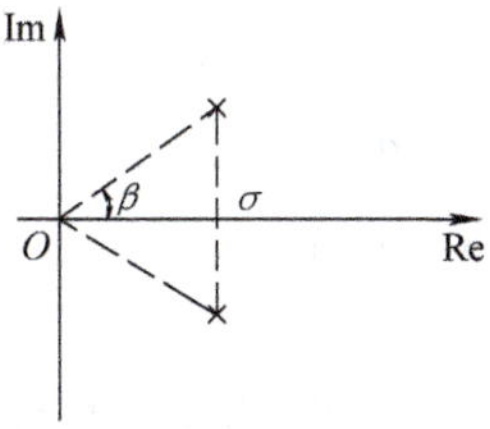	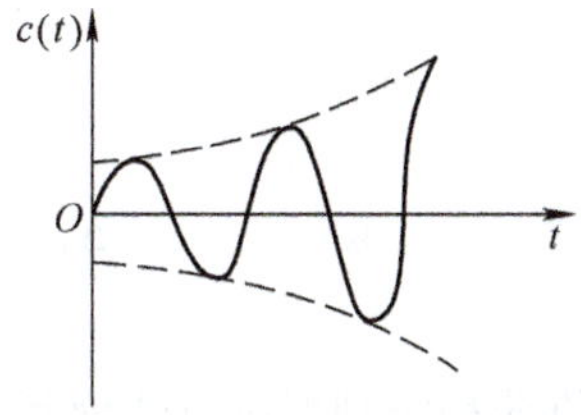	

只要系统任意一个暂态分量是发散的（或等幅振荡的），则系统响应必然是发散的（或等幅振荡的）。因此，**系统稳定的充分必要条件是：系统闭环传递函数所有的极点必须处于复平面（［S］平面）的左半部。**

同时，对于一个稳定的系统，极点离虚轴越远（即实部值$|-\sigma|$越大），即衰减系数越大，其暂态分量衰减越快，系统的调节时间越短；若传递函数的极点为一对共轭复数，虚部值越小（即β角越小），ω_d越小，振荡倾向越弱，相对稳定性越好。

三、赫尔维茨稳定判据（Hurwitz Stability Criterion）

设闭环系统传递函数特征方程为

$$a_n s^n + a_{n-1} s^{n-1} + a_{n-2} s^{n-2} + \cdots + a_1 s + a_0 = 0 \tag{3-42}$$

赫尔维茨稳定判据判断系统稳定的必要条件是系统闭环传递函数特征方程的各项系数均大于零。凡不满足此必要条件的，系统必然不稳定。

赫尔维茨稳定判据指出，n阶系统特征方程的根均为负实部的充分条件是赫尔维茨行列式Δ_k（$k=1, 2, 3, \cdots, n$）全部为正。根据林纳特-戚伯特（Lienard-Chipard）的证明：在特征方程式所有系数均大于零的情况下，奇数的或偶数的赫尔维茨行列式的各子行列式均大于零为系统稳定的充分必要条件。因此，使用赫尔维茨判据时，并不需要对所有赫尔维茨行列式进行验算，只需检验Δ_{n-1}、Δ_{n-3}、Δ_{n-5}、…等是否大于零即可。

赫尔维茨行列式的最高阶次为系统特征方程的阶数。赫尔维茨行列式的编写方法如下：

1）主对角线上的各元素由系数a_{n-1}开始直写至a_0。

2）主对角线以上的各元素的下标递减，主对角线以下的各元素的下标递增。

3）凡元素的下标号小于零或大于n时，均以零补足。

$$\Delta_k = \begin{vmatrix} a_{n-1} & a_{n-3} & a_{n-5} & \cdots & \cdots & 0 \\ a_n & a_{n-2} & a_{n-4} & \cdots & \cdots & 0 \\ 0 & a_{n-1} & a_{n-3} & \cdots & 0 & 0 \\ \cdots & \cdots & & \cdots & \cdots & \cdots \\ 0 & 0 & \cdots & a_3 & a_1 & 0 \\ 0 & 0 & & a_4 & a_2 & a_0 \end{vmatrix}$$

（上式中虚线框依次标出 Δ_1、Δ_2、Δ_3、…、Δ_n）

$$\Delta_1 = a_{n-1} \qquad \Delta_2 = \begin{vmatrix} a_{n-1} & a_{n-3} \\ a_n & a_{n-2} \end{vmatrix}$$

$$\Delta_3 = \begin{vmatrix} a_{n-1} & a_{n-3} & a_{n-5} \\ a_n & a_{n-2} & a_{n-4} \\ 0 & a_{n-1} & a_{n-3} \end{vmatrix} \tag{3-43}$$

根据赫尔维茨稳定判据可方便地判定一、二阶系统的稳定条件是特征方程式的系数全部大于零；对于三阶系统，系统特征方程式的系数均大于零时，只要 $\Delta_2 > 0$，即可判定系统是稳定的；对于四阶系统，系统特征方程式的系数均大于零时，系统稳定的充分条件是 $\Delta_3 > 0$。

赫尔维茨稳定判据主要用于判断系统稳定与否和确定系统参数的允许范围，但不能给出系统的稳定程度（相对稳定性），亦不能提出改善系统相对稳定性的途径。赫尔维茨稳定判据适用于低阶系统，因为它应用于高阶系统时计算工作量大，这时常运用劳斯稳定判据（Routh Stability Criterion）或对数频率稳定判据（第四章中讲述）来判断控制系统的稳定性及稳定程度。

四、参数变化对系统稳定性的影响

赫尔维茨稳定判据可确定系统个别参数变化对稳定性的影响，以及在系统稳定的前提下，这些参数允许的取值范围。使系统稳定的开环放大系数的临界值称为临界放大系数。

【例3-1】 如图3-15所示系统，试确定系统开环放大系数的取值范围。

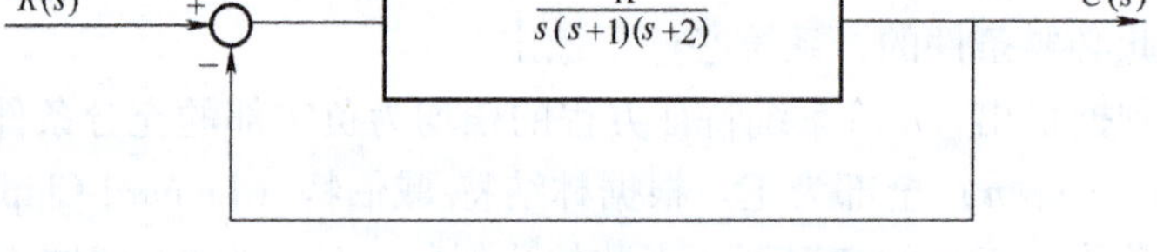

图3-15 确定系统 K 值范围

【解】 系统的传递函数为

$$\frac{C(s)}{R(s)} = \frac{K}{s^3 + 3s^2 + 2s + K}$$

根据赫尔维茨稳定判据，系统稳定的必要条件是 $K > 0$，系统稳定的充分条件是 $\Delta_2 = a_2 a_1 - a_3 a_0 > 0$，即

$$3 \times 2 - K > 0$$

所以 K 的取值范围为 $0<K<6$。

第七节 自动控制系统稳态性能分析

评价一个控制系统的性能时，应在系统稳定的前提下，对系统的动态性能与稳态性能进行分析。如前所述，系统的动态性能用相对稳定性能和快速性能指标来评价。而系统的稳态性能用稳态误差来评价，即根据系统响应某些典型输入信号的稳态误差来评价。稳态误差反映自动控制系统跟踪输入控制信号或抑制扰动信号的能力和准确度。稳态误差主要与系统的结构、参数和输入信号的形式有关。

一、稳态误差的定义

控制系统的误差（Error）有两种定义方法。

1）系统误差 $\varepsilon(t)$ 定义为：系统响应的希望值 $c_0(t)$ 与实际值 $c(t)$ 之差，即

$$\varepsilon(t)=c_0(t)-c(t)$$

$$\varepsilon(s)=C_0(s)-C(s) \tag{3-44}$$

通常以偏差信号 $R(s)-H(s)C(s)$ 为零来确定希望值，即

$$R(s)-H(s)C_0(s)=0$$

$$C_0(s)=\frac{R(s)}{H(s)} \tag{3-45}$$

由式（3-45）可知，闭环控制系统可以抑制主通道上元件产生的误差，但无法克服反馈通道上元件的误差。例如 $H(s)$ 的误差为 10%，则系统将产生的误差为

$$\varepsilon(s)=\frac{R(s)}{H(s)}-\frac{R(s)}{1.1H(s)}=0.09\frac{R(s)}{H(s)}$$

即由于反馈通道元件误差，将使系统产生几乎相等的误差。因而，高精度的自动控制系统必须要有高精度的反馈元件（检测元件）作为保证。

2）系统误差 $e(t)$ 定义为：系统参考输入量 $r(t)$ 与反馈量 $b(t)$ 之差，即

$$e(t)=r(t)-b(t)$$

$$E(s)=R(s)-B(s) \tag{3-46}$$

用这种方法定义的误差，又常称为偏差（Deviation）。由于它是可以测量的，因而在应用中具有实际意义。如图 3-16 所示的系统，令 $G(s)=G_1(s)G_2(s)$，则

$$\frac{E(s)}{R(s)}=\frac{1}{1+G(s)H(s)}$$

$$\varepsilon(s)=\frac{R(s)}{H(s)}-\frac{G(s)R(s)}{1+G(s)H(s)}=E(s)\frac{1}{H(s)} \tag{3-47}$$

由式（3-47）可知，从输出端定义的误差 $\varepsilon(s)$ 与从输入端定义的误差 $E(s)$ 之间具有一一对应的关系。对于单位反馈系统，$\varepsilon(s)=E(s)$。在以下的分析中，将采用第二种方法定义的误差来分析稳态误差。

3）稳态误差的定义：当时间 $t\to\infty$ 时，稳定系统误差的终值，用 e_{ss} 表示，即

$$e_{ss}=\lim_{t\to\infty}[r(t)-b(t)]=\lim_{t\to\infty}e(t)$$

由拉氏变换终值定理可得

$$e_{ss}=\lim_{s\to 0}sE(s) \tag{3-48}$$

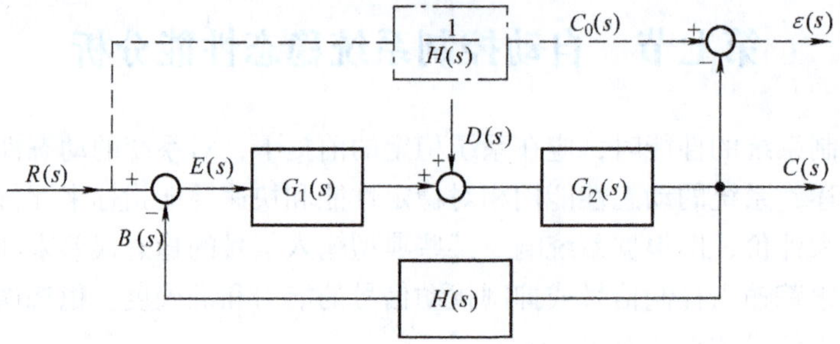

图3-16 控制系统稳态误差

二、参考输入信号作用下的稳态误差

参考输入信号作用下的稳态误差（又称为跟随稳态误差）为

$$e_{ssr}=\lim_{s\to 0}sE(s)=\lim_{s\to 0}s\frac{R(s)}{1+G(s)H(s)}=\lim_{s\to 0}s\frac{R(s)}{1+G_0(s)} \tag{3-49}$$

1. 阶跃信号输入时的稳态误差

设 $r(t)=R_0\cdot 1(t)$，即 $R(s)=R_0/s$，则

$$e_{ssr}=\lim_{s\to 0}s\frac{1}{1+G_0(s)}\frac{R_0}{s}=\frac{R_0}{1+\lim\limits_{s\to 0}G_0(s)}$$

令 $K_p=\lim\limits_{s\to 0}G_0(s)$，称为位置（稳态）误差系数。阶跃信号输入时的稳态误差为

$$e_{ssr}=\frac{R_0}{1+K_p} \tag{3-50}$$

2. 斜坡（等速）输入信号时的稳态误差

设 $r(t)=R_0t$ $(t\geqslant 0)$，即 $R(s)=R_0/s^2$，则

$$e_{ssr}=\lim_{s\to 0}s\frac{1}{1+G_0(s)}\frac{R_0}{s^2}=\frac{R_0}{\lim\limits_{s\to 0}sG_0(s)}$$

令 $K_v=\lim\limits_{s\to 0}sG_0(s)$，称为速度（稳态）误差系数。斜坡输入信号时的稳态误差为

$$e_{ssr}=\frac{R_0}{K_v} \tag{3-51}$$

3. 抛物线输入信号时的稳态误差

设 $r(t)=\frac{1}{2}R_0t^2(t\geqslant 0)$，即 $R(s)=R_0/s^3$，则

$$e_{ssr}=\lim_{s\to 0}s\frac{1}{1+G_0(s)}\frac{R_0}{s^3}=\frac{R_0}{\lim\limits_{s\to 0}s^2G_0(s)}$$

令 $K_a=\lim\limits_{s\to 0}s^2G_0(s)$，称为加速度（稳态）误差系数。抛物线输入信号时的稳态误差为

$$e_{ssr}=\frac{R_0}{K_a} \tag{3-52}$$

上述三种误差系数定量地描述了系统在稳态误差与给定信号种类和大小之间的关系，统称为系统稳态误差系数。

三、系统的型号与无差度

系统的开环传递函数可以看成由一些典型环节组成，即

$$G_0(s)=\frac{K(\tau_1 s+1)\cdots(\tau_2 s^2+2\tau_2\zeta s+1)\cdots}{s^{\nu}(\tau_1' s+1)\cdots(\tau_2' s^2+2\tau_2'\zeta s+1)\cdots} \tag{3-53}$$

式中　K——系统的开环放大系数；

ν——系统的型号；

s^{ν}——系统开环传递函数中含有 ν 个积分环节。

当 $\nu=0$ 时，称系统为0型系统；当 $\nu=1$ 时，称系统为Ⅰ型系统；$\nu=2$ 时，称系统为Ⅱ型系统；当 $\nu>2$ 时，要使系统稳定是相当困难的，因此实际系统中几乎没有Ⅲ型或Ⅲ型以上的系统。

不同型号系统的稳态误差与误差系数见表3-4。

表3-4　误差系数、稳态误差、系统型号及参考输入信号的关系

误差 / 系统型号	误差系数			阶跃输入	斜坡输入	抛物线输入
	K_p	K_v	K_a	e_{ssr}	e_{ssr}	e_{ssr}
0	K	0	0	$\frac{R_0}{1+K_p}$	∞	∞
Ⅰ	∞	K	0	0	$\frac{R_0}{K_v}$	∞
Ⅱ	∞	∞	K	0	0	$\frac{R_0}{K_a}$

由表3-4可知：

1）0型系统对单位阶跃输入信号的稳态误差为常数。

2）Ⅰ型系统对单位阶跃输入信号的稳态误差为零。

3）Ⅱ型系统对单位阶跃输入信号和单位斜坡信号的稳态误差为零。

4）系统的型号越高，跟踪输入信号的能力越强。所以系统的型号反映了系统对输入信号无差的度量，故又称为无差度。如Ⅰ、Ⅱ型系统可以分别称为是对给定阶跃输入信号的一、二阶无差系统；而0型系统可以称为是对给定阶跃输入信号的有差系统。

为了提高系统的稳态精度可以在前向通道中引入串联的积分环节。但反馈通道中若出现积分环节将使系统输出无法跟踪参考输入量的变化，造成系统失控。

四、扰动输入作用下的稳态误差

扰动输入信号作用下的稳态误差又称为扰动稳态误差。在图3-17a所示框图中，扰动量 $D_1(s)$、$D_2(s)$ 作用点不同，下面分别讨论它们对系统稳态误差的影响。

1. $D_1(s)$ 作用下的稳态误差 e_{ssd1}

令 $R(s)=0$、$D_2(s)=0$，等效框图如图3-17b所示，误差传递函数为

$$\frac{E_{d1}(s)}{D_1(s)}=-\frac{K_3 s}{s(\tau s+1)+K_1K_2K_3}$$

当 $D_1(s)$ 为单位阶跃信号时的稳态误差为

$$e_{ssd1}=\lim_{s\to 0}s\frac{1}{s}\left[-\frac{K_3 s}{s(\tau s+1)+K_1K_2K_3}\right]=0$$

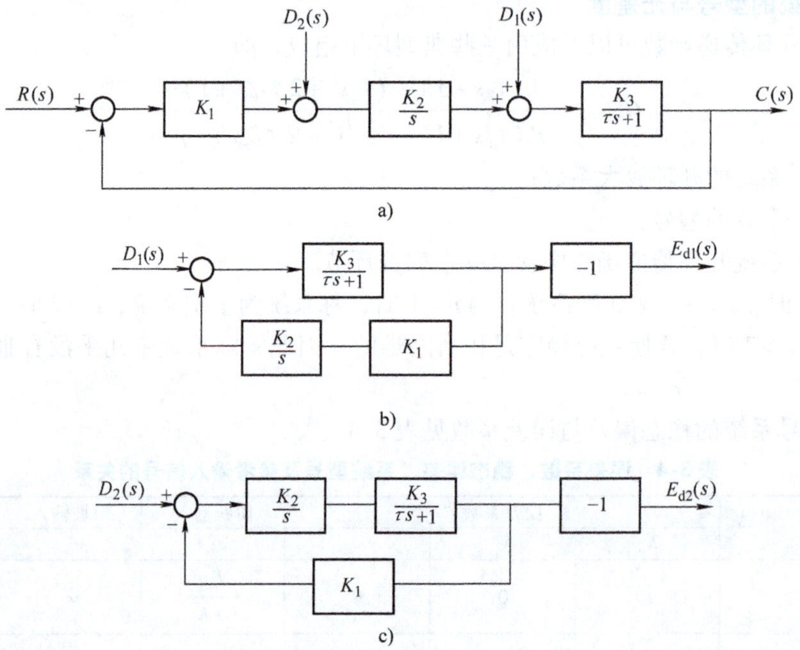

图 3-17 不同作用点扰动输入的稳态误差

2. $D_2(s)$作用下的稳态误差 e_{ssd2}

令 $R(s)=0$、$D_1(s)=0$ 时，等效框图如图 3-17c 所示，误差传递函数为

$$\frac{E_{d2}(s)}{D_2(s)}=-\frac{K_2K_3}{s(\tau s+1)+K_1K_2K_3}$$

当 $D_2(s)$为单位阶跃信号时的稳态误差为

$$e_{ssd2}=\lim_{s\to 0}s\frac{1}{s}\left[-\frac{K_2K_3}{s(\tau s+1)+K_1K_2K_3}\right]=-\frac{1}{K_1}$$

由上述分析可知，扰动输入时的稳态误差特点如下：

1）若扰动作用点之前有一个积分环节，如 $D_1(s)$，则阶跃扰动时的稳态误差为零。

2）若扰动作用点之前无积分环节，如 $D_2(s)$，则阶跃扰动时的稳态误差不为零，其值与扰动作用点前的 K_1 有关。K_1 越大，稳态误差越小，但相对稳定性也将降低。

综合输入控制量和扰动量引起的系统稳态误差分析可知：

1）对同一系统，由于作用量和作用点不同，其跟随稳态误差和扰动稳态误差是不同的。对恒值自动控制系统来讲，后者是主要的；而对随动自动控制系统来讲，前者是主要的。

2）跟随稳态误差 e_{ssr} 与前向通道的积分环节数目 ν 和开环增益 K 有关。ν 越大（但 ν 不能大于2），K 越大，跟随稳态误差 e_{ssr} 越小。对跟随信号而言，系统为 ν 型。

3）扰动稳态误差 e_{ssd} 与扰动作用点前的前向通道积分环节数目 ν_1 和增益 K_1 有关。ν_1 越大(但 ν 不能大于2), K_1 越大,扰动稳态误差 e_{ssd} 越小。对扰动信号而言,系统为 ν_1 型。

4）对于扰动稳态误差、稳态误差系数可参照跟随稳态误差的结论，用 ν_1、K_1 分别取代 ν 和 K 即可求得。

五、采用前馈控制进行误差补偿

从以上分析可知，要减小系统的稳态误差，可以增大系统开环增益或增加前向通道串联的积分环节数目。但由本章第三节的分析可知，这两个措施都使系统的相对稳定性变差，甚至会导致系统不稳定。也就是说，系统的动态性能与稳态性能之间是矛盾的。因此，常常需要在它们之间进行折衷处理。但是，当系统的动态性能与稳态性能指标要求都很高时，或者系统存在很强的扰动时，这种折衷处理往往是不可能实现的。在这些情况下，应采用前馈控制（Feedforward Control）进行误差补偿。采用前馈控制与反馈控制相结合的控制方法称为复合控制（Compound Control）。

1. 采用前馈控制补偿扰动输入引起的误差

采用前馈控制补偿扰动输入引起的误差如图 3-18 所示。这种补偿方法的前提是该扰动量是系统主要的扰动量，且该扰动量是可测的。它通过设计好的补偿装置 $G_D(s)$ 经过补偿通道来控制和抵消扰动对系统输出的影响。$G_D(s)$ 参数可由下式确定：

$$D(s)G_D(s)G_1(s) - D(s) = 0$$

$$G_D(s) = \frac{1}{G_1(s)} \tag{3-54}$$

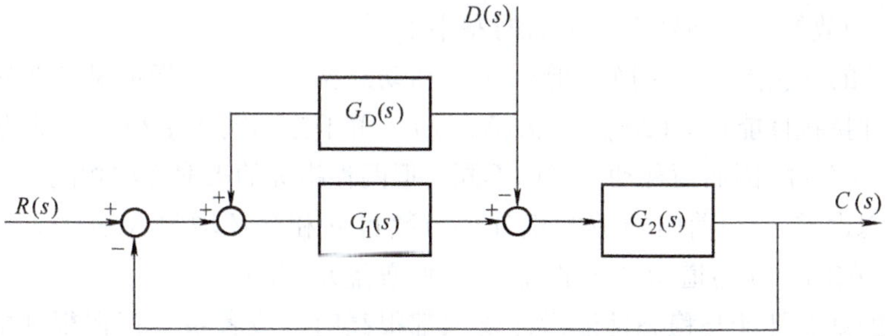

图 3-18　补偿扰动输入误差的复合控制

从框图看，扰动信号一条通道直接到达第二相加点，另一条通道经过 $G_D(s)$、第一相加点、$G_1(s)$ 到达第二相加点。扰动信号从两条不同通道传到第二相加点时，它们的大小相等，方向相反，从而实现了对扰动信号的全补偿，即由扰动引起的 $E_D(s)$ 和 e_{ssd} 均为零。此时系统输出量为

$$C(s) = \frac{G_1(s)G_2(s)}{1 + G_1(s)G_2(s)}R(s) \tag{3-55}$$

由式（3-55）可见，系统输出量与扰动量无关，加入前馈控制前后传递函数的特征方程式不变，因而系统的跟随性能不变。

2. 采用前馈控制补偿参考输入引起的误差

如图 3-19 所示，补偿装置为 $G_R(s)$。

当 $E(s) = 0$ 时，有

$$C(s) = R(s)G_R(s)G(s)$$

若
$$G_R(s)=\frac{1}{G(s)} \tag{3-56}$$
则
$$C(s)=R(s) \tag{3-57}$$

从式（3-57）可以看出，由于输出量完全复现了输入信号，因而系统具有理想的跟随性能。此时，输入控制信号沿开环传递，闭环控制的作用仅仅是用来消除扰动引起的误差。

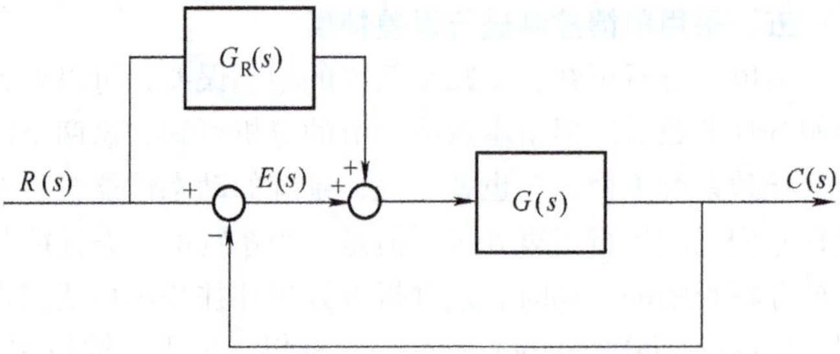

图 3-19 补偿参考输入误差的复合控制

上述系统实现全补偿较困难，特别是参数的变化和元件的非线性因素可能导致全补偿条件的破坏。但可以实现近似的全补偿（欠补偿），大幅度提高系统的抗扰性能或跟随性能。同时，从上述两例还可以看出，前馈控制属于开环控制方式，复合控制是既有开环控制又有闭环控制的控制方式。

小　结

1）系统稳定与否用系统的（绝对）稳定性来衡量。判断线性定常系统稳定性的充要条件是：闭环传递函数的极点均处于 S 平面的左半平面。

2）控制系统的性能指标包括稳态指标（e_{ss}）和动态指标。动态指标又分为跟随性能指标（$\sigma_p\%$、t_s、N 等）和抗扰性能指标（$\Delta C_{max}\%$、t_f、N_d 等）。由于控制输入量和扰动量的作用点不同，对应的传递函数也不同，因而两种动态指标不同。但两种指标的求取方法相同。

3）跟随稳态误差 e_{ssr} 与前向通道的积分环节数目 ν 和开环增益 K 有关。扰动稳态误差 e_{ssd} 与扰动作用点前的前向通道积分环节数目 ν_1 和增益 K_1 有关。

4）当系统的动态性能与稳态性能指标要求都很高时，或者系统存在很强的扰动时，可以采用复合控制。

思考题与习题

3-1 分析一个自动控制系统时，主要从哪些方面进行分析？

3-2 系统跟踪指令信号时，出现无穷大的误差，是否说明该系统不稳定，为什么？

3-3 不稳定系统的响应是发散的，而响应发散的系统是否一定不稳定？

3-4 试求图 3-20 所示系统的传递函数、阶跃响应时域表达式，并绘制 $c(t)$ 曲线，说出此曲线形状有何特点。试计算 $c(t)=0.95$ 时的建立时间 t_s。

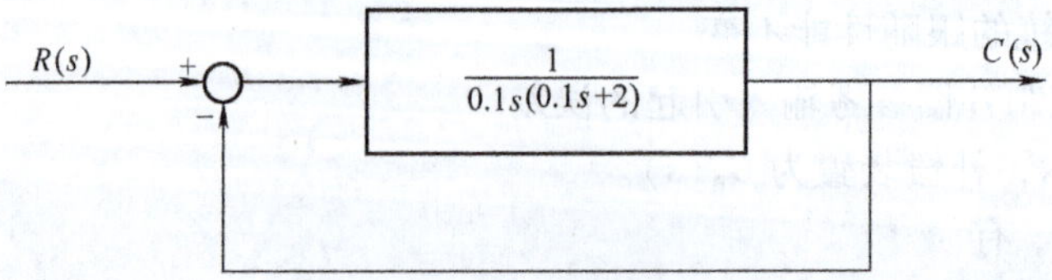

图 3-20 求系统的阶跃响应

3-5　已知负反馈系统的单位阶跃响应为

$$c(t)=1+0.2\mathrm{e}^{-60t}-1.2\mathrm{e}^{-10t}\quad(t\geqslant0)$$

试求：1）系统的闭环传递函数；

2）ζ、ω_n；

3）$\sigma_p\%$、t_s。

3-6　单位反馈系统的开环传递函数为 $G_0(s)=1/[s(s+1)]$，试求 t_s、t_p、t_r、$\sigma_p\%$、N、T_d。

3-7　系统框图如图 3-21 所示，其中：$\zeta=0.6$。试确定参数 K_f 的值，并计算 t_s、t_p、t_r、$\sigma_p\%$。

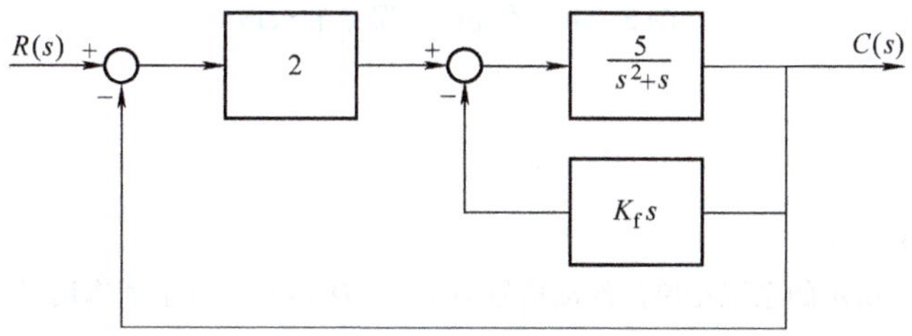

图 3-21　确定系统参数

3-8　对同一系统，为什么它的跟随性能指标与抗扰性能指标会不同？

3-9　已知系统特征方程如下：

1）$0.1s^3+s^2+s+K=0$

2）$s^3+34.4s^2+7500s+7500K=0$

3）$s^4+20Ks^3+5s^2+10s+15=0$

试确定系统的稳定条件。

3-10　试求图 3-22 所示的系统满足稳定条件时，参数 K_0 的取值范围（$\zeta=0.5$、$\omega_n=5$）。

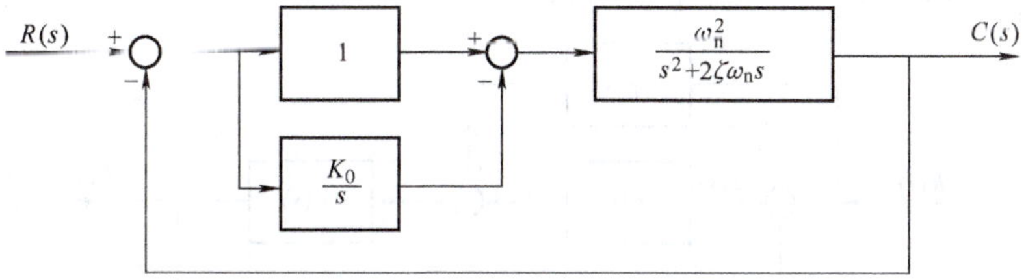

图 3-22　参数的取值范围

3-11　系统框图如图 3-23 所示。

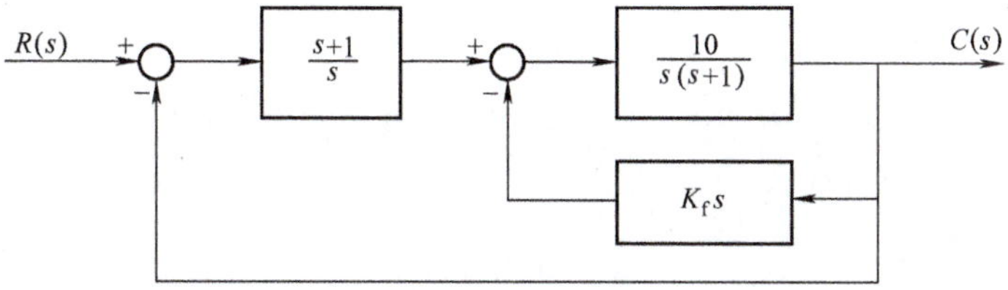

图 3-23　系统的稳定性与稳态误差

1）试分析速度反馈系数 K_f 对系统稳定性的影响；

2）试求 K_p、K_v、K_a，并说明局部反馈对稳态误差的影响。

3-12　试求图 3-24 所示系统在下列控制信号作用下的稳态误差。

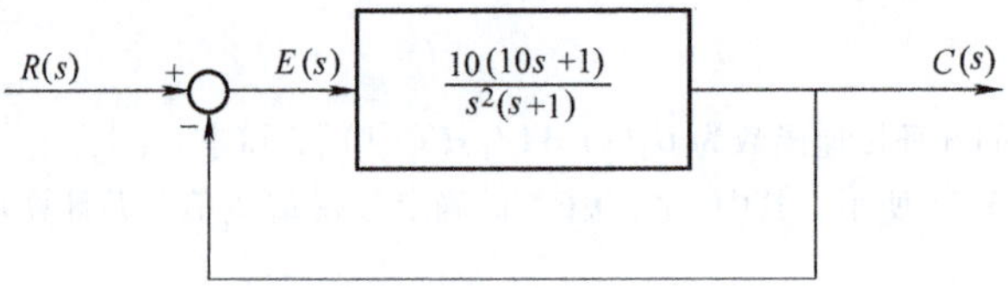

图 3-24　系统稳态误差的求取

1）$r(t)=5$

2）$r(t)=10t$

3）$r(t)=2+5t+3t^2$

3-13　试求图 3-25 所示的系统在单位扰动信号 $D_1(s)$、$D_2(s)$ 分别单独作用时的稳态误差。

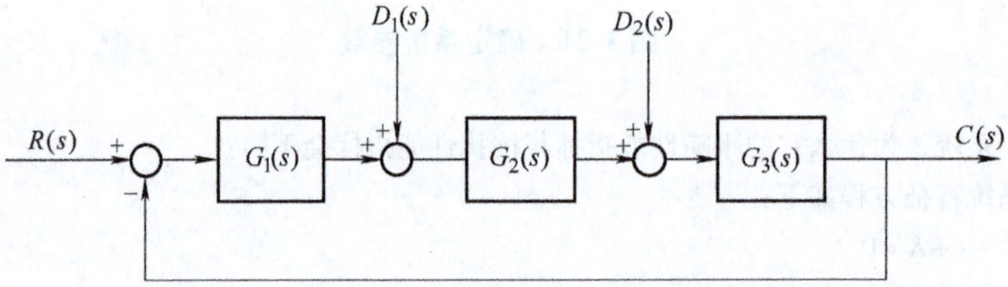

图 3-25　系统稳态误差分析

3-14　如图 3-26 所示的复合控制系统，当 $G_R(s)=\lambda_2 s^2+\lambda_1 s$ 时，系统误差为零，试求 λ_1 和 λ_2。图中，$G_1(s)=K_1/(\tau_1 s+1)$，$G_2(s)=K_2/[s(\tau_2 s+1)]$。

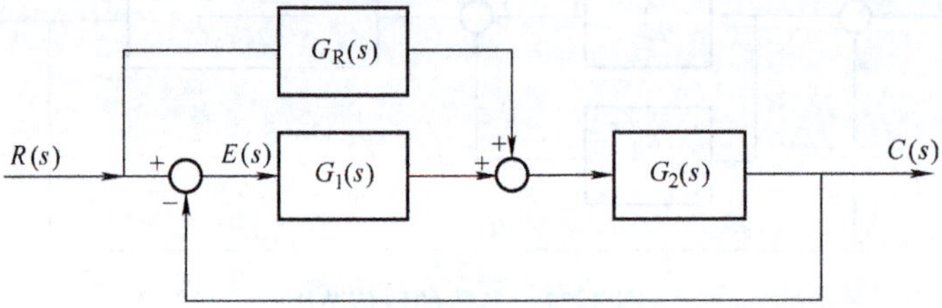

图 3-26　复合控制系统

第四章　自动控制系统的频率分析法

第一节　频率特性的基本概念

工程实践中不一定需要把输出量变化的全部过程准确地计算出来，往往只需要简便地把控制系统的几个主要性能指标与系统的结构参数之间的联系直接表达出来。用时域分析法分析高阶系统的动态性能并不方便，因而提出了一些分析和研究控制系统的工程方法。目前广泛采用的有频率分析法（频域分析法）、根轨迹法等。本书仅介绍工程上广泛使用的频率分析法。

频率分析法又称为频率响应（Frequency Response）法，它是元件或系统对不同频率正弦输入信号的响应特性。应用频率分析法来分析、研究控制系统的方法称为频率特性法。这种方法的突出优点是：系统的频率特性所确定的频率指标与时域指标存在着一定的对应关系，而系统的频率特性又很容易和它的结构、参数联系起来，因而应用频率特性法可以方便地得到系统定性和定量的结论。根据频率特性曲线的形状提出改进系统性能的方法，选择系统的结构和参数，使之满足时域指标的要求；其次，频率特性不但很容易由传递函数求得，而且它还可以方便地通过实验方法直接求得，这对于那些难以从机理上求得微分方程或传递函数的系统（或元件）尤为重要；第三，采用频率特性法分析系统时所使用的曲线、图表及经验公式使得控制系统的分析更为方便、简洁。

一、频率特性和频域（Frequency Domain）分析

如图 4-1 所示，对于一个线性定常系统

$$G(s)=\frac{C(s)}{R(s)}=\frac{b_m s^m+\cdots+b_0}{a_n s^n+\cdots+a_0}\quad (n\geqslant m)$$

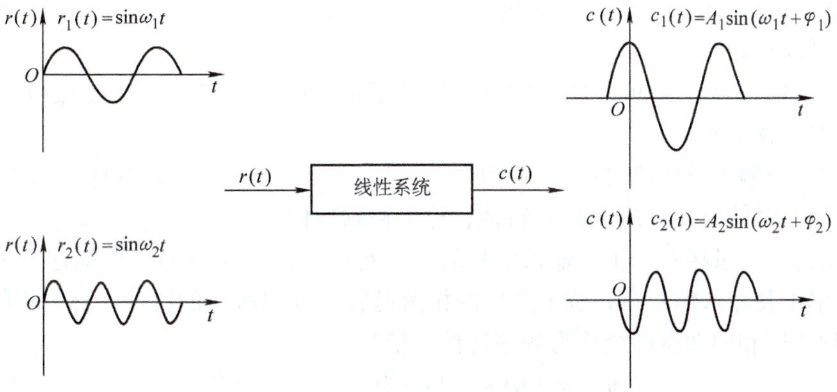

图 4-1　线性系统的频率响应

令 $r(t)=\sin\omega t$，即

$$R(s)=\frac{\omega}{s^2+\omega^2}$$

则
$$C(s)=\frac{b_m s^m+\cdots+b_0}{a_n s^n+\cdots+a_0}R(s) \tag{4-1}$$

由拉氏反变换得

$$c(t)=(\sum C_i e^{s_i t}+\sum D_i t^{k-1}e^{s_i t})+(Be^{-j\omega t}+\overline{B}e^{j\omega t}) \tag{4-2}$$

等式右边第一部分为暂态分量，其中第一项对应特征方程的根为单根时的响应，第二项对应 k 重根时的响应。等式右边第二部分为稳态分量，它主要取决于输入函数。对于一个稳定系统，系统所有的特征根 s_i 的实部均为负，暂态分量必将随时间趋于无穷大而衰减到零。因此，系统的稳态分量为

$$c_{ss}(t)=Be^{-j\omega t}+\overline{B}e^{j\omega t} \tag{4-3}$$

式中的 B、$\overline{B}$ 可用待定系数法求得，即

$$B=G(s)\frac{\omega}{s^2+\omega^2}(s+j\omega)\Big|_{s=-j\omega}=-\frac{G(-j\omega)}{2j}$$

$$\overline{B}=G(s)\frac{\omega}{s^2+\omega^2}(s-j\omega)\Big|_{s=j\omega}=\frac{G(j\omega)}{2j}$$

$G(j\omega)$为复数变量，它可以通过模

$$|G(j\omega)|=A(\omega)=\sqrt{[\mathrm{Re}G(j\omega)]^2+[\mathrm{Im}G(j\omega)]^2}$$

及幅角 $\angle G(j\omega)=\varphi(\omega)=\arctan\left[\frac{\mathrm{Im}G(j\omega)}{\mathrm{Re}G(j\omega)}\right]$

来表示，即

$$G(j\omega)=A(\omega)e^{j\varphi(\omega)}$$

$$G(-j\omega)=A(\omega)e^{-j\varphi(\omega)}$$

将 B、$\overline{B}$ 代入式（4-3）中，并应用欧拉公式可得

$$c_{ss}(t)=|G(j\omega)|\sin[\omega t+\varphi(\omega)]=A(\omega)\sin[\omega t+\varphi(\omega)] \tag{4-4}$$

式中 $A(\omega)$——输出稳态分量的振幅，$A(\omega)=|G(j\omega)|$；

$\varphi(\omega)$——输出稳态分量的初相角，$\varphi(\omega)=\angle G(j\omega)$。

由上式可以得到：

1）在正弦信号 $r(t)=\sin\omega t$ 的作用下，线性定常系统输出的稳态分量 $c_{ss}(t)$ 是与输入信号同频率的正弦信号。

2）输出量与输入量幅值之比 $A(\omega)/1=|G(j\omega)|=A(\omega)$，可描述系统对不同频率正弦输入信号在稳态时的放大（或衰减）特性，称为幅频特性。

3）输出稳态分量相对于正弦输入信号的相位差 $\varphi(\omega)=\angle G(j\omega)$，可描述系统稳态输出时对不同频率正弦输入信号在相位上产生的相角迟后（或超前）的特性，称为相频特性。

4）幅频特性和相频特性统称为频率特性，记为

$$G(j\omega)=|G(j\omega)|e^{j\angle G(j\omega)}=A(\omega)e^{j\varphi(\omega)} \tag{4-5}$$

5）频率特性适用于线性定常系统或元件。

6）由拉氏变换可知，传递函数的复变量 $s=\sigma+j\omega$。当 $\sigma=0$ 时，$s=j\omega$。所以 $G(j\omega)$ 就是 $\sigma=0$ 时的 $G(s)$，即复频域与频域的关系为

$$G(j\omega)=G(s)\big|_{s=j\omega} \tag{4-6}$$

二、频率特性的性质

1）从频率特性与传递函数的关系中看出，频率特性包含了系统或元件的全部动态结构参数，因此它是和微分方程、传递函数一一对应的数学模型。频率特性是系统在频域中的数学模型，运用它分析、研究控制系统性能的方法称为频率特性分析法。

2）频率特性为使用实验法求取未知系统或元件的数学模型提供了切实可行的办法。

3）有关频率特性的推导是在系统稳定的前提下进行的。如果系统不稳定，就不能观测到系统输出的稳态分量，因而无法使用实验法求取系统的频率特性。

虽然频率特性的概念是从稳定系统推导出来的，但我们知道，系统的输出总是由两个分量组成的，其稳态分量与系统的稳定性无关，主要取决于输入信号。因此，从理论上讲，稳态分量总是可以从系统的动态响应中分离出来。所以频率特性的定义可以推广为：线性定常系统输出的稳态分量与正弦输入信号的复数比。也就是说，无论系统稳定与否，其频率特性总是存在的。

4）由傅里叶变换可知，输入信号可以分解为一系列不同频率谐波的叠加。根据频率特性的物理意义，$G(j\omega)$ 相当于一个广义的滤波器，它对一些频率的信号进行放大和相应的相移处理，对另一些频率的信号进行衰减和相应的相移处理。频率特性不同，则具体放大或衰减的倍数、超前或迟后的相角不同。因此，控制系统的输出就是通过这一广义滤波器的各次谐波之叠加。

使用频域法校正控制系统，就是将系统设计成为合理地放大有用信号、衰减无用信号，并按要求进行相移的广义滤波器。

第二节　典型环节的伯德图

频率特性常使用图示法。图示法比数学表达式更形象、更方便。研究频率特性常用的图示法有极坐标图（又称为奈氏图、Nyquist 图）、幅频特性和相频特性图、对数幅频及对数相频特性图（又称为伯德图、Bode 图）、以及对数幅相频率特性图（又称为尼柯尔斯图、Nichols 图）。本书仅介绍工程上广泛采用的 Bode 图。

Bode 图通过两张图——对数幅频特性图（又称为幅值伯德图）（Magnitude Bode Plots）和对数相频特性图（又称为相位伯德图）（Phase Bode Plots）来表示系统的频率特性。对数幅频特性图和对数相频特性图是画在一张半对数坐标纸上的，即横坐标 ω 是以对数分度值表示的角频率 ω。角频率 ω 变化倍数用频程表示。所谓频程是指高频与低频频率的对数比（以 10 为底）。因此，角频率 ω 变化 10 倍，在横坐标上距离的变化为一个单位，即 $\lg 10=1$，称为一个“10 倍频程（Decade）”，记为 dec。由于横坐标采用对数分度，因此零频（$\omega=0$）不可能在横坐标上表示出来。横坐标的最低频率，一般以我们感兴趣的频率范围来决定，如图 4-2 所示。

对数幅频特性 $L(\omega)$ 定义为

$$L(\omega)=20\lg A(\omega)$$

对数幅频特性图纵坐标以 $L(\omega)$ 的值表示，单位为分贝（dB），按线性均匀分度。对数相频特性图纵坐标以 $\varphi(\omega)$ 的值表示，单位为度，也是按线性均匀分度的，如图 4-2 所示。

采用伯德图的优点在于：首先，它可以将串联环节的幅值相乘转化为对数幅值相加的运算，这样可以简化图形的处理和分析计算；其次，采用了对数分度的横坐标，在有限的图纸范围内将频率表示范围大大地增加了，可以在一张图纸上清楚地画出频率特性的低、中、高频段特性；第三，对数幅频特性曲线是建立在渐近线基础上的，因此可以利用简便的方法来绘制近似的幅频特性曲线。

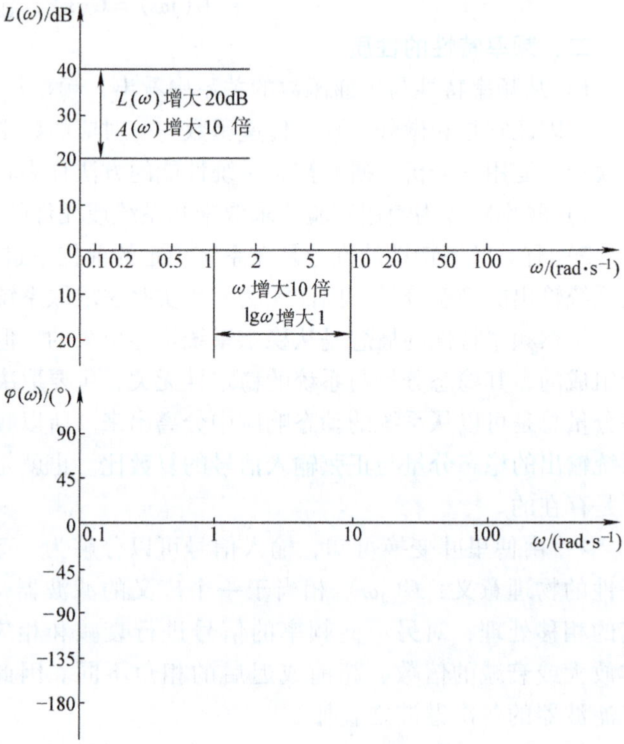

图 4-2 伯德图坐标系

一、比例环节

1. 传递函数

$$G(s)=K$$

2. 频率特性

$$G(j\omega)=K \quad (4\text{-}7)$$

3. 对数频率特性

$$L(\omega)=20\lg K \quad (4\text{-}8)$$

$$\varphi(\omega)=0 \quad (4\text{-}9)$$

4. Bode 图

（1）对数幅频特性 比例环节的增益为常数，其对数幅频特性曲线 $L(\omega)$ 是一条通过纵轴的水平直线，高度为 $20\lg K$(dB)。若 $K>1$，则 $L(\omega)$ 为正值，特性曲线位于横轴上方；若 $K<1$，则 $L(\omega)$ 为负值，特性曲线位于横轴下方；若 $K=1$，则 $L(\omega)=0$，特性曲线与横轴重合。

（2）对数相频特性 由于 $\varphi(\omega)=0$，因此其对数相频特性曲线是一条与横轴重合的水平线，如图 4-3 所示。

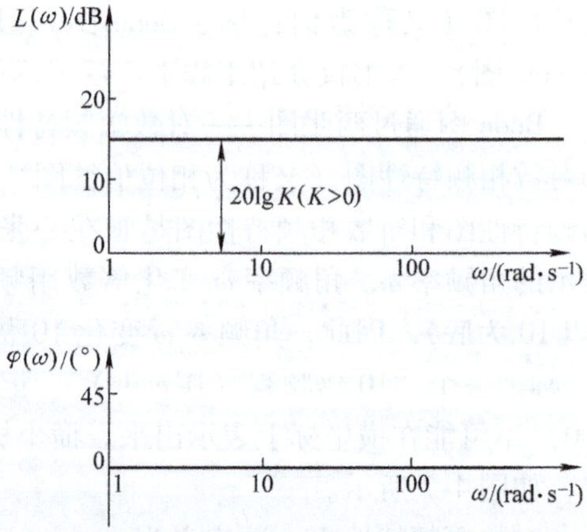

图 4-3 比例环节的 Bode 图

二、积分环节

1. 传递函数

$$G(s)=\frac{1}{\tau_i s}$$

2. 频率特性

$$G(j\omega)=\frac{1}{j\tau_i\omega}=-j\frac{1}{\tau_i\omega}=\frac{1}{\tau_i\omega}e^{-j\frac{\pi}{2}} \quad (4\text{-}10)$$

3. 对数频率特性

$$L(\omega)=20\lg\frac{1}{\tau_i\omega}=-20\lg\tau_i\omega \tag{4-11}$$

$$\varphi(\omega)=-\frac{\pi}{2} \tag{4-12}$$

4. Bode 图

（1）对数幅频特性　由于

$$L(\omega)=-20\lg\tau_i\omega=20\lg\frac{1}{\tau_i}-20\lg\omega$$

因此，对数幅频特性 $L(\omega)$ 为一条斜率为每十倍频程下降 20dB（-20dB/dec）的直线。当 $\tau_i=1$（称 $\tau_i=1$ 时的积分环节为理想积分环节）时，该直线通过横轴 $\omega=1$ 处；当 $\tau_i\neq1$ 时，该直线通过横轴 $\omega=1/\tau_i$ 处。

（2）对数相频特性　由于对数相频特性 $\varphi(\omega)=-\pi/2$，因此其对数相频特性曲线是一条通过纵轴 $\varphi(\omega)=-\pi/2$ 处、与横轴平行的直线，如图 4-4 所示。

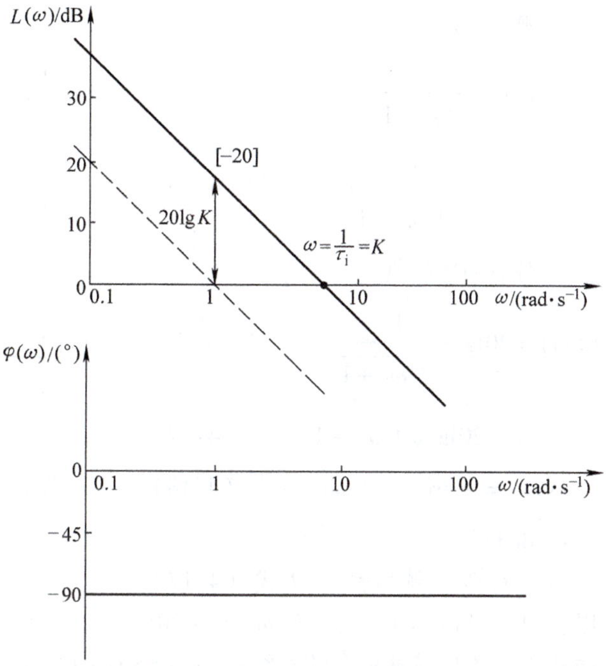

图 4-4　积分环节的 Bode 图

三、微分环节

1. 传递函数

$$G(s)=\tau_d s$$

2. 频率特性

$$G(j\omega)=j\tau_d\omega=\tau_d\omega e^{j\frac{\pi}{2}} \tag{4-13}$$

3. 对数频率特性

$$L(\omega)=20\lg\tau_d\omega \tag{4-14}$$

$$\varphi(\omega)=\frac{\pi}{2} \tag{4-15}$$

4. Bode 图

对照式（4-11）、式（4-12）与式（4-14）、式（4-15）可知，它们之间仅差一个负号，因此它们的 Bode 图对称于横轴。即对数幅频特性 $L(\omega)$ 为一条斜率为 20dB/dec 的直线。当 $\tau_d=1$ 时（称为理想微分环节），该直线通过横轴 $\omega=1$ 处；当 $\tau_d\neq1$ 时，该直线通过横轴 $\omega=1/\tau_d$ 处。由于对数相频特性 $\varphi(\omega)=\pi/2$，因此对数相频特性曲线是一条通过纵轴 $\varphi(\omega)=\pi/2$ 处、与横轴平行的直线，如图 4-5 所示。

四、惯性环节

1. 传递函数

$$G(s)=\frac{1}{\tau s+1}$$

2. 频率特性

$$G(\mathrm{j}\omega)=\frac{1}{\mathrm{j}\tau\omega+1}$$

$$=\frac{1}{\sqrt{\tau^2\omega^2+1}}\mathrm{e}^{-\mathrm{j}\arctan(\tau\omega)} \quad (4\text{-}16)$$

3. 对数频率特性

$$L(\omega)=20\lg\frac{1}{\sqrt{\tau^2\omega^2+1}}$$

$$=-20\lg\sqrt{\tau^2\omega^2+1} \quad (4\text{-}17)$$

$$\varphi(\omega)=-\arctan(\tau\omega) \quad (4\text{-}18)$$

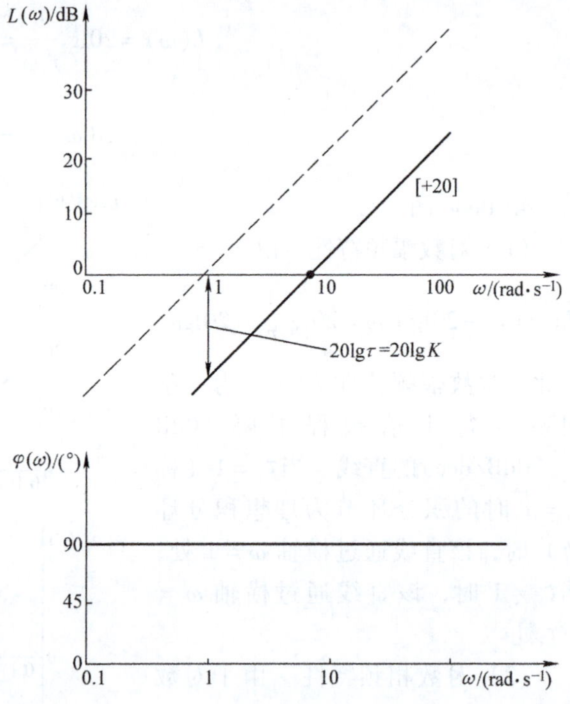

图 4-5 微分环节的 Bode 图

4. Bode 图

（1）对数幅频特性　从式（4-17）可以看出，当 $\omega \ll 1/\tau$ 时，$L(\omega)\approx -20\lg 1=0$（dB），即在低频区（$\omega \ll 1/\tau$），对数幅频特性曲线为一条与横轴重合的直线；当 $\omega \gg 1/\tau$ 时，$L(\omega)\approx -20\lg(\tau\omega)$，即在高频区（$\omega \gg 1/\tau$），对数幅频特性曲线为一条在 $\omega=1/\tau$ 处穿越横轴、且斜率为 -20dB/dec 的直线。因此，对数幅频特性曲线可近似地用上述两条直线表示，且它们相交于 $\omega=1/\tau$ 处。$\omega=1/\tau$ 处的频率称为惯性环节的转折频率（Corner Frequency）。由上述两条直线构成的近似对数幅频特性曲线称为渐近对数幅频特性曲线，或折线对数幅频特性曲线，如图 4-6 所示。

渐近对数幅频特性曲线相对于对数幅频特性曲线的误差值见表 4-1。

从表 4-1 看出，以横轴 $\omega=\frac{1}{\tau}$ 处为中心，相对于横轴几何尺寸对称处的误差值相同，且最大误差值只有 3dB。为简化对数频率特性曲线的绘制，常常使用渐近对数幅频特性曲线（特别是在初步设计阶段）。同时，如需由渐近对数幅频特性曲线获取精确曲线，只需分别在低于或高于转折频率的一个十倍频程范围内对渐近对数幅频特性曲线进行修正就足够了。经过修正后的特性曲线如图 4-6 所示。

（2）对数相频特性　由式（4-18）可知，$\omega=0$ 时，$\varphi(\omega)=0$；$\omega=1/\tau$ 时，$\varphi(\omega)=-45°$；$\omega\to\infty$ 时，$\varphi(\omega)\to -90°$。同时，由于惯性环节的相移与频率呈反正切函数关系，所以，对数相频特性曲线将对应于 $\omega=1/\tau$ 及 $\varphi(\omega)=-45°$ 这一点对称，惯性环节相移计算参见表 4-2。

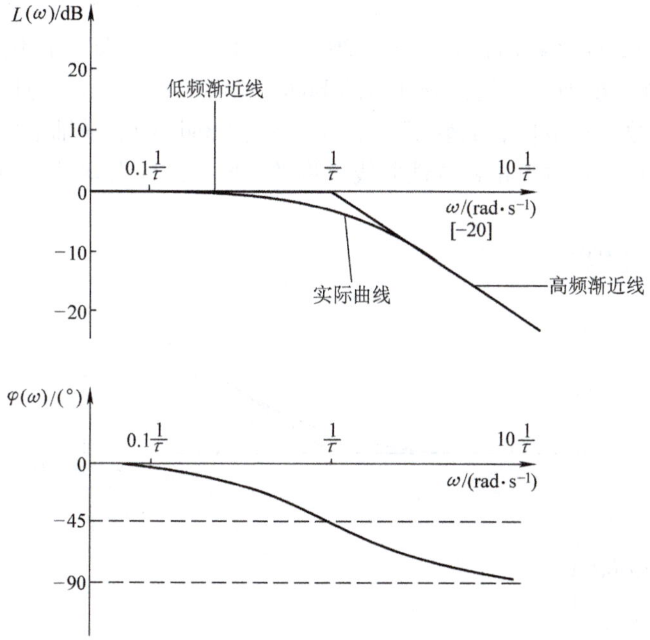

图 4-6 惯性环节的 Bode 图

表 4-1 惯性环节对数幅频特性误差修正表

$\tau\omega$	0.1	0.25	0.4	0.5	1.0	2.0	2.5	4.0	10.0
误差/dB	-0.04	-0.32	-0.65	-1.0	-3.0	-1.0	-0.65	-0.32	-0.04

表 4-2 惯性环节相移计算表

$\omega\tau$	0.1	0.25	0.4	0.5	1.0	2.0	2.5	4.0	10.0
相移/(°)	-5.7	-14.1	-21.8	-26.6	-45	-63.4	-68.2	-75.9	-84.3

惯性环节的时间常数τ改变时，其转折频率 $1/\tau$将在 Bode 图的横轴上向左或向右移动。与此同时，对数幅频特性及对数相频特性曲线也将随之向左或向右移动，但它们的形状保持不变。

五、比例微分环节

1. 传递函数

$$G(s) = \tau_d s + 1$$

2. 频率特性

$$G(j\omega) = j\tau_d\omega + 1 = \sqrt{\tau_d^2\omega^2 + 1}\,e^{j\arctan\tau_d\omega} \tag{4-19}$$

3. 对数频率特性

$$L(\omega) = 20\lg\sqrt{\tau_d^2\omega^2 + 1} \tag{4-20}$$

$$\varphi(\omega) = \arctan(\tau_d\omega) \tag{4-21}$$

4. Bode 图

比较式（4-17）、式（4-18）与式（4-20）、式（4-21）可知，比例微分环节与惯性环节的 Bode 图将对称于横轴。比例微分环节的 Bode 图如图 4-7 所示。与惯性环节一样，比例微分环节的时间常数τ_d 改变时，其转折频率 $1/\tau_d$ 将在 Bode 图的横轴上向左或向右移动。与此同时，对数幅频特性及对数相频特性曲线也将随之向左或向右移动，但它们的形状保持不变。

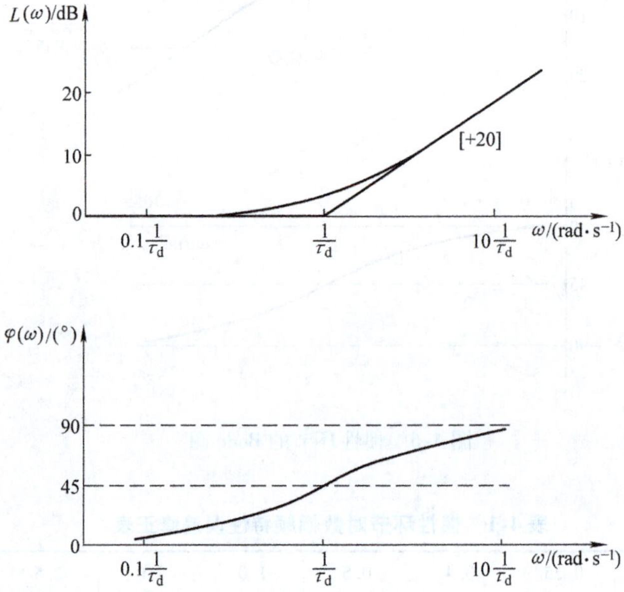

图 4-7 比例微分环节的 Bode 图

六、振荡环节

1. 传递函数

$$G(s)=\frac{1}{\tau^2 s^2+2\zeta\tau s+1}=\frac{\omega_n^2}{s^2+2\zeta\omega_n s+\omega_n^2}$$

2. 频率特性

$$G(j\omega)=\frac{1}{\tau^2(j\omega)^2+2\zeta\tau(j\omega)+1}=\frac{1}{\sqrt{(1-\tau^2\omega^2)^2+(2\zeta\tau\omega)^2}}e^{-j\arctan\frac{2\zeta\tau\omega}{1-\tau^2\omega^2}} \tag{4-22}$$

3. 对数频率特性

$$L(\omega)=-20\lg\sqrt{(1-\tau^2\omega^2)^2+(2\zeta\tau\omega)^2} \tag{4-23}$$

$$\varphi(\omega)=-\arctan\frac{2\zeta\tau\omega}{1-\tau^2\omega^2} \tag{4-24}$$

4. Bode 图

（1）对数幅频特性 从式（4-23）可以看出，当 $\omega \ll 1/\tau$时，$L(\omega)\approx -20\lg1=0\text{dB}$，即在低频区（$\omega \ll 1/\tau$）时，对数幅频特性曲线为一条与横轴重合的直线；当 $\omega \gg 1/\tau$时，$L(\omega)\approx -40\lg(\tau\omega)$，即在高频区（$\omega \gg 1/\tau$）时，对数幅频特性曲线为一条在 $\omega=1/\tau$处穿

越横轴、且斜率为 −40dB/dec 的直线。因此，对数幅频特性曲线可近似地用上述两条直线表示，且它们相交于 $\omega=1/\tau$ 处。$\omega=1/\tau$ 处的频率称为振荡环节的转折频率，也就是振荡环节的无阻尼自然角频率 ω_n。由上述两条直线构成的近似对数幅频特性曲线即为渐近对数幅频特性曲线，如图4-8所示。

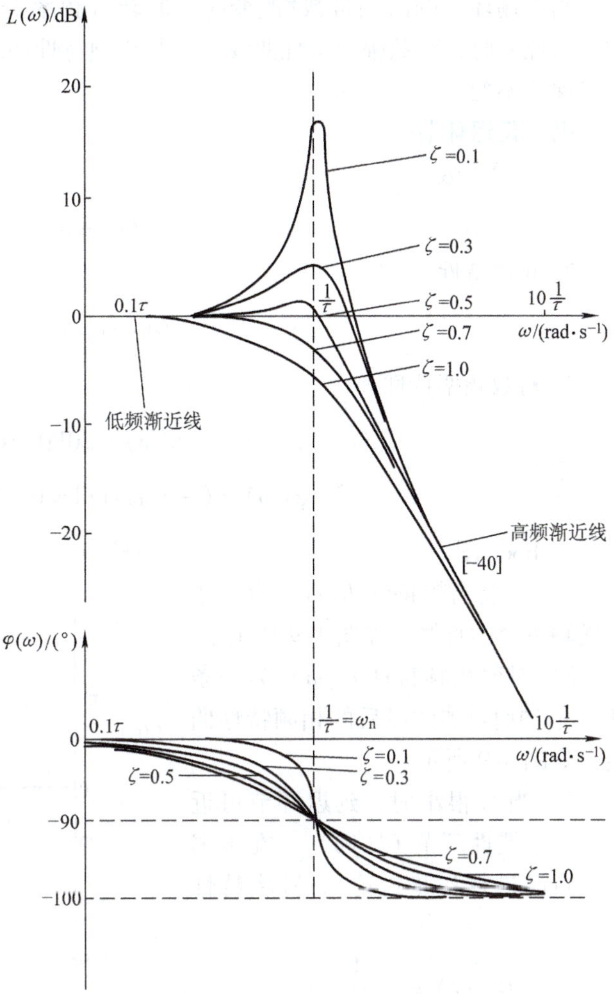

图 4-8　振荡环节的 Bode 图

当 $\omega=1/\tau$ 时，渐近对数幅频特性曲线与实际曲线的误差为

$$L(\omega)=-20\lg\sqrt{(2\zeta)^2}=-20\lg(2\zeta)$$

由上式可见，振荡环节渐近对数幅频特性曲线与实际曲线的误差不仅与 ω 有关，还与 ζ 有关。对于不同 ζ 值，上述误差值列于表 4-3 中。

由表 4-3 可见，当 $0.4\leqslant\zeta\leqslant0.7$ 时，误差小于 3dB，这时可以不对渐近线进行修正；但当 $\zeta<0.4$ 或 $\zeta>0.7$ 时，误差很大，必须对渐近线进行修正。

当 $\zeta<0.707$ 时，振荡环节的对数幅频特性在 $\omega=\omega_r=\omega_n\sqrt{1-2\zeta^2}$ 处，$A(\omega)$ 最大。我们称这时的 $A(\omega)$ 值为谐振峰值 M_r，而 ω_r 称为谐振角频率。由此可得

$$M_r=\frac{1}{2\zeta\sqrt{1-\zeta^2}} \tag{4-25}$$

表 4-3　渐近振荡环节对数幅频特性最大误差修正表

ζ	0.1	0.15	0.2	0.25	0.3	0.4	0.5	0.6	0.7	0.8	1.0
误差/dB	14.0	10.4	8.0	6.0	4.4	2.0	0	−1.6	−3.0	−4.0	−6.0

由上式可知，ζ 减小，M_r 上升，当 ζ 趋于零时，M_r 趋于无穷大；当 $\zeta=0.5$ 时，虽然频率特性在转折频率处的误差为零，但仍然存在谐振峰；当 $\zeta>0.707$ 时，不存在谐振峰。

（2）对数相频特性　由式（4-24）可知，当 $\omega=0$ 时，$\varphi(\omega)=0$；$\omega=1/\tau$ 时，$\varphi(\omega)=-90°$；$\omega\to\infty$ 时，$\varphi(\omega)\to-180°$。与惯性环节相似，振荡环节的对数相频特性曲线将对应于 $\omega=1/\tau$ 及 $\varphi(\omega)=-90°$ 这一点对称。振荡环节的对数相频特性既是 ω 的函数，又是 ζ 的函数。随阻尼比 ζ 不同，对数相频特性在转折频率附近的变化速度也不同。ζ 越小，相频特

性在转折频率附近的变化速度越大，而在远离转折频率处的变化速度越小。

当振荡环节的时间常数τ改变时，其转折频率$1/\tau$将在Bode图的横轴上向左或向右移动。与此同时，对数幅频特性曲线及对数相频特性曲线也将随之向左或向右移动，但它们的形状保持不变。

七、延迟环节

1. 传递函数

$$G(s)=e^{-\tau_D s}$$

2. 频率特性

$$G(j\omega)=e^{-j\tau_D\omega} \tag{4-26}$$

3. 对数频率特性

$$L(\omega)=20\lg 1=0 \tag{4-27}$$

$$\varphi(\omega)=(-\tau_D\omega)\text{rad}=(-57.3\,\tau_D\omega)^\circ \tag{4-28}$$

4. Bode图

1）对数幅频特性$L(\omega)$为一条与横轴重合的直线，如图4-9所示。

2）对数相频特性$\varphi(\omega)$为一条随ω增加而增加的滞后的相频特性曲线，如图4-9所示。

3）当τ_D很小时，延迟环节可近似为一个惯性环节$G'(j\omega)$（在本书第二章已进行初步讨论），频率特性为

$$G'(j\omega)=\frac{1}{j\,\tau_D\omega+1}$$

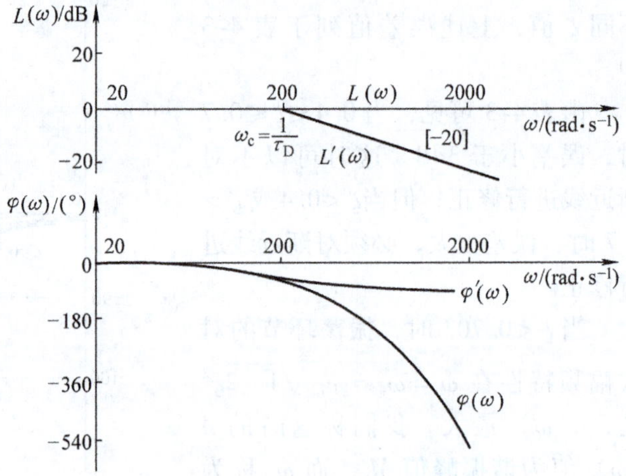

图4-9 延迟环节的Bode图

如$\tau_D=0.005$，则对数频率特性为

$$L'(\omega)=-20\lg\sqrt{(0.005\omega)^2+1}$$

$$\varphi'(\omega)=-\arctan 0.005\omega$$

其Bode图如图4-9所示。从图中可以看出，在$\omega<\omega_c$的频段中，$L(\omega)$和$L'(\omega)$、$\varphi(\omega)$和$\varphi'(\omega)$很接近。因此，若系统的主要性能取决于低频段，则当τ_D很小时，延迟环节可以近似为惯性环节。

八、最小相位系统（Minimum Phase System）

下面以一个简单例子来说明最小相位系统的概念。已知系统的开环传递函数分别为

$$G_{01}(s)=\frac{\tau_2 s+1}{\tau_1 s+1}\qquad G_{02}(s)=\frac{1-\tau_2 s}{\tau_1 s+1}$$

$$G_{03}(s)=\frac{\tau_2 s+1}{1-\tau_1 s}\qquad G_{04}(s)=\frac{\tau_2 s+1}{\tau_1 s+1}e^{-\tau_D s}$$

式中的τ_1、τ_2均大于零，且$\tau_1=10\tau_2$。四个系统的对数幅频特性相同，如图4-10所示。但它们相频特性不同，分别为

$$\varphi_1(\omega)=\arctan(\tau_2\omega)-\arctan(\tau_1\omega)$$
$$\varphi_2(\omega)=-\arctan(\tau_2\omega)-\arctan(\tau_1\omega)$$
$$\varphi_3(\omega)=\arctan(\tau_2\omega)+\arctan(\tau_1\omega)$$
$$\varphi_4(\omega)=\arctan(\tau_2\omega)-\arctan(\tau_1\omega)-57.3\tau_D\omega$$

它们的对数相频特性如图4-10所示。从图中可见，虽然上述四个系统的对数幅频特性相同，但它们的对数相频特性不同。能给出最小相位移角的系统只有一个，并称其为最小相位系统，如图中相频特性$\varphi_1(\omega)$所对应的系统就是最小相位系统。其他几个系统则称为非最小相位系统。

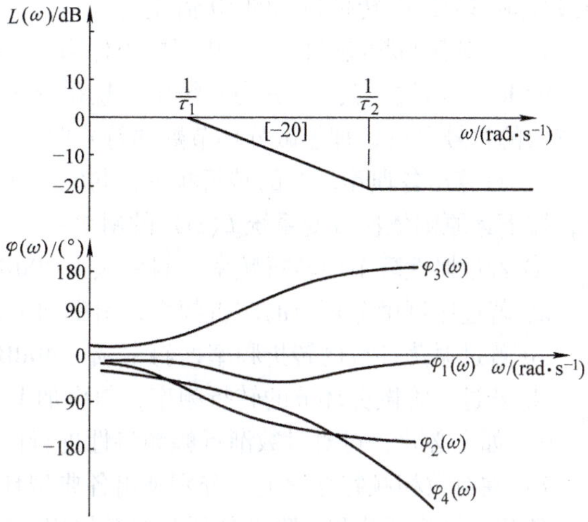

图4-10 最小相位系统的Bode图

分析上述四个系统的开环传递函数可知：开环传递函数的分子、分母中无正实根且无延迟环节时，该系统必定为最小相位系统。由于延迟环节按幂级数分解之后，其各项系数有正负，因而必定有正实根，所以延迟环节属于非最小相位系统。

最小相位系统的对数相频特性和对数幅频特性是一一对应的。也就是说，对于最小相位系统，一条对数幅频特性只有一条对数相频特性与之对应，知道其对数幅频特性，也就知道其对数相频特性。因此，利用Bode图对最小相位系统进行分析时，往往只分析对数幅频特性。

第三节 控制系统开环伯德图的绘制

控制系统开环传递函数是由一些典型环节$G_1(s)$、$G_2(s)$ $\cdots G_n(s)$组成的，即

$$G_0(s)=G_1(s)G_2(s)\cdots G_n(s)$$
$$\begin{aligned}G_0(\mathrm{j}\omega)&=G_1(\mathrm{j}\omega)G_2(\mathrm{j}\omega)\cdots G_n(\mathrm{j}\omega)\\&=A_1(\omega)\mathrm{e}^{\mathrm{j}\varphi_1(\omega)}A_2(\omega)\mathrm{e}^{\mathrm{j}\varphi_2(\omega)}\cdots A_n(\omega)\mathrm{e}^{\mathrm{j}\varphi_n(\omega)}\\&=\prod_{i=1}^{n}A_i(\omega)\mathrm{e}^{\mathrm{j}\sum_{i=1}^{n}\varphi_i(\omega)}\end{aligned}$$

$$L(\omega)=\sum_{i=1}^{n}L_i(\omega) \tag{4-29}$$

$$\varphi(\omega)=\sum_{i=1}^{n}\varphi_i(\omega) \tag{4-30}$$

由以上分析可知，控制系统的开环对数幅频特性是组成系统各典型环节的开环对数幅频特性之和，对数相频特性也是组成系统各典型环节的开环对数相频特性之和。同时，在

Bode 图中，比例微分环节与惯性环节、微分环节与积分环节、振荡环节与二阶微分环节互为镜像关系。因此，控制系统的 Bode 图易于绘制。

绘制控制系统 Bode 图的一般步骤如下：

1）按系统各坐标轴常用的比例尺，自己动手制作一些典型环节对数相频特性曲线的模型板（如惯性环节、比例微分环节、振荡环节及二阶微分环节等）。

2）将控制系统的开环传递函数化成典型环节的乘积，并将它们整理成标准形式。

3）选定 Bode 图频率范围。一般最低频率的刻度尺为系统最低转折频率的 1/10 左右，而最高频率为最高转折频率的 10 倍左右。

4）在对数幅频特性图上，找到横坐标为 $\omega=1$、纵坐标为 $20\lg K$ 的点，过该点作斜率为 20νdB/dec 的斜线。其中，ν 为系统中理想积分环节和理想微分环节数的代数和，理想积分环节数的符号取负，理想微分环节数的符号取正。

5）计算出各典型环节的转折频率，将它们按由小到大的次序排列。在对数幅频特性图上，按下述原则依次改变系统 $L(\omega)$ 的斜率：

① 若过惯性环节的转折频率，斜率减去 20dB/dec。

② 若过比例微分环节的转折频率，斜率加上 20dB/dec。

③ 若过振荡环节的转折频率，斜率减去 40dB/dec。

④ 若过二阶微分环节的转折频率，斜率加上 40dB/dec。

6）如有必要，可对对数渐近幅频特性进行修正，以得到精确的对数幅频特性。

7）在对数相频特性图上，分别画出各典型环节的对数相频特性曲线（惯性环节、比例微分环节、振荡环节和二阶微分环节的对数相频特性曲线用模型板画更方便）。将各典型环节的对数相频特性曲线沿纵轴方向叠加，便可得到系统的对数相频特性曲线。

【例 4-1】 试绘制下述系统的对数频率特性曲线。

$$G_0(s)=\frac{100(s+2)}{s(s+1)(s+20)}$$

【解】 1）首先将系统开环频率特性化为标准形式，即

$$G_0(\mathrm{j}\omega)=\frac{10(\mathrm{j}0.5\omega+1)}{\mathrm{j}\omega(\mathrm{j}\omega+1)(\mathrm{j}0.05\omega+1)}$$

2）确定频率范围，画出对数坐标系，如图 4-11 所示。

3）在对数幅频特性图上，找到横坐标为 $\omega=1$、纵坐标为 $20\lg 10=20$（dB）的点，即图中 a 点，过该点作斜率为 20νdB/dec 的斜线。这里 $\nu=-1$，即通过该点作斜率为 -20dB/dec 的斜线（这就是比例环节和积分环节叠加的结果）。

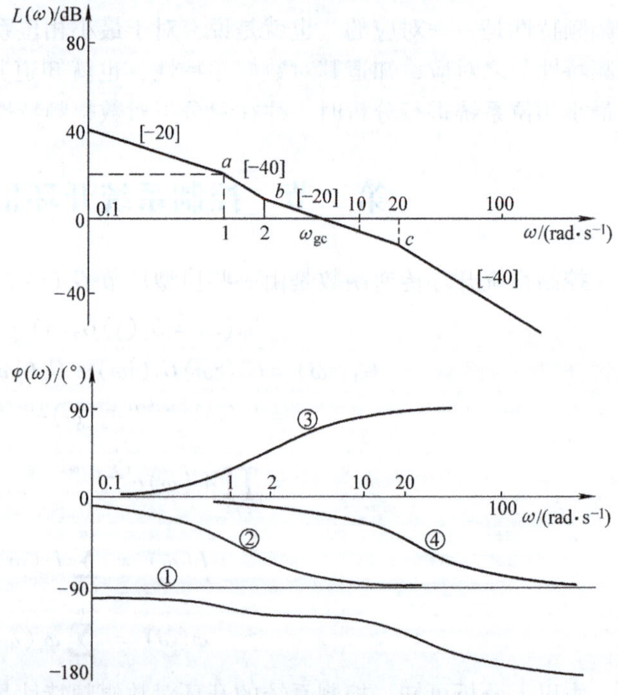

图 4-11　系统开环伯德图的绘制

4）转折频率分别为

$$\omega_{c1}=1,\ \omega_{c2}=2,\ \omega_{c3}=20$$

所以，过 a 点作一条斜率为 -40dB/dec的线段，并延长到第二个转折频率处的 b 点；过 b 点作一条斜率为 -20dB/dec 的线段，并延长到第三个转折频率处的 c 点；过 c 点作一条斜率为 -40dB/dec 的线段，如图 4-11 所示。

5）在对数相频特性图上，分别画出各典型环节的对数相频特性曲线，并将各典型环节的对数相频特性曲线沿纵轴方向叠加，便可得到系统的对数相频特性曲线。

第四节　对数频率稳定判据与稳定裕量

对数频率稳定判据是建立在 Nyquist 图基础之上的，因而又称为 Nyquist 稳定判据。但作 Nyquist 图较麻烦，所以工程上一般都采用系统的开环伯德图来判断系统的稳定性，这就是对数频率稳定判据。它实际上是 Nyquist 判据在伯德图上的应用。对数频率稳定判据不但可以回答系统稳定与否的问题，还可以研究系统的稳定裕量（相对稳定性），以及研究系统结构和参数对系统稳定性的影响。

一、对数频率稳定判据

闭环系统稳定的充要条件是：当 ω 从 $0\to+\infty$ 时，开环对数幅频特性 $L(\omega)$ 不为负的所有频段内，开环对数相频特性 $\varphi(\omega)$ 与 $-\pi$ 线的正负穿越次数之差为 $p/2$。（其中，p 是系统开环传递函数 $G_0(s)$ 在右半 S 平面的极点数。沿频率 ω 增加方向，对数相频特性由下向上穿越 $-\pi$ 线为正穿越；由上向下穿越 $-\pi$ 线为负穿越。）

对于 $q\geqslant1$（q 为系统开环传递函数在原点处的极点数）的系统，应将 Bode 图对数相频特性在 $\omega\to0^+$ 处附加一段自上而下、变化范围为 $-90°q$ 的直线与相频特性曲线在$\omega\to0^+$相连，再使用上述稳定性判据。

【例 4-2】 画出下列系统 $K=2$、$K=50$ 时的 Bode 图，并判断其稳定性。

$$G_0(s)=\frac{K}{s(s+1)(0.1s+1)}$$

【解】 系统伯德图如图 4-12 所示。

$q=1$ 应在 $\omega\to0^+$ 处附加一段自上而下、变化范围为 $-90°$ 的直线。

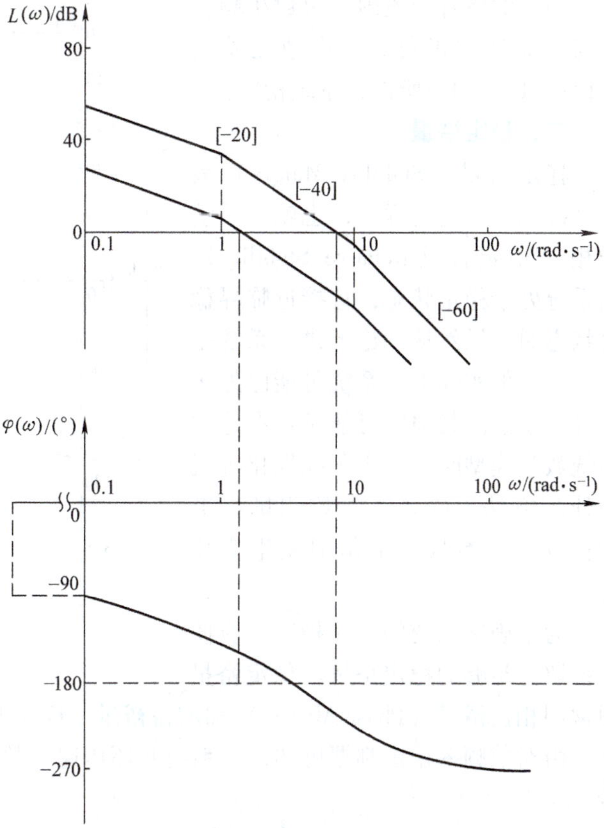

图 4-12　改变增益对系统稳定性的影响

当$K=2$时，系统对数幅频特性不为负的所有频段内，对数相频特性与$-\pi$线的正负穿越次数之差为0，而$p=0$，所以，系统稳定，如图4-12所示。

当$K=50$时，系统对数幅频特性不为负的所有频段内，对数相频特性与$-\pi$线的正负穿越次数之差为-1。所以，系统不稳定，如图4-12所示。

从图中可以看出，随着开环放大系数K的增大，系统稳定性下降。

【例4-3】 判断下列系统的稳定性。

$$G_0(s)=\frac{250(s+1)}{s^2(s+5)(s+15)}$$

【解】 将系统传递函数化为标准形式

$$G_0(s)=\frac{\frac{10}{3}(s+1)}{s^2\left(\frac{1}{5}s+1\right)\left(\frac{1}{15}s+1\right)}$$

系统开环伯德图如图4-13所示。

$q=2$，应在$\omega\to0^+$处附加一段自上而下、变化范围为$-180°$的直线。

又$p=0$，而系统对数幅频特性在不为负的所有频段内，对数相频特性与$-\pi$线的正负穿越次数之差为$-1/2+1/2=0$。所以，系统稳定。

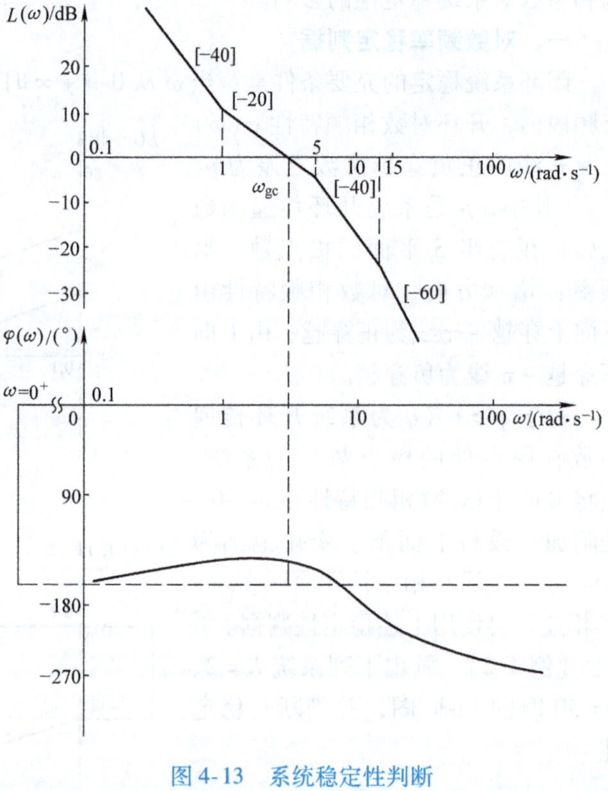

图4-13 系统稳定性判断

二、稳定裕量

稳定裕量（Stability Margin）表征系统相对稳定的程度，也就是系统的相对稳定性（Relative Stability）。当系统处于稳定状态，且接近临界稳定状态时，虽然从理论上讲，系统是稳定的，但实际上，系统可能已处于不稳定状态。其原因可能是：在建立系统数学模型时，采用了线性化等近似处理方法；或系统参数测量不准确；或系统参数在工作中发生变化等。

为了确保系统的可靠稳定，应使系统留有足够的稳定裕量。稳定裕量通常用相位裕量（Phase Margin）和增益裕量（Gain Margin）来表示。

由对数频率稳定判据可知，当系统开环传递函数的全部极点处于S平面的左半平面时，若

$$20\lg|G_0(\mathrm{j}\omega_{gc})H(\mathrm{j}\omega_{gc})|=0$$
$$\angle G_0(\mathrm{j}\omega_{pc})H(\mathrm{j}\omega_{pc})=-180°$$

式中 ω_{gc}——对应 $L(\omega)=0$ 时的频率，称为幅值穿越(Gain Crossover)频率；

ω_{pc}——对应 $\varphi(\omega)=-180°$时的频率，称为相位穿越（Phase Crossover）频率。

显然，这时 $\omega_{gc}=\omega_{pc}$，系统处于临界稳定状态。

1）相位裕量。在系统的开环伯德图上的幅值穿越频率 ω_{gc}处，使系统达到临界稳定状态所需要附加的相移（超前或迟后）量，也就是系统开环对数相频特性在 $\omega=\omega_{gc}$时的值 $\varphi(\omega_{gc})$与 $-180°$之差，称为系统的相位裕量，记为 γ(或 φ_M)，即

$$\gamma=\varphi(\omega_{gc})-(-180°)=180°+\varphi(\omega_{gc}) \tag{4-31}$$

系统稳定时，$\gamma>0$；系统不稳定时，$\gamma<0$，如图 4-14 所示。

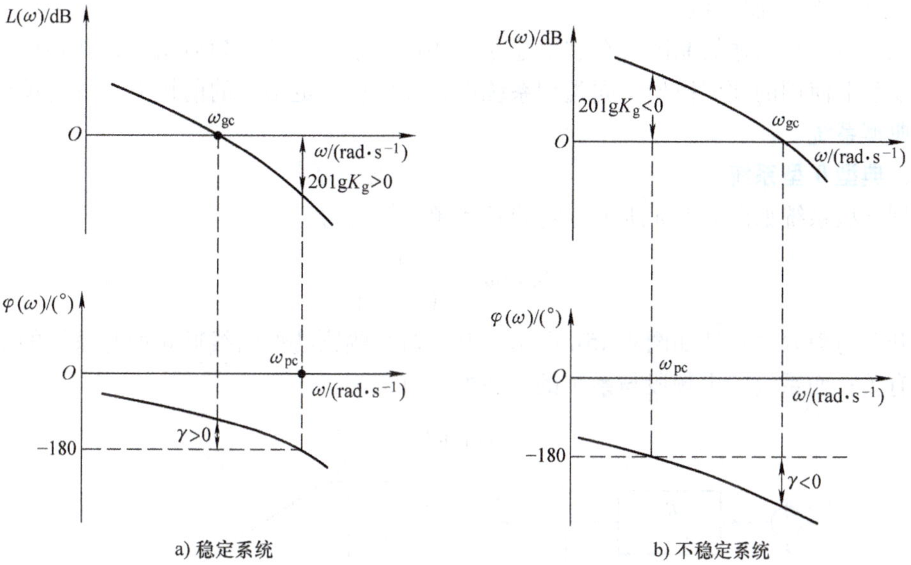

图 4-14 相位裕量与增益裕量

2）增益裕量。在相位穿越频率 ω_{pc}处，系统开环幅频特性值的倒数称为增益裕量，用 K_g（或 G_M）表示，即

$$K_g=\frac{1}{|G_0(j\omega_{pc})|}$$

用分贝表示为

$$20\lg K_g=-20\lg|G_0(j\omega_{pc})|(\mathrm{dB}) \tag{4-32}$$

系统稳定时，$K_g>1$，或 $20\lg K_g>0$，这时称增益裕量为正；系统不稳定时，$K_g<1$，或 $20\lg K_g<0$ 称增益裕量为负，如图 4-14 所示。

增益裕量的含义：对于最小相位系统，在 $\omega=\omega_{gc}$处，使系统处于临界稳定状态所需要增加（对于稳定系统）或减少（对于不稳定系统）的比例倍数。

3）根据稳定裕量的概念，仅用相位裕量或幅值裕量都不足以充分说明系统的稳定性。对于最小相位系统，只有当 γ、$20\lg K_g$ 均为正时，系统才是稳定的。为了确保系统的相对稳定性，在一般情况下，要求系统应具有 40°~45°的相位裕量和 6~10dB 的增益裕量。

第五节 典型系统的开环伯德图与频域指标

在控制系统的时域分析法中，已建立了系统阶跃响应的动、静态指标体系。时域指标具有直观、准确、易于理解等优点。因此，在频域分析法中也需要建立一套系统阶跃响应的动、静态频域指标，并找出频域指标与时域指标的对应关系。在频域分析法中既可使用系统的闭环频率特性来分析控制系统，也可使用系统的开环频率特性来分析控制系统。由于系统的开环频率特性曲线易于绘制，因而工程上常使用系统的开环频率特性来分析控制系统。

正如在第三章所述的原因，在这里建立一些典型系统的开环频域指标，并将这些典型系统作为工程上使用的预期模型。同类型系统中，在保证稳定裕量的前提下，最简单形式的系统即为典型系统。

一、典型0型系统

典型0型系统如图4-15a所示。它的开环频率特性为

$$G_0(j\omega)=\frac{K}{j\omega\tau+1} \tag{4-33}$$

其开环对数幅频特性如图4-15b所示。开环对数幅频特性曲线低频段与系统的型号及稳态误差有关；而系统的中频段与系统的动态参数有关。

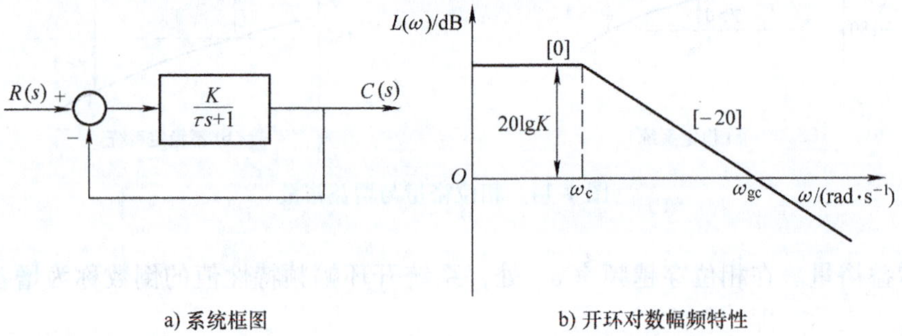

图4-15 典型0型系统

1）0型系统低频段曲线的斜率为0。（此结论适合于任意阶0型系统）

2）0型系统低频段曲线的高度为20lg$K$，这里的K值就是系统的稳态位置误差系数K_p。（此结论适合于任意阶0型系统）

3）由于

$$G_R(s)=\frac{\dfrac{K}{1+K}}{\dfrac{\tau}{1+K}s+1}=\frac{K'}{\tau' s+1}$$

所以

$$t_s=(3\sim4)\tau' \tag{4-34}$$

二、典型Ⅰ型系统

（1）一阶系统　一阶系统的典型Ⅰ型系统如图4-16a所示。它的开环频率特性为

$$G_0(j\omega)=\frac{K}{j\omega} \tag{4-35}$$

其开环对数幅频特性如图4-16b所示。开环对数幅频特性曲线低频段与系统的型号及稳态误差有关；而系统的中频段与系统的动态参数有关。

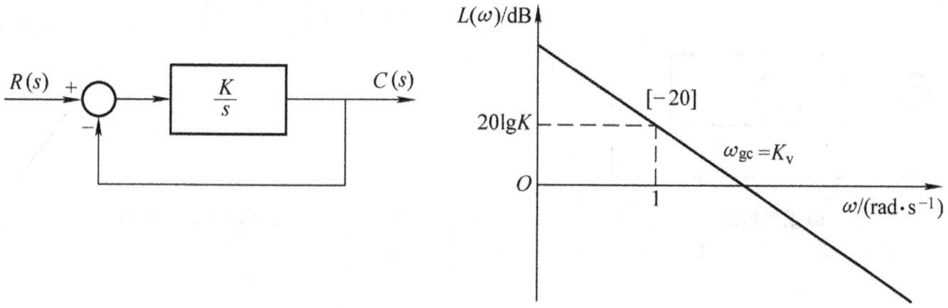

a) 系统框图　b) 开环对数幅频特性

图4-16　典型Ⅰ型系统（一阶系统）

1）Ⅰ型系统低频段曲线的斜率为 −20dB/dec。（此结论适合于任意阶Ⅰ型系统）

2）系统对数幅频特性曲线低频段在 $\omega=1$ 处的高度为 $20\lg K$，这里的 K 值就是系统的稳态速度误差系数 K_v。（此结论适合于任意阶Ⅰ型系统）

3）由于

$$|G_0(j\omega_{gc})|=\left|\frac{K}{j\omega_{gc}}\right|=1$$

$$G_R(s)=\frac{1}{s/K+1}=\frac{1}{\tau s+1}$$

所以　Ⅰ型系统 $\omega_{gc}=K_v$。（此结论适合于任意阶Ⅰ型系统）

4）由于

$$\omega_{gc}=K=\frac{1}{\tau}$$

所以

$$t_s=(3\sim4)\tau=(3\sim4)\frac{1}{\omega_{gc}} \tag{4-36}$$

（2）二阶系统　二阶系统的典型Ⅰ型系统如图4-17a所示。它的开环频率特性为

$$G_0(j\omega)=\frac{K}{j\omega(j\omega\tau+1)}=\frac{\omega_n^2}{j\omega(j\omega+2\zeta\omega_n)} \tag{4-37}$$

式中　$\omega_n=\sqrt{\frac{K}{\tau}}$；$\zeta=\frac{1}{2\sqrt{\tau K}}$。

其开环对数幅频特性如图4-17b所示。开环对数幅频特性曲线低频段与系统的型号及稳

态误差有关；而系统的中频段与系统的动态参数有关。

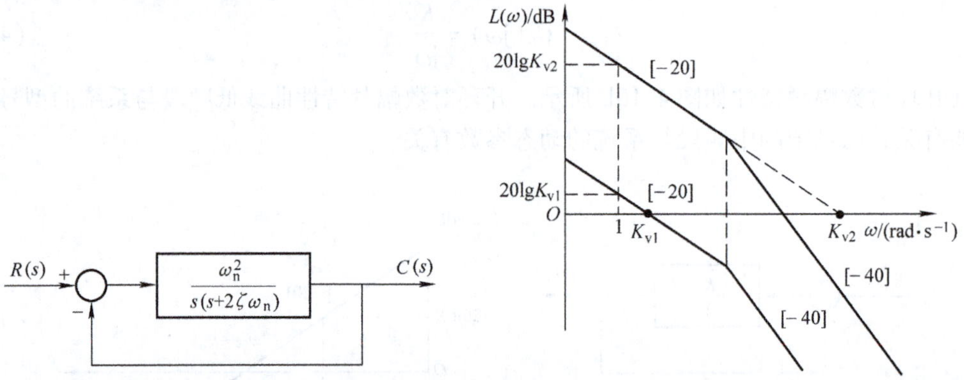

a) 系统框图　　b) 开环对数幅频特性

图4-17 典型Ⅰ型系统（二阶系统）

1）Ⅰ型系统低频段曲线的斜率为 -20dB/dec。（此结论适合于任意阶Ⅰ型系统）

2）系统对数幅频特性曲线低频段（或其延长线）在 $\omega=1$ 处的高度即为 $20\lg K$，这里的 K 值就是系统的稳态速度误差系数 K_v。（此结论适合于任意阶Ⅰ型系统）

3）系统低频段与 ω 轴的交点（或低频段的延长线与 ω 轴的交点）即为 K_v。（此结论适合于任意阶Ⅰ型系统）

系统的中频段与系统的动态参数有关：

1）
$$A(\omega_{gc})=\frac{\omega_n^2}{\omega_{gc}\sqrt{(\omega_{gc})^2+4\zeta^2\omega_n^2}}=1$$

$$\omega_{gc}=\omega_n\sqrt{\sqrt{4\zeta^4+1}-2\zeta^2}=b\omega_n$$

$$b=\sqrt{\sqrt{4\zeta^4+1}-2\zeta^2}$$

2）
$$t_s=(3\sim4)\frac{1}{\zeta\omega_n}=(6\sim8)\tau=\frac{(3\sim4)\sqrt{\sqrt{4\zeta^4+1}-2\zeta^2}}{\zeta\omega_{gc}}=\frac{(3\sim4)b}{\zeta\omega_{gc}} \tag{4-38}$$

3）
$$\varphi(\omega_{gc})=-90^\circ-\arctan(\tau\omega_{gc})=-180^\circ+\arctan\frac{2\zeta}{b}$$

$$\gamma=\varphi(\omega_{gc})+180^\circ=\arctan\frac{2\zeta}{\sqrt{\sqrt{4\zeta^4+1}-2\zeta^2}}=\arctan\frac{2\zeta}{b} \tag{4-39}$$

4）由上式得到的 $\gamma=f(\zeta)$ 的关系，再根据时域中 $\sigma_p\%=f(\zeta)$，可得到 $\sigma_p\%=f(\gamma)$，如图4-18所示。

5）由上述分析可知，γ、ω_{gc} 为系统的开环频域指标。ζ 提高，γ 也随之提高，$\sigma_p\%$ 下

降。

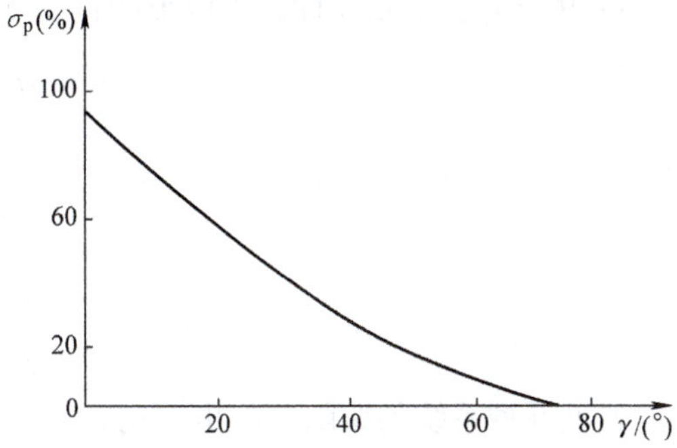

图 4-18　$\sigma_p\% = f(\gamma)$ 曲线

三、典型Ⅱ型系统（典型三阶系统）

典型Ⅱ型系统如图 4-19a 所示，它的开环频率特性为

$$G_0(j\omega) = \frac{K(j\omega\tau_1 + 1)}{(j\omega)^2(j\omega\tau_2 + 1)} \quad (4\text{-}40)$$

为保证系统的稳定性和具备良好的动态性能，系统应具有如图 4-19b 所示的对数幅频特性曲线（即对数幅频特性以斜率为 -20dB/dec 通过横轴）。

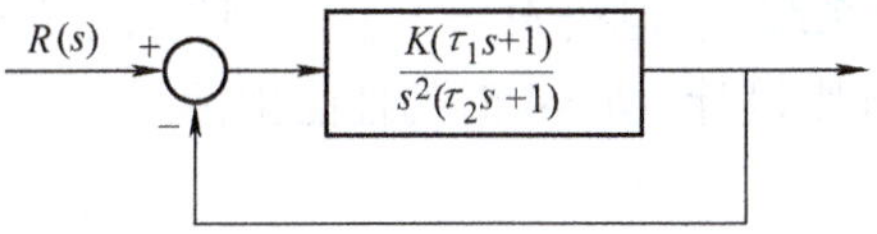

a) 系统框图

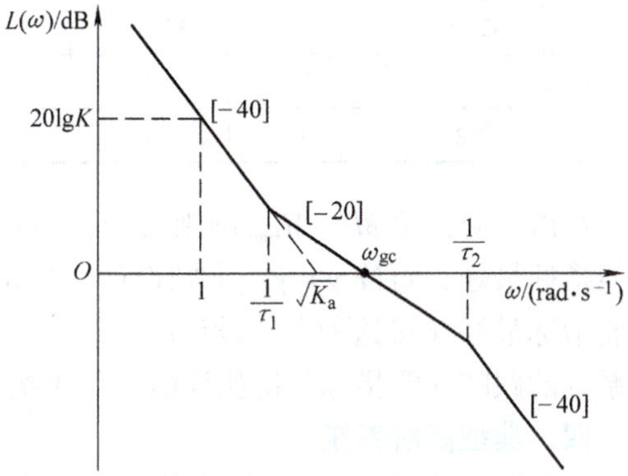

b) 开环对数幅频特性

图 4-19　典型Ⅱ型系统（三阶系统）

1）Ⅱ型系统低频段曲线的斜率为 -40dB/dec。（此结论适合于任意阶Ⅱ型系统）

2）系统对数幅频特性曲线低频段（或其延长线）在 $\omega = 1$ 处的高度为 $20\lg K$，这里的 K 值就是系统的稳态加速度误差系数 K_a。（此结论适合于任意阶Ⅱ型系统）

3）系统低频段与 ω 轴的交点（或低频段的延长线与 ω 轴的交点）即为 $\sqrt{K_a}$。（此结论适合于任意阶Ⅱ型系统）

4）

$$K = \omega_{gc}\omega_1 = \frac{\omega_{gc}}{\tau_1} \quad (4\text{-}41)$$

式中　$\omega_1 = \dfrac{1}{\tau_1}$。

5）中频宽

$$h = \omega_2 / \omega_1 \quad (4\text{-}42)$$

式中　$\omega_2 = \dfrac{1}{\tau_2}$。

6）对于三阶系统，不像二阶系统的时域与频域指标那样存在一一对应的关系。工程上常采用 $M_r = M_{rmin}$ 准则，或 $\gamma = \gamma_{max}$ 准则来设计典型三阶系统。但由于第一种准则优于第二种准则，因而下面仅介绍 $M_r = M_{rmin}$ 准则。

按 $M_r = M_{rmin}$ 准则设计，可以证明：

$$M_r = \frac{h+1}{h-1} \tag{4-43}$$

$$h = \frac{M_r+1}{M_r-1} \tag{4-44}$$

$$\frac{\omega_1}{\omega_{gc}} = \frac{2}{h+1} \tag{4-45}$$

典型Ⅱ型系统的跟随性能指标见表4-4。

表4-4 典型Ⅱ型系统跟随性能指标

h	3	4	5	6	7	8	9	10
σ_p%	52.6%	43.6%	37.6%	33.2%	29.8%	27.2%	25%	23.3%
N	3	2	2	1	1	1	1	1
t_s/T_2	12	11	9	10	11	12	13	14

可以证明：按 $M_r = M_{rmin}$ 准则设计，当 $h=5$ 时，系统的跟随性能指标与抗扰性能的综合性能指标最好。而按 $\gamma = \gamma_{max}$ 准则设计，当 $h=4$ 时，系统的跟随性能指标与抗扰性能的综合性能指标最好（按这种方式设计的系统称为三阶最佳系统）。但按 $M_r = M_{rmin}$ 准则设计、$h=5$ 时系统的跟随性能指标与抗扰性能，优于按 $\gamma = \gamma_{max}$ 准则设计、$h=4$ 时的性能指标。

四、典型高阶系统

为保证系统的稳定性和使其具备良好的动态性能，对数幅频特性曲线应使斜率为 -20dB/dec的一段与横轴相交。典型高阶系统的开环对数幅频特性如图4-20所示。

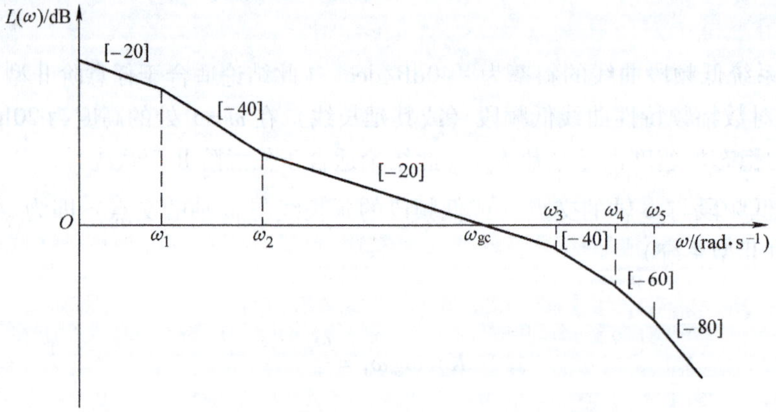

图4-20 典型高阶系统的开环对数幅频特性

1. 稳态指标

$$K_v = \omega_{gc}\frac{\omega_2}{\omega_1} \tag{4-46}$$

2. 动态指标

典型高阶系统动态指标可用典型Ⅱ型系统的公式进行估算，但应考虑到以下因素的影响。

（1）低频段大时间常数的惯性环节（又称为大惯性环节）的影响　系统对数相频特性及相位裕量分别为

$$\begin{aligned}\varphi_A &= -90° - \arctan(\omega\tau_1) + \arctan(\omega\tau_2) - \arctan(\omega\tau_3) \\ &= -90° - \left(90° - \arctan\frac{1}{\omega\tau_1}\right) + \arctan(\omega\tau_2) - \arctan(\omega\tau_3)\end{aligned}$$

$$\gamma_A = \arctan\frac{1}{\omega_{gc}\tau_1} + \arctan(\omega_{gc}\tau_2) - \arctan(\omega_{gc}\tau_3) \tag{4-47}$$

同理，当忽略 ω_1 的影响时，即将大惯性环节近似为积分环节时，系统的相位裕量为

$$\gamma_B = \arctan(\omega_{gc}\tau_2) - \arctan(\omega_{gc}\tau_3)$$

对比 γ_A、γ_B 可知：

$$\Delta\gamma = \gamma_A - \gamma_B = \arctan\frac{1}{\omega_{gc}\tau_1} = \arctan\frac{\omega_1}{\omega_{gc}} \approx \frac{\omega_1}{\omega_{gc}}$$

因此，忽略 ω_1 的影响，实际系统的相位裕量将比按典型Ⅱ型系统估算的结果大 $\Delta\gamma$，即实际系统的阻尼性能将比估算的结果好。但 γ 上升将导致 t_s 增加。若要保持 γ 不变，则可将 ω_3 移至 ω_3'，使

$$\frac{\omega_1}{\omega_{gc}} = \frac{\omega_{gc}}{\omega_3'} - \frac{\omega_{gc}}{\omega_3} \tag{4-48}$$

（2）高频段若干小时间常数的惯性环节（又称为小惯性环节）的影响　同理，忽略这些小惯性环节将使 γ 减少 $\Delta\gamma$，即

$$\begin{aligned}\Delta\gamma &= \arctan(\omega_{gc}\tau_4) + \arctan(\omega_{gc}\tau_5) + \cdots \approx \omega_{gc}\tau_4 + \omega_{gc}\tau_5 + \cdots \\ &= \omega_{gc}(\tau_4 + \tau_5 + \cdots) = \omega_{gc}\tau_4'\end{aligned}$$

$$\tau_4' = \tau_4 + \tau_5 + \cdots$$

因此，忽略 ω_4、ω_5、…的影响时，实际系统的阻尼性能将比估算的结果差。若要保持 γ 不变，可将 ω_3'移至 ω_3''，使

$$\tau_3'' = \tau_3' - \tau_4' \tag{4-49}$$

第六节　开环频率特性与阶跃响应之间的关系

由频率特性的分析可知，控制系统相当于一个广义的滤波器，因而伯德图低频段主要决定系统的稳态性能，中频段主要决定系统的动态性能，而高频段主要决定系统的抗扰性能以

及系统阶跃响应的起始阶段。系统频段的划分是相对的，一般以伯德图对系统动态性能影响最大的频段，即对应系统开环对数幅频特性 $L(\omega)$ 等于 30 ~ -15dB 的频段，作为中频段。

（1）中频段　对于最小相位系统，若在 $0 \leqslant \omega \leqslant \infty$ 的整个区间中，开环对数频率特性 $L(\omega)$ 的斜率都为 ±20kdB/dec（$k=1$、2、3、…），则 $\varphi(\omega) = \pm k\pi/2$；若在 $0 \leqslant \omega \leqslant \infty$ 的整个区间中，$L(\omega)$ 的斜率不是常数，则在任意角频率 $\omega=\omega_1$ 处的 $\varphi(\omega_1)$ 不仅取决于 $L(\omega)$ 在这一角频率下的斜率，而且也受到 $L(\omega)$ 在其他角频率下斜率的影响。离 ω_1 处越远，其影响越小。

为保证一定的相位裕量及系统的快速性，一般来说，控制系统对数幅频特性在 ω_{gc} 点附近相当宽的频段内斜率应保持为 -20dB/dec，而在相当远的地方的斜率才能取 -40dB/dec 或 -60dB/dec，如图 4-21 所示。这样，斜率为 -40dB/dec 或 -60dB/dec 的频段对 ω_{gc} 处的影响已不太大，因此，ω_{gc} 处的相角虽然小于 -90°，但不会达到 -180°。根据 Nyquist 判据，系统是稳定的。

为了保证控制系统具有足够的相位裕量，系统对数幅频特性 $L(\omega)$ 在低于 $\omega_{gc}/2.5$ 的频段内斜率不小于 -40dB/dec，在 $\omega_{gc}/2.5 \sim 2.5\omega_{gc}$ 的频段内斜率为 -20dB/dec，而在高于 $2.5\omega_{gc}$ 的频段内斜率不小于 -80dB/dec，这样的系统是稳定的。

中频段斜率若采用 0dB/dec，虽然可保证系统的稳定裕量，但由于 ω_{gc} 降低使系统的快速性能大大降低；若要保证系统的快速性能不变，则系统的抗扰性能将大大降低，如图 4-22 所示。

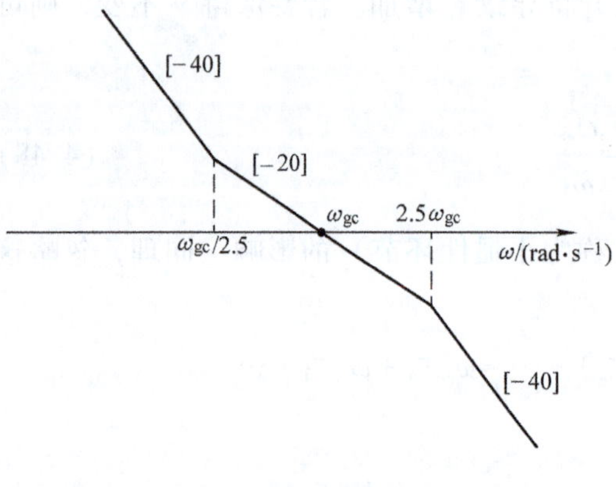

图 4-21　控制系统中频段的设置

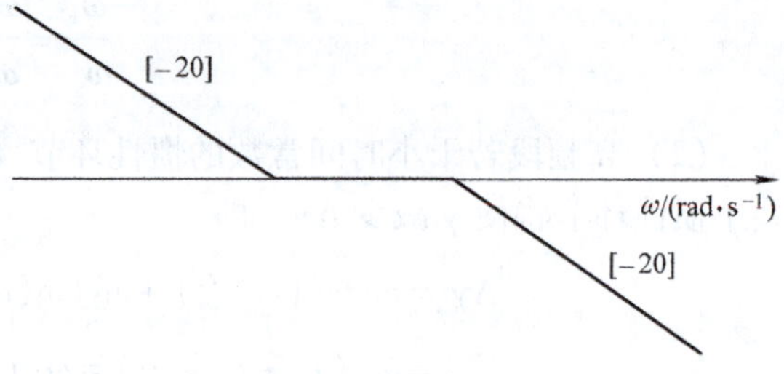

图 4-22　中频段斜率为 0dB/dec 时的 Bode 图

（2）高频段　高频段斜率越小，对高频谱的衰减越快，系统抗扰性能越好。但高频段将影响系统阶跃响应的起始阶段，如图 4-23 所示。

图中三条曲线的差别仅在于高频段。高频段衰减快，对高频谱的抑制太多，使输出响应动态误差加大，同时使中频段附近的相角从 $-\pi/2$ 拉向 $-\pi$ 的速度加快，使 γ 下降，$\sigma_p\%$ 增加，如图中曲线 1 所示。

（3）低频段　低频段主要影响控制系统阶跃响应的结束部分，如图 4-24 所示。

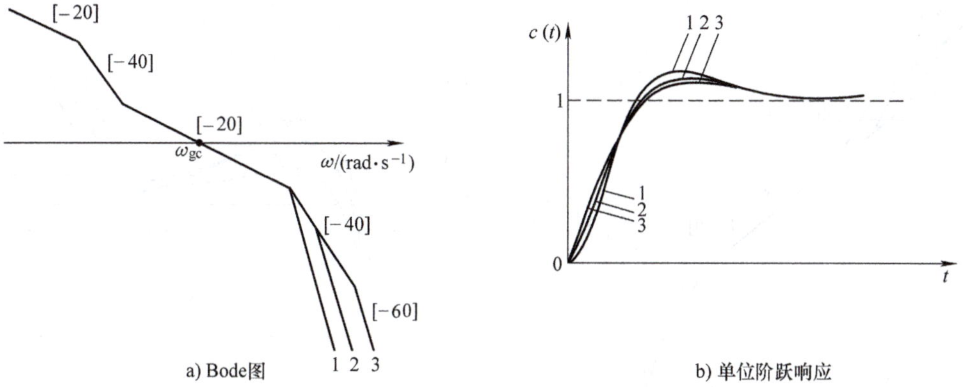

图 4-23 高频段对控制系统阶跃响应的影响

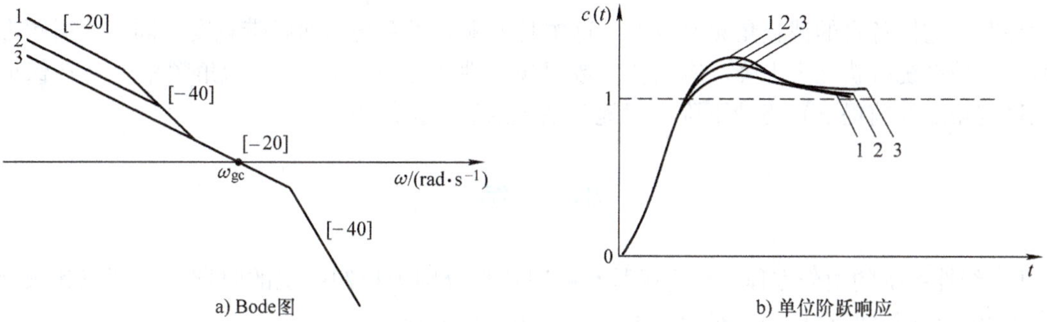

图 4-24 低频段对控制系统阶跃响应的影响

从图中可以看出，曲线 3 斜率为 −40dB/dec 的频段影响最小，所以 $\sigma_p\%$ 最小。曲线 1 对低频谱放大太多，因而阶跃响应后期的动态误差较大，但进入稳态之后，稳态误差反而小。从该图还可以看出，K 越大，对动态性能越不利，而对稳态性能越有利。

（4）中低频段 图 4-25 中三条特性曲线低频段 K 相等，稳态精度一样，高频段特性也相同。曲线 1 的 γ 最小（因斜率为 −40dB/dec 的频段离 ω_{gc} 最近），系统超调量最大，动态性能最差。但对中低频段频谱抑制太多，使得控制量的中低频段频谱不能很好地复现出来，因此系统调节过程的结束部分将受到影响，调节时间可能增长。例如曲线 3，从表面上看，调节时间显得较短，但实际上它在 5% 的范围内形成了缓慢的“爬行”现象。因此，中低频段对系统动态性能影响极大。

（5）截止角频率与通频带 系统闭环对数幅频特性等于 −3dB 所对应的频率称为系统的截止角频率。由于系统的截止角频率近似为 ω_{gc}，因此常用 ω_{gc} 来表示系统的截止角频率。系统的截止角频率越高，则系统通过的信号频带也越宽，该系统也就越能复现输入信号。从前面的分析可知，如果系统的对数幅频特性形状不变，则系统响应的调节时间反比于系统的截止角频率。

系统的通频带也不宜设计得过宽。因为控制系统中的功率部件以及被控制对象通常是大

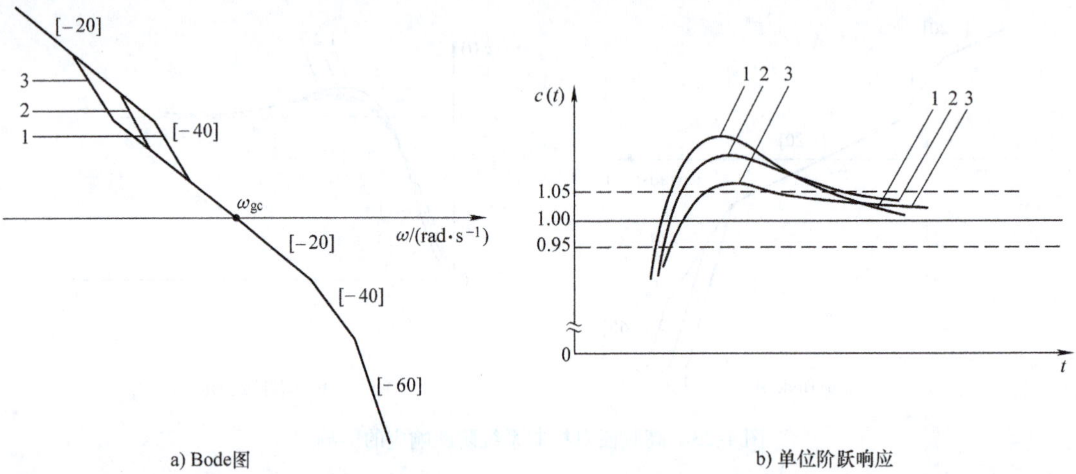

图 4-25 中低频段对控制系统阶跃响应的影响

惯性环节，它们各自的截止角频率较低，这本身就限制了系统的通频带宽度。同时，通频带太宽，将使系统抗扰能力下降。应当使对数幅频特性在比 ω_{gc} 稍高一些的角频率上（在保证系统稳定裕度的前提下）迅速下降，以提高系统的抗干扰能力。

小 结

1）线性系统的微分方程、传递函数和频率特性分别为控制系统的时域、复频域和频域数学模型，它们之间存在一一对应的关系，即 $\mathrm{d}/\mathrm{d}t \Leftrightarrow s \Leftrightarrow \mathrm{j}\omega$。

2）由于采用了典型化、对数化和图形化处理，使得频率特性法具有直观、计算方便等优点，因而在工程实践中得到广泛应用。同时，对于未知数学模型的系统或元件也可以直接利用频率特性测试仪测得它们的频率特性。

3）控制系统正常工作的首要条件是具有稳定性。线性定常系统稳定的充要条件是系统闭环传递函数的极点均处于 S 平面的左半平面。常用的稳定判据有 Routh-Hurwitz 判据和 Nyquist 判据等。

4）稳定裕量是相对稳定性的度量。稳定裕量包括相位裕量和增益裕量。

5）频率特性的低频段主要决定系统的稳态性能，中频段主要决定系统的动态性能，而高频段主要决定系统的抗扰性能以及系统阶跃响应的起始阶段。

6）系统频段的划分是相对的。伯德图的中频段对应对系统动态性能影响最大的频段，一般为系统开环对数幅频特性 $L(\omega)$ 等于 30 ~ −15dB 的频段。

7）频率分析法中控制系统的动态性能指标用相位裕量 γ、增益裕量 K_g、幅值穿越频率 ω_{gc}、中频宽 h 等来评价；而稳态性能指标用 K_p、K_v 和 K_a 来评价。

思考题与习题

4-1 设单位反馈系统的开环传递函数为 $G_0(s)=10/(s+1)$，试求控制量为以下各信号时，系统的稳态输出。

1）$r(t)=\sin(t+30°)$

2）$r(t)=2\cos(2t-45°)$

3）$r(t)=\sin(t+30°)-2\cos(2t-45°)$

4-2　试绘制下列传递函数的渐近对数幅频特性及对数相频特性曲线：

1）$G(s)=10$

2）$G(s)=1/(0.1s)$

3）$G(s)=0.1s$

4）$G(s)=1/(0.1s+1)$

5）$G(s)=0.1s+1$

4-3　试绘制下列传递函数的渐近对数幅频特性及对数相频特性曲线：

1）$G(s)=2.5(s+10)/[s^2(0.2s+1)]$

2）$G(s)=25/[s^2(0.1s+1)]$

3）$G(s)=100s/[(s+1)(s+10)]$

4）$G(s)=500s^2/[(0.05s+1)(0.5s+1)]$

5）$G(s)=10(0.02s+1)(s+1)/[s(s^2+4s+100)]$

6）$G(s)=20(s+5)(s+40)/[s(s+0.1)(s+20)]$

4-4　最小相位系统开环渐近对数幅频特性曲线如图4-26所示，试求出它们的传递函数。

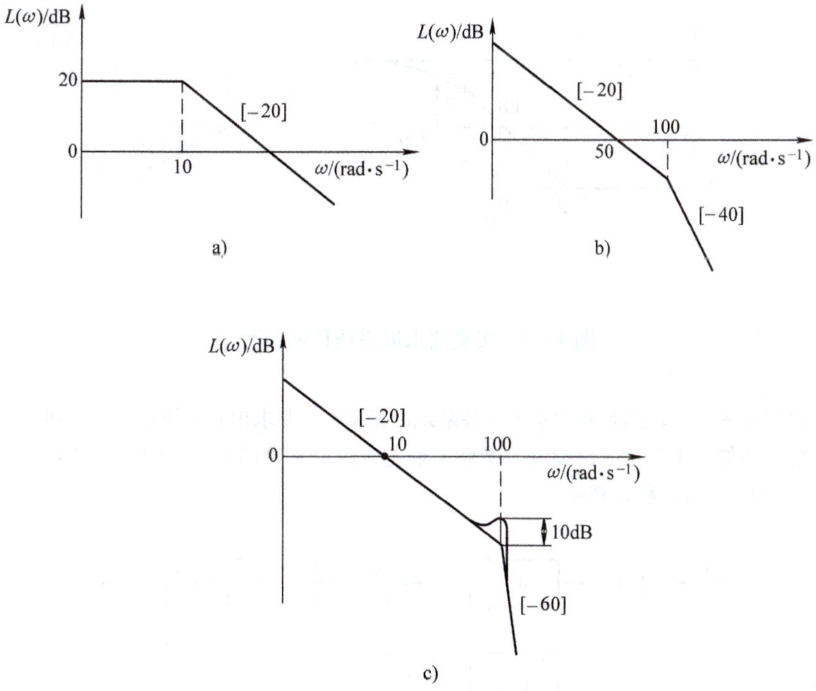

图4-26　系统传递函数求取

4-5　由实验法求得的最小相位系统开环渐近对数幅频特性曲线如图4-27所示，试求出它们的传递函数。

4-6　绘出图4-27所示系统的对数相频特性曲线，并判断这些系统的稳定性。

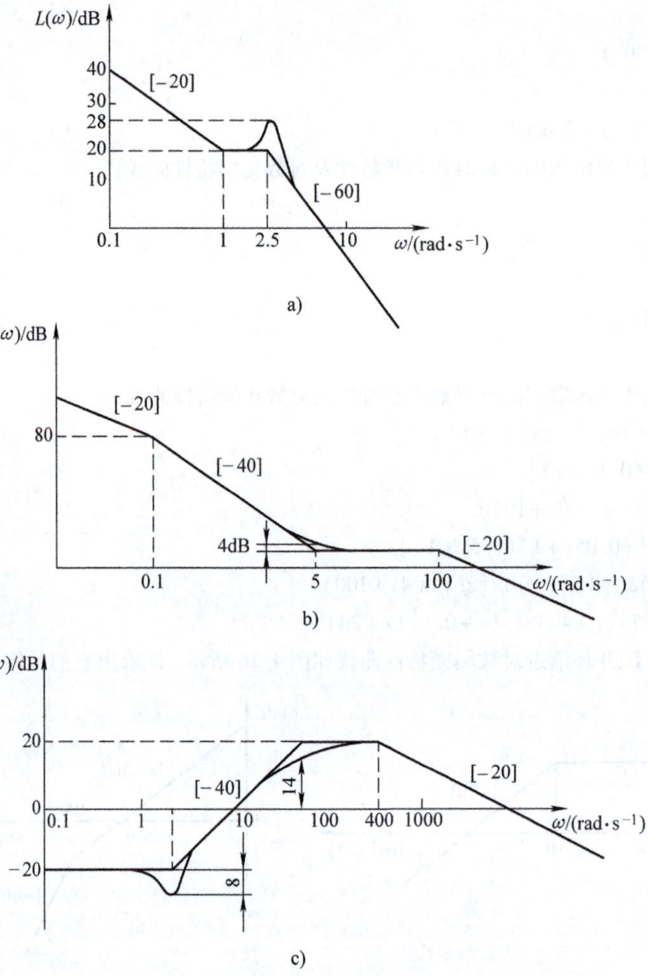

图4-27　实验法求取系统传递函数

4-7　试用对数频率稳定判据判断题4-3中各系统的稳定性，并求出各系统的稳定裕量。

4-8　设系统框图如图4-28所示，试用对数频率稳定判据分别判断 $G(s)=2/(s+1)$ 和 $G(s)=2/s$ 时，系统的稳定性，并求出系统的稳定裕量。

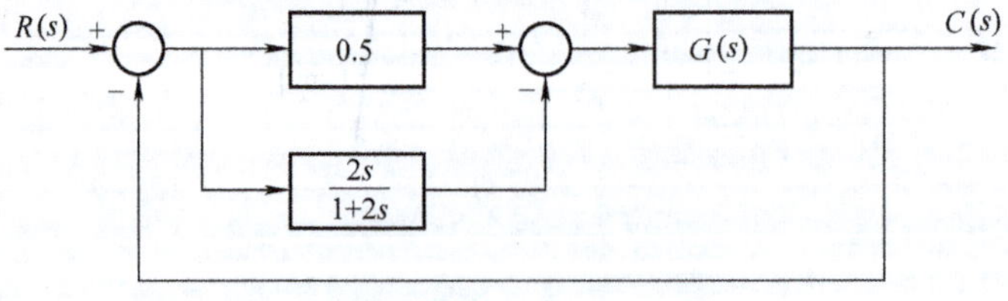

图4-28　已知系统框图求稳定裕度

4-9　已知系统开环渐近对数幅频特性如图4-29所示，试计算系统的开环放大倍数、幅值穿越频率，画出对数相频特性曲线，计算相位裕量、增益裕量。

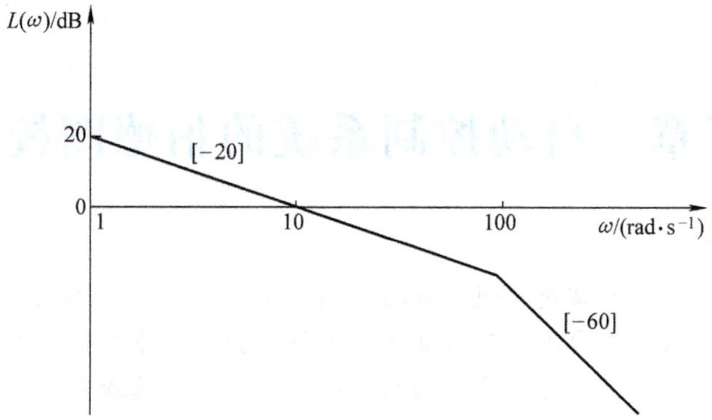

图 4-29 已知系统 Bode 图求系统频域参数

4-10 已知系统框图如图 4-30 所示，当 $K=10$ 或 100 时，试用开环对数相频特性曲线分析系统的稳定性、相位裕量和增益裕量。

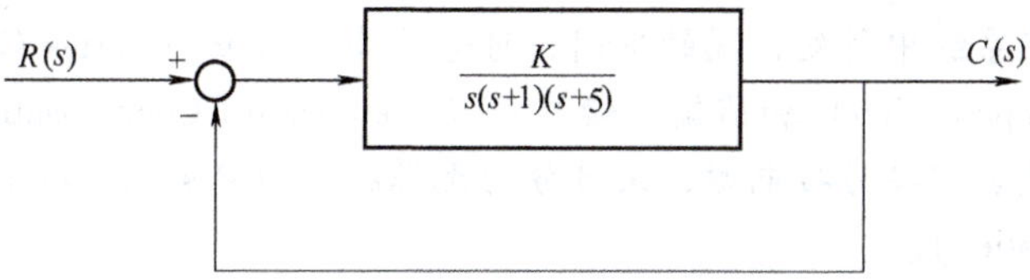

图 4-30 参数 K 对系统稳定性的影响

4-11 系统开环对数幅频特性的低、中、高频段对单位阶跃响应应有何影响？

4-12 已知系统的开环传递函数为

$$G_0(s)=\frac{34.5}{s(0.02s+1)}$$

试求：1）ζ、ω_n；

2）幅值穿越频率 ω_{gc}、建立时间 t_s；

3）相位裕量 γ、最大超调量 $\sigma_p\%$。

4-13 若要求系统响应斜坡信号时的稳态误差为零，那么对系统低频段有何要求？

4-14 为了使系统具有较好的动态性能指标，对系统中频段有何要求？

第五章　自动控制系统的伯德图校正

自动控制系统的主要任务就是实现对被控制对象的控制。根据被控制对象的工作条件、技术要求、工艺要求、经济性要求以及可靠性要求等提出控制系统的性能指标。在确定了合理的系统性能指标之后，就可以进行系统的初步设计了。首先选择系统的执行元件、比较元件、放大元件和测量元件等。上述元件除放大元件的放大系数可作适当调整以外，其他元件的参数基本是固定不变的，故称为系统的固有部分。大多数情况下，仅由系统固有部分组成的反馈控制系统的动、静态特性较差，甚至可能不能正常工作。为了使控制系统满足性能指标，就必须在系统固有部分的基础上增加校正装置（Compensator）。加入校正装置改善系统性能并满足系统性能指标要求的方法，称为系统的校正（System Compensation）。

根据校正装置在系统中所处位置的不同，可分为串联校正（Series Compensation）、反馈校正（Feedback Compensation）和前馈补偿校正（Feedforward Compensation）。

根据校正装置是否需要另接电源，又可分为无源校正（Passive Compensation）和有源校正（Active Compensation）。

在串联校正中，根据校正装置对系统开环频率特性相位的影响，又可分为超前校正（Lead Compensation）、滞后校正（Lag Compensation）和滞后-超前校正（Lag-Lead Compensation）。

在反馈校正中，根据校正是否经过微分环节，又可分为软反馈校正和硬反馈校正。

在前馈补偿校正中，根据补偿采样源的不同，又可分为给定前馈补偿校正和扰动前馈补偿校正。

常用的校正方法有频率特性法和根轨迹法等，本书仅介绍工程上广泛使用的 Bode 图校正的方法，并给出仿真实例。

第一节　自动控制系统校正的基本概念

一、串联校正

串联校正就是在控制系统的前向通道中串入校正装置，以改善系统的性能。为了减小校正环节的功率等级，简化校正装置，通常将串联校正环节安排在前向通道中功率等级最低的地方，如图 5-1 所示。

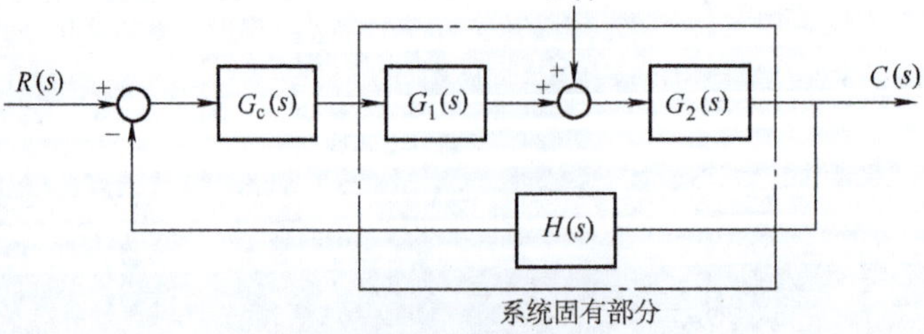

图 5-1　自动控制系统的串联校正

图中 $G_c(s)$ 为串联校正装置的传递函数。无源校正装置通常是由 RC 元件组成的二端口网络。无源校正装置电路简单，无需外加电源；但它本身没有增益，其负载效应将会减弱校正作用。因此，在实际使用中常常需要附加隔离放大器。有源校正装置是由运算放大器组成的调节器，参数调节方便，并可以克服无源校正装置的缺陷，因而得到广泛的应用。常见的无源校正装置、有源校正装置以及它们的传递函数、Bode 图分别见表 5-1 和表 5-2。

表 5-1　常见无源校正装置

	相位滞后校正装置	相位超前校正装置	相位滞后-超前校正装置
RC 网络	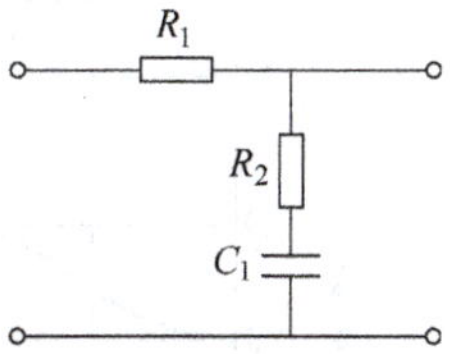	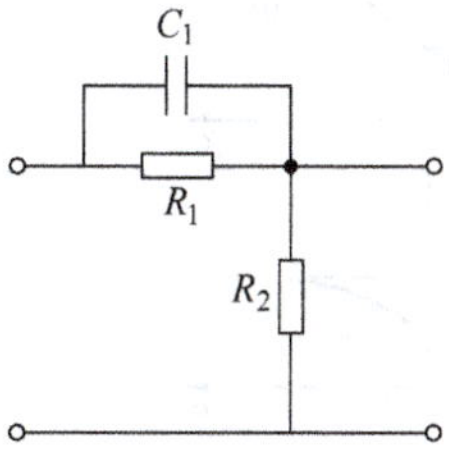	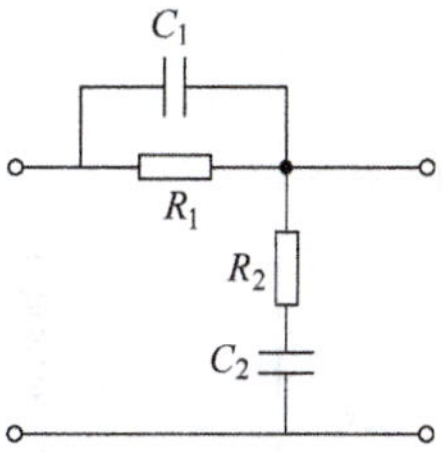
传递函数	$G(s)=\dfrac{\tau_1 s+1}{\tau_2 s+1}$ 式中 $\tau_1=R_2C_1$ $\tau_2=(R_1+R_2)C_1$ $\tau_1\leqslant\tau_2$	$G(s)=\dfrac{K(\tau_1 s+1)}{\tau_2 s+1}$ 式中 $K=\dfrac{R_2}{R_1+R_2}$ $\tau_1=R_1C_1$ $\tau_2=\dfrac{R_1R_2}{R_1+R_2}C_1$ $\tau_1\geqslant\tau_2$	$G(s)=$ $\dfrac{(\tau_1 s+1)(\tau_2 s+1)}{(\tau_1 s+1)(\tau_2 s+1)+R_1C_1 s}=$ $\dfrac{(\tau_1 s+1)(\tau_2 s+1)}{(\tau_1' s+1)(\tau_2' s+1)}$ 式中 $\tau_1=R_1C_1$ $\tau_2=R_2C_2$ $\tau_1<\tau_2$
伯德图	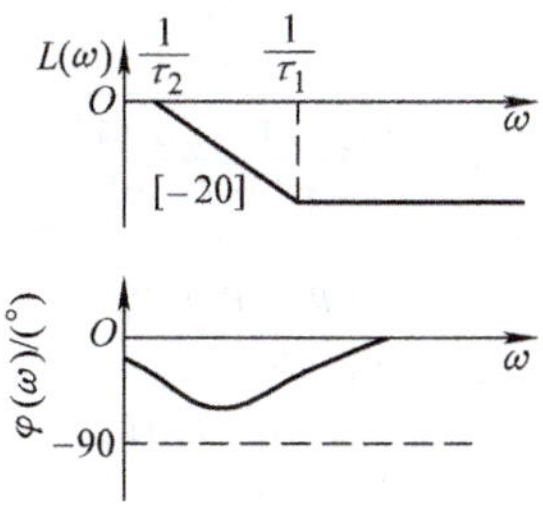	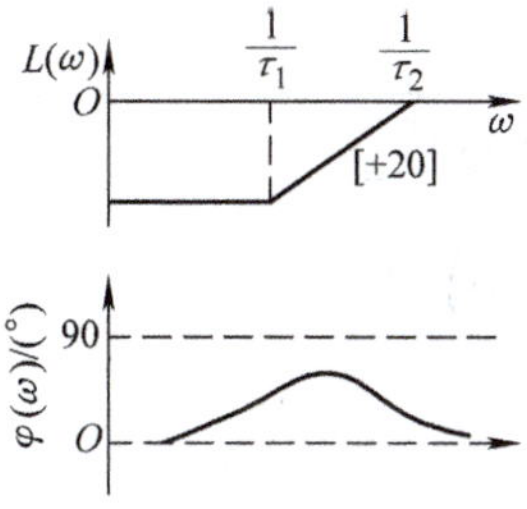	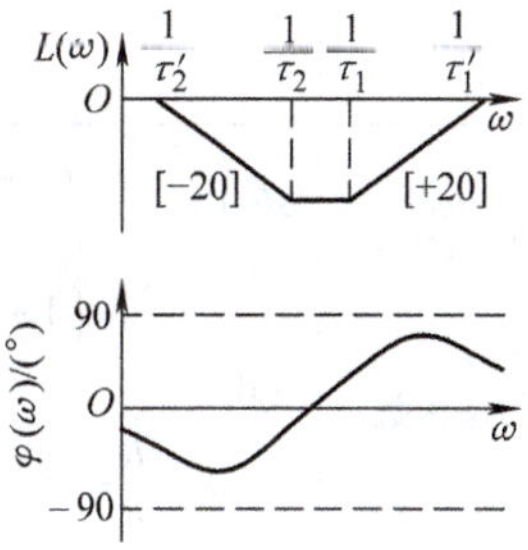

表 5-2　常见有源校正装置

	PD 调节器	PI 调节器
校正装置	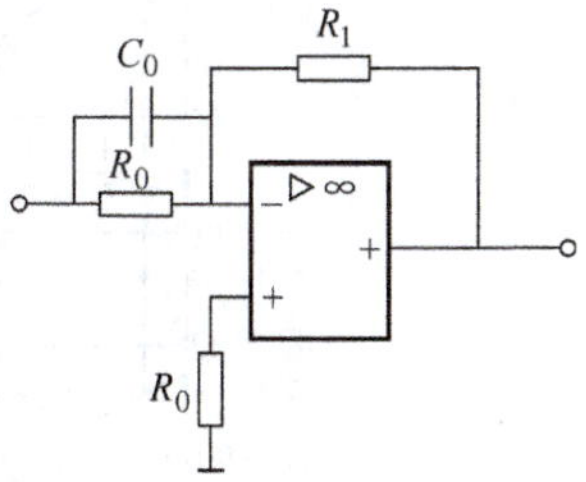	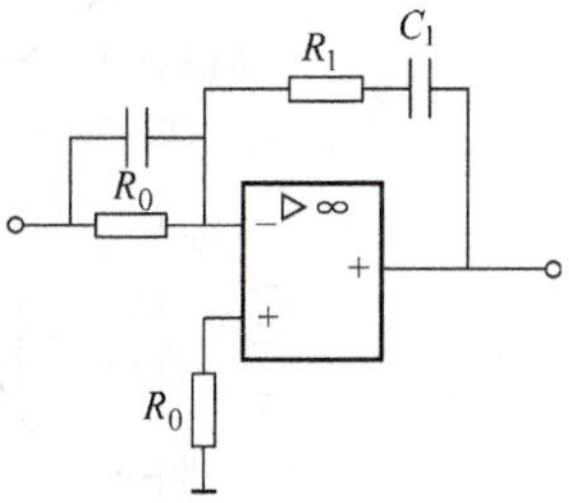

（续）

<table>
<tr><th></th><th>PD 调节器</th><th>PI 调节器</th></tr>
<tr><td>传递函数</td><td>$G(s)=-K(\tau_d s+1)$
式中
$K=\dfrac{R_1}{R_0}$
$\tau_d=R_0C_0$</td><td>$G(s)=-\dfrac{K(\tau_i s+1)}{\tau_i s}=-K\left(1+\dfrac{1}{\tau_i s}\right)$
式中 $K=\dfrac{R_1}{R_0}$
$\tau_i=R_1C_1$</td></tr>
<tr><td>伯德图</td><td>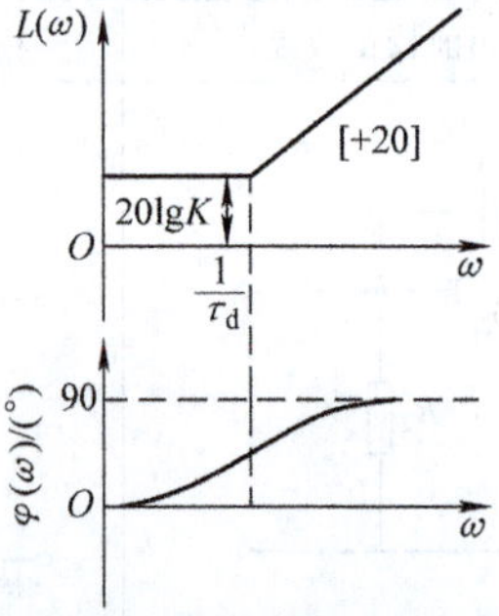
</td><td>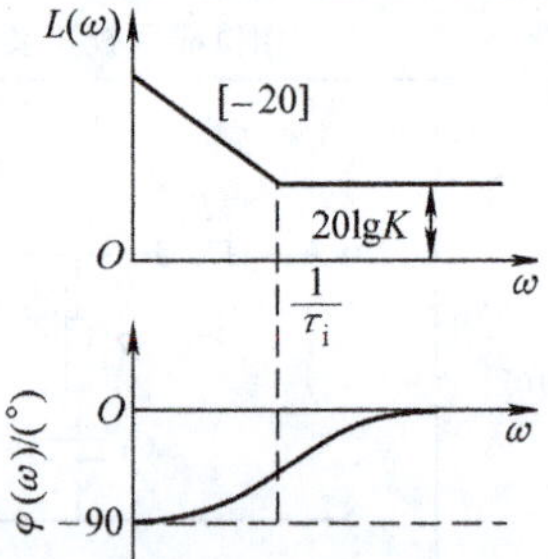
</td></tr>
<tr><th></th><th>PID 调节器(1)</th><th>PID 调节器(2)</th></tr>
<tr><td>校正装置</td><td>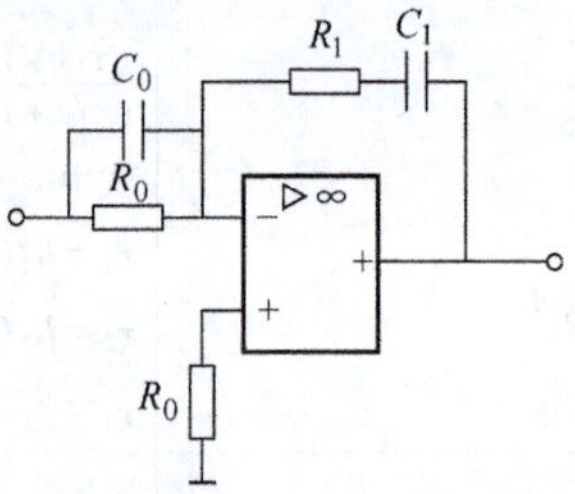
</td><td>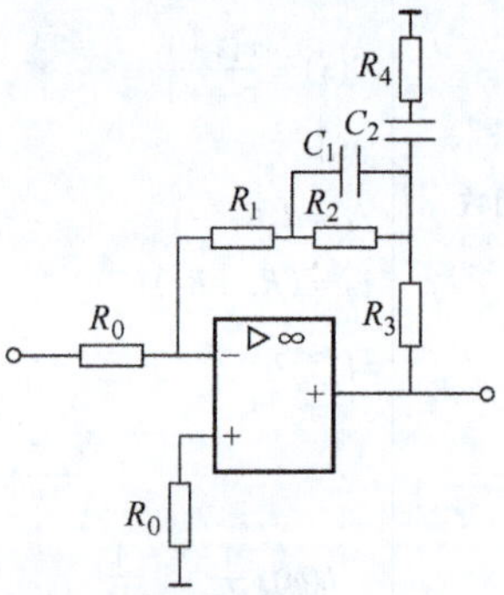
</td></tr>
<tr><td>传递函数</td><td>$G(s)=-\dfrac{K(\tau_1 s+1)(\tau_2 s+1)}{\tau_1 s}=$
$-K'\left(1+\dfrac{1}{\tau_i' s}+\tau_d' s\right)$
式中
$K=\dfrac{R_1}{R_0}$
$\tau_1=R_1C_1$
$\tau_2=R_0C_0$</td><td>$G(s)=-\dfrac{K(\tau_2 s+1)(\tau_3 s+1)}{(\tau_1 s+1)(\tau_4 s+1)}$
式中
$K=(R_1+R_2+R_3)/R_0$
$\tau_1=R_2C_1$
$\tau_2=R_1R_2/(R_1+R_2)C_1$
$\tau_3=(R_3+R_4)C_2$
$\tau_4=R_4C_2$
$R_0\gg R_3$</td></tr>
<tr><td>伯德图</td><td>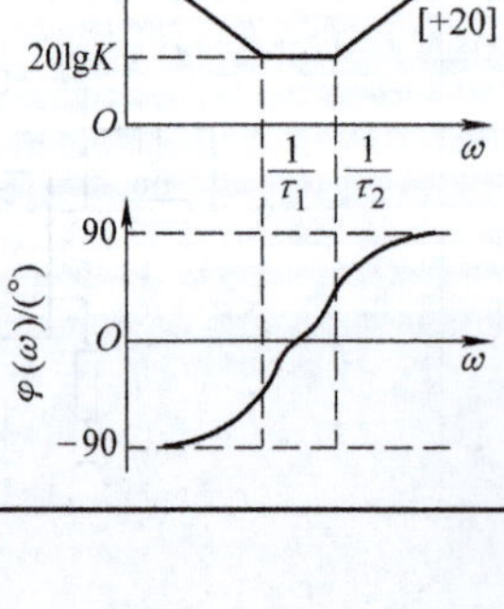
</td><td>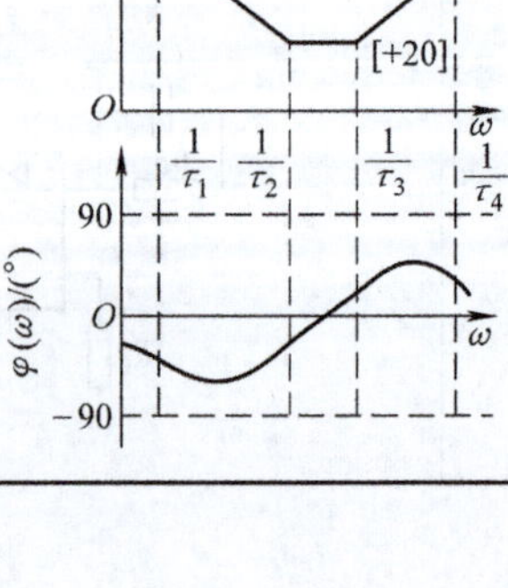
</td></tr>
</table>

从表5-1可以清楚地看出：

（1）超前校正　超前校正装置具有正的相位和幅值随 ω 的增加而增加的特点。利用该特点可以达到改善系统中频段性能的目的。它可以抵消惯性环节和积分环节使相位滞后的不良后果，使穿越频率提高，即增加系统的稳定裕度和通频带宽度，提高系统动态响应时的平稳性和快速性。超前校正对系统的稳态性能不产生直接影响，但使抗扰性能下降。因此，串联超前校正一般用于系统稳态性能已满足要求，但动态性能较差的系统。

（2）滞后校正　滞后校正装置具有负的相位和幅值随 ω 增加而减小的特点。利用其幅值随 ω 增加而减小的特点，在保持系统动态性能不变的前提下，通过提高系统开环放大系数来提高稳态精度。同时，滞后校正可以在不改变系统稳态性能的前提下，通过降低 ω_{gc}，即降低系统快速性来提高系统的相位裕量。它对系统的高频段影响不大。但滞后校正使用不当时，由于滞后校正具有负的相位，它也可能使系统的相位裕量减小，系统超调量增大，降低系统的稳定性。滞后校正一般用于对动态性能和稳态性能要求较高的系统。

（3）滞后-超前校正　滞后-超前校正可以充分发挥超前校正和滞后校正各自的优点，全面提高系统的动、静态性能，但要注意校正的滞后特性应设置在较低的频段，用来提高系统的放大系数；而超前特性应设置在中频段，用来增大相位裕量及幅值穿越频率。

二、基本控制规律

前面从自动控制原理的角度介绍了校正的基本原理和方法。同样，也可以从自动控制系统基本控制规律的角度来介绍自动控制系统的校正原理和方法，包括比例控制、比例－微分控制、比例－积分控制和比例－积分－微分控制等。

1. 比例（Proportional）控制

比例控制器的传递函数为

$$G(s)=K$$

其Bode图如图5-2所示。

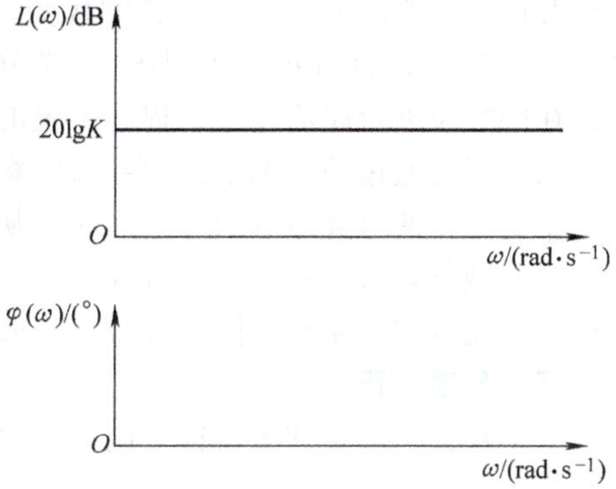

图5-2　比例控制器Bode图

可调参数：比例系数 K。

比例控制器实际上就是一个比例放大器，也称为比例调节器（P调节器）。增大比例系数 K 可以提高系统的稳态精度，展宽系统通频带，提高系统的快速性，对一阶系统还可以减小时间常数。但比例系数增大将使系统的相对稳定性降低。相反，减小比例系数 K 可以提高系统的相对稳定性，减小超调量和振荡次数，但系统稳态精度和快速性能降低。

2. 比例-微分（Proportional-Differential）控制

比例-微分控制器实例、传递函数及Bode图见表5-2。

可调参数：比例系数 K、微分时间常数 τ_d。

比例-微分控制器又称为比例-微分调节器（PD调节器）。微分控制能够反映信号的变化率（即变化趋势），具有“预报”作用，因此，它能在误差信号变化前给出校正信号，防止系统出现过大地偏离希望值和出现振荡倾向，有效地增强系统的相对稳定性。但是，微分控制在偏差信号变化极其缓慢或无偏差信号时将失去控制作用，故它不能单独作为串联校正装置使用。比例-微分控制相当于超前校正，它具有比例控制和微分控制的优点。调节时间常数 τ_d，可以改变微分作用的强弱。但 τ_d 过大，微分控制将对输入端的高频噪声有明显的放大作用，使系统抗扰性能降低。同时，由于微分控制可以提高系统的相对稳定性，因而可在保证系统具有一定稳定裕度的前提下，进一步提高比例系数 K，可提高系统稳态精度。

3. 比例-积分（Proportional-Integral）控制

比例-积分控制器实例、传递函数及Bode图见表5-2。

可调参数：比例参数K、积分时间常数τ_i。

比例-积分控制器又称为比例-积分调节器（PI调节器）。积分控制可以提高系统的无差度。但积分控制器输出响应慢，使系统调节时间增长。比例-积分调节器兼有比例调节器和积分调节器的优点，它能够在提高系统无差度的同时，提高系统的响应速度。但比例-积分调节器使相位稳定裕量减小，系统的超调量增大。由于比例-积分调节器只是在低频段产生较大的相位滞后，因而它串入系统后，应将其交接频率设置在系统穿越频率的左边，并远离系统穿越频率，以减小对系统稳定裕度的影响。比例-积分控制相当于滞后校正。

4. 比例-积分-微分（Proportional-Integral-Differential）控制

比例-积分控制器实例、传递函数及Bode图见表5-2。

可调参数：比例系数K、时间常数τ_d、τ_i。

比例-积分-微分控制器又称为比例-积分-微分调节器（PID调节器）。比例-微分控制能改善系统的动态性能，但使系统的抗扰性能变差；比例-积分控制能改善系统的稳态性能，但动态性能变差。为了兼顾二者的优势，克服它们的缺陷，常采用比例-积分-微分控制器，它相当于滞后-超前校正。比例-积分-微分控制器在低频段进行滞后校正，以提高系统的无差度；在中频段进行超前校正，提高系统的相位裕量；而在高频段，虽然增益提高会使抗扰性能减低，但可通过适当调节比例-积分-微分控制器的参数，使比例-积分-微分控制器高频段的斜率为零，便可克服其缺点。同时，从传递函数可以看出，比例-积分-微分控制器提供了两个一阶微分环节，只要适当选配τ_{d1}或τ_{d2}参数，使它们与系统固有部分惯性环节的时间常数相等，就可改变系统的固有部分，克服惯性环节对系统的影响。

三、反馈校正

反馈校正一般指在主反馈环内，为改善系统的性能而加入反馈装置。典型反馈校正框图如图5-3所示。

图中$G_c(s)$为反馈校正装置的传递函数。反馈校正的主要作用有以下几点：

1）负反馈可以扩展系统的通频带，加快响应速度。

2）负反馈可以及时抑制被反馈环包围的环节由于参数变化、非线性因素以及各种干扰对控制系统性能的不利影响。

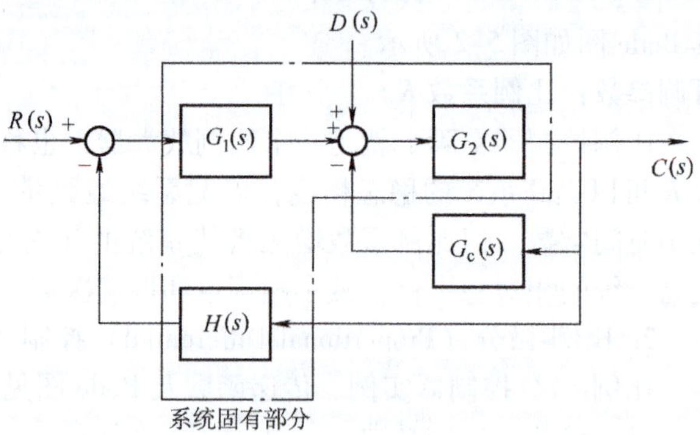

图5-3 反馈校正框图

3）负反馈可以消除系统固有部分中不希望的特性，使该局部反馈回路的特性取决于校正装置。

4）局部正反馈可以提高反馈回路的放大系数。

常用反馈校正形式有以下几种。

（1）比例反馈 这种反馈可以减小被包围环节的时间常数，起到扩展系统的通频带，加快响应速度的作用。它也可用于将积分环节变换成惯性环节，增强系统的稳定性，但这将降低系统的无差度。由于比例反馈在动态和稳态过程中都起反馈校正作用，因此又称为硬反

馈。比例反馈校正环节的传递函数为

$$H(s)=\alpha$$

含有小惯性环节的比例反馈校正环节的传递函数为

$$H(s)=\frac{\alpha}{\tau s+1}$$

(2) 微分（速度）反馈　这种反馈可以在不改变被包围环节性质的条件下，增大其时间常数。也可以用来增加被包围环节的阻尼系数，改善系统的相对稳定性。由于微分反馈仅在动态过程中起反馈校正作用，因此又称为软反馈。微分反馈校正环节的传递函数为

$$H(s)=\alpha s$$

含有小惯性环节的微分反馈校正环节（实际微分反馈环节）的传递函数为

$$H(s)=\frac{\alpha s}{\tau s+1}$$

(3) 加速度反馈　用这种反馈校正等效取代原系统的中频段，可以提高系统的快速性，增强系统的平稳性，改善系统的动态响应。加速度反馈校正环节的传递函数为

$$H(s)=\frac{\alpha s^2}{\tau s+1}$$

反馈校正对典型环节性能的影响见表 5-3。

表 5-3　反馈校正对典型环节性能的影响

校正方式		框　图	校正后的传递函数	校正效果
比例环节反馈校正	硬反馈	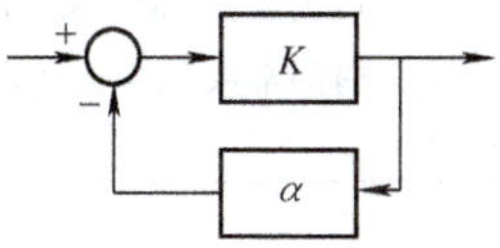	$\frac{K}{1+\alpha K}$	仍为比例环节 放大系数：$K/(1+\alpha K)$
	软反馈	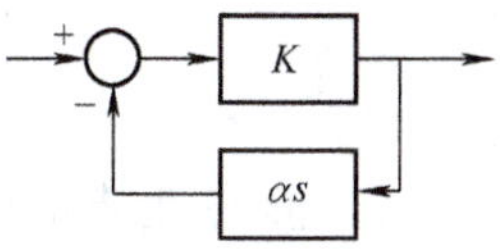	$\frac{K}{1+\alpha Ks}$	变为惯性环节 放大系数：K 时间常数：$\tau=\alpha K$
惯性环节反馈校正	硬反馈	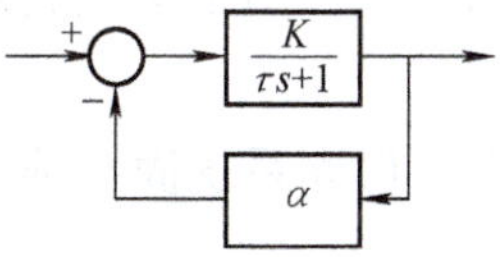	$\frac{K'}{\tau' s+1}$	仍为惯性环节，可提高系统的稳定性 放大系数：$K'=K/(1+\alpha K)$ 时间常数：$\tau'=\tau/(1+\alpha K)$
	软反馈	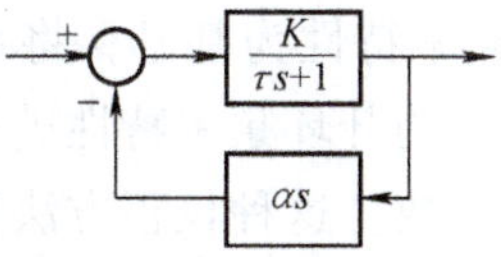	$\frac{K}{\tau' s+1}$	仍为惯性环节 时间常数：$\tau'=\tau+\alpha K$

（续）

校正方式		框　图	校正后的传递函数	校 正 效 果
积分环节反馈校正	硬反馈	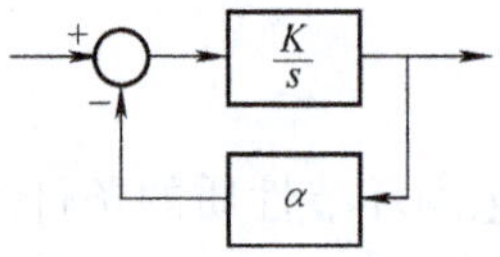	$\frac{K'}{\tau' s+1}$	变为惯性环节，有利于系统的稳定性 放大系数：$K'=1/\alpha$ 时间常数：$\tau'=1/(\alpha K)$
	软反馈	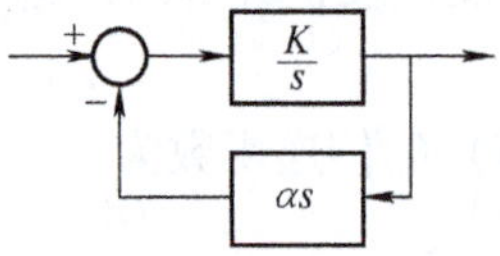	$\frac{K'}{s}$	仍为积分环节 放大系数：$K'=K/(1+\alpha K)$
典型Ⅰ型系统反馈校正	硬反馈	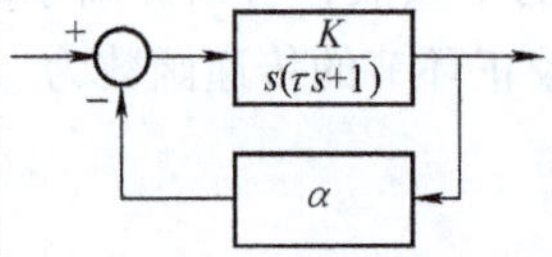	$\frac{K}{\tau s^2+s+\alpha K}$	系统由无静差系统变为有静差系统
	软反馈	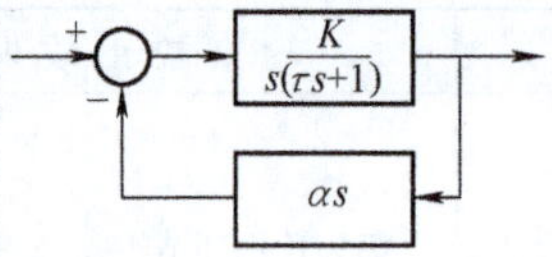	$\frac{K'}{s(\tau' s+1)}$	仍为典型Ⅰ型系统。系统稳定性和快速性能改善，但稳态精度下降 放大系数：$K'=K/(1+\alpha K)$ 时间常数：$\tau'=\tau/(1+\alpha K)$

第二节　自动控制系统的设计方法

一、设计自动控制系统的一般方法

1）从调查研究、分析设计任务开始，根据系统提出的动、静态性能指标，以及经济性、可靠性要求，确定初步设计方案，选择元部件，拟定整个系统的电路原理图。

2）根据自动控制系统的结构、各单元间的相互关系和参数，确定系统固有部分的数学模型。

3）对系统固有部分进行相应的线性化处理和简化处理，得到系统固有部分的开环频率特性。

4）根据性能指标确定系统的预期开环频率特性。所谓预期开环频率特性就是满足系统性能指标的典型系统的开环对数幅频特性。

5）工程上，为便于设计通常以系统固有部分的开环频率特性为基础，将系统校正成典型系统。其方法是：将系统的预期开环频率特性与固有部分的开环频率特性进行比较，得到校正装置的开环频率特性，并以此确定校正装置的结构与参数。这种校正方法称为预期频率特性校正法。

6）通过仿真、实验或调试使系统全面达到性能指标的要求。

二、系统固有部分开环频率特性的确定

系统固有部分开环频率特性的确定应根据系统的组成结构、各单元间的相互关系，建立系统的数学模型。但实际系统的固有部分往往是比较复杂的，将它们校正成典型系统后，会使校正装置的形式变得相当复杂，难以实现。因此，在校正前需对系统的固有部分进行适当的简化处理，包括对系统非线性元件进行合理的线性化处理和在对系统性能指标影响不大的前提下对系统进行适当的简化处理。

系统模型的线性化处理已在第二章中介绍了，而系统结构的简化处理已在第四章第五节中有所讲述，下面将高阶系统结构的简化处理的原则归纳如下：

1. 将低频段大惯性环节近似为积分环节

设被控制对象的开环传递函数为

$$G_0(s)=\frac{K}{(\tau_1 s+1)(\tau_2 s+1)}$$

式中　$\tau_1 \gg \tau_2$。

当 $1/\tau_1 \ll \omega_{gc}$ 时，可以把惯性环节 $1/(\tau_1 s+1)$ 近似为积分环节 $1/(\tau_1 s)$。将低频段大惯性环节近似为积分环节后，实际系统的阻尼性能将比近似处理后的阻尼性能好。系统结构近似处理后，虽然从传递函数形式上，系统类型人为地由 0 型变为了 Ⅰ 型，但实际系统仍然为 0 型。考虑到工程计算允许误差一般在 10% 以内，因此，只要满足 $\omega_{gc} \geqslant 3/\tau_1$，就可以将惯性环节近似为积分环节。但实际系统的 γ 上升，将导致 t_s 增加。若要保持 γ 不变，则可进行适当调整（详见第四章第五节）。

2. 将高频段若干小惯性环节合并成一个惯性环节

设被控制对象的开环传递函数为

$$G_0(s)=\frac{K}{(\tau_1 s+1)(\tau_2 s+1)(\tau_3 s+1)}$$

式中　$\tau_1 \gg \tau_2$，$\tau_1 \gg \tau_3$。

当 $1/\tau_2$、$1/\tau_3 \gg \omega_{gc}$ 时，可以将小惯性环节 $1/(\tau_2 s+1)$、$1/(\tau_3 s+1)$ 等效为时间常数 $\tau_\Sigma=\tau_2+\tau_3$ 的惯性环节。考虑允许误差在 10% 以内，因此，只要满足

$$\omega_{gc} \leqslant \frac{1}{3}\sqrt{\frac{1}{\tau_2\tau_3}}$$

就可以将高频段的两个小惯性环节合并成一个惯性环节。

同理，三个小惯性环节近似处理的条件为

$$\omega_{gc} \leqslant \frac{1}{3}\sqrt{\frac{1}{\tau_2\tau_3+\tau_2\tau_4+\tau_3\tau_4}}$$

近似后，实际系统的阻尼性能将比近似处理后的阻尼性能差。若要保持 γ 不变，可进行适当调整（详见第四章第五节）。

3. 略去小惯性环节

当小惯性环节时间常数远小于大惯性环节时间常数时，可将小惯性环节略去。例如，$\tau_0 \ll \tau_d$时

$$\frac{K_0}{\tau_0 s+1}\,\frac{1/R}{\tau_d s+1} \approx K_0\,\frac{1/R}{\tau_d s+1}$$

实际上，只要$\tau_0 \leqslant 10\ \tau_d$，上述近似所产生的误差就可以忽略不计。

4. 高频段小时间常数的振荡环节近似为惯性环节

例如，

$$G_0(s)=\frac{K}{s^2(\tau_1 s+1)(\tau_2^2 s^2+2\zeta\,\tau_2 s+1)}$$

若满足$\omega_{gc} \leqslant 1/(3\ \tau_2)$，则可将高频段的振荡环节近似成时间常数为$2\zeta\ \tau_2$的惯性环节，即

$$G_0(s)=\frac{K}{s^2(\tau_1 s+1)(\tau_2^2 s^2+2\zeta\,\tau_2 s+1)}\approx\frac{K}{s^2(\tau_1 s+1)(2\zeta\,\tau_2 s+1)}$$

5. 延迟环节近似为惯性环节

详见第四章第二节。

6. 忽略次要因素

当某些次要因素对计算结果影响不大时，可忽略不计。例如，在直流电动机调速系统的电流环中，由于反电动势E的响应时间（几百毫秒）远大于电流的响应时间（几十毫秒），因而可将E视为恒值，忽略E的变化。

三、系统结构的选择

1. 单回路控制系统

单回路控制系统只能采用串联校正，其优点是结构简单、易于实现。但存在一些缺陷，如单回路控制系统不能及时抑制扰动的影响，系统输出只有在受到了扰动的影响之后，才能通过负反馈产生控制作用去抑制扰动，难以兼顾跟随性能指标与抗扰性能指标等。

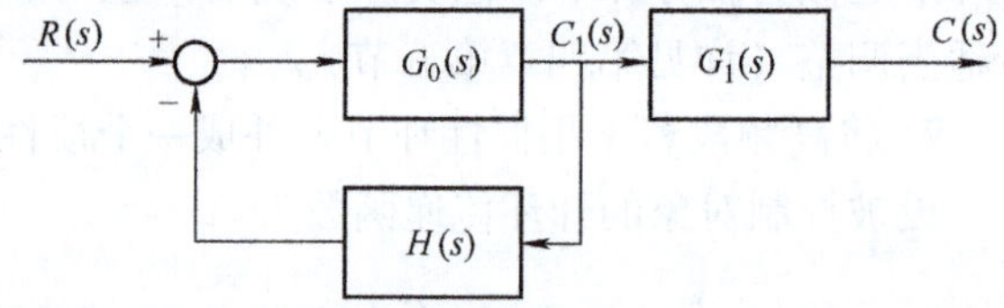

图5-4 间接控制系统

图5-4所示的单回路控制系统是一种通过对$C_1(s)$的控制来达到间接控制$C(s)$的方案，它不能抑制$G_1(s)$环节上的扰动因素。用在对系统性能指标要求不高的场所，可以降低成本，如将易于检测的信号作为反馈信号，可以降低检测元件的成本。$G_1(s)$环节包含较严重的非线性因素时，不至于将非线性因素反馈回系统输入端，而导致系统校正上的困难。例如图1-14所示的系统，将易于检测的u_d信号作为反馈信号，通过对u_d的恒压控制达到间接控制转速n的目的。

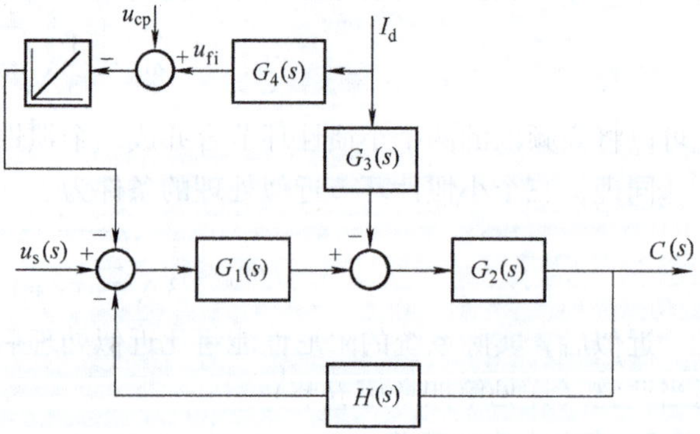

图5-5 带电流截止负反馈的调速系统

图1-3所示的系统在起动时，加在放大器输入端的偏差信号等于系统的给定量，该信号相当于正常工作时的$(1+K)$倍，使得u_d立即达到最大值，电动机满压起动，造成电动机过电流。为了克服这一缺点，需要引入电流的反馈量，对起动电流加以控制。由于两个反馈量（转速和电流的反馈量）同时从一个综合点引入，故双方相互牵制，对起动电流波形不但没有改善，反而使转速特性恶化。采用图5-5的结构可以解决这个问题（详见第六章第二节带电流截止负反馈的调速系统）。

该系统在电动机起动时，由于转速上升缓慢，转速反馈作用很小，电流上升迅速，电流反馈量较大，因而电流反馈起主要作用，以解决起动电流的问题。随着转速上升，电流下降到截止环节的整定值（$U_{fi}<U_{cp}$）后，电流反馈不再起作用。因此，电动机起动的后期只有转速反馈起作用。

该系统初步解决了电动机起动过电流的问题，但它不能在整个起动过程中保持电流反馈环的作用，维持电流为最大起动电流。该系统可用在对系统性能指标要求不高的场所。要彻底解决起动电流的问题，必须将转速、电流两种反馈作用分开，即采用两个调节器，分别调节转速、电流，这样就形成了多回路控制系统。但要注意，由于系统主要控制量是转速，因而必须将转速环设置为外环，发挥主体调节作用。

2. 多回路控制系统

单回路控制系统的缺点可以通过复杂的多回路控制系统来克服。多回路控制系统又称为多环控制系统。图 5-6 所示的多回路控制系统同时采用了串联校正和反馈校正，它可以充分发挥这两种校正的优势。同时，局部反馈可以及时克服反馈环内的扰动因素。当然，系统的具体结构形式常受到实际条件的限制，不能随意选择，如能否方便地取得反馈信号、反馈信号加到何处、有无相应的检测元件、校正方式能否实现等。下面仅从系统性能的角度对多回路控制系统进行一些必要的讨论。

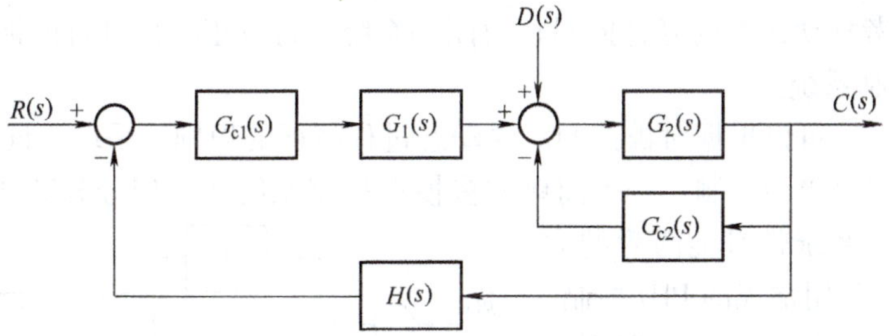

图 5-6　典型多回路控制系统（一）

图 5-7 所示的多回路控制系统的优点在于它在每个扰动作用的环节上都加上了适当的校正环节，提高了系统抑制扰动的能力，使扰动因素不至于直接影响系统的输出。局部反馈环的阶次通常设计为三阶以下，这样每个局部环的稳定性和动态性能易于满足。该系统结构又称为串级控制。

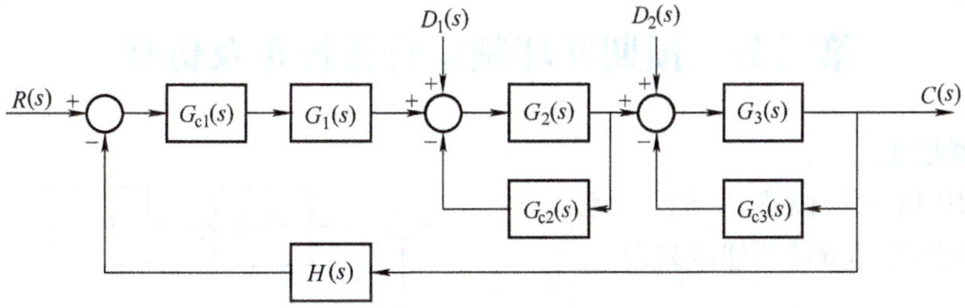

图 5-7　典型多回路控制系统（二）

图 5-8 所示的多回路控制系统的优点在于局部环Ⅱ、Ⅲ都在同一个输出端取得反馈信号。由于回路Ⅱ的通频带大于回路Ⅰ的通频带，而回路Ⅲ的通频带又大于回路Ⅱ的通频带，

因而使得回路Ⅲ的设计难度加大，要求使用更高质量的元部件、更低的噪声电平等。因此，在系统实现上无困难时，应尽量选择图5-7所示的系统结构。

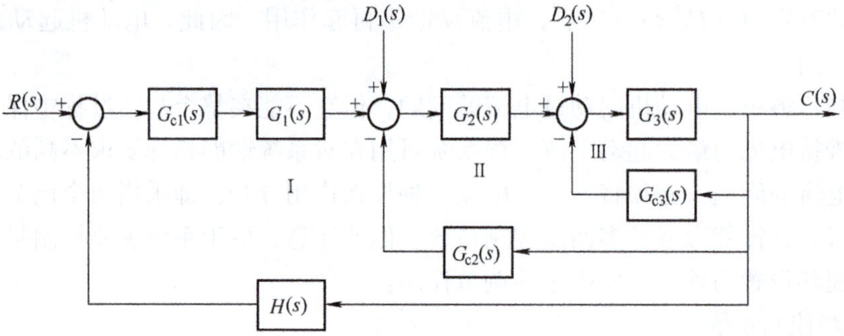

图5-8 典型多回路系统（三）

多环控制系统的校正步骤为：先校正内环；内环校正好，并通过适当的等效变换、简化处理后，再校正外环。

3. 复合控制系统

复合控制系统已在第四章中进行了详细的讨论，它能够兼顾系统的动、静态性能指标。复合控制系统的校正步骤为：先按抗扰性能指标（补偿给定量误差的复合控制）或跟随性能指标（补偿参考扰动误差的复合控制）对闭环系统进行校正，再进行前馈补偿。

4. 多模态控制系统

多模态控制系统可以根据对被控制对象动态过程特征的识别，采取不同的控制策略，更好地实现对被控制对象的控制。一个简单的多模态控制系统——积分分离式PID控制系统，如图5-9所示。该系统带有纯滞后的大惯性环节 $G_0(s)$，采用常规的PID控制，在系统起动、给定大幅度变化或遇到较大扰动时，由于短时间内产生很大的偏差，控制器将产生严重饱和，导致系统出现较大的超调量和长时间的振荡。在这种情况下，取消积分作用，只进行PD调节。当偏差控制在一定范围内后，才自动加入积分作用，进行PID控制，即充分发挥PD和PID控制的优势。

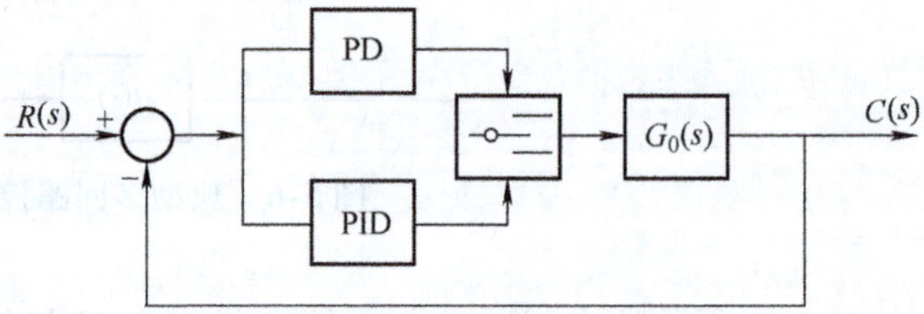

图5-9 积分分离式PID控制系统

第三节 预期开环频率特性校正及仿真

一、串联校正

以图5-10所示的位置随动控制系统为例。系统固有部分的传递函数为

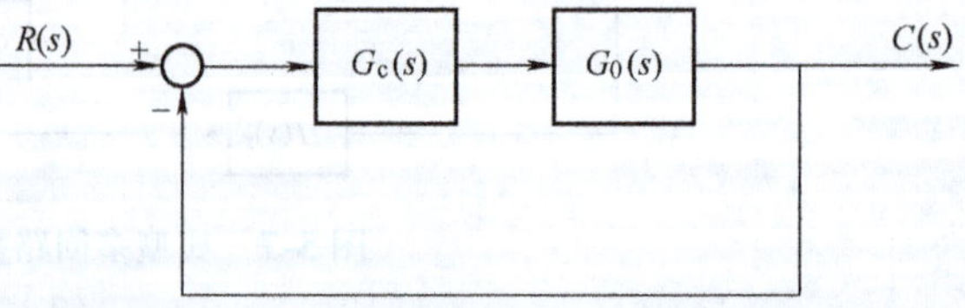

图5-10 位置随动控制系统框图

$$G_0(s)=\frac{K}{s(\tau_m s+1)(\tau_1 s+1)}$$

$$=\frac{K_1}{s(0.9s+1)(0.007s+1)}$$

要求串联校正使系统满足以下性能指标：

1）Ⅰ型系统，$K_v \geqslant 1000$。

2）$t_s(5\%) \leqslant 0.25s$，$\sigma_p\% \leqslant 30\%$。

1. 系统固有开环对数幅频特性

取 $K_1 = K_v = 1000$，系统固有开环对数幅频特性曲线如图 5-11 中曲线Ⅰ所示。

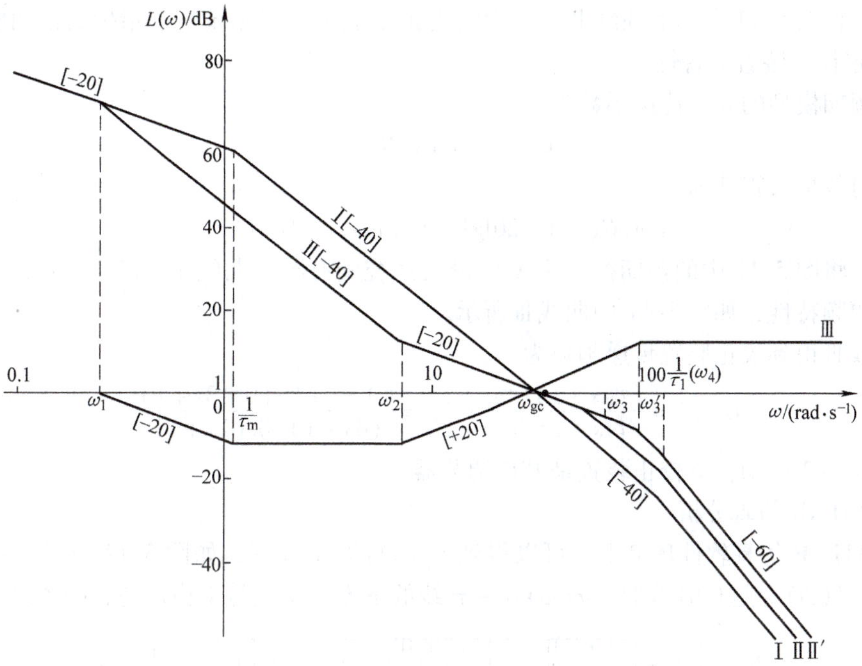

图 5-11 位置随动控制系统的串联校正

曲线Ⅰ通过零分贝线处的斜率为 -40dB/dec，显然不满足给定的性能指标要求。因此，必须根据给定的系统性能指标建立系统的预期模型——典型高阶系统。

2. 建立预期开环对数幅频特性模型

首先，按典型Ⅱ型系统 $M_r = M_{rmin}$ 设计准则确定预期模型的主要参数。

取 $h = 8$，由表 4-4 可知，$\sigma_p\% = 27.2\% \leqslant 30\%$，满足给定要求，而 $t_s/\tau_3 = 12$，如取 $t_s = 0.2s$，则

$$\omega_3 = 60\text{rad/s}$$

$$\omega_2 = \omega_3/8 = 7.5\text{rad/s}$$

$$\omega_{gc} = \frac{h+1}{2}\omega_2 = 33.7\text{rad/s} \approx 34\text{rad/s}$$

在不降低系统稳态性能指标的前提下，为简化校正装置低频段，将预期模型的低频段与系统固有特性低频段重合，即将预期模型低频段与系统固有特性低频段交点所对应的频率作为系统预期模型的低频段转折频率 ω_1；为了使校正装置高频段的斜率设计成小于或等于零，使校正装置具有抗高频干扰的能力，同时，为了简化校正装置高频段，将预期模型的高频段设计成与固有特性高频段斜率一致。由此得到的系统预期模型对数幅频特性曲线如图 5-11 中曲线Ⅱ所示。

由于忽略 ω_1 的影响，实际系统的相位裕量将比预期模型更好，因此，在初步设计时，可以忽略 ω_1 的影响。由于 ω_4 的影响，系统的稳定裕量变差，为保持稳定裕量不变，将 ω_3 移至 ω_3'处，即

$$\tau_3' = \tau_3 - \tau_4 \approx 0.01$$

$$\omega_3' = 1/\tau_3' = 100$$

最后，将图5-11所示的曲线Ⅱ修正为曲线Ⅱ′，得到满足系统性能指标的预期模型。

3. 确定校正装置的特性

系统预期模型的开环传递函数为

$$G(s) = G_c(s)G_0(s)$$

开环对数幅频特性为

$$20\lg|G(s)| = 20\lg|G_c(s)| + 20\lg|G_0(s)|$$

因此，将图5-11中的预期模型曲线Ⅱ′减去系统固有特性曲线Ⅰ，就可得到校正装置的开环对数幅频特性，如图5-11中曲线Ⅲ所示。

由曲线Ⅲ得到校正装置传递函数为

$$G_c(s) = \frac{(\tau_m s+1)(\tau_2 s+1)}{(\tau_1 s+1)(\tau_3' s+1)} = \frac{(0.9s+1)(0.13s+1)}{(4s+1)(0.01s+1)}$$

对照表5-2可知，该校正装置是PID调节器。

4. MATLAB仿真分析

在MATLAB仿真软件环境下，可以得到 $G_0(s)$ 的Bode图，如图5-12所示。由图5-12可以看出，$L(\omega)$穿越0dB线时，$\varphi(\omega)$在 $-\pi$ 线的下方，系统是不稳定的，必须进行校正。

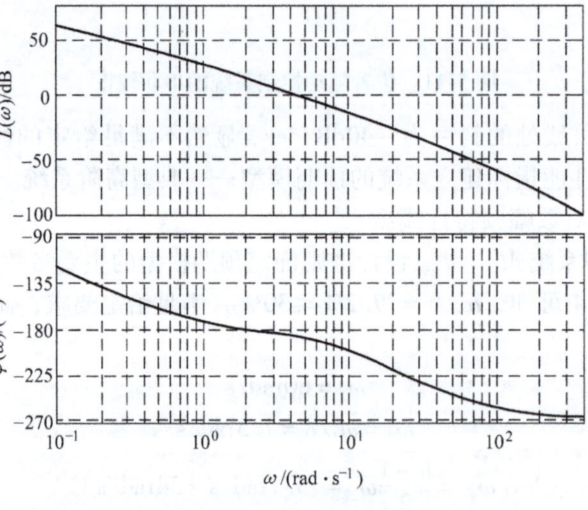

图5-12 $G_0(s)$的Bode图

校正环节 $G_c(s)$ 的Bode图如图5-13所示。由图5-13可以看出，在穿越频率附近，校正环节的相位超前达45°以上。引入串联校正环节后，位置随动控制系统开环对数频率特性如图5-14所示。

由图5-14可以看出，引入校正环节后，满足了系统稳定条件，相位稳定裕度超过了45°，系统性能得到极大改善。

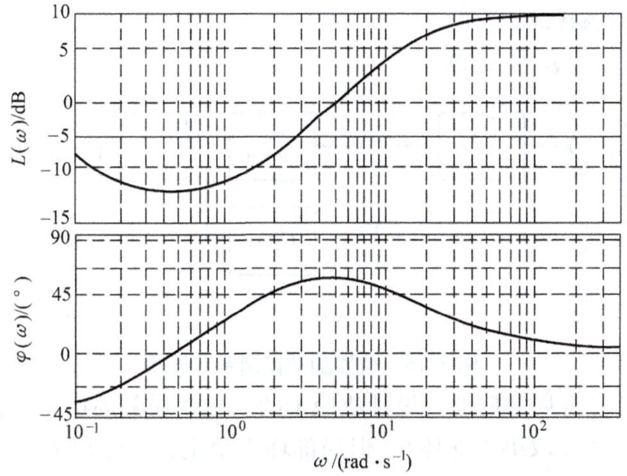

图 5-13　$G_c(s)$ 的 Bode 图

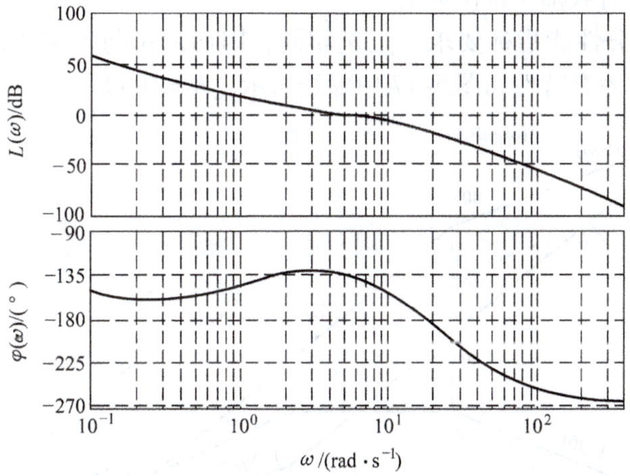

图 5-14　校正后的位置随动控制系统 Bode 图

校正后的系统阶跃响应仿真如图5-15所示。在 0.5s 时施加单位阶跃激励后，1s 时达到稳定状态，调节时间约为 0.5s，超调量为27%左右，达到了串联校正的预期目的。

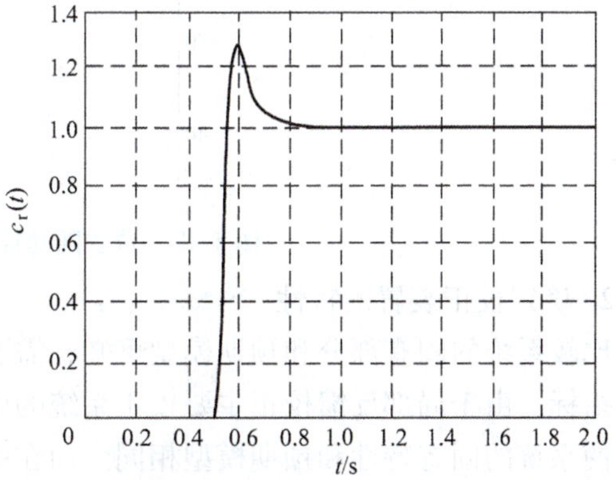

图 5-15　串联校正后的系统阶跃响应

二、反馈校正

以图 5-16 所示的位置随动控制系统为例。系统固有部分的传递函数为

$$G_0(s)=\frac{K}{s(\tau_{\mathrm{m}}s+1)(\tau_{\mathrm{L}}s+1)}$$

$$=\frac{K_1K_2K_3}{s(0.9s+1)(0.007s+1)}$$

要求反馈校正，使系统满足以下性能指标：

1）Ⅰ型系统，$K_v \geqslant 1000$。

2）$t_s(5\%) \leqslant 0.25s$，$\sigma_p\% \leqslant 30\%$。

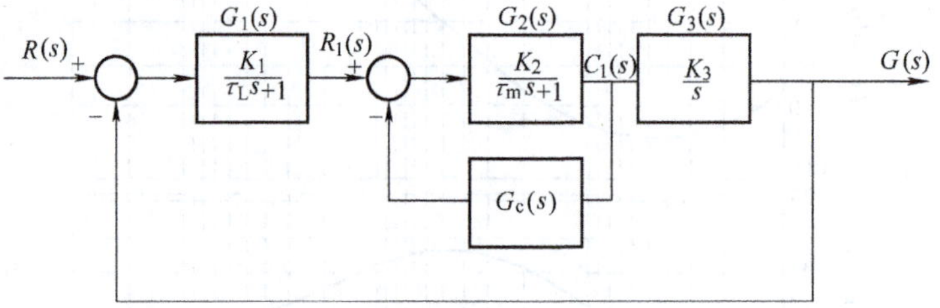

图5-16　位置随动控制系统框图

反馈校正时，总是将局部反馈环设计成稳定的。虽然局部环稳定与否并不影响系统的稳定性（系统的稳定性主要取决于外环），但局部环不稳定，其输出 $C_1(s)$ 的瞬态响应质量必定很差，变化十分剧烈，这将加重后续元件的负担，引起非线性饱和等不良后果，最终影响整个系统的性能，加重系统校正的难度。

1. 建立预期开环对数幅频特性模型

由于系统固有部分性能指标要求与上例相同，因而采用与上例相同的预期模型，如图5-17 曲线Ⅱ，而系统固有特性如图5-17 中虚线所示（$K=1000$）。

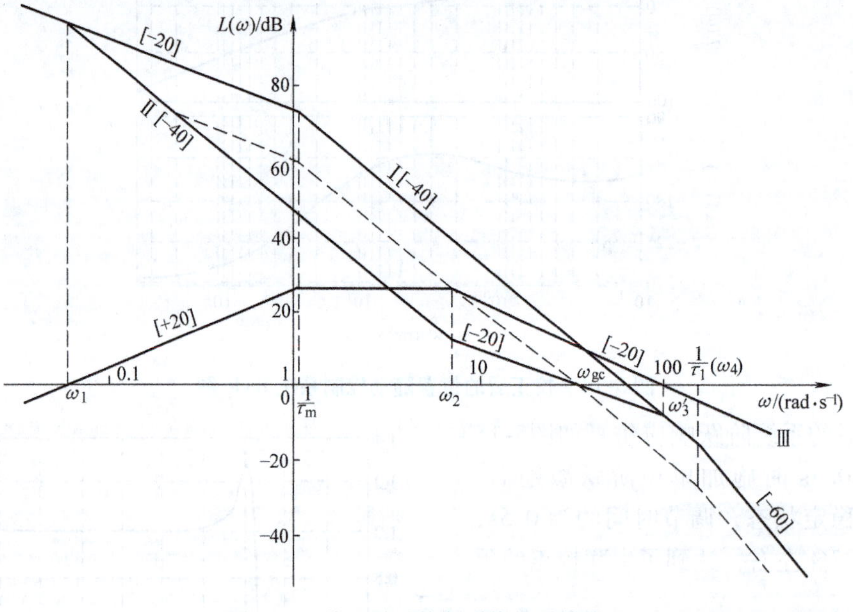

图5-17　位置随动控制系统的反馈校正

2. 确定校正装置的特性

比较系统的固有部分和预期模型可知，需要修改系统固有特性的中频段，使之满足动态性能指标。由于局部反馈校正主要校正系统的中频段，为简化校正装置，在待校正的中频段外，使系统的固有特性和预期模型相同。而在中频段，使系统固有特性幅值大于预期模型的幅值。

为此，增大系统固有部分的开环放大系数（如增大 K_1），使固有特性由虚线变为曲线

Ⅰ。这时，$K=K_v=4467>>1000$。

$$\frac{G_1(s)}{R_1(s)}=\frac{G_2(s)}{1+G_c(s)G_2(s)}$$

如果局部反馈环本身是稳定的，则

$$|G_2(s)G_c(s)|<<1\text{ 时，}\frac{C_1(s)}{R_1(s)}\approx G_2(s) \quad (5\text{-}1)$$

$$|G_2(s)G_c(s)|>>1\text{ 时，}\frac{C_1(s)}{R_1(s)}\approx\frac{1}{G_c(s)} \quad (5\text{-}2)$$

式(5-1)、式(5-2)说明，通过合理选择 $G_c(s)$，能够在一定的频率范围内改变系统原有的特性，这就是反馈校正的基本原理。

根据式（5-2），当$|G_2(s)G_c(s)|>>1$ 时，系统的预期模型为

$$G_0'(s)=G_1(s)\frac{1}{G_c(s)}G_3(s)$$

$$20\lg|G_0'(s)|=20\lg|G_1(s)|-20\lg|G_c(s)|+20\lg|G_3(s)|$$

系统固有特性为

$$G_0(s)=G_1(s)G_2(s)G_3(s)$$

$$20\lg|G_0(s)|=20\lg|G_1(s)|+20\lg|G_2(s)|+20\lg|G_3(s)|$$

因此，系统固有特性与预期模型之差为

$$20\lg|G_0(s)|-20\lg|G_0'(s)|=20\lg|G_2(s)|+20\lg|G_c(s)|$$

即系统固有特性与预期模型之差为 $G_2(s)G_c(s)$ 的对数幅频特性，如图 5-17 中曲线Ⅲ所示。

$\omega\leqslant\omega_1$ 和 $\omega\geqslant\omega_3'$时，$|G_2(s)G_c(s)|<<1$。根据式(5-1)，校正前后系统特性保持不变。因此在校正范围以外，局部反馈环的开环频率特性按曲线Ⅲ的延长即可。

由曲线Ⅲ可以得到

$$G_2(s)G_c(s)=\frac{K_2's}{(\tau_m s+1)(\tau s+1)}=\frac{16s}{(0.9s+1)(0.135s+1)}$$

设

$$G_c(s)=\frac{\alpha s}{\tau s+1}$$

所以，$K_2'=\alpha K_2=16$，$\alpha=16/K_2$，而 $K=K_1K_2K_3=4467$。

该校正装置是含有小惯性环节的微分反馈环节。

由于 α 值取决于检测元件，K_3 取决于系统固有部分，它们为已知参数，不可能大幅度调整。因此，由 α 可确定 K_2，再根据 K_2K_3 的值确定参数 K_1（如 K_1 不能满足要求，可在 $G_1(s)$前增加一个放大环节）。

3. 校验局部反馈环的稳定性。

由图 5-17 可知，特性曲线Ⅲ相应的相频特性在 ±90°的范围内，因此局部反馈环是稳定的。如果局部反馈环内还有其他小时间常数，不但要保证局部反馈环的稳定性，还要为其留有一定的相位裕量。局部环的相位裕量要求较低，一般为 30°左右。

从该例可以看出，为达到校正系统中频段的目的，在被校正的频段内，局部反馈环的开环放大系数应足够大[见式(5-2)]。局部反馈环的通频带($\omega_1\sim\omega_3'$)总是比控制系统本身的通频带(ω_{gc})宽。局部反馈环高频段的截止频率(ω_3')太高，看起来对抗扰性能不利，但系统主反馈环的截止频率远低于 ω_3'，因此局部环的高频扰动信号将被主反馈环大大削弱。总之，

局部反馈校正的关键是：在保证局部环稳定裕度的前提下，尽量提高局部环的开环放大系数。

4. MATLAB 仿真分析

图 5-16 所示的位置随动控制系统引入局部反馈校正环节 $G_c(s)$ 后，在 MATLAB/Simulink 中建立的仿真模型如图 5-18 所示。通过仿真调试，检测元件参数 α 值确定为 0.04 时，可以得到满意的系统性能。由 $\alpha=16/K_2$，可以得到 $K_2=400$。取 $K_3=0.5$，则可以算出 $K_1=22.5$。

在 0.5s 时施加单位阶跃激励，其阶跃响应如图 5-19 所示。从图 5-19 可以看出，调节时间为 0.5s 左右，超调量为 23% 左右，达到了反馈校正的预期目的。

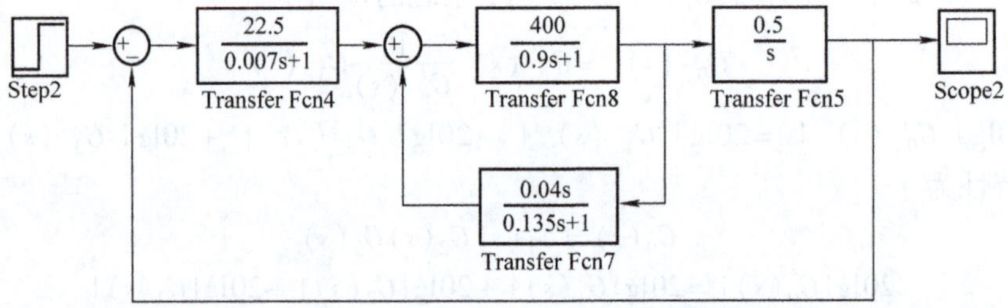

图 5-18　位置随动控制系统仿真模型

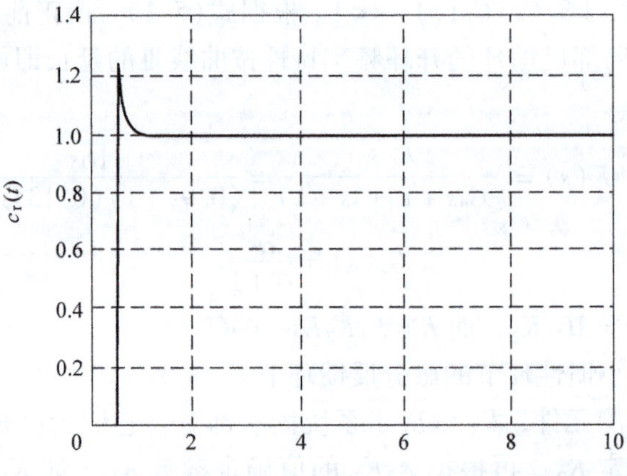

图 5-19　反馈校正后的系统阶跃响应

三、几点说明

1）由上述校正方法求得的校正装置，仅仅是一个粗略的结果。根据此结果校正的系统误差必定很大，它只能作为系统调试的基础参数。只有在理论指导下，通过实际调试才能使系统达到较佳的性能指标。这是因为：

① 在求取系统固有传递函数时，采取了非线性元件的线性化处理和系统结构的近似处理措施。

② 在系统校正时采用了相应的近似处理措施。如用渐近对数幅频特性取代实际的对数幅频特性，忽略了 ω_1 的影响等。

③ 由于系统的性能指标是给出的一个范围，而不是确定值，因而取值不同，校正结果也不同。同时，采用的校正方法不同，校正效果也不同。

④ 为了简化校正装置，使之易于实现，也采用了相应的简化处理。

⑤ 控制系统中，许多元件的工作点不是固定的，甚至变化范围很大。在确定系统固有特性时，为简化系统结构，近似认为这些工作点是固定的。另外，元件的饱和特性等因素也未考虑在列。

2）随动控制系统应主要考虑跟随给定信号变化的能力，设计时应以跟随性能指标为主。随动控制系统的预期模型一般为典型高阶系统。

3）恒值控制系统主要考察在扰动信号的作用下保持恒值输出的能力，设计时应着重考虑抗扰性能指标。恒值控制系统的预期模型一般为典型Ⅰ、Ⅱ型系统，使用预期频率特性法校正恒值控制系统的方法见附录 C。

小　结

1. 无源校正装置电路简单，无需外加电源。但它本身没有增益，其负载效应将会减弱校正作用。有源校正装置是由运算放大器组成的调节器，其参数调节方便，并可以克服无源校正装置的缺陷，因而得到广泛的应用。

2. P 调节器增大比例系数 K，可以提高系统的稳态精度，展宽系统通频带，提高系统的快速性，减小比例系数 K 可以提高系统的相对稳定性，减小超调量和振荡次数。

3. PD 调节器相当于超前校正。它具有“预报”作用，能在误差信号变化前给出校正信号，能够减小系统的惯性作用，有效地增强系统的相对稳定性和快速性，但削弱了系统的抗扰能力。

4. PI 调节器相当于滞后校正。它可以提高系统的无差度，提高系统的响应速度，但使系统的稳定性变差。

5. PID 调节器相当于滞后-超前校正。它可以兼顾改善系统的动、静态特性。

6. 反馈校正可以改变被包围环节的参数、性能，可以抵消环内各种干扰对控制系统性能的不利影响，可以扩展系统的频带宽度，加快响应速度，甚至可以取代局部环节。

7. 预期开环频率特性就是满足系统技术指标的典型系统的开环频率特性。工程上，为便于设计，通常采用预期开环频率特性校正法。

思考题与习题

5-1　什么叫系统的固有频率特性？什么叫系统的预期频率特性？

5-2　为什么按典型Ⅰ、Ⅱ型系统设计的系统还会出现不稳定现象？

5-3　试分别叙述典型Ⅰ、Ⅱ型系统需要选择的参数有哪些？如何选择？为什么？

5-4　试比较串联校正和反馈校正的优缺点。

5-5　PD 控制为什么又称为超前校正？采用 PD 控制进行校正为什么能提高系统的快速性和稳定性？

5-6 PI控制为什么又称为滞后校正？采用PI控制进行校正为什么能提高系统的稳态性能？如何减小它对系统稳定性的影响？

5-7 试分别叙述利用比例负反馈和微分负反馈包围振荡环节起何作用？

5-8 设系统固有部分的传递函数为

$$G_0(s)=\frac{K}{s(0.005s+1)(0.01s+1)(0.02s+1)(0.1s+1)}$$

试绘制满足下列指标的对数预期频率特性并选择串联校正装置。

1）速度放大系数 $K_v=200$；

2）超调量 $\sigma_p\%=30\%$；

3）调整时间 $t_s=0.9s$。

5-9 设系统随动系统固有部分的传递函数为

$$G_0(s)=\frac{K}{s(s+1)(0.01s+1)}$$

要求系统校正后，满足下列指标：

1）速度放大系数 $K_v\geqslant200$；

2）超调量 $\sigma_p\%\leqslant30\%$；

3）调整时间 $t_s\leqslant0.3s$。

试绘制系统的对数预期频率特性并选择反馈校正装置。

第六章　直流相控调速系统

第一节　概　　述

直流调速系统具有良好的起动和制动性能，可以方便地在宽范围内平滑调速，因此，具有优越调速性能的直流调速系统在许多工业场所一直使用。同时，直流调速系统在反馈控制理论及实践应用上比较成熟，利用其经典性可以强化系统构成思想、系统调试方法的学习。通过直流调速系统的学习，建立较为扎实的控制系统分析与设计的概念及能力对学习交流调速系统的分析与设计有重要的指导意义。

本书从本章开始介绍的各种自动控制系统始终贯穿系统结构、关键部件、性能指标、典型响应、系统参数确定与调试、实例和仿真分析主线，强化分析问题与解决问题的能力。

传统的直流电动机调速方法可根据式（6-1）进行分类。基本的调速方法可分为三大类，即调节电枢电压 U_d、减弱励磁磁通 Φ 和改变电枢回路电阻 R_d。

$$n=(U_d-I_dR_d)/K_e\Phi \tag{6-1}$$

常见的直流调速方法如下：

1）调节电枢电压调速。能够实现宽范围无级平滑调速，是最好的直流调速方案。

2）减弱励磁磁通调速。虽然也能实现无级平滑调速，但调速范围有限，只能配合电枢电压调速方案，在额定转速以上作小范围的弱磁升速。

3）改变电枢回路电阻调速。电枢回路串电阻调速时机械特性变软，带负载能力变差，且电阻耗能增加。

调节电枢电压调速是直流调速系统的主要调速方法。改变电动机电枢电压必须依赖可控直流电源。可控直流电源主要分为两大类：一类是采用半控型器件——晶闸管，以相位控制方式得到的晶闸管变流装置作为可变直流电源，它主要用于大功率的调速系统中；另一种是采用全控型器件——绝缘栅双极型晶体管（Insulated Gate Bipolar Transistor，IGBT）等，以脉冲宽度调制（Pulse Width Modulation，PWM）控制方式得到的脉冲宽度调制装置作为可变直流电源，它主要用于中小功率的调速系统中。本章主要讲述基于晶闸管变流装置的直流调速系统的组成，工作原理以及系统静、动态特性等。

第二节　单闭环转速有静差调速系统

一、转速负反馈调速系统的组成、原理及其静态特性

晶闸管-电动机开环调速系统的组成及其特点在第一章已作简单介绍。从它的特性方程 $n=(AU_2\cos\alpha-I_dR_\Sigma)/(K_e\Phi)$ 可知，电动机转速随着负载增加而下降的原因是由于电枢回路电压降 I_dR_Σ 增大之故。如果能够做到随着负载增加转速有所下降时及时调整晶闸管的控制

角 α，提高整流电源的输出电压，电动机的转速就会有一定的回升。这就必须依靠转速的闭环控制。

图6-1所示是转速负反馈调速系统的原理图。转速负反馈的闭环调速系统，除触发整流装置、电动机及给定电源以外，还必须有一个测速反馈装置和放大器。给定电位器给出控制电压 U_{sn}，与反馈电压 U_{fn} 相比较后得到偏差电压 ΔU，经过放大器产生触发装置的控制电压 U_c，用以控制电动机的转速。通过改变控制电压就可以改变触发控制角 α 及整流电压 U_{d0}，相应地就改变电动机的转速，达到调速的目的。

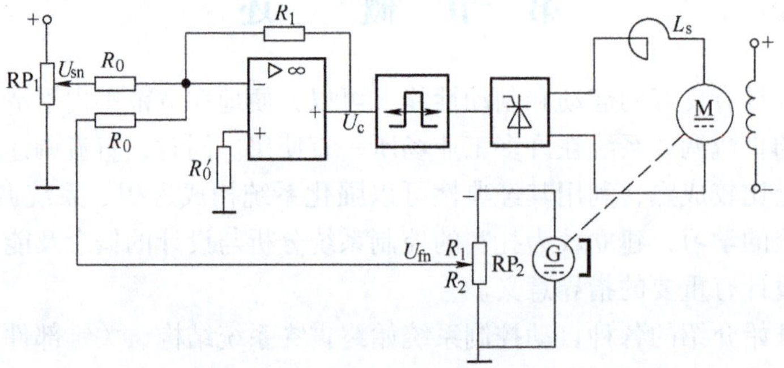

图6-1 转速负反馈调速系统原理图

1. 系统的静态特性

分析系统稳态特性的目的，就是要找出减少静态速降、扩大调速范围的途径，改善系统的调速性能。当放大器输入电阻、给定电位器和反馈电压电位器内阻，以及各环节的非线性因素均忽略时，系统中各环节输入、输出的稳态关系如下：

电压比较环节 $\Delta U = U_{sn} - U_{fn}$

放大器 $U_c = K_p \Delta U$

触发器和晶闸管整流装置

$$U_{d0} = K_{tr} U_c$$

电动机系统的开环机械特性

$$n = \frac{U_{d0} - I_d R_\Sigma}{K_e \Phi} = K_m (U_{d0} - I_d R_\Sigma)$$

测速发电机 $U_{fn} = \alpha_n n$

式中 K_p——放大器的电压放大系数；

K_{tr}——触发器和晶闸管整流装置的电压放大系数；

K_m——电动机的放大系数，$K_m = 1/(K_e \Phi)$；

α_n——测速反馈系数；

R_Σ——电动机电枢回路总电阻。

根据上述稳态关系，画出转速闭环系统的稳态结构图如图6-2所示。

由系统稳态结构图导出系统的静态特性方程式如下：

$$n = \frac{K_p K_{tr} K_m U_{sn}}{1 + K_p K_{tr} K_m \alpha_n} - \frac{K_m I_d R_\Sigma}{1 + K_p K_{tr} K_m \alpha_n} = \frac{K_p K_{tr} K_m U_{sn}}{1 + K_n} - \frac{K_m I_d R_\Sigma}{1 + K_n} = n_{0c} - \Delta n_c \quad (6\text{-}2)$$

式中　K_n——闭环系统的开环放大系数，$K_n = K_p K_{tr} K_m \alpha_n$；

n_{0c}——闭环系统的理想空载转速；

Δn_c——闭环系统的稳态速降。

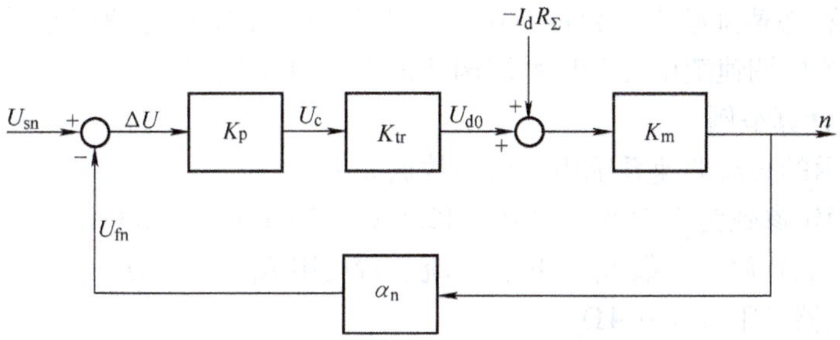

图 6-2　转速负反馈调速闭环系统稳态结构图

2. 开环系统机械特性和闭环系统静态特性的比较

闭环系统的工作情况与开环系统有着本质的不同。图 6-3 中一组平行的斜线表示开环系统的机械特性。当负载电流为 I_{d1} 时，电动机运行在机械特性 1 的点 A 上。当负载增加到 I_{d2} 时，若是开环系统，由于 U_{sn} 不变，则转速将由 A 点沿着机械特性 1 下降至 A' 点，$I_{d2}R_\Sigma > I_{d1}R_\Sigma$，$\Delta n$ 变大，系统不能自动地进行调节使转速回升。但在闭环系统中，由于反馈调节作用，ΔU 上升的结果导致触发整流电压 U_{d0} 增加，由 U_{d01} 变为 U_{d02}，使转速回升，系统稳定工作在对应 U_{d02} 的机械特性 2 的点 B 上。随着负载不断地增加，U_{d0} 也会相应增加，电动机的工作点也相应为 C 和 D 等。

上述调节过程表明，在闭环系统中，由于引入了被调量的闭环控制，转速因负载的改变而稍有变动时，通过负反馈的调节作用，能自动地提高整流电压，获得一条新的特性曲线 A-B-C-D。此特性曲线实际上是一组开环机械特性上的各相应工作点的集合，它表示闭环系统电动机转速与负载电流（或转矩）的稳态关系，称作“静态特性”。显然，闭环系统静态特性比开环系统机械特性硬得多。如果把图 6-2 所示的转速闭环系统的反馈回路断开就变成了开环系统，其机械特性方程式为

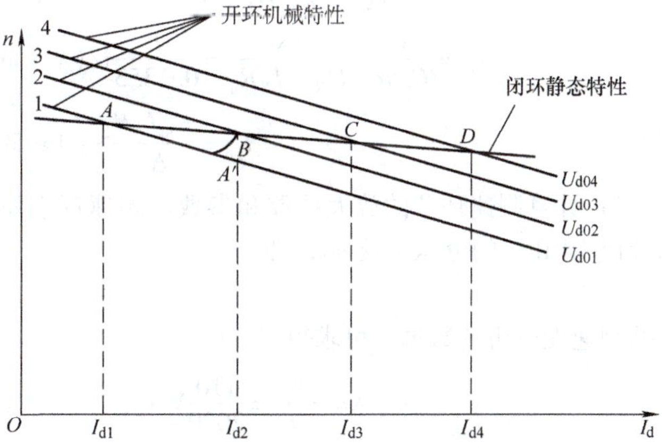

图 6-3　闭环系统静态特性和开环系统机械特性的关系

$$n = \frac{U_{d0} - I_d R_\Sigma}{K_e \Phi} = K_p K_{tr} K_m U_{sn} - K_m I_d R_\Sigma = n_0 - \Delta n_0 \tag{6-3}$$

式中　n_0——开环系统的理想空载转速；

Δn_0——开环系统的转速降落。

比较式（6-2）和式（6-3），不难得出以下结论：在相同负载电流变动下，转速闭环系

统引起的转速降落明显减小。两者的转速降落比为

$$\frac{\Delta n_c}{\Delta n_0}=\frac{1}{1+K_n} \tag{6-4}$$

这表明，当负载相同时，闭环系统稳态速降只为开环系统稳态速降的$1/(1+K_n)$。增大K_n值，可使系统稳态速降减小到允许范围内。由于闭环系统稳态速降小，当要求的静差率一定时，闭环系统的调速范围是开环系统调速范围的$(1+K_n)$倍。

3. 稳态参数计算举例

在图6-1所示的直流调速系统中，已知数据如下：

1）电动机额定参数为2.2kW，220V，12.5A，1500r/min，电枢电阻$R_d=1.36\Omega$。

2）触发整流装置放大系数$K_{tr}=40$，整流装置内阻$R_r=3.24\Omega$。

3）平波电抗器电阻$R_s=0.4\Omega$。

4）测速发电机的额定参数为22W，110V，0.2A，2000r/min。

5）生产机械要求调速范围[㊀]$D=10$，静差率$s\leqslant5\%$。

根据以上数据和稳态要求计算参数如下：

1）为了满足$D=10$，$s\leqslant5\%$，额定负载时调速系统闭环稳态速降应为

$$\Delta n_c=\frac{n_N s}{D(1-s)}=\frac{1500\times0.05}{10\times(1-0.05)}\text{r/min}=7.9\text{r/min}$$

2）根据Δn_c，求出系统的开环放大系数K_n，从式（6-2）可知

$$\Delta n_c=\frac{K_m I_d R_\Sigma}{1+K_n}$$

式中

$$I_d=I_N=12.5\text{A}$$

$$R_\Sigma=R_d+R_s+R_r=(1.36+0.4+3.24)\Omega=5\Omega$$

$$K_m=\frac{1}{C_e\Phi}=\frac{n_N}{U_N-I_N R_a}=\frac{1}{0.1353}\text{r/(V·min)}=7.39\text{r/(V·min)}$$

则

$$K_n=\frac{K_m I_N R_\Sigma}{\Delta n_c}-1\approx58.5$$

3）计算测速环节的放大系数和参数。测速反馈系数α_n包含测速发电机的电动势常数K_T和电阻RP_2的分压系数α_2，即

$$\alpha_n=K_T\alpha_2$$

根据测速发电机的数据，可求得K_T为

$$K_T=\frac{E_T}{n}=\frac{110}{2000}\text{V·min/r}=0.055\text{V·min/r}$$

电位器RP_2的阻值R_{P2}的选择，一般考虑测速发电机输出最高电压时，输出电流为额定

㊀ 生产机械要求电动机提供的最高转速n_{max}和最低转速n_{min}之比称为调速范围，用D表示，即

$$D=n_{max}/n_{min}$$

当系统在某一转速下运行时，负载由理想空载增加到额定值所对应的转速降落Δn_N，与理想空载转速n_0之比称为静差率，用百分数表示，即

$$s=(\Delta n_N/n_0)\times100\%$$

电流的 1/10 ~ 1/20，在这里选取测速发电机输出电流 0.2A × 1/20 = 0.01A。如果测速发电机与电动机直接耦合，则电动机在最高转速 1500r/min 时，反馈电动势 E_T 为

$$E_T = K_T n = 82.5\text{V}$$

则

$$R_{P2} = \frac{82.5}{0.01 \times 1000}\text{k}\Omega = 8.25\text{k}\Omega，选取 9\text{k}\Omega。$$

分压系数 $\alpha_2 = R_2/R_{P2}$ 是可以任意改变的。增大这个系数可以增强转速负反馈的强度，但分压系数增大后，从测速发电机取出的反馈电压增高，势必要求提高给定电源电压 U_{sn}，过高的给定电源电压会增加稳压电源的容量，这是不合适的。若系统的直流稳压电源为 ±15V，可取 U_{fn} 为 8V，则分压系数 α_2 可取

$$\alpha_2 = \frac{U_{fn}}{E_T} = \frac{8}{82.5} = \frac{R_2}{R_{P2}} = 0.097$$

则测速反馈系数 α_n 为

$$\alpha_n = K_T \alpha_2 = 0.00534\text{V} \cdot \text{min/r}$$

4）计算比例放大器的放大系数和参数

$$K_p = \frac{K_n}{K_{tr} K_m \alpha_n} = \frac{58.5}{40 \times 7.39 \times 0.00534} = 37$$

按运算放大器参数，输入电阻一般可选为几十千欧，现取 $R_0 = 20\text{k}\Omega$。则

$$R_1 = K_p R_0 = 37 \times 20\text{k}\Omega = 740\text{k}\Omega$$

二、限流保护——电流截止负反馈环节

由于直流电动机在起动、过载或堵转时会产生很大的电流，将会烧坏晶闸管。在第五章第二节中已初步介绍的带电流截止负反馈的调速系统（见图 5-5）可以解决这一问题。系统中通过一个电压比较环节，使电流负反馈环节在正常负载电流情况下不起作用，调速系统只存在转速负反馈，系统仍具有较硬的机械特性；而在电流超过某个允许值时该环节才起作用，将电枢电流限制在一定的数值范围内。这种具有限流保护又不使运行段的静态特性变软的负反馈环节称为电流截止负反馈环节。

电流反馈信号可以取自串入电动机电枢回路的小阻值电阻 R_c 上的压降 $I_d R_c$，如图 6-4a 所示。比较阈值电压 U_{cp} 是由一个辅助电源经电位器 RP_3 提供的。电流反馈信号（$I_d R_c$）经二极管 VD，与比较电压 U_{cp} 反极性串联后，再加到放大器的输入端，即 $U_{fi} = I_d R_c - U_{cp}$。由于是负反馈，其极性与给定电压 U_{sn} 相反。

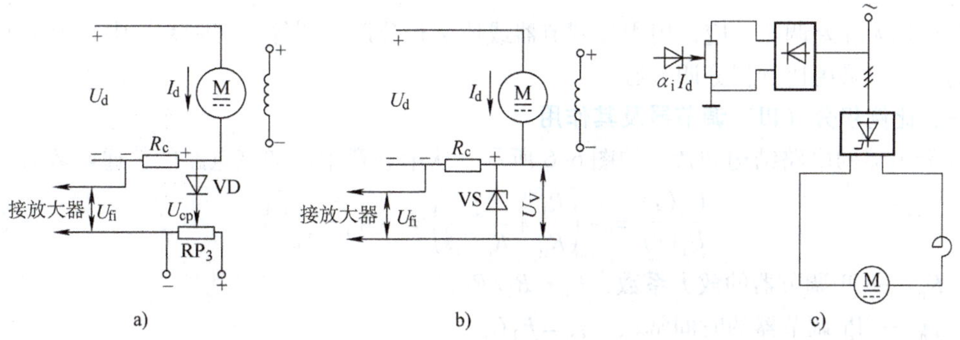

图 6-4　电流截止负反馈环节

在正常工作情况下，主回路电流较小，这时 $I_dR_c \leqslant U_{cp}$（亦即 $I_d \leqslant U_{cp}/R_c$，称 $I_c = U_{cp}/R_c$ 为截止电流），则二极管 VD 截止，电流负反馈不起作用。此时调速系统只有转速负反馈起作用，根据式（6-2）可画出系统的静态特性曲线如图 6-5 中直线 n_0A 段所示，特性较硬。

当负载电流过大，I_d 增加到一定值，使 $I_dR_c > U_{cp}$（亦即 $I_d > I_c$）时，则二极管 VD 导通，电流截止负反馈环节起作用，电流负反馈信号电压 $U_{fi} = I_dR_c - U_{cp}$将加到放大器的输入端，此时偏差电压 $\Delta U = U_{sn} - (U_{fn} + U_{fi})$减小，它将使整流输出电压 U_d 下降，使电枢电流下降到允许的最大电流。当电流继续增加时，U_{fi}使 ΔU 降低，U_c 降低，U_d 降低，从而限制电流过大的增加。这时，由于 U_d 的下降，再加上 I_dR_Σ 的增大，由式 $n = \dfrac{U_d - I_dR_\Sigma}{K_e\Phi}$可知，转速将急剧下降，从而使静态特性出现很陡的下垂特性，如图 6-5 中直线 AB 段所示。这样的特性有时称为"挖土机特性"。A 点称为转折点，而 B 点称为堵转点。一般取 $I_c = (1.1 \sim 1.2)I_N$。堵转时，转速及反电动势均为零，但由于电流截止负反馈的作用，使 U_d 大大下降，从而使 I_d 不至于过大，此时电流称为堵转电流 I_1。I_1 应小于电动机的允许最大电流，即 $I_1 \leqslant (1.5 \sim 2.0)I_N$。

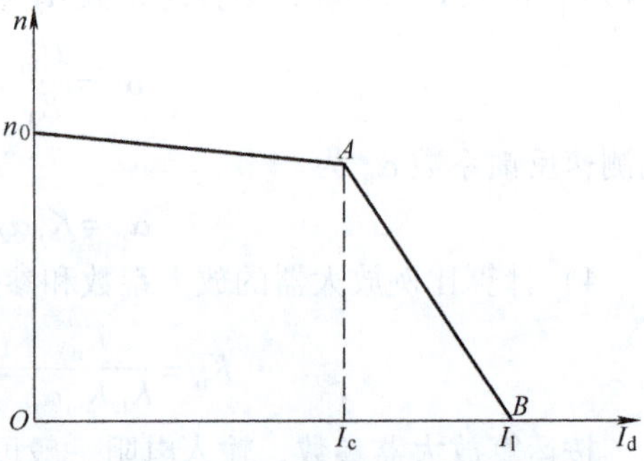

图 6-5 带电流截止负反馈闭环调速系统的静态特性

图 6-4b 中采用稳压管 VS 的稳压值 U_V 作为比较电压，图 6-4c 是利用电流互感器上的信号经整流、分压后（为 α_iI_d）与稳压管的稳压值 U_V 相比较。

应用电流截止负反馈环节后，虽然限制了电枢最大电流，但在主回路中还必须接入快速熔断器，以防止短路对电动机造成大的损伤。在要求较高的场合，还要增设过电流保护单元，以防止在截止环节出现故障时烧坏晶闸管。整定时，要使熔丝额定电流 > 过流保护单元动作电流 > 堵转电流。

第三节 单闭环转速无静差调速系统

要实现无静差调速，应采用积分调节器或比例积分调节器等。实际系统中，为了加快系统的响应，都采用比例积分调节器。

一、比例积分（PI）调节器及其作用

PI 调节器的电路结构和特性如图 6-6 所示。从第五章中可知该电路的传递函数为

$$\frac{U_o(s)}{U_i(s)} = -\left(\frac{R_1}{R_0} + \frac{1}{R_0C_1s}\right) = -K_n\frac{\tau_ns + 1}{\tau_ns} \tag{6-5}$$

式中 K_n——PI 调节器的放大系数，$K_n = R_1/R_0$；

τ_n——PI 调节器的时间常数，$\tau_n = R_1C_1$。

系统引入 PI 调节器后，提高了系统的型号，将 0 型系统提高到 Ⅰ 型系统，Ⅰ 型系统对给定阶跃输入时的稳态误差为零。

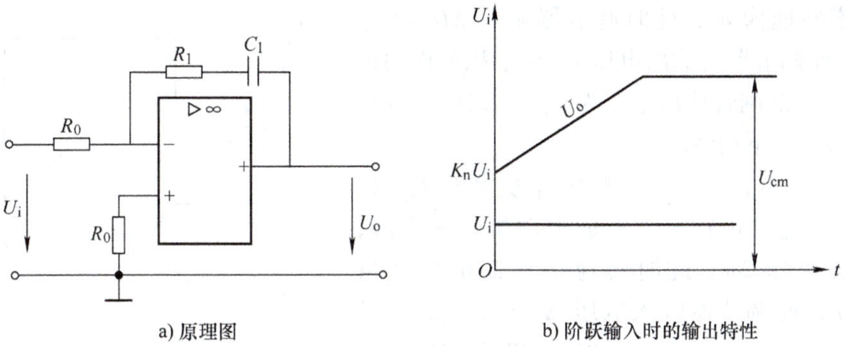

图 6-6 比例积分调节器的结构和特性图

当突加给定电压 U_{sn} 的瞬间，电容 C_1 相当于短路，其放大系数 $K_n=R_1/R_0$ 数值不大，可以保证系统的稳定性。在稳态时，电容相当于开路，电容两端电压维持不变，这时调节器的放大系数为运算放大器的开环放大系数，数值很大（在 10^5 以上），这使系统的稳态误差近似为零。这样便很好地解决了系统对动、静态放大系数要求的矛盾。

二、具有 PI 调节器的无静差调速系统

图 6-7 为采用 PI 调节器的无静差直流调速系统，该系统由转速负反馈和电流截止负反馈环节组成。图中测速反馈电压 U_{fn} 反映电动机转速的实际值 n，PI 调节器输入量是速度给定电压 U_{sn} 与速度反馈电压 U_{fn} 的偏差 ΔU。当调速系统突加 U_{sn} 起动时，电动机由于机械惯性转速要逐步增加，反馈电压 U_{fn} 亦要逐步建立，偏差电压 $\Delta U=U_{sn}-U_{fn}\approx U_{sn}$ 较大，使调节器的输出一开始就达到较大值，因而晶闸管整流电压上升很快，使电枢电流迅速上升，产生较大的电动力矩，电动机转速很快上升。由于 PI 调节器的存在，只要 $\Delta U\neq 0$，系统就会起调节作用，使转速继续上升，直到 $U_{fn}=U_{sn}$，$\Delta U=0$，动态调节作用才停止。调节器的输出 U_c 因积分作用保持在某一数值上，以维持一定的整流输出电压，使电动机保持在给定速度下稳定运行。

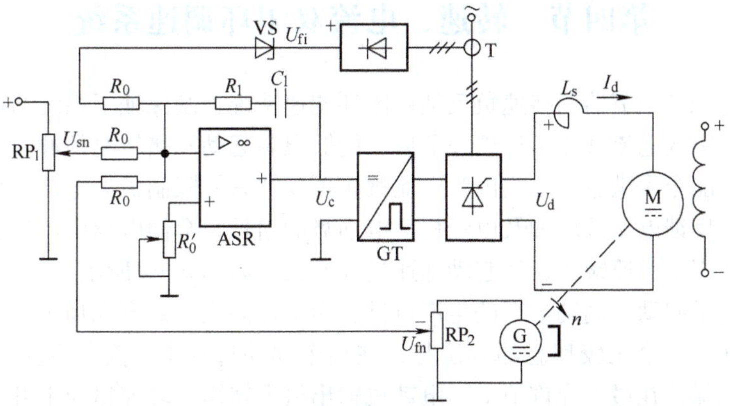

图 6-7 采用 PI 调节器的无静差调速系统

从自动控制原理可知，扰动量为负载转矩阶跃输入时，由于扰动量作用点之前具有积分环节，其扰动稳态误差亦为零。

负载转矩变化时，系统的抗扰调节过程是：稳态时，对应于给定电压 U_{sn1} 及负载转矩

T_{L1}，其稳态转速为 n_1，此时调节器输入 $\Delta U = U_{sn1} - U_{fn1} = 0$，而调节器的输出电压 U_c 由于积分作用保持在 U_{c1} 上，使晶闸管输出电压为 U_{d01}，以维持电动机在给定转速 n_1 下运转。

如图 6-8 所示，当负载转矩由 T_{L1} 突增至 T_{L2} 时，负载转矩大于电动机转矩而造成电动机转速下降，出现了动态速降 Δn。此时转速负反馈电压增量 $\Delta U_{fn} = \alpha_n \Delta n$，使调节器输入电压 $\Delta U = \Delta U_{fn}$，于是开始了比例－积分调节过程。此时，PI 调节器的比例控制作用 $U_{c2} = U_{c1} + K_p \Delta U$ 立即使整流电压产生一个增量，及时阻止转速下降。U_{c2} 的控制作用越强，最大动态速降 Δn_{max} 就越小。在调节过程的初、中期，由于速降 Δn 较大，所以 PI 调节器的比例部分起主要调节作用。在调节过程的后期，转速已逐渐回升，Δn 已很小，比例控制作用逐渐减弱，而这时积分部分经过一段时间的积累，积分调节作用逐渐增大，使转速进一步较快地回升。只要转速还没有回升到原先数值，ΔU 仍大于零，调节作用就继续存在，直至 $n = n_1$，$\Delta U = 0$，系统进入新的稳态运行。PI 调节器的输出电压增量 ΔU_c 是比例部分电压增量和积分部分电压增量之和。这时电枢电压增加了 ΔU_{d0}，它正好补偿了由于负载增加引起的主电路电阻压降 $\Delta I_d R_\Sigma$。因此，无静差调速系统受扰动作用后仍然存在动态转速偏差，但通过积分调节作用最后可以消除稳态转速偏差。

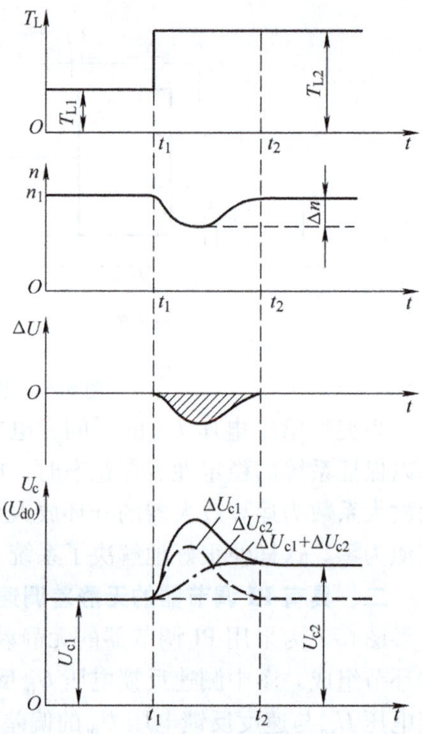

图 6-8 PI 调节器的抗扰调节过程

第四节 转速、电流双闭环调速系统

采用比例－积分调节器的转速负反馈单闭环调速系统，既保证了系统的稳定性，又能实现转速无静差，引入电流截止负反馈环节后，能够限制起动和堵转时的冲击电流。但是系统的动态性能还不能令人满意。这是因为电流截止负反馈只能限制最大电流，系统起动时，随着转速的上升，反馈电压的增加及电动机反电动势的增长，会使电枢电流达到最大值后迅速下降，电动机转矩亦迅速减小，使起动加速过程变长，如图 6-9a 所示。

对于经常处于起动、制动运行的生产机械，为了提高生产效率和加工质量，要求尽量缩短过渡过程时间。一个比较理想的办法是，在整个起动过程中，充分利用电动机的过载能力，将电枢电流保持在最大允许值上，电动机输出最大转矩，转速迅速上升，使过渡过程时间大大缩短。理想起动过程的波形如图 6-9b 所示。根据反馈控制规律可知，采用电流负反馈便能得到近似的恒流过程。为了避免在一个调节器的输入端综合几个信号造成各个参数间的互相影响，经过研究与实践，出现了转速、电流双闭环调速系统。

一、系统的组成和工作原理

系统中设置了两个调节器，即转速调节器和电流调节器，分别调节转速和电流，二者串

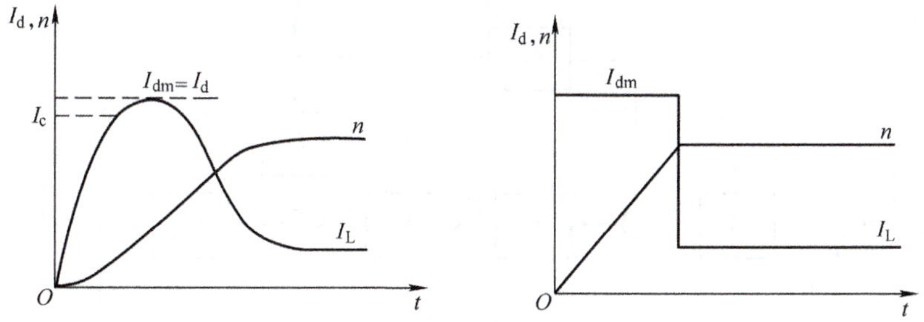

a) 带电流截止负反馈环节　　b) 理想起动过程

图 6-9　起动过程的电流和转速波形

联，其电路原理如图 6-10 所示。其中，电流负反馈环节组成的闭环称为电流环，转速负反馈环节组成的闭环称为速度环，这样就形成了转速、电流双闭环调速系统。

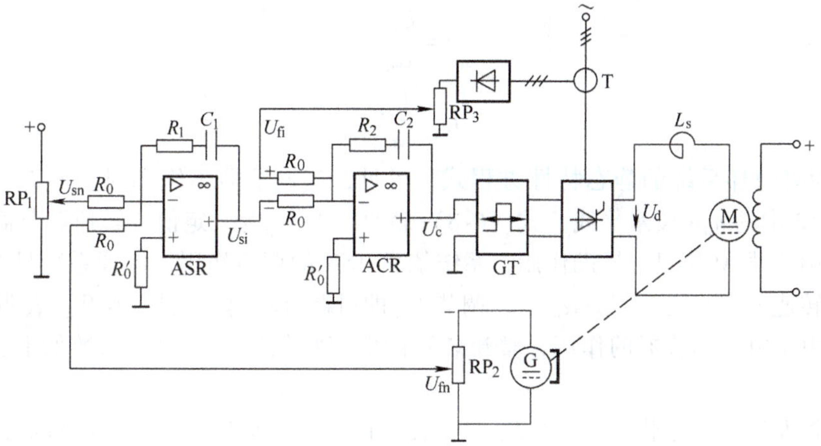

图 6-10　双闭环调速系统原理图

为了获得良好的静、动态性能，双闭环调速系统的两个调节器一般都采用带限幅的 PI 调节器。转速调节器 ASR 的输出限幅电压 U_{sim} 决定了电流调节器给定电压的最大值；电流调节器 ACR 的输出限幅电压 U_{cm} 限制了晶闸管整流装置输出电压的最大值。

速度环构成一个转速控制系统，被控制量是电动机的转速 n。电流环构成一个电流控制系统，被控制量是电动机的电枢电流 I_d，给定值 U_{si} 是转速调节器的输出。电流调节器输出电压 U_c 加到晶闸管整流器的触发电路输入端，控制整流器的输出电压，从而控制电枢电流 I_d。电流反馈信号与电动机电枢电流成正比，它可以采用交流互感器、直流互感器、霍尔元件等器件进行检测。这里采用的是交流互感器。

二、静态特性

双闭环调速系统稳态结构图如图 6-11 所示。由于双闭环系统中转速调节器和电流调节器均选用 PI 调节器，故为无静差系统。

调速系统在稳态运行时，两个调节器都不饱和，它们的输入偏差电压都是零。即

$$\Delta U_n = U_{sn} - U_{fn} = U_{sn} - \alpha_n n = 0 \tag{6-6}$$

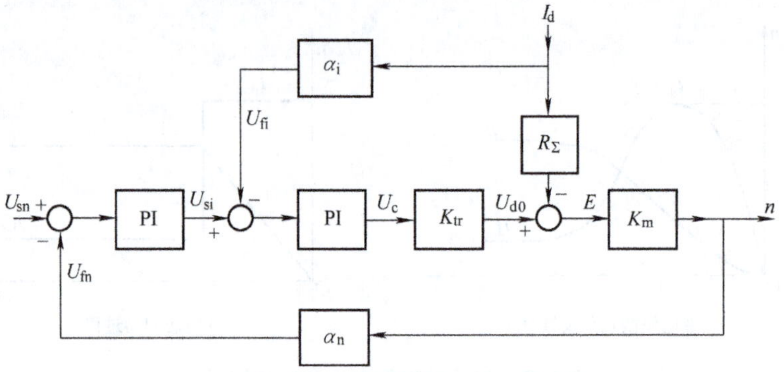

图 6-11 双闭环调速系统稳态结构图

$$\Delta U_i = U_{si} - U_{fi} = U_{si} - \alpha_i I_d = 0 \tag{6-7}$$

由式（6-6）和式（6-7）可得

$$n = \frac{U_{sn}}{\alpha_n} \tag{6-8}$$

$$I_d = \frac{U_{si}}{\alpha_i} \tag{6-9}$$

式（6-8）为双闭环系统的静态特性方程式。可见，当调节器不饱和时，静态特性是很硬的，如图6-12中的 n_0A 段水平线。式（6-8）表明，当 U_{sn} 为一定值，转速调节器ASR不饱和时，电流调节器ACR只起辅助作用，系统依靠ASR的调节作用，保证系统具有转速无静差的特性，转速 n 将稳定在 U_{sn}/α_n 上，调节 U_{sn} 即可调节转速 n。式（6-9）表明，当 U_{si} 为一定值时，由于电流调节器的作用，整流装置的电流将保持在 U_{si}/α_i 的数值上，实现电流无静差。

当电动机发生严重过载，即 $I_d \geqslant I_{dm}$ 时，转速调节器的输出电压达到限幅状态，速度环呈开环状态，转速的变化对系统不再产生影响。电流环在其输入电压 U_{sim} 不变的情况下进行负反馈控制，使调速系统变成了恒值电流调节系统。其限流调节过程是，当 $I_d > I_{dm}$、$U_{fi} - U_{sim} > 0$ 时，电流调节器输入偏差电压大于零，因而电流调节器将使整流器输出电压明显降低。同时，因为 I_dR_Σ 的增大，一方面限制了电流的继续增长，另一方面由式 $n = \dfrac{U_{d0} - R_\Sigma I_d}{K_e\Phi}$ 可以看出，将使转速迅速下降，最后直至堵转 $n = 0$，$U_{fi} - U_{sim} = 0$，U_c 减小到使 $U_{d0} = R_\Sigma I_d$，出现了很陡的下垂特性，如图6-12中曲线的 AB 段。

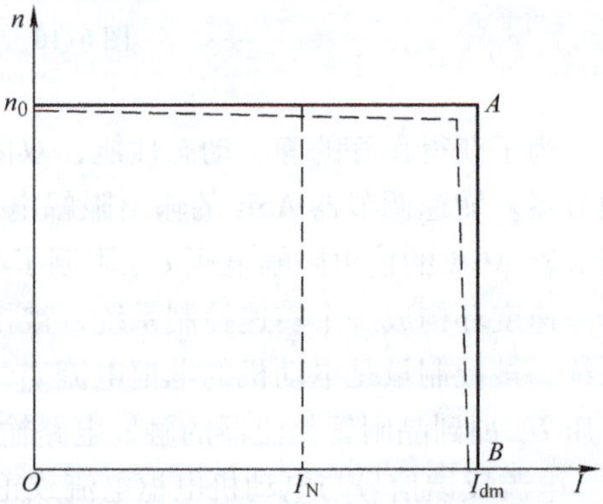

图 6-12 双闭环调速系统的静态特性

由图6-12可见，双闭环调速系统的静态特性是理想的挖土机特性，在负载电流小于 I_{dm} 时表现为转速无静差，这时转速负反馈起主要调节作用。在负载电流达到 I_{dm} 后，电流调节器起主要调节作用，系统表现为电流无静差，得到了过电流的自动保护。这体现了采用PI调节器分别形成内、外两个闭环的效果。这样的静态特性显然比带电流截止负反馈的单闭环系统静态特性好，但是 PI 调节器的静态放大系数并非无穷大，系统的实际静态特性与上述的静态特性略有差异，如图 6-12 中虚线所示。

三、稳态参数计算

从图 6-11 可见，双闭环调速系统在稳态工作中，当两个调节器都不饱和时，各变量间有下列关系：

$$U_{sn}=U_{fn}=\alpha_n n=\alpha_n n_0 \tag{6-10}$$

$$U_{si}=U_{fi}=\alpha_i I_d=\alpha_i I_L \tag{6-11}$$

$$U_c=\frac{U_{d0}}{K_{tr}}=\frac{K_e\Phi n+I_dR_\Sigma}{K_{tr}}=\frac{K_e\Phi U_{sn}/\alpha_n+I_LR_\Sigma}{K_{tr}} \tag{6-12}$$

上述关系表明，在稳态工作点上，转速 n 是由给定电压 U_{sn}决定的，转速调节器的输出量 U_{si}是由负载电流决定的，而控制电压 U_c 的大小则同时取决于 n 和 I_d，或者说，同时取决于 U_{sn}和 I_L，这些关系反映了 PI 调节器的特点，比例调节器的输出量总是正比于其输入量，而 PI 调节器输出量的稳态值由它后面环节的需要决定。后面环节需要 PI 调节器提供多大的输出值，它就能提供多大，直到饱和为止。

设计时，根据各调节器的给定值与反馈值计算有关的反馈系数：

速度反馈系数
$$\alpha_n=\frac{U_{snm}}{n_N} \tag{6-13}$$

式中 U_{snm}——最大给定电压；

n_N——电动机的额定转速。

电流反馈系数
$$\alpha_i=\frac{U_{sim}}{I_{dm}} \tag{6-14}$$

式中 U_{sim}——转速调节器的输出电压限幅值。

最大电流 I_{dm}由设计者选定，取决于电动机的允许过载能力和拖动系统允许的最大加速度。一般 $I_{dm}=1.5\sim2.0I_N$。

四、动态特性

考虑双闭环控制的结构并参考图 2-17，可绘出双闭环调速系统的动态结构图如图 6-13 所示。对双闭环调速系统动态性能的分析，主要是从系统对突加给定时的动态过程和它的动态抗干扰性能进行分析。

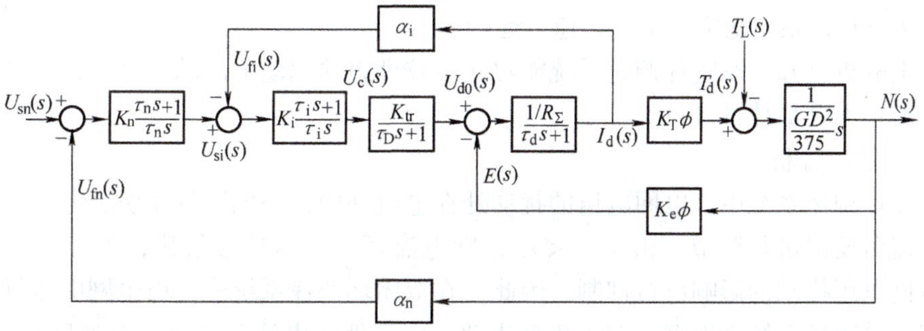

图 6-13 双闭环调速系统的动态结构图

1. 突加给定时的起动过程分析

图6-14示出了在突加给定时的起动过程中各物理量的动态响应波形，整个过程可分为三个阶段，在图中分别标以Ⅰ、Ⅱ和Ⅲ。

1）第Ⅰ阶段是电流上升阶段。在此阶段，由于电动机的机电惯性较大，加入给定电压 U_{sn} 后，转速增长很慢，U_{fn} 缓慢增加。由于 ΔU_n（即 $U_{sn}-U_{fn}$）和 K_n 较大，所以转速调节器输出很快达到限幅值 U_{sim}。这个 U_{sim} 加在ACR输入端，使 U_c 上升，因而可控整流电压、电枢电流迅速升高，当 $I_d \approx I_{dm}$ 时，$U_{si} \approx U_{sim}$，电流调节器的作用使 I_d 不再迅速增长。当电流增长到 $I_d > I_L$ 时，电动机开始起动。

2）第Ⅱ阶段是恒流升速阶段。这是双闭环系统起动的主要阶段。在这段时间内，由于 $\Delta U_n \geqslant 0$，ASR一直处于饱和状态，不起调节作用，转速环相当于开环。ASR的输出电压保持在限幅状态，为电流环提供最大电流给定信号 U_{sim}。此时只有电流环起调节作用，系统表现为一个恒值电流调节系统。

随着转速 n 的上升，电动机反电动势 E 也跟随上升。E 对电流调节系统相当于一个线性渐增的扰动量。由 $I_d=(U_{d0}-E)/R_\Sigma$ 可见，电流将从 I_{dm} 回降下来。当 $I_d<I_{dm}$ 后，由于 $\Delta U_i<0 \rightarrow U_c\uparrow \rightarrow U_{d0}\uparrow$，从而使 U_{d0} 能迅速适应 E 的上升而上升，并保持电流接近最大值 I_{dm}。转速 n 按最大加速度线性增加，保证了最短的起动时间。

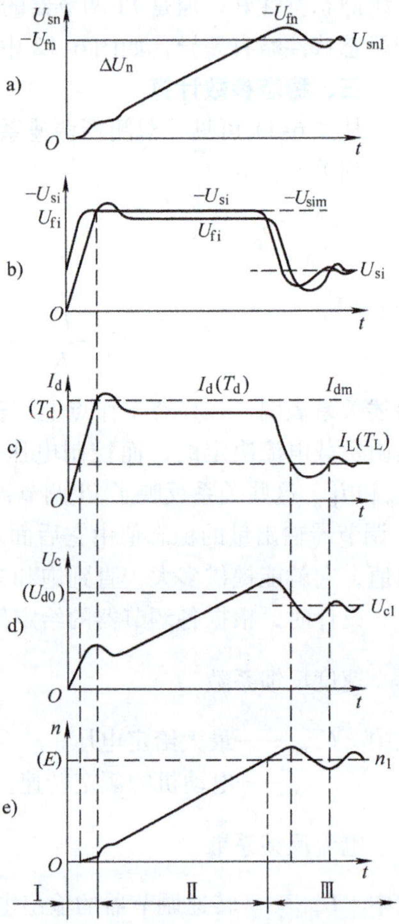

图6-14 双闭环调速系统起动时的波形图

3）第Ⅲ阶段是转速调节阶段。当转速 n 达到给定值时，$\Delta U_n=U_{sn}-U_{fn}=0$。但由于积分作用，ASR输出仍保持限幅值 U_{sim}，电流仍为 I_{dm}，转速必然继续上升，于是出现转速超调现象。当 $U_{fn}>U_{sn}$，$\Delta U_n<0$ 时，ASR迅速退出饱和，转速负反馈进入线性调节状态。由于 U_{si} 的减小，使电流 I_d 也迅速下降。此后经过一些小幅度的衰减振荡，使转速达到稳态值，电流 $I_d=I_L$，系统稳定在给定转速下运行。

由以上分析可知，双闭环调速系统能够获得较理想的起动电流动态过程，但是在初期和后期，电流仍不是最佳过渡过程。

2. 抗扰性能分析

在双闭环调速系统中，电网电压的扰动处在电流环内，当电网扰动引起电流变化时，可以通过电流负反馈进行调节，由于 $\tau_d<\tau_m$，则电流环的动态响应很快，不等影响到转速的变化，电网电压扰动的影响已被抑制。因此，在双闭环调速系统中，由电网电压扰动引起的动态速降比单闭环系统小得多。对于负载扰动，由于处在电流环之外，靠速度环进行调节，实现转速无静差，其抗扰性能与单闭环系统基本相同。

第五节　可逆直流调速系统

前面介绍的晶闸管装置供电的直流电动机调速系统，受晶闸管单向导电性的限制，电枢电流不能改变方向，电动机的电磁转矩也不能改变方向，所以电动机的旋转只有一个方向，即是不可逆的调速系统。它只适用于不需要经常改变电动机旋转方向，也不需要快速停车制动的生产机械。可逆调速系统不仅能够实现电动机的正反向运行，在制动时除了缩短制动时间以外，还能将拖动系统的机械能转换成电能回馈电网，节约能量。

一、实现可逆运行的电路

由直流电动机的工作原理可知，要改变直流电动机的转向，必须改变电动机电磁转矩的方向。由电动机的电磁转矩公式 $T_d = K_T \Phi I_d$ 可知，改变电动机电磁转矩的方向有两种方法：一是改变电动机电枢电流 I_d 的方向，亦即改变电动机电枢电压 U_d 的极性；二是改变电动机励磁磁通 Φ 的方向，亦即改变电动机磁场电流的方向，也就是改变励磁电压的极性。因此，实现直流电动机可逆运行的电路有两种方式：一种是电枢可逆电路；另一种是磁场可逆电路。

1. 电枢可逆电路

一般中大功率的可逆调速系统均采用两组晶闸管装置组成可逆电路。采用正反两组晶闸管装置构成的可逆电路如图 6-15 所示。正转时，由正组晶闸管装置 VF 提供正向电枢电流；反转时，由反组晶闸管装置 VR 提供反向电枢电流。

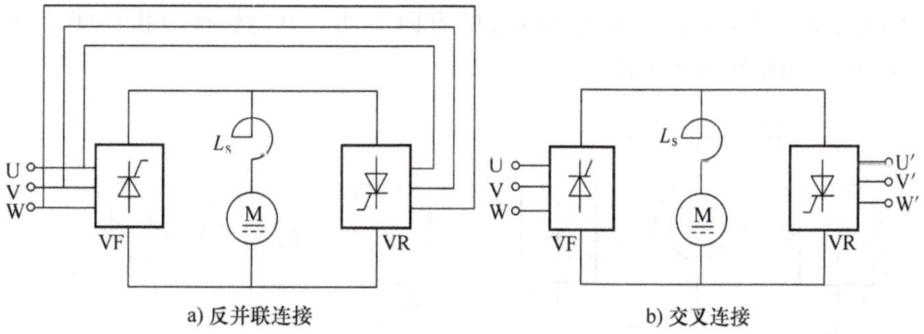

图 6-15　采用两组晶闸管装置构成的电枢可逆电路

两组晶闸管装置组成的可逆电路有两种接线方式。其中，图 6-15a 为反并联连接电路，正反两组晶闸管装置采用同一个交流电源；图 6-15b 为交叉连接电路，正反两组晶闸管装置的交流电源是相互独立的，它们分别来自两台整流变压器或是同一台整流变压器的两组不同的二次侧。关于反并联电路与交叉连接电路的特点，将在可逆系统中的环流部分介绍。

2. 磁场可逆电路

在磁场可逆电路中，电动机的电枢回路用一组晶闸管装置供电，而磁场绕组采用另一组晶闸管装置供电，利用晶闸管作为开关进行磁场电流的切换，也可在磁场绕组中采用正反两组晶闸管装置供电，分别提供正反向的磁场电流，从而达到改变电动机转向的目的。

电枢可逆电路与磁场可逆电路比较，各有其优缺点。

在电枢可逆电路中，由于电枢回路容量大，若采用正反两组晶闸管装置，所用晶闸管功率大，数量多，投资较大。但电枢回路电感小，切换速度快，适用于中小容量、要求过渡过程时间短且起制动频繁的生产机械中，如轧钢机、龙门刨床等。

在磁场可逆电路中，由于磁场回路容量较小（一般为电动机额定容量的1% ~5%），若采用正反两组晶闸管装置进行切换，投资较小。但电动机的磁场回路电感较大，磁场的反向过程要慢得多。另外，在磁场反向过程中，当磁通 Φ 变化时，应使电枢电压 U_d 为零，以防止电动机在反向过程中因磁通减弱而出现弱磁升速，甚至“飞车”的现象。这样不仅增加了反向过程的死区，也增加了控制系统逻辑关系的复杂性。因此，磁场可逆电路只适用于正、反转不太频繁的大容量生产机械中，如卷扬机、电力机车等。

3. 可逆系统的四种工作状态

由一组晶闸管装置供电的直流电动机系统，当控制角 $\alpha<90°$时，晶闸管装置处于整流状态，输出电压为正，电动机正常运行，将电能转换成机械能；当 $\alpha>90°$时，晶闸管装置处于逆变状态，输出电压为负，因受晶闸管单向导电性的限制，电流不能反向，那么在电动机制动时，就不能把能量回馈电网。

采用两组晶闸管装置供电的可逆系统，正组 VF 处在整流状态时，电动机工作在正转电动状态。在电动机正向制动时，可让反组 VR 处于逆变状态，当其逆变电压 U_d 小于电动机反电动势 E 时，则可通过 VR 将电动机旋转的机械能回馈电网，这种制动方式称为回馈制动。回馈制动可以节约大量能量，特别是对大功率的拖动系统，即使是不可逆运行，为了实现回馈制动，也需采用可逆电路。可逆系统有以下四种工作状态。

（1）正向运行 正组 VF 处于整流状态($\alpha_F<90°$)，反组 VR 处于阻断状态，整流电压 U_{dF}大于电动机的反电动势 E，电流 I_d 按 U_{dF} 的方向流动，电能转换成机械能，电动机工作在正转电动状态，如图 6-16a 所示。

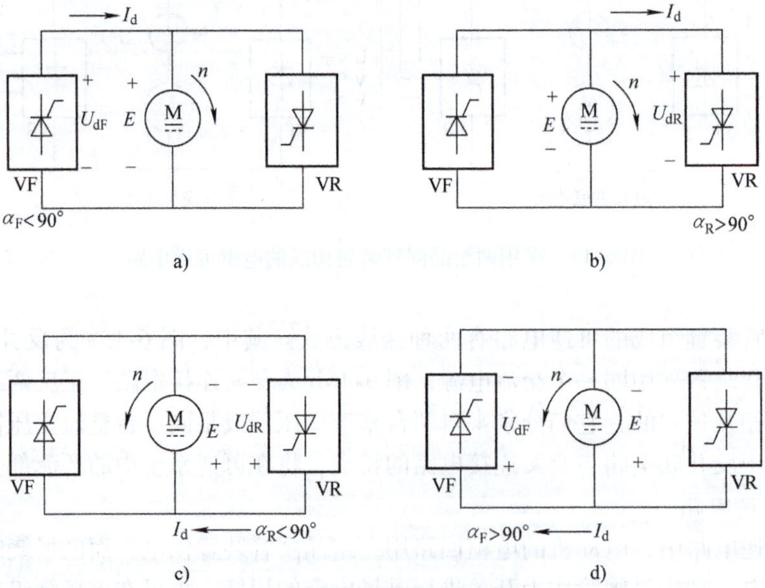

图 6-16 可逆系统的四种工作状态

（2）正向制动 如果电动机由正转电动状态进入制动状态，可让正组 VF 处于阻断状态，而让反组 VR 处于逆变状态（$\alpha_R>90°$），且使逆变电压 U_{dR} 小于电动机的反电动势 E，电流 I_d 按 E 的方向流动，把制动过程的机械能回馈电网，如图 6-16b 所示。

（3）反向运行　电动机的反向运行与正向运行类似，只是两组晶闸管装置的工作状态互相交换，正组 VF 处于阻断状态，反组 VR 处于整流状态，如图 6-16c 所示。

（4）反向制动　如果电动机由反转电动状态进入制动状态，则让反组 VR 阻断，正组 VF 处于逆变状态，制动过程的机械能通过正组 VF 回馈电网，如图 6-16d 所示。

二、可逆系统中的环流及其控制方法

采用两组晶闸管装置供电的可逆系统存在着环流问题。环流是指不经过负载，而在两组晶闸管装置中流过的电流。在这样的可逆系统中，对环流采取不同的控制方法加以限制，就构成了各种可逆调速系统。那么，环流是如何产生又是如何控制的呢？下面就来学习相关内容。

1. 可逆系统中的环流

（1）直流环流　如图 6-17 所示，如果正组 VF 和反组 VR 均处于整流状态，即 $\alpha_F<90°$，$\alpha_R<90°$，这样输出电压 U_{dF} 与 U_{dR} 形成顺极性串联，这将在两组晶闸管装置中产生很大的短路电流，足以烧坏晶闸管，这是不允许的。所以两组晶闸管装置组成的可逆系统不能同时处于整流状态。

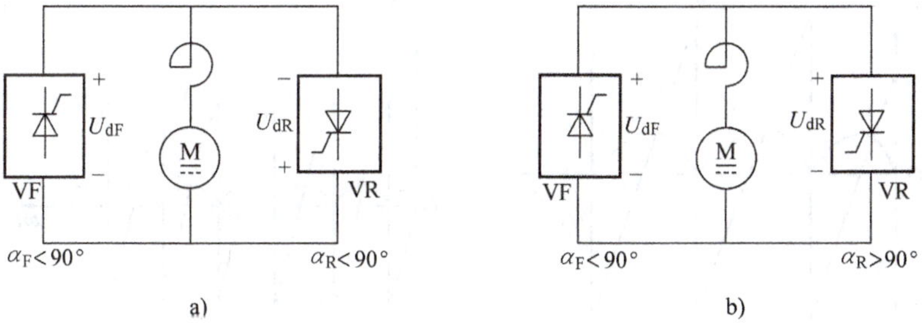

图 6-17　环流的产生

如果正组 VF 处于整流状态，即 $\alpha_F<90°$，反组 VR 处于逆变状态，$\alpha_R>90°$，则整流装置输出电压的极性如图 6-17b 所示。这时，如果 $U_{dF}>U_{dR}$，两组晶闸管装置之间存在直流电压差 $\Delta U_d=U_{dF}-U_{dR}$，由于回路直流电阻很小，将在两组晶闸管装置之间引起很大的环流，这种由两组晶闸管装置之间直流电压差引起的环流，称为直流环流。如果 $U_{dF}\leqslant U_{dR}$，则直流电压差 $\Delta U_d=U_{dF}-U_{dR}\leqslant 0$，受晶闸管单向导电性的限制，直流环流等于零。对于三相全控桥，$U_{dF}=2.34u_2\cos\alpha_F$，$U_{dR}=2.34u_2\cos\beta_R$，所以有

$$\cos\alpha_F\leqslant\cos\beta_R$$

即

$$\alpha_F\geqslant\beta_R \tag{6-15}$$

如果两组晶闸管装置的控制角满足式（6-15），则两组晶闸管装置之间的直流电压差小于等于零，直流环流为零。这种控制方式称为配合控制，典型的配合控制是使 $\alpha_F=\beta_R$，又称为 $\alpha=\beta$ 工作制。该工作制能限制可逆系统的直流环流。

（2）脉动环流　采用 $\alpha=\beta$ 工作制后，正反两组晶闸管装置的直流电压差等于零，但由于两组晶闸管装置的输出电压是脉动的，并不能保证瞬时正向电压差为零，因此，由瞬时正向电压差也会引起不流经负载的环流，瞬时电压差引起的环流称为脉动环流。脉动环流不一

定连续，环流的幅值也不一样，反并联电路在 $\alpha=\beta=60°$时，环流电压幅值最大；而交叉连接电路在 $\alpha=\beta=90°$时，环流电压幅值最大。

图6-18a 为三相桥式反并联电路在 $\alpha=\beta=30°$时的环流波形。由于两组晶闸管整流装置输出电压的瞬时值不同，从而产生了平均值不为零的交流环流电压 ΔU_d，环流电压的频率为电源电压频率的三倍，在这个电压作用下，产生了环流电流 I_c，但由于晶闸管的单向导电性，因此环流电流是脉动的，存在直流分量。

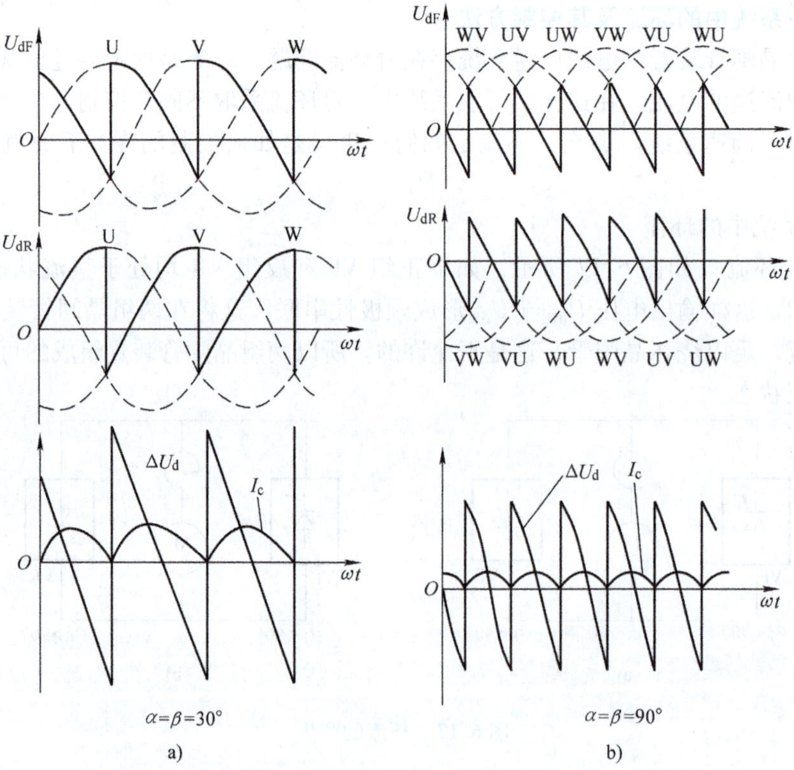

图6-18　脉动环流的电压电流波形

图6-18b 为三相桥式交叉连接电路在 $\alpha=\beta=90°$时的环流波形，环流电压频率为电源电压频率的6倍。

为限制脉动环流，可在环流经过的路径中串入平衡电抗器。

2. 反并联电路和交叉连接电路的环流路径

三相桥式反并联电路如图6-19所示。由于正组VF和反组VR采用同一交流电源，形成了两条环流路径，环流电流分别为 I_{c1} 和 I_{c2}。为限制脉动环流，串入四个平衡电抗器，因为正组VF工作时电动机正转，平衡电抗

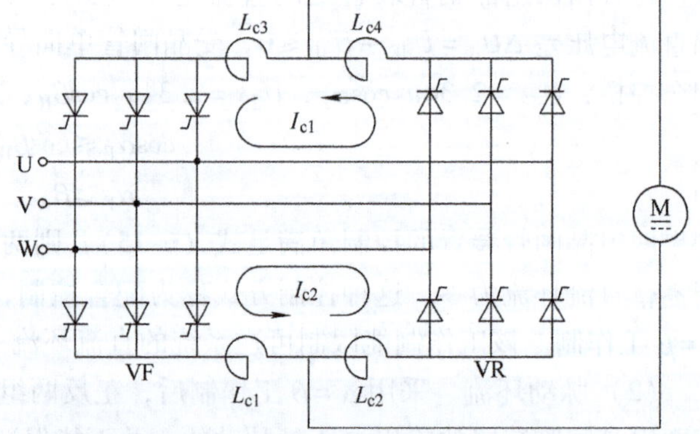

图6-19　反并联电路

器 L_{c1} 和 L_{c3} 流过较大的负载电流，电抗器铁心饱和，失去限制脉动环流的作用，这时只有靠没有流过负载电流的平衡电抗器 L_{c2} 和 L_{c4} 来限制脉动环流。同理，当电动机反转时，反组 VR 工作，靠 L_{c1} 和 L_{c3} 来限制脉动环流。这样，反并联电路为限制脉动环流就需要四个平衡电抗器。

三相桥式交叉连接电路如图 6-20 所示。由于正组 VF 和反组 VR 的交流电源是相互独立的，所以只有一条环流路径，环流电流为 I_c，这样，为限制脉动环流只需两个平衡电抗器就够了。

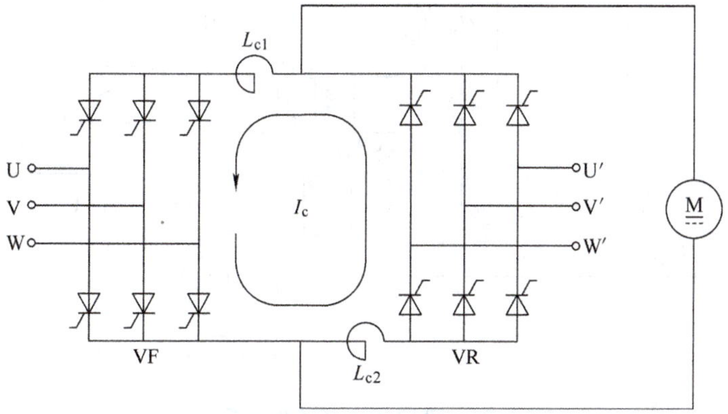

图 6-20 交叉连接电路

反并联电路与交叉连接电路相比，各有优缺点。反并联电路只需一个交流电源，有两条环流路径，需要四个限制脉动环流的电抗器；而交叉连接电路需要两个独立的交流电源，只有一条环流路径，只需两个限制脉动环流的电抗器，而且交叉连接电路采用两个独立的交流电源，避免了两组晶闸管装置的相互干扰，提高了系统的可靠性。

3. 控制环流的方法

环流的存在有利有弊。如果有适当大小的环流作为晶闸管装置的基本负载，可以使晶闸管装置避开电流断续区，使系统过渡过程进行得比较平稳与迅速，工作状态的转换几乎没有死区，这是环流存在的优点。但环流的存在加重了晶闸管装置和变压器的负担，消耗功率，是很大的浪费。根据对环流处理方法的不同，可以构成有环流可逆系统和无环流可逆系统。

有环流可逆系统分为自然环流可逆系统和可控环流可逆系统。自然环流可逆系统是指采用 $\alpha=\beta$ 工作制，限制了直流环流，加平衡电抗器把脉动环流的平均值限制在额定负载电流的 5% ~10% 以内；可控环流可逆系统是当负载电流很小时，有适当的直流环流存在于系统中，使晶闸管装置避开电流断续区，随着负载电流的不断增大，环流逐渐减小，当负载电流达到一定程度时，环流消失，这样既改善了系统的性能又不用增加晶闸管和变压器的容量，但控制装置较复杂。

无环流可逆系统是采取一定的措施，从根本上切断环流的路径，使系统既无直流环流也无脉动环流。

三、可控环流可逆调速系统

图 6-21 是可控环流可逆调速系统的电路原理图。其工作特点是：当负载电流很小或为零时，让环流给定环节提供较大的环流，保证晶闸管装置的电流连续；随着负载电流的增加，利用环流控制环节，让环流随负载电流的增大而减小；当负载电流达到连续状态时，让

环流完全消失。

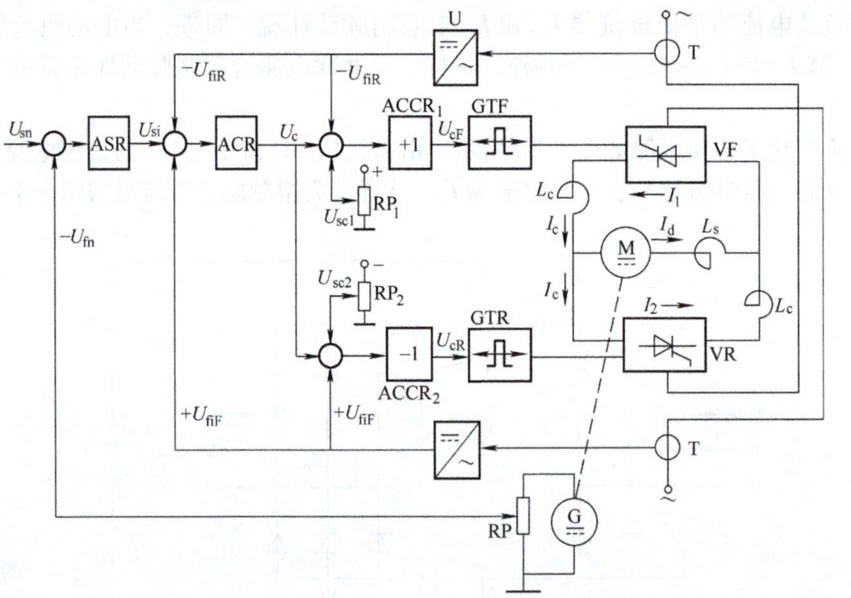

图 6-21 可控环流可逆调速系统

1. 系统的基本组成

（1） 主电路 主电路采用交叉连接形式，串有两个限制脉动环流的平衡电抗器。

（2） 控制电路 控制电路是典型的转速、电流双闭环系统。增设了环流给定环节以提供环流给定电压 U_{sc}；增设了两个环流调节器 $ACCR_1$ 和 $ACCR_2$，实现不同转向下环流大小的自动调节。同时，电流调节器的输入端接有两个电流反馈信号 U_{fiF} 和 U_{fiR}，它们分别由正反两组晶闸管装置的交流侧取得。$ACCR_1$ 和 $ACCR_2$ 均为比例调节器，$ACCR_1$ 的比例系数为 +1，$ACCR_2$ 的比例系数为 −1。环流调节器的输入端有三个输入信号，第一个是电流调节器的输出信号 U_c，第二个是环流给定信号 U_{sc1} 和 U_{sc2}，第三个是交叉电流反馈信号 U_{fiF} 和 U_{fiR}。反组的电流反馈信号 U_{fiR} 加到正组环流调节器的输入端，而正组的电流反馈信号 U_{fiF} 加到反组环流调节器的输入端。

2. 系统的工作原理

1）当 $U_c=0$ 时，环流给定电压 $+U_{sc1}$ 和 $-U_{sc2}$ 始终加在环流调节器 $ACCR_1$ 和 $ACCR_2$ 的输入端，正组和反组触发器的移相信号 U_{cF} 和 U_{cR} 均为正值，因而使正反两组晶闸管装置的控制角都稍小于90°，正组 VF 和反组 VR 均处于微导通的整流状态，输出相等的直流环流，此时电动机的电枢电压及电枢电流均为零。调节环流给定电压，使直流环流和脉动环流的平均值为电动机额定电流的5%~10%。

2）设电动机处于正转运行状态，正组 VF 工作在整流状态，反组 VR 处于待逆变状态。这时，流过正组 VF 的电流 I_1，为电枢电流 I_d 和环流 I_c 之和，即

$$I_1=I_d+I_c \tag{6-16}$$

而流过反组的电流

$$I_2=I_c \tag{6-17}$$

设正反两组的电流反馈系数均为 α_i，此时总的电流反馈信号为

$$U_{fi}=U_{fiF}-U_{fiR}=\alpha_iI_1-\alpha_iI_2=\alpha_i(I_d+I_c)-\alpha_iI_c=\alpha_iI_d \tag{6-18}$$

所以，电流反馈信号反映了电动机负载电流 I_d 的大小和极性。

电流调节器的输入信号 U_{si}（即转速调节器的输出信号）与电流反馈信号 U_{fi}进行比较，加在电流调节器的输入端，对主电路电流进行调节，加在环流调节器 $ACCR_1$ 输入端的环流给定信号 $+U_{sc1}$和交叉电流反馈信号 U_{fiR}对这个调节过程影响极小，因此正组 VF 工作在电动机负载电流调节状态。与此同时，反组 VR 工作在环流调节状态，在反组环流调节器 $ACCR_2$ 的输入端除保持系统基本工作状态的 U_c 外，还有环流给定信号 $-U_{sc2}$和交叉电流反馈信号 $+U_{fiF}$，这样，U_c 的作用是使反组 VR 的逆变角等于正组 VF 的整流角（即 $\alpha=\beta$），保证系统无直流环流。而 $-U_{sc2}$和 $+U_{fiF}$的作用是：当负载电流为零时，$+U_{fiF}=0$，环流调节器 $ACCR_2$ 只输入 $-U_{sc2}$，它使反组 VR 处在微整流状态，有直流环流流过两组晶闸管装置；随着负载电流的不断增大，$+U_{fiF}$增大，$-U_{sc2}$的作用逐渐减小，直流环流逐渐减小；当负载电流达到一定程度时，$-U_{sc2}$的作用完全被 $+U_{fiF}$抵消，直流环流消失，实现了对直流环流的控制。

相对于自然环流可逆系统，由于环流在系统工作中可自动调节，因而限制环流的平衡电抗器的体积和价格可以大大降低。具有交叉反馈的可控环流可逆系统是有环流系统中比较合理的结构形式，它的环流调节器和负载电流调节器是独立的，其各自参数的选择与调整可按照各自控制对象的规律进行。

可控环流可逆系统具有明显的优点，所以当对系统调节过程特性的平滑性要求十分严格时，均采用可控环流可逆系统，如冷轧机主传动装置等。

四、逻辑无环流可逆调速系统

逻辑无环流可逆调速系统是当一组晶闸管装置工作时，用逻辑电路封锁另一组晶闸管装置的触发脉冲，使它完全处于阻断状态，从根本上切断了产生环流的通路。

1. 系统的组成

图 6-22 是逻辑无环流可逆调速系统的原理图。主电路采用反并联连接，由于没有环流，

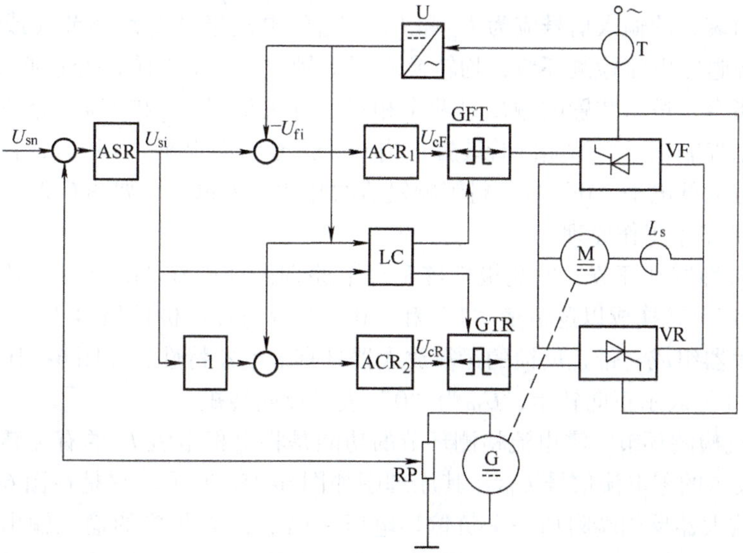

图 6-22　逻辑无环流可逆调速系统原理图

可省去平衡电抗器。为保证系统正常运行时不发生电流断续的现象，电枢回路仍串有平波电抗器 L_s。控制电路是典型的转速、电流双闭环系统，设有转速调节器 ASR 和两个电流调节器 ACR_1 和 ACR_2。转速调节器 ASR 的输出 $-U_{si}$，一路接在电流调节器 ACR_1 上，用来控制正组 VF 的触发装置；另一路经反相器接在电流调节器 ACR_2 上，用来控制反组 VR 的触发装置。系统采用 $\alpha=\beta$ 工作制，零位整定为 $\alpha_0=\beta_0=90°$。利用逻辑装置 LC，对正反两组触发装置进行移相脉冲的释放和封锁控制，从而实现无环流。

2. 逻辑装置

逻辑装置的任务是根据系统的工作情况正确地发出逻辑指令，送到相应的触发电路。当电动机正转时，释放正组脉冲，封锁反组脉冲；而当电动机反转时，封锁正组脉冲，释放反组脉冲。但是根据什么信息来指挥逻辑装置的动作呢？即满足什么条件，系统才能进行正反两组晶闸管装置的切换呢？

当系统的运行状态要求电动机产生正向电磁转矩，即要求电枢电流为正时，逻辑装置应释放正组触发器的脉冲，去触发正组晶闸管装置，使电动机正转，同时应封锁反组触发器的脉冲，使反组晶闸管装置不工作。相反，当要求电动机产生反向电磁转矩，即要求电枢电流为负时，逻辑装置要能进行正确的切换，将正组触发脉冲封锁，反组触发脉冲释放。所以电动机电枢电流的极性反映系统运行状态的需要，显然是系统切换的必要条件。而系统中转速调节器的输出，即电流给定信号 U_{si}，可以反映电枢电流的大小和极性，故逻辑装置应首先对电流给定信号 U_{si} 进行极性鉴别，以决定应该释放哪一组脉冲，封锁哪一组脉冲，也就是说，U_{si} 可以作为逻辑装置的一个驱动信号。

电流给定信号 U_{si} 极性的变化，是系统切换的必要条件，但并非充分条件。U_{si} 的极性变化只是制动过程的开始，在实际负载电流过零之前，正组的触发脉冲不能封锁，以保证实现本桥逆变。如果强行封锁正组脉冲，势必造成逆变颠覆，引起严重后果，这是绝对不允许的。所以，只有当实际负载电流真正过零以后，逻辑装置才能发出切换指令，即负载电流过零是逻辑装置切换的充分条件。电流反馈信号 U_{fi} 可以正确反映负载电流的有无，即 U_{fi} 可以作为逻辑装置的另一个驱动信号。

这样，逻辑装置的输入信号应为 U_{si} 和 U_{fi}。U_{si} 经电流极性鉴别环节（或称为转矩极性鉴别），而 U_{fi} 经过零电流检测环节，均转换成逻辑量“0”或“1”，经过必要的逻辑判断，即可发出切换指令。逻辑装置的输出是两个相反的开关信号 U_{c1} 和 U_{c2}，分别送到正、反组触发电路，用来控制正、反组晶闸管装置。当开关信号为高电平“1”时，释放触发器的脉冲；而开关信号为低电平“0”时，封锁触发器的脉冲。逻辑装置如图 6-23 所示。

3. 各环节的基本工作原理

（1）电流极性鉴别环节　电流极性鉴别环节原理图如图 6-24a 所示，其功能是将电流给定信号 U_{si} 的正负转换成以逻辑量“1”和“0”表示的转矩极性信号 U_{IC}。该环节由带正反馈的运算放大器组成。带正反馈的运算放大器具有继电器特性，如图 6-24b 所示。电流极性信号 U_{IC} 为“1”表示正向转矩，U_{IC} 为“0”表示反向转矩。

（2）零电流检测环节　零电流检测环节的功能是将电枢电流 I_d 的有无转换成以逻辑量“0”和“1”表示的零电流信号 U_{I0}，其原理图如图 6-25a 所示。它是在图 6-24a 电路图的基础上在运算放大器反相端附加一个负偏移电压 $-U_P$，因此相应的输入输出特性出现了右移的结果，如图 6-25b 所示。U_{I0} 为“1”表示电流为零；U_{I0} 为“0”表示电流不为零。

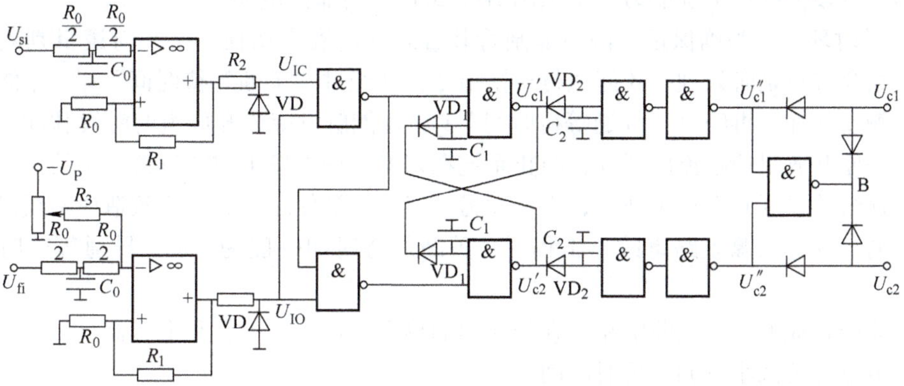

图 6-23　逻辑切换装置

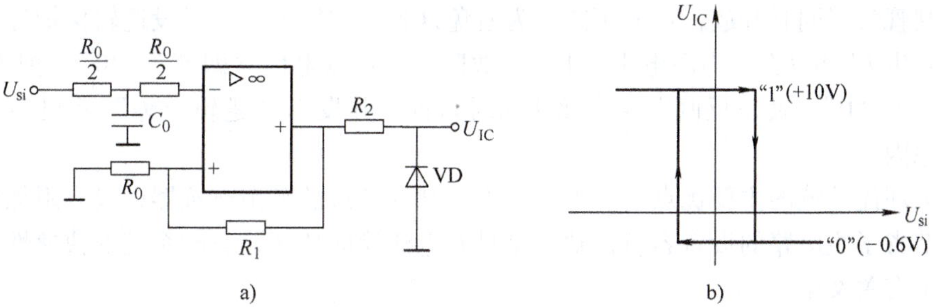

图 6-24　电流极性鉴别环节

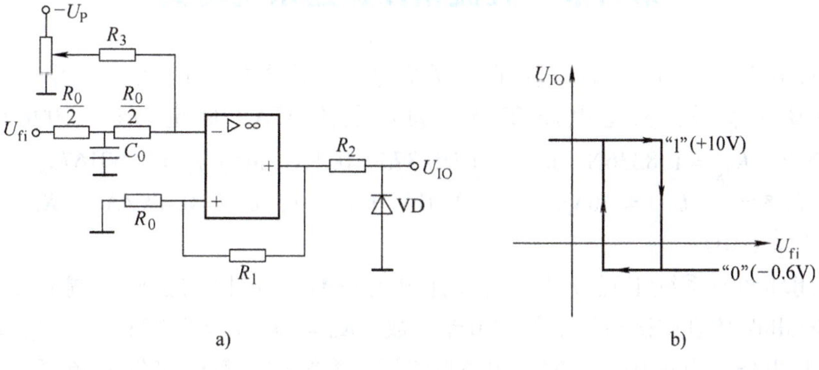

图 6-25　零电流检测环节

采用一定环宽的继电器输入输出特性可以提高电路的抗干扰能力。在可逆系统中，环宽一般取 0.2 ~0.3V，且可通过反馈电阻 R_1 进行调节。回环不宜过宽或过窄，回环过宽翻转迟缓容易引起振荡，回环过窄会降低抗干扰能力。

（3）逻辑判断环节　逻辑判断环节的任务是对上述两个检测环节输出的逻辑量 U_{IC} 与 U_{IO} 进行逻辑运算，并判断是否需要进行切换及切换条件是否具备。当需要进行切换且条件满足时，发出逻辑切换指令 U'_{c1} 与 U'_{c2}，或封锁正组触发器，或封锁反组触发器。

根据可逆系统电动机各种运行状态（正反向起动、运行、制动）的情况，可以得出逻辑判断环节输入信号 U_{IC} 和 U_{IO} 与输出信号 U'_{c1} 和 U'_{c2} 之间的逻辑关系及其逻辑电路。为了使逻辑电路具有较强的抗干扰能力，常采用HTL组件的与非门电路。

（4）延时环节 为确保正反两组晶闸管装置之间的安全切换，必须对逻辑判断电路发出的切换指令进行延时处理，才能执行切换指令，即经过“关断等待时间” t_1，才能关断原导通组的触发脉冲，再经过“导通等待时间” t_2，才能触发应该开放组的触发脉冲。t_1 的作用是：确保原开放组的电流已断续，防止系统在切换过程中发生逆变颠覆。t_2 的作用是：确保原来导通组的晶闸管真正关断后，再触发另一组晶闸管使之导通，不致造成两组晶闸管装置同时导通，发生电源短路事故。工程上，关断等待时间一般为2ms，导通等待时间一般为7ms。

用与非门组成的逻辑判断电路，在与非门的输入端接入二极管和电容器，可以达到延时目的。调节电容的大小可调节延时时间。

（5）逻辑保护环节 在正常工作时，逻辑装置的输出 U''_{c1} 与 U''_{c2} 总是相反的。一个为高电平，另一个必为低电平。一旦电路发生故障，使 U''_{c1} 与 U''_{c2} 同时为高电平“1”，将造成正反两组晶闸管装置同时开放，形成短路。为避免这种事故发生，应增设逻辑保护环节。

如果发生 U''_{c1} 和 U''_{c2} 全为高电平“1”的故障时，B点电位立即变为“0”，把 U_{c1} 和 U_{c2} 都拉到低电平“0”，使正反两组触发脉冲同时封锁，并发出“逻辑故障”停机显示，以便检查故障原因。

逻辑无环流系统的主要优点是，不需要限制脉动环流的平衡电抗器，没有附加的环流损耗，从而节省了主电路的设备容量；缺点是具有电流换向死区，影响系统的快速性。其改进方案可参考有关文献。

第六节 直流相控调速系统仿真

本节以图6-13所示的双闭环直流调速系统为例，通过仿真分析系统的稳态和动态性能。

直流电动机参数：额定电压220V，额定电流55A，额定转速1000r/min，$K_{e\varphi}=0.192\text{V}\cdot\text{min/r}$，$K_{T\varphi}=1.8336\text{N}\cdot\text{m/A}$，$GD^2/375=0.1\text{N}\cdot\text{m}^2$，$\tau_d=0.00167\text{s}$。

系统稳态参数：$U_{sn}=10\text{V}$，$\alpha_n=0.01\text{V}\cdot\text{min/r}$，$\alpha_i=0.1\text{V/A}$，$K_{tr}=44$，$\tau_D=0.00167\text{s}$，$R_\Sigma=1.0\Omega$。

按照双闭环调速系统工程设计方法（详见附录C），可以初步确定调节器参数。通过MATLAB/Simulink仿真调试后确定的调节器参数：$K_n=10$，$\tau_n=0.02$；$K_i=11$，$\tau_i=0.017$。

在MATLAB/Simulink中建立的双闭环直流调速系统仿真模型如图6-26所示。仿真时间设为3s，电动机空载起动，在1.5s时突加负载150N·m。直流电动机转速和转矩的仿真波形如图6-27所示。电流环仿真波形如图6-28所示。

从图6-27可以看出，电动机在起动过程中非常接近理想过渡过程，即在起动过程中始终保持电枢电流为允许的最大值，转速以最大的加速度上升。当到达稳态转速时，电枢电流迅速下降，使电磁转矩与负载转矩相平衡，从而进入稳态运行。在1.5s之前，电动机空载运行，电磁转矩接近0；在1.5s时突加负载140N·m，电动机转速有所降低，经过系统的自动调整，在2.5s时回到额定转速。由于采用的是PI调节器，实现了无静差调速。从图6-28可以看出，电流环采用了PI调节器，电流反馈 U_{fi} 快速跟随电流给定 U_{si} 变化，电枢电流实现了很好的跟随性能。

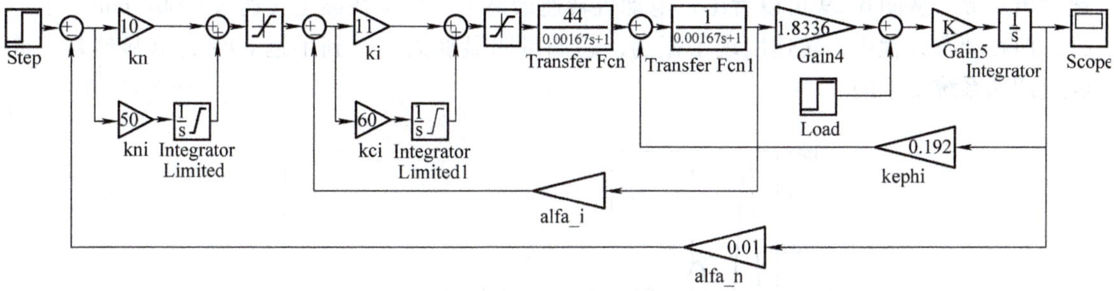

图 6-26　双闭环调速系统仿真模型

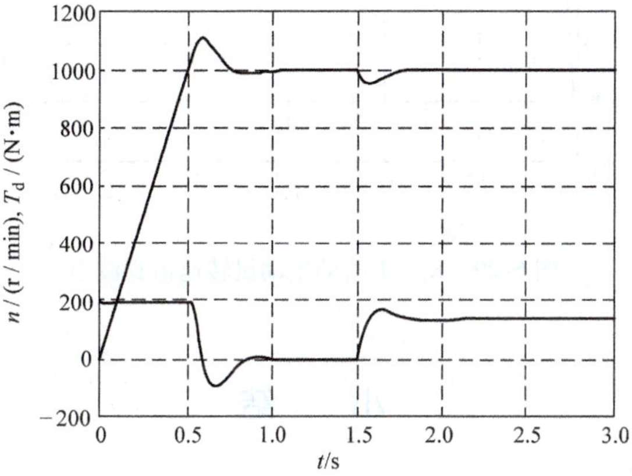

图 6-27　转速和转矩仿真波形

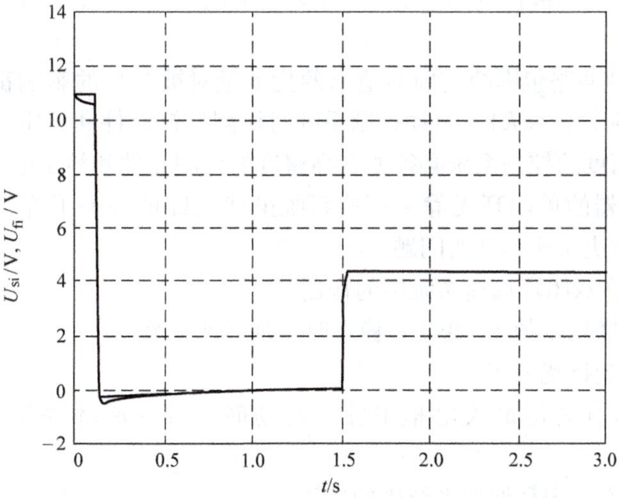

图 6-28　电流环仿真波形

双闭环直流调速系统中速度调节器和电流调节器的 PI 参数设计十分重要。现以改变速度调节器 K_n 参数为例，其余参数不变，观看系统仿真结果。图 6-29 为 $K_n=1$ 时的电动机转速输出波形。从图6-29可以看出，电动机转速最终可以稳定在额定转速（1000r/min）上运行，但在动态过程中，转速出现了振荡，超调量明显加大，达到了近60%，这显然是不能满足调速系统要求的。

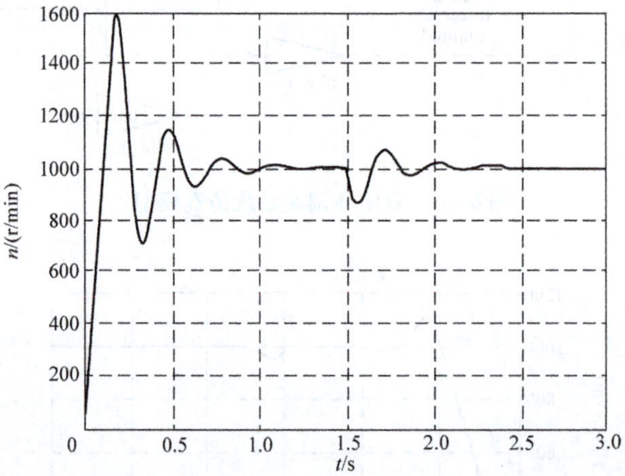

图6-29 $K_n=1$ 时的电动机转速仿真波形

小　结

1. 由P调节器组成的调速系统属于有静差系统，系统的被控量是由反馈信号与给定信号之间的偏差进行调节的，没有偏差，也就失去了控制作用。由PI调节器组成的调速系统属于无静差系统，系统的被控量主要是依靠偏差对时间的积累进行自动调节的，稳态时，偏差为零。

2. 凡是被负反馈回路包围的前向通道上的扰动量对被控量的影响都将受到抑制。负载扰动可减少到原来的 $1/(1+K)$。自动控制系统对检测反馈元件和给定信号波动的扰动没有抑制能力，所以高精度的控制系统必须要有高精度的检测元件和给定电压作保证。

3. 采用PI调节器的单闭环无静差调速系统虽然较好地解决了静、动态特性之间的矛盾，但没有很好地解决快速起动的问题。

4. ASR调节器在双闭环调速系统中的作用：

1）使转速 n 跟随给定值 U_{sn} 变化，稳态时实现转速无静差。

2）对负载变化起抗扰作用。

3）其输出限幅值决定最大电枢电流。起动时，给电流环提供一个最大给定电流信号。

5. ACR调节器在双闭环调速系统中的作用：

1）在转速调节过程中使电流 I_d 跟随其给定值 U_{si} 变化，起动时保证获得允许最大电枢电流，加快起动过程时间。

2）对电网电压波动起到及时抗扰作用。

3）当电动机过载，甚至堵转时，限制电枢电流的最大值 I_{dm}，从而起到快速的安全保护作用。

6. 双闭环调速系统的工程设计方法作为本书的参考资料，放在附录C内，供读者进行直流调速系统、交流调速系统等设计时查阅。

7. 由晶闸管装置供电的直流电动机系统，可以通过改变电动机电枢电压的极性（电枢可逆），或是通过改变电动机励磁电压的极性（磁场可逆），达到可逆运行的目的。电枢可逆系统的特点是切换速度快，但电枢回路容量大，适用于要求过渡过程时间短的中小容量拖动系统；磁场可逆系统的特点是磁场回路容量小，但磁场回路电感大，对系统快速性的影响较大，适用于对快速性要求不高的大容量拖动系统。

8. 无论是电枢可逆系统还是磁场可逆系统，都可以采用以下两种方式实现：一是由一组晶闸管装置供电，利用接触器或晶闸管开关进行切换，来改变电枢电压或磁场电压的极性；二是采用两组晶闸管装置供电，提供不同极性的电枢电压或磁场电压。

9. 环流是指不经过负载在两组晶闸管装置中流过的电流。两组晶闸管装置之间的直流电压差将引起直流环流；瞬时电压差将引起脉动环流。反并联电路有两条环流路径，交叉连接电路有一条环流路径。采用 $\alpha=\beta$ 工作制可以消除直流环流；串平衡电抗器可以抑制脉动环流。环流的存在消耗功率，使系统的容量增加，但适当大小的环流可以使晶闸管装置避开电流断续区，改善系统的动态和稳态性能。

10. 根据对环流处理方法的不同，构成了各种可逆系统。可控环流可逆系统从利用环流的角度出发，负载电流小时，有一部分环流存在于系统，保证电流连续，负载电流大时，电流已经连续，则让环流消失，既节约能量，又可改善系统性能。逻辑无环流系统则从环流不利的一面考虑，利用逻辑装置控制两组晶闸管装置的触发脉冲，从根本上切断环流的通路。

思考题与习题

6-1　在反馈控制系统中，如果反馈信号线断掉，会产生怎样的结果？为什么？

6-2　在自动调速系统中，改变给定电压能否改变电动机的转速？为什么？若给定电压不变，调整反馈电压的分压比能否改变转速？为什么？

6-3　某调速系统的调速范围是1500～150r/min，要求 $s=5\%$，系统允许的静态速降是多少？如果开环系统的静态速降为80r/min，则闭环系统的开环放大系数为多大？

6-4　某调速系统调速范围 $D=20$，额定转速 $n_N=1000$r/min，开环转速降 $\Delta n_N=200$r/min，若要求系统的静差率由15%减少到5%，则系统的开环增益将如何变化？

6-5　有一VT-M调速系统，电动机 $P_N=1.5$kW，$U_N=220$V，$I_N=8.9$A，$n_N=1500$r/min，$R_d=2\Omega$，整流装置内阻 $R_r=15\Omega$，触发整流环节的放大系数 $K_{tr}=40$。要求调速范围 $D=20$，静差率 $s=10\%$。

（1）转速负反馈组成闭环系统，试画出系统的静态结构图。

（2）调整该系统，使当 $U_{sn}=15$V 时，转速 $n_N=1500$r/min，问转速负反馈系数 α_n 应为多少？

（3）计算所需放大器的放大系数 K_p 为多少？

6-6　双闭环调速系统的最大给定电压 U_{snm}、速度调节器的限幅值 U_{sim} 和电流调节器的限幅值 U_{cm} 均为8V。电动机额定电压 $U_N=220$V，额定电流 $I_N=20$A，额定转速 $n_N=1000$r/min。电枢回路总电阻 $R_\Sigma=1\Omega$，电枢回路最大允许电流 $I_N=40$A，触发整流装置放大系数 $K_{tr}=40$，ASR和ACR均为PI调节器。试求：

1）电流反馈系数 α_i 及速度反馈系数 α_n？

2）电动机在最高速发生堵转时，计算 U_{d0}、U_c、U_{fi} 和 U_{si}。

6-7 双闭环调速系统突加给定的起动过程中，

1）ASR为什么能够迅速达到饱和状态？

2）ACR为什么不能达到饱和状态？ACR是如何维持电流恒定的？起动时，电流达到I_{dm}后，U_{si}是否与U_{fi}相等？为什么？

3）如果转速调节器采用比例调节器，对系统的静态特性有何影响？系统的起动过程会如何？

4）起动时，ASR退出饱和的条件是什么？

5）双闭环调速系统对电网电压及负载扰动的调节过程的特点是什么？

6-8 试分析说明双闭环系统在稳定运行时，如果电流反馈信号断线，系统是否能正常工作？如果电动机突然失磁，最终是否会出现电动机飞车？

6-9 在做双闭环调速系统实验时，遇到下列情况会出现什么现象？

1）电流反馈极性接反。

2）转速反馈极性接反。

3）起动时ACR达到饱和。

4）起动时ASR未达到饱和。

6-10 图6-30是一个中、小功率不可逆调速系统典型电路。过电压过电流保护和电气控制电路以及仪表控制电源等均未画出。读图并回答下列问题。

1）该系统有哪些反馈量？采用何种检测器件及电路？

2）图中两个由运算放大器组成的调节器为何种形式的调节器？给定滤波、反馈滤波由哪部分电路实现（注：为了适应各种具体工艺要求，两个调节器输入部分都设计有给定滤波、反馈滤波和微分反馈电路）。

3）分析说明图中各个电位器的作用，它们影响系统的哪些参数？

4）图中有继电器K的一个常闭触头和一个常开触头，试说明这两个触头的作用。若系统工作于某一稳定转速状态突然给出停车控制信号，继电器K线圈失电，触头释放。试定性地分析系统的停车过程（两个调节器输出电压，反馈电压，主电路整流电压的变化过程）。

6-11 采用晶闸管装置供电的直流电动机系统实现可逆运行有哪些方式？

6-12 电枢可逆系统与磁场可逆系统各有何特点？

6-13 环流有哪些种类，它们是如何产生的？如何对环流进行限制？

6-14 反并联电路与交叉连接电路的特点是什么？

6-15 在可控环流可逆系统中，环流应按照什么规律变化？

6-16 在逻辑无环流系统中，为什么要设置导通等待时间和关断等待时间？

6-17 逻辑无环流系统中的逻辑装置由哪些环节组成？各环节的作用是什么？

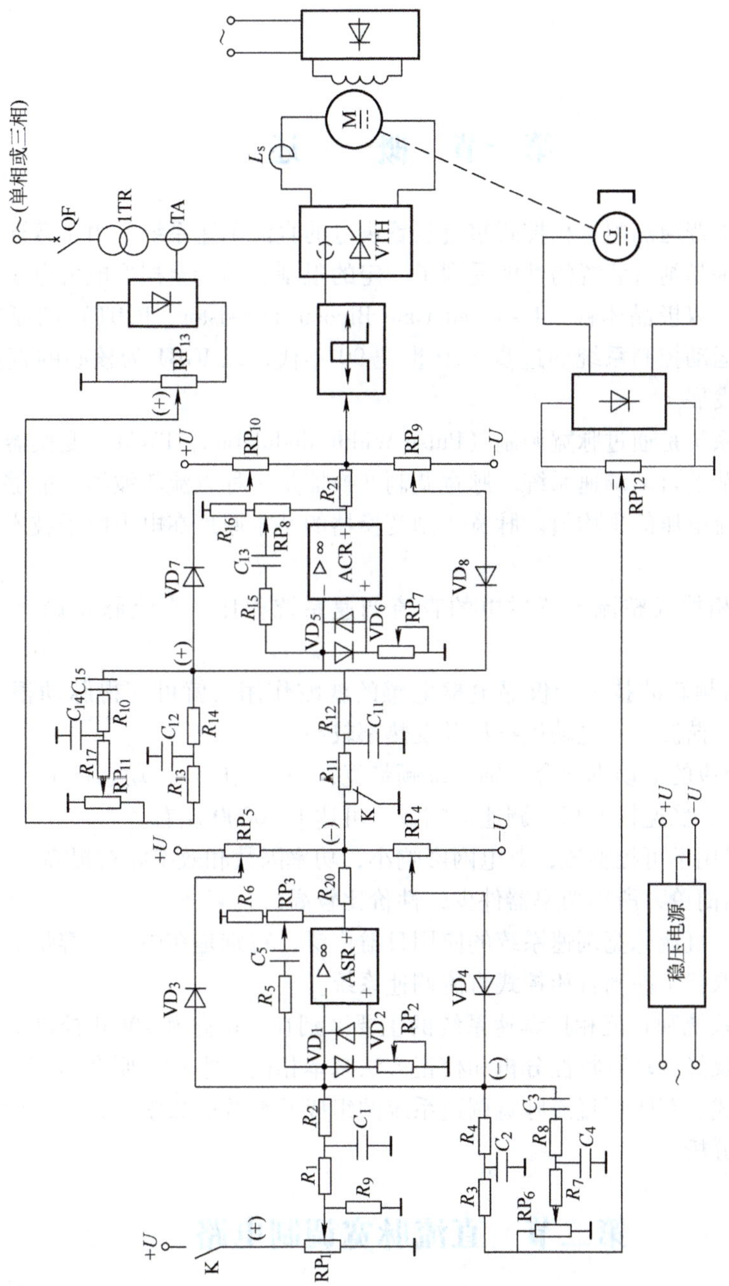

图 6-30　调速系统典型电路

第七章　直流脉宽调速系统

第一节　概　　述

第六章介绍了由普通晶闸管相控式整流装置供电的直流调速系统。由于普通晶闸管是半控型器件，所以这种晶闸管装置的性能受到了一定的限制。随着全控型电力电子器件的快速发展，特别是绝缘栅双极晶体管（Insulated Gate Bipolar Transistor，IGBT）的诞生和推广应用，极大地促进了运动控制系统的进步，20 世纪 90 年代，以 IGBT 为核心的直流脉宽调速技术得到了迅猛的发展。

直流脉宽调速系统是通过脉宽调制（Pulse Width Modulation，PWM）变换器对直流电动机电枢电压进行调节的自动调速系统。脉宽调制变换器是一种直流斩波器，能够通过调节占空比，改变输出直流电压的平均值。脉宽调制变换器的基本原理在电力电子技术课程中已详细阐述。

与普通晶闸管相控式整流装置供电的直流调速系统相比，直流脉宽调速系统有以下优点：

1）由于采用高频斩波技术，仅靠电枢电感的滤波作用，就可获得脉动很小的直流电流，电流连续容易，谐波少，电动机损耗及发热都较小。

2）若与快速响应的电动机配合，则系统频带宽，动态响应快，动态抗干扰能力强。

3）低速性能好，稳速精度高，调速范围宽，可达 1∶10000 左右。

4）直流电源采用不可控整流，对电网影响小，功率因数和效率相对提高。

5）主电路线路简单，所用功率器件少，性价比较高。

基于上述优点，直流脉宽调速系统的应用日益广泛，特别是在中、小容量的高动态性能系统中，已经完全取代了晶闸管相控式直流调速系统。

直流脉宽调速系统和直流相控调速系统的主要区别在主电路和 PWM 控制电路。它们的闭环控制方式，以及静、动态特性分析和校正方法基本相同。本章主要介绍直流脉宽调制电路及其主要控制方式、双闭环直流脉宽调速系统的组成及系统的数学模型，最后对直流脉宽调速系统进行仿真分析。

第二节　直流脉宽调制电路

直流脉宽调制电路分为不可逆运行直流脉宽调制电路和可逆运行直流脉宽调制电路两类。

一、不可逆运行直流脉宽调制电路

不可逆运行直流脉宽调制电路又分为无制动作用的直流脉宽调制电路和带制动作用的直

流脉宽调制电路两类，这里只分析常用的带制动作用的直流脉宽调制电路。

带制动作用的直流脉宽调制电路如图 7-1a 所示。这种电路组成的 PWM 调速系统可在一、二两个象限中运行。

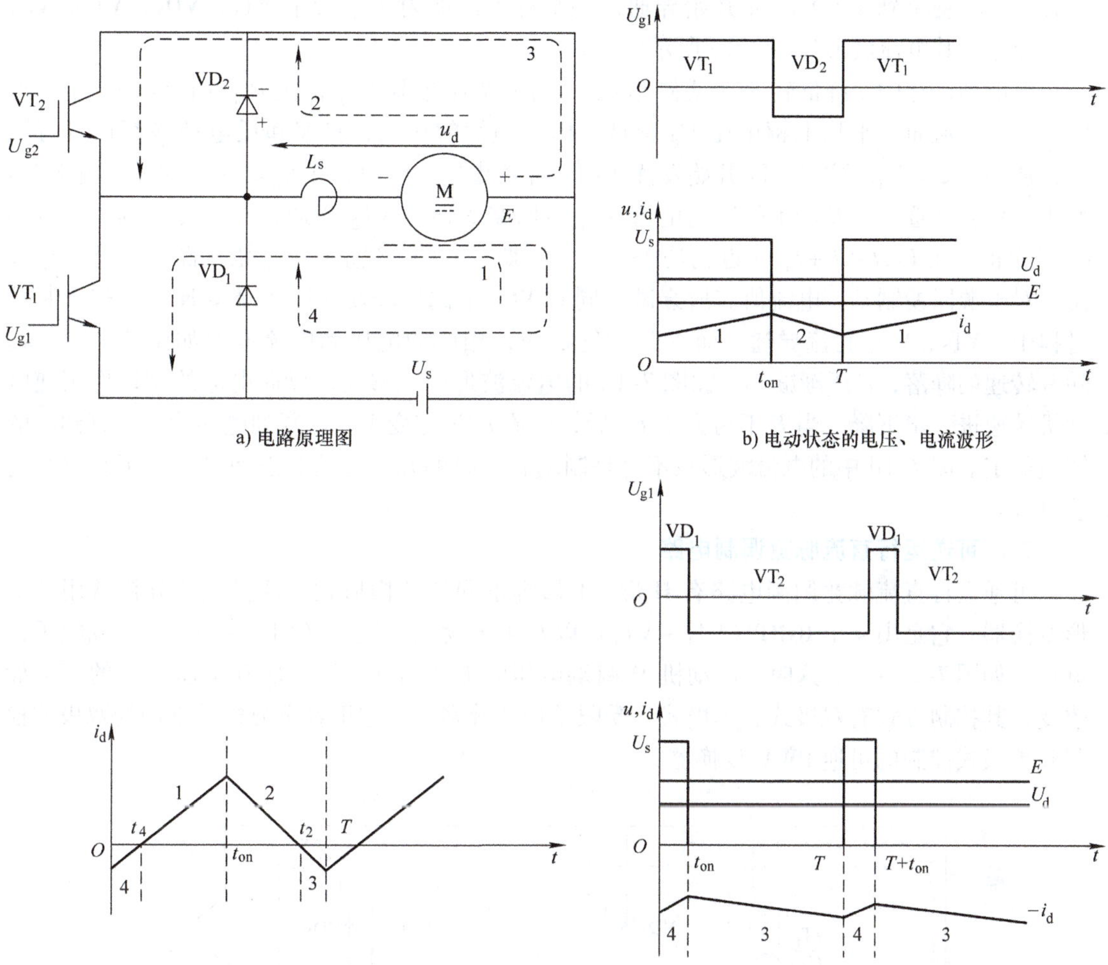

a) 电路原理图　　b) 电动状态的电压、电流波形

c) 轻载电动状态的电流波形　　d) 制动状态的电压、电流波形

图 7-1　带制动作用的直流脉宽调制电路

电压和电流波形有三种不同情况，如图 7-1b～图 7-1d 所示。无论何种状态，功率开关器件 VT_1 和 VT_2 的驱动电压都是大小相等、极性相反的，即 $U_{g1} = -U_{g2}$。当电动机在电动状态下运行时，平均电流应为正值，一个周期内分两段变化。在 $0 \leqslant t < t_{on}$ 期间，U_{g1} 为正，VT_1 饱和导通；U_{g2} 为负，VT_2 截止。此时，电源电压 U_s 加到电枢两端，电流 i_d 沿着图中的回路 1 通流。在 $t_{on} \leqslant t < T$ 期间，U_{g1} 和 U_{g2} 都变换极性，VT_1 截止，但 VT_2 却不能导通。因为电感 L_s 释放能量，使 i_d 沿回路 2 经二极管 VD_2 两端产生的压降，其极性示于图 7-1a，给 VT_2 施加反向电压，使它失去导通的可能。因此，实际上是 VT_1、VD_2 交替导通，而 VT_2 始终不通，其电压和电流波形如图 7-1b 所示。

在轻载电动状态时，由于负载电流较小，以至于当 VT_1 关断后 i_d 的续流很快就衰减到零，如图 7-1c 中 $t_{on} \leqslant t < T$ 期间的 t_2 时刻。参见图 7-1a，这时二极管 VD_2 两端的压降也降

为零并开始承受反向压降，使 VT_2 得以导通，反向电动势 E 产生的反向电流 $-i_d$ 沿回路3流通，作为局部时间内的能耗制动。待到 $t=T$，相当于 $t=0$ 时刻，VT_2 关断，$-i_d$ 又只能沿着回路4经 VD_1 续流，尽管 VT_1 的控制信号 U_{g1} 为正，但这时 VT_1 却不能导通。直到 $t=t_4$ 时，$-i_d$ 衰减到零，VT_1 才开始导通，一个开关周期内4个管子 VT_1、VD_2、VT_2、VD_1 轮流导通。其电流波形如图7-1c所示。

在电动运行中要降低转速（或停车），应首先减小控制电压，使 U_{g1} 的正脉冲变窄，负脉冲变宽，从而使平均电枢电压 U_d 降低。由于惯性的作用，转速和反电动势都还没有变化，从而有 $E>U_d$。这时 VT_2 开始发挥作用。先考虑后一阶段，在 $t_{on}\leqslant t<T$ 期间，由于 U_{g2} 变正，VT_2 导通，由 E 产生的反向电流 $-i_d$ 沿回路3通过 VT_2 流通，产生能耗制动，直到 $t=T$ 为止。在 $T\leqslant t<T+t_{on}$（也就是 $0\leqslant t<t_{on}$）期间，VT_2 截止，$-i_d$ 沿回路4通过 VD_1 续流，对电源回馈制动，电流值有所衰减，同时 VD_1 上的压降使 VT_1 不能导通。在整个制动过程中，VT_2、VD_1 轮流导通，而 VT_1 始终截止，相应的电压和电流波形如图7-1d所示。随着转速的降落，E 逐渐减小，如图7-1d的电流波形向上移动，反向电流的制动作用使电动机转速进一步下降，当 E 不再大于 U_d 后，电流 i_d 过零变正，恢复到电动状态，直到新的转速稳定。图7-1d中的电流波形只不过是制动状态时的几个短暂状态而已，并不是整个过渡过程。

二、可逆运行直流脉宽调制电路

可逆运行直流脉宽调制电路有H形、T形等不同的结构形式。这里主要分析常用的H形变换器。它是由4个IGBT（$VT_1\sim VT_4$）以及4个续流二极管（$VD_1\sim VD_4$）组成的桥式电路，如图7-2所示。这时，电动机M两端电压的极性随开关器件驱动电压极性的变化而改变，其控制方式有双极式、单极式、受限单极式等多种，这里着重分析最常用的双极式控制和单极式控制的可逆PWM变换器。

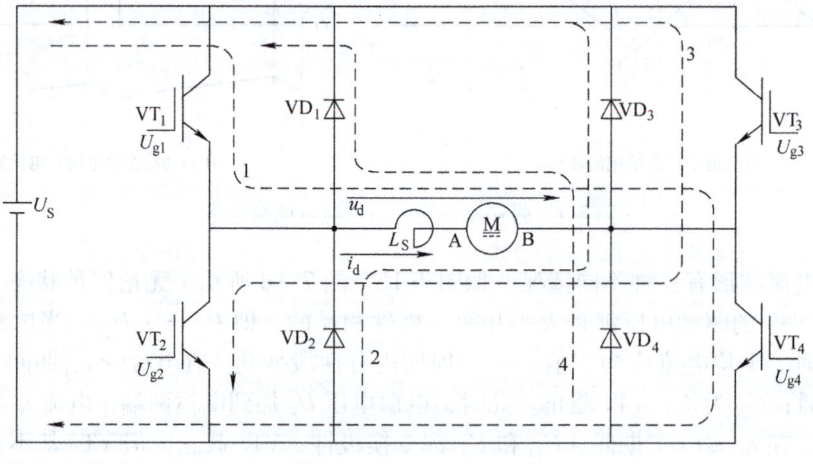

图7-2 H形变换器

1. 双极式H形可逆PWM变换器

双极式控制可逆PWM变换器的4个驱动电压波形如图7-3所示，它们的关系是：$U_{g1}=$

$U_{g4}=-U_{g2}=-U_{g3}$。在一个开关周期内，当 $0\leqslant t<t_{on}$ 时，VT_1 和 VT_4 导通，$u_d=U_S$，电枢电流 i_d 沿回路 1 流通；当 $t_{on}\leqslant t<T$ 时，驱动电压反相，在电感 L_d 释放能量的作用下，i_d 沿回路 2 经二极管续流，$u_d=-U_S$。因此，u_d 在一个周期内具有正负相间的脉冲波形，这就是双极式名称的由来。

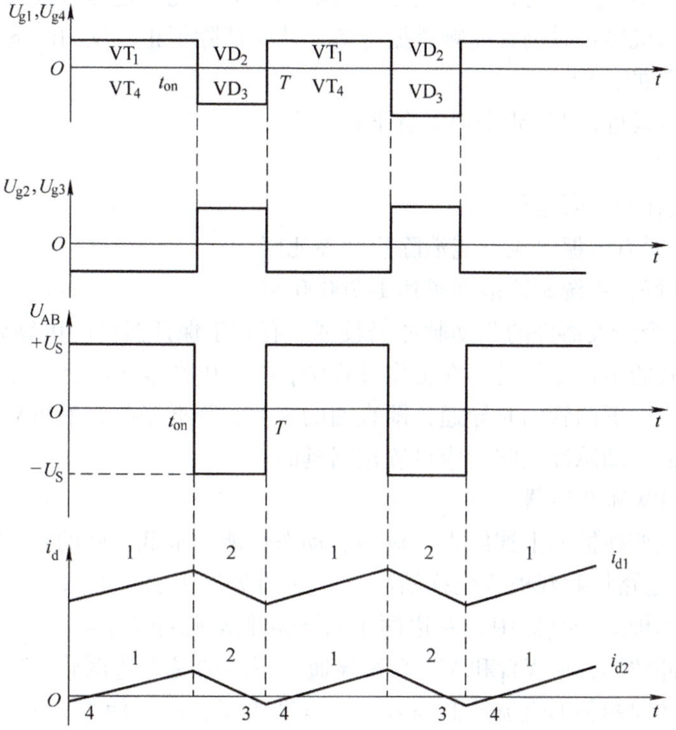

图 7-3　驱动电压、输出电压和电流波形

i_{d1} 相当于一般负载的情况，脉动电流的方向始终为正；i_{d2} 相当于轻载情况，电流可在正负方向之间脉动，但平均值仍为正，等于负载电流。在不同情况下，器件的导通、电流的方向与回路都和有制动作用的直流脉宽调制电路相似。电动机的正反转则体现在驱动电压正、负脉冲的宽窄上。当正脉冲较宽时，$t_{on}>\frac{T}{2}$，则 U_{AB} 的平均值为正，电动机正转，反之则反转；如果正、负脉冲相等，$t_{on}=\frac{T}{2}$，平均输出电压为零，则电动机停止。

双极式控制可逆 PWM 变换器的输出平均电压为

$$U_d=\frac{t_{on}}{T}U_s-\frac{T-t_{on}}{T}U_s=\left(\frac{2t_{on}}{T}-1\right)U_s \tag{7-1}$$

若令 $\rho=\frac{t_{on}}{T}$ 为 PWM 波的占空比，$\gamma=\frac{U_d}{U_s}$ 为 PWM 波的电压系数，则在双极式控制的可逆变换器中，有

$$\gamma=2\rho-1 \tag{7-2}$$

调速时，ρ 的可调范围为 0 ~ 1，相应地，$\gamma = -1 \sim +1$。当 $\rho > \frac{1}{2}$ 时，γ 为正，电动机正转；当 $\rho < \frac{1}{2}$ 时，γ 为负，电动机反转；当 $\rho = \frac{1}{2}$ 时，$\gamma = 0$，电动机停止。但电动机停止时电枢电压并不等于零，而是正负脉宽相等的交变脉冲电压，因而电流也是交变的。这个交变电流的平均值为零，不产生平均转矩，徒然增大电动机的损耗，这是双极式控制的缺点。但它也有好处，在电动机停止时仍有高频微振电流，从而消除了正、反向时的静摩擦死区，起着所谓“动力润滑”的作用。

双极式控制的桥式可逆 PWM 变换器有下列优点：

1）电流一定连续。

2）可使电动机在四象限运行。

3）电动机停止时有微振电流，能消除静摩擦死区。

4）低速平稳性好，系统调速范围可达 1∶20000 左右。

5）低速时，每个开关器件的驱动脉冲仍较宽，有利于保证器件的可靠导通。

双极式控制方式的不足之处是：在工作过程中，4 个开关器件都处于开关状态，除开关损耗外，容易发生上、下两管同时导通，即直通的事故，降低了装置的可靠性。为了防止直通，在上、下桥臂的驱动脉冲之间，应设置逻辑延时。

2. 单极式可逆 PWM 变换器

为了克服双极式变换器的上述缺点，对静、动态性能要求低一些的系统，可采用单极式 PWM 变换器。其主电路仍和双极式变换器相同，如图 7-2 所示。不同之处仅在于开关管的驱动脉冲信号。在单极式变换器中，左边两个管子的驱动脉冲 $U_{g1} = -U_{g2}$，具有和双极式相同的正负交替脉冲波形，使 VT_1 和 VT_2 交替导通。不同的是右边两管 VT_3 和 VT_4 的驱动信号，改成与电动机转向相关的直流控制信号。当电动机正转时，使 U_{g3} 恒为负，U_{g4} 恒为正，VT_3 截止而 VT_4 常通。当电动机反转时，则 U_{g3} 恒为正而 U_{g4} 恒为负，使 VT_3 常通而 VT_4 截止。这种驱动信号的变化显然不同于双极式 PWM 变换器，主要表现在各阶段开关管的开关状况与电流流通的回路。其特点是：当电动机正转且带较大负载时，在 $0 \leqslant t < t_{on}$ 期间，VT_1 导通，VT_2 关断，而 VT_4 常通，所以 $U_{AB} = U_S$，电流 i_d 沿回路 1 流通；在 $t_{on} \leqslant t < T$ 期间，VT_1 关断，切断电源，但 VT_4 仍导通，i_d 沿 $VD_2 \to M \to VT_4$ 续流，这时 $U_{AB} = 0$，如果忽略管压降，电动机反电动势与电感 L_s 感应电动势相平衡。当电动机反转时，驱动电压相反，则 U_{AB} 在 $-U_S$ 和 0 之间交替变化。因此，电动机虽然可逆，但所承受的电压波形却和不可逆 PWM 变换器相同，如图 7-1b 所示。当电动机朝一个方向旋转时，U_{AB} 只在某一个极性的电压 U_S 和 0 之间变化，所以称作“单极式”变换器。

由于单极式变换器的开关管 VT_3 和 VT_4 二者之中总有一个常通，另一个常截止，运行中无需频繁交替导通，因此与双极式变换器相比，开关损耗可以减少，装置的可靠性有所提高。

第三节 直流脉宽调速控制系统

一、系统组成

一般要求动、静态性能较好的调速系统都采用转速、电流双闭环控制方案，脉宽调速也不例外。双闭环脉宽调速系统原理框图如图 7-4 所示。图中，ASR 为转速调节器，ACR 为电流调节器，H 为霍尔电流传感器，G 为测速发电机。其中，属于脉宽调速系统特有的部分是脉宽调制器 UPW、调制波发生器 GM、逻辑延时环节 DLD 和电力电子器件的驱动器 GD。其中最关键的部件是脉宽调制器。FA 为限流保护环节。

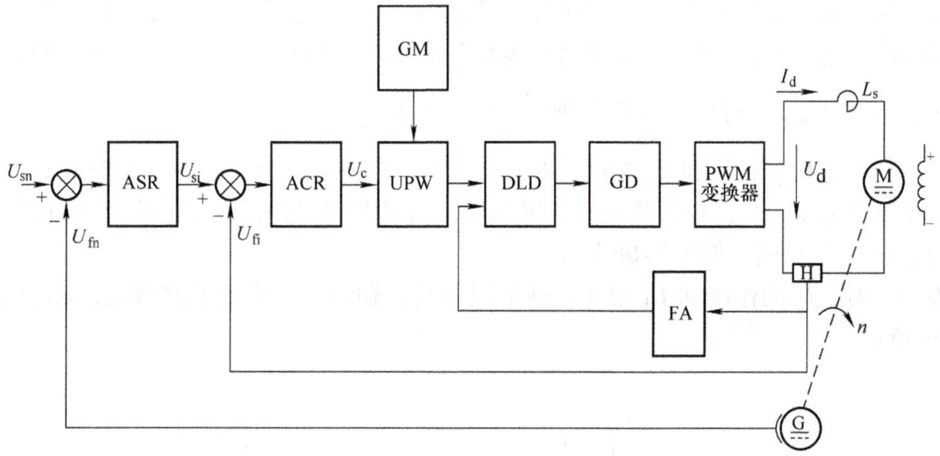

图 7-4 双闭环脉宽调速控制系统原理框图

二、脉宽调制器

脉宽调制器 UPW 是一个电压 – 脉冲变换装置，由电流调节器 ACR 输出的控制电压 U_c 进行控制，为 PWM 装置提供所需的脉冲信号，其脉冲宽度与 U_c 成正比。常用的脉宽调制器有用锯齿波作调制信号的脉宽调制器、用三角波作调制信号的脉宽调制器、用多谐振荡器和单稳态触发器组成的脉宽调制器和数字控制的脉宽调制器等几种。下面仅以图 7-5 所示的一种锯齿波脉宽调制器为例，来分析脉宽调制器的原理。

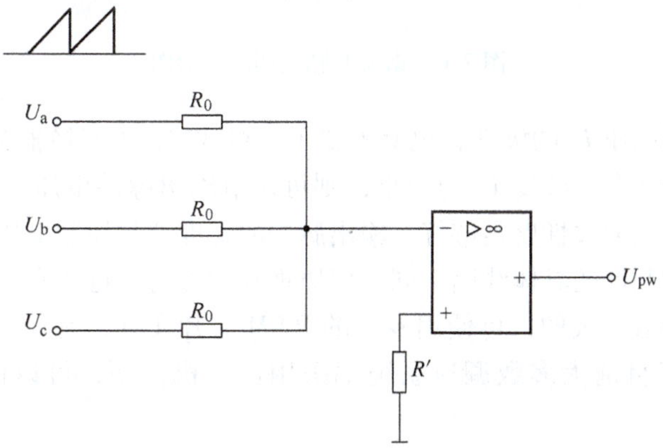

图 7-5 锯齿波脉宽调制器

脉宽调制器本身是一个由运算放大器和几个输入信号组成的开关式电压比较器。运算放大器工作在开环状态，只要有很小的输入电压就可以使其输出电压饱和。当输入电压极性改变时，输出电压在正、负饱和值之间翻转，从而实现了将连续信号变成脉冲信号的转换作用。加在运算放大器反相输入端的信号共有三个：锯齿波调制信号 U_a、控制信号 U_c 和负偏移电压 U_b。U_a 由锯齿波发生器 GM 提供，其频率是 PWM 电压所需的开关频率。改变控制电压 U_c 的大小和极性，在输出端就能得到周期不变、宽度可调的 PWM 脉冲系列电压 U_{pw}。

如前所述，不同形式的 PWM 变换器所给出的 PWM 电压波形是不一样的。以双极式可逆变换器为例，希望在控制电压 $U_c=0$ 时，系统输出的平均电压 U_d 也为零，这时锯齿波脉宽调制器的输出电压 U_{pw} 应为正、负脉冲宽度相等的脉冲系列电压。为此，引入负偏移电压 U_b，使 $U_b=-\frac{1}{2}U_{amax}$，得到如图 7-6a 所示的 U_{pw} 波形。

当 $U_c>0$ 时，U_c 的作用和 U_b 相减（即与 U_a 相加），则运算放大器的三个输入信号加在一起，正电压的宽度增大，经运算放大器倒相后，输出 PWM 脉冲系列电压 U_{pw} 的正半波变窄，平均电压 U_d 为负值，如图 7-6b 所示。

当 $U_c<0$ 时，U_c 的作用和 U_b 相加，则情况相反，输出 U_{pw} 的正半波增宽，U_d 为正值，如图 7-6c 所示。

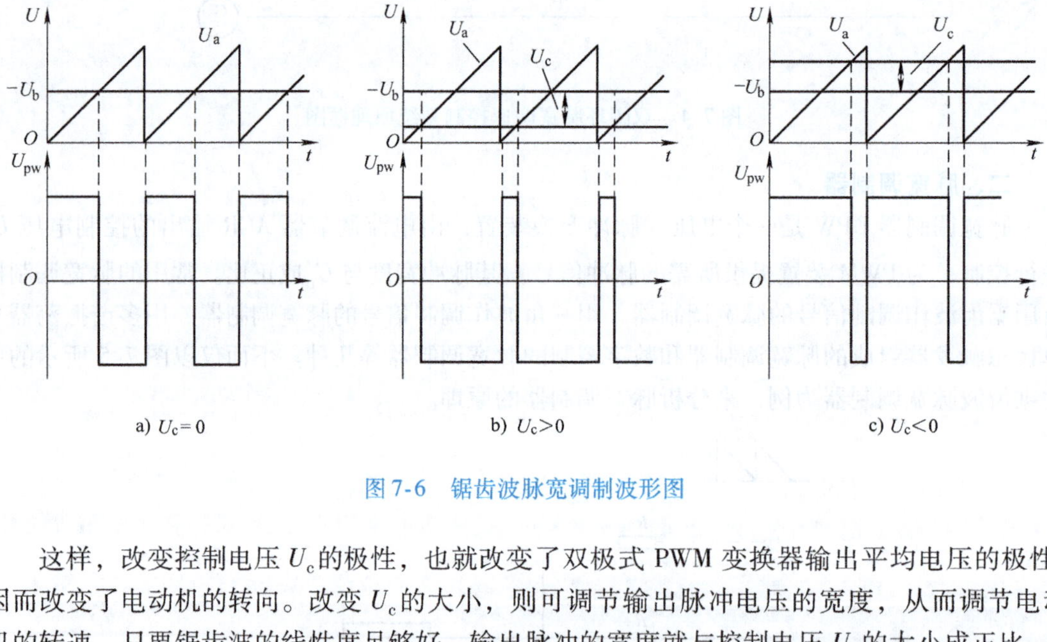

a) $U_c=0$　　b) $U_c>0$　　c) $U_c<0$

图 7-6　锯齿波脉宽调制波形图

这样，改变控制电压 U_c 的极性，也就改变了双极式 PWM 变换器输出平均电压的极性，因而改变了电动机的转向。改变 U_c 的大小，则可调节输出脉冲电压的宽度，从而调节电动机的转速。只要锯齿波的线性度足够好，输出脉冲的宽度就与控制电压 U_c 的大小成正比。

其他类型脉宽调制器的具体线路不同，但原理与此相仿。近年来，越来越多的脉宽调速系统的控制器都采用数字式的，可使用专用的 PWM 芯片实现，常用的有 SG3525 系列等集成脉宽调制器。由于目前大多数调速系统都采用计算机控制，可以由微控制器直接生成 PWM 控制信号。

三、逻辑延时环节

在可逆 PWM 变换器中，跨接在电源两端的上、下两个电力电子器件是频繁交替工作的。由于器件的关断过程需要一段关断时间 t_{off}，在这段时间内器件尚未完全关断。如果在此期间另一器件导通，则会造成上、下两管直通，使电源短路。为了避免发生这种事故，特设置了由逻辑电路（本书略去了具体电路构成）或由计算机软件实现的逻辑延时环节 DLD，保证在对一个器件发出关闭脉冲后，如图 7-7 中的 U_{g1} 负脉冲，延时 t_{d1} 后再发出对另一器件的开通脉冲（见 U_{g2} 正脉冲）。反之亦然，U_{g2} 变负后，延时 t_{d1} 使 U_{g1} 变正。

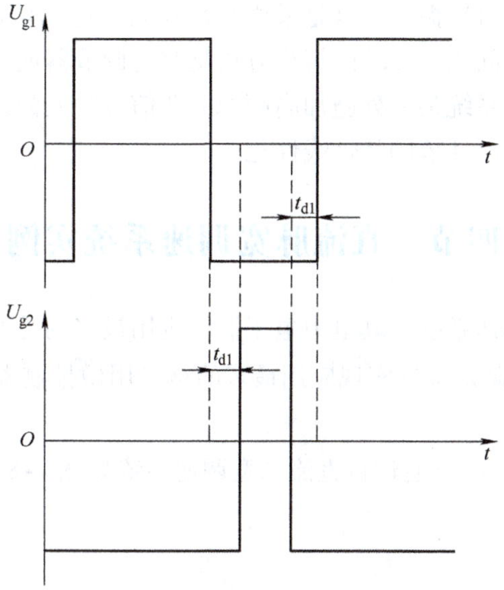

图 7-7　考虑延时开通的驱动电压信号

在逻辑延时环节中还可以引入保护信号，如图 7-4 所示瞬时动作的限流保护 FA。一旦出现桥臂电流超过允许最大电流值时，使 VT_1、VT_4（或 VT_2、VT_3）同时封锁，以保护大功率器件免受损坏。

四、系统数学模型

直流脉宽调速系统的控制规律和数学模型与晶闸管 - 电动机调速系统基本一致，前几章的分析和设计方法都可以采用，唯一的区别是 PWM 控制和变换器。

PWM 控制与变换器（简称 PWM 装置）的数学模型和晶闸管触发的整流装置基本一致。按照上述对 PWM 变换器工作原理和波形的分析，不难看出，当控制电压 U_c 改变时，PWM 变换器输出平均电压 U_d 按线性规律变化，但其响应会有延迟，最大的时延是一个开关周期 T。因此，PWM 装置也可以被看成是一个滞后环节，其传递函数可以写成

$$G_{PWM}(s)=\frac{U_d(s)}{U_c(s)}=K_{PWM}e^{-\tau_{PWM}s} \tag{7-3}$$

式中　K_{PWM}——PWM 装置的放大系数；

τ_{PWM}——PWM 装置的延迟时间，$\tau_{PWM}\leqslant T$。

当开关频率为 10kHz 时，$T=0.1\text{ms}$。在一般的电力拖动自动控制系统中，时间常数这么小的滞后环节可以近似看成是一个一阶惯性环节，因此

$$G_{\mathrm{PWM}}(s) \approx \frac{K_{\mathrm{PWM}}}{\tau_{\mathrm{PWM}} s + 1} \tag{7-4}$$

简化传递函数形式与晶闸管装置传递函数完全一致。但应注意，式（7-4）是近似的传递函数，实际上 PWM 变换器不是一个线性环节，而是具有继电特性的非线性环节。继电控制系统在一定条件下会产生自激振荡，这是采用线性控制理论的传递函数不能分析出来的。如果在实际系统中遇到这类问题，简单的解决方法是改变调节器或控制器的结构和参数，如果这样做不能奏效，可以在系统某一处施加高频的周期信号，人为地造成高频强制振荡，抑制系统中的自激振荡，使继电环节的特性线性化。

第四节　直流脉宽调速系统实例

目前应用的直流脉宽调速系统，其电力电子器件应用最多的是 IGBT 或 IPM 模块（Intelligent Power Module），其控制系统的实现应用最多的是采用微控制器组成的转速、电流双闭环数字控制系统。

采用 51 系列单片机控制的可逆运行直流脉宽调速系统如图 7-8 所示，该调速系统可实

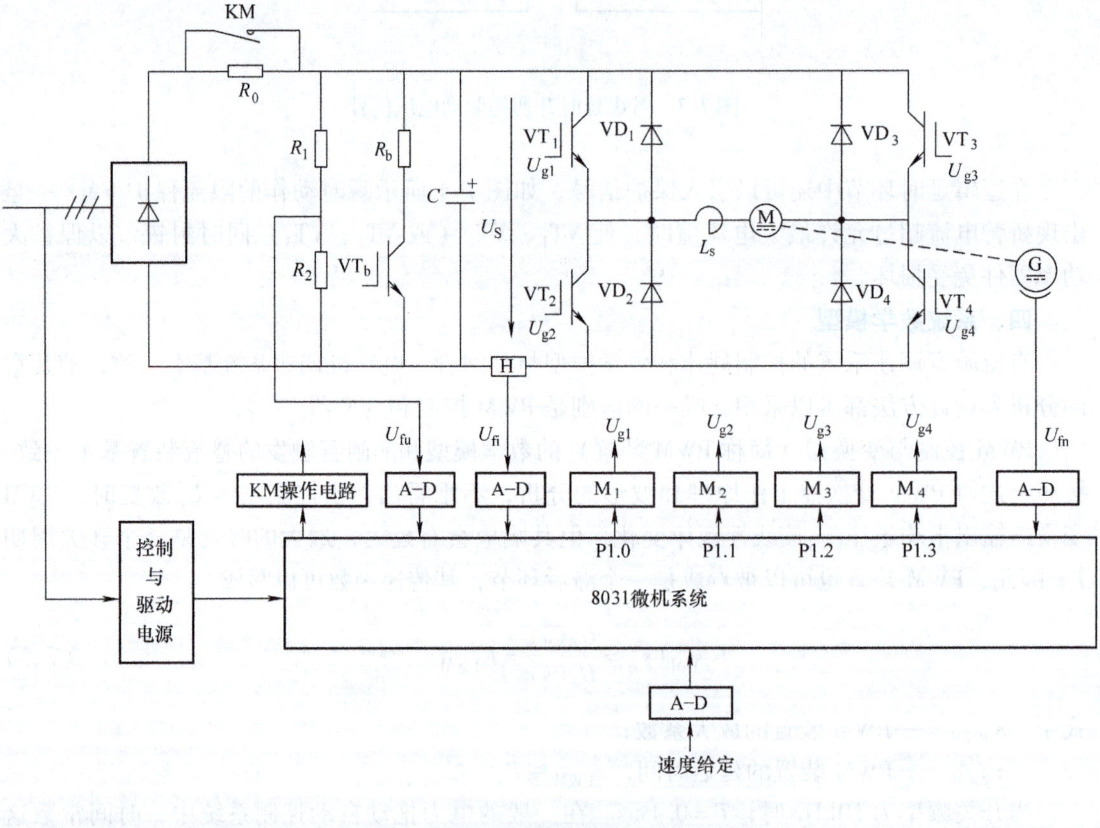

图 7-8　桥式可逆直流脉宽调速系统原理图

现电动机四象限运行控制。图 7-8 的上半部分是系统主电路的原理图（IGBT 的吸收电路和系统中的一些保护电路略去未画）。PWM 变换器的直流电源通常由交流电网经不可控的二极管整流器（中小容量的系统一般采用二极管整流模块）产生，并采用大电容 C 滤波，从而获得恒定的直流电压 U_S。

滤波电容往往在 PWM 装置的体积和重量中占有不小的份额，因此电容容量的选择是 PWM 装置设计中的重要问题。滤波电容的计算方法可以在一般电工手册中查到，但对于 PWM 变换器中的滤波电容，其作用除滤波外，还有当电动机制动时吸收运行系统回馈电能的作用。由于直流电源靠二极管整流器供电，不可能将电能回馈电网，电动机制动时只好用滤波电容吸收回馈电能，这将使电容两端电压升高，称为泵升电压。假设电压由 U_S 提高到 U_{Sm}，则电容储能由 $\frac{1}{2}CU_S^2$ 增加到 $\frac{1}{2}CU_{Sm}^2$，储能的增量基本上等于运动系统在制动时释放的全部动能 A_d，于是

$$\frac{1}{2}CU_{Sm}^2 - \frac{1}{2}CU_S^2 = A_d \tag{7-5}$$

按制动储能要求选择的电容量应为

$$C = \frac{2A_d}{U_{Sm}^2 - U_S^2} \tag{7-6}$$

电力电子器件的耐压限制着最高泵升电压 U_{Sm}，因此电容量就不可能很小，一般几千瓦的调速系统所需的电容量达到数千微法。在大容量或负载有较大惯量的系统中，不可能只靠电容来限制泵升电压，这时，可以采用图 7-8 中的镇流电阻 R_b 来消耗掉部分动能。在泵升电压达到最大允许数值时，VT_b 接通 R_b 的分流电路。

由于电容 C 容量较大，突加电源时相当于短路，势必产生很大的冲击电流，容易损坏整流二极管或造成系统跳闸。为了限制系统起动时的冲击电流，在整流器和滤波电容之间需要串入限流电阻 R_0（或电抗），合上电源以后，延时一定时间再用开关将 R_0 短路，以免在运行中造成附加损耗。R_0（或电抗）的短路可用继电器或电力电子器件。

图 7-8 的下半部分是采用 8031 单片机实现转速、电流双闭环直流调速控制的结构图。转速反馈信号由测速发电机得到，经 A－D 转换后送入微机系统；电流反馈信号由霍尔电流传感器得到，经 A－D 转换后送到微机系统。微机系统的输出分别接到 $M_1 \sim M_4$，$M_1 \sim M_4$ 分别为 $VT_1 \sim VT_4$ 的驱动模块，内部含有光电隔离电路和开关放大电路。转速给定信号经 A－D 转换后送入微机系统，通过调节转速给定信号的大小即可调节电动机的转速。

该系统脉宽调节的实现及电流、转速双闭环调节用软件实现。桥式可逆直流脉宽调速系统计算机控制软件流程图如图 7-9 所示。其中，图 7-9a 为主程序流程图，图 7-9b 为转速环中断服务程序流程图，图 7-9c 为电流环中断服务程序流程图。其他有关保护等中断服务程序流程图请参考相关参考书。

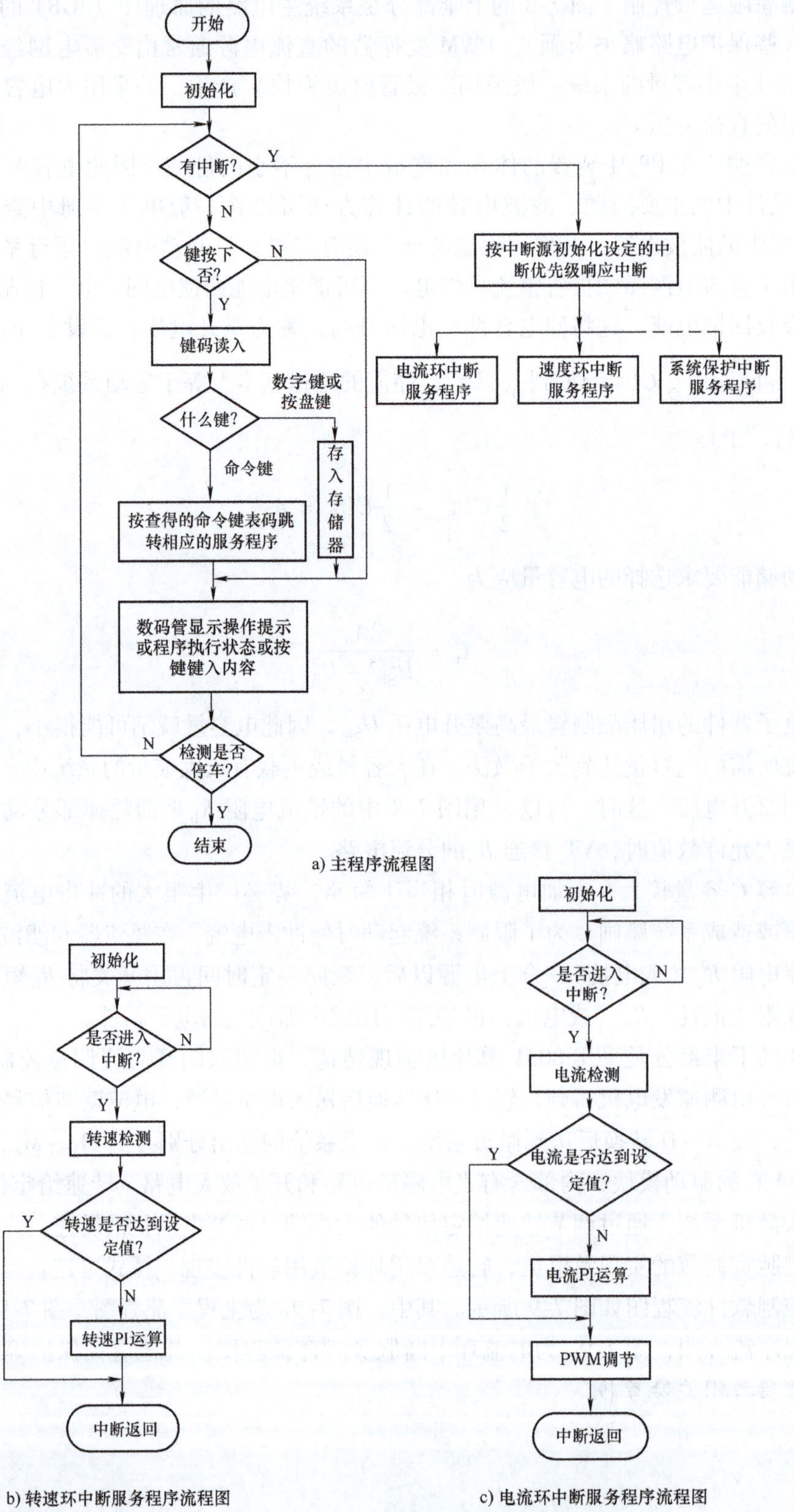

图 7-9 桥式可逆直流脉宽调速系统计算机控制软件流程图

第五节　直流脉宽调速系统仿真

本节以图 7-4 所示的双闭环直流脉宽调速系统（PWM 脉宽调制主电路采用图 7-2 所示的可逆脉宽调制电路）为例，通过仿真分析系统的稳态和动态性能。

直流电动机参数：额定电压 240V，额定电流 20A，额定转速 1750r/min，励磁电压 300V。

系统稳态参数：$U_{Sn}=10V$ 或 $-10V$，$\alpha_n=0.0057V\cdot min/r$，$\alpha_i=0.1V/A$。

参考本章第三节和双闭环调速系统工程设计方法（详见附录 C），可以初步确定调节器参数。通过 MATLAB/Simulink 仿真调试后确定的调节器参数：$K_n=0.6$，$\tau_n=0.5$；$K_i=0.5$，$\tau_i=0.2$。

在 MATLAB/Simulink 中依据上述参数建立的双闭环直流脉宽调速系统仿真模型如图 7-10所示。图中，直流电动机直接选用 Simulink 库中的直流电动机控件，PWM 脉宽调制主电路直接选用 Simulink 库 SimPowersystems 中的电力电子功率模块控件（Universal Bridge）。仿真时间为 6s，电动机带负载 10N · m 起动。在 2.5s 时电动机反向旋转。

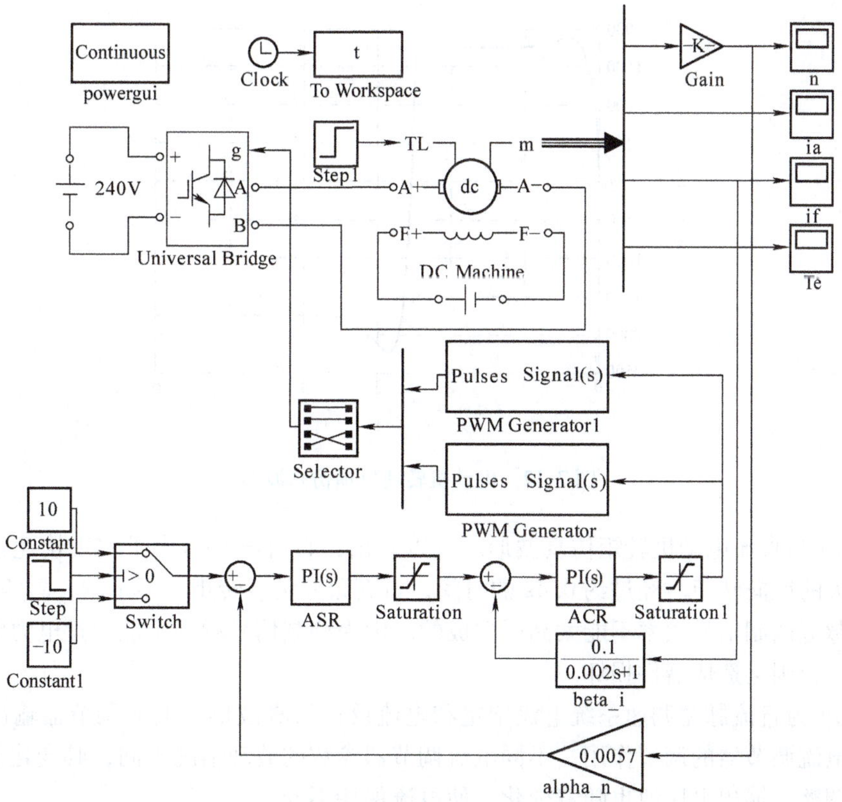

图 7-10　双闭环直流脉宽调速系统仿真模型

图 7-11 和图 7-12 分别为直流电动机脉宽调速系统转速给定和转速反馈仿真波形，依据

给定10V和转速反馈系数0.0057，可计算出转速实际给定值为1754r/min。从图7-12可以看出，由于采用了PI调节器，转速稳定在给定转速左右，可以实现无静差调速。在2.5s时电动机反向，转速超调量小、转速调节时间短，反映了直流脉宽调速良好的动、静态性能。

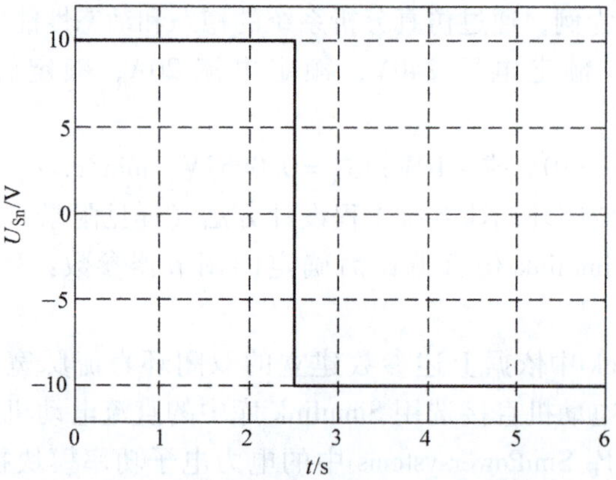

图7-11 转速给定仿真波形

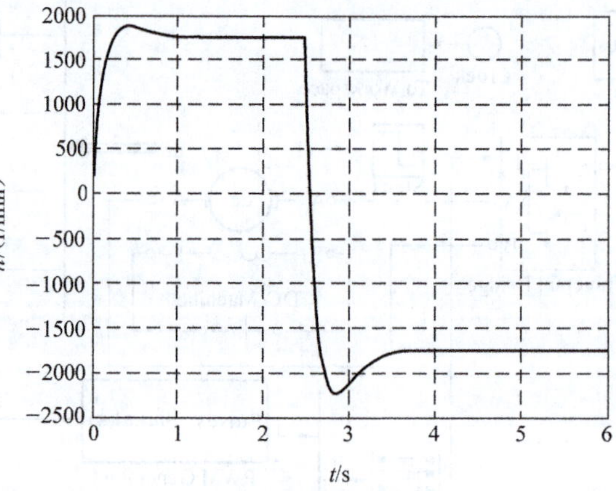

图7-12 电动机转速反馈仿真波形

图7-13为直流电动机转矩仿真波形。可以看出，直流电动机为了实现快速正反转，需要一个较大的反向转矩。经过约0.4s的时间，重新跟踪负载转矩，不足的是转矩有些脉动，这是因为脉宽调制信号频率不能太高所造成的。因为调制信号频率不能超过电力电子器件的开关频率，否则会造成器件损坏。

图7-14为直流脉宽调速系统电流给定和电流反馈仿真波形。电流调节器输出信号的波动反映了电流调节器的调节作用，不同电流调节器参数的波动情况不同，其变化使变流器的脉宽随之调整，输出电压值也随着变化，使电流保持不变。

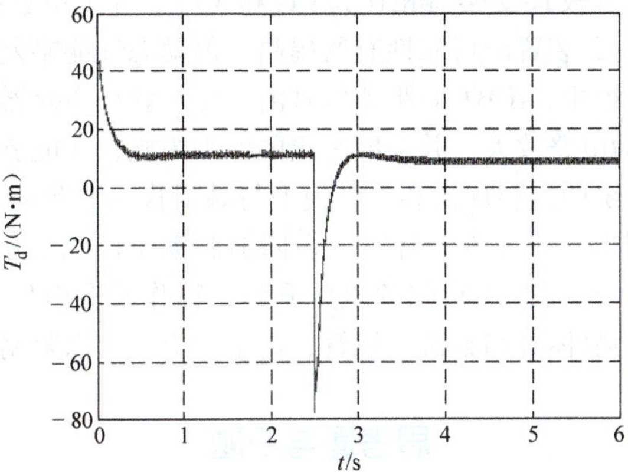

图 7-13　电动机转矩仿真波形

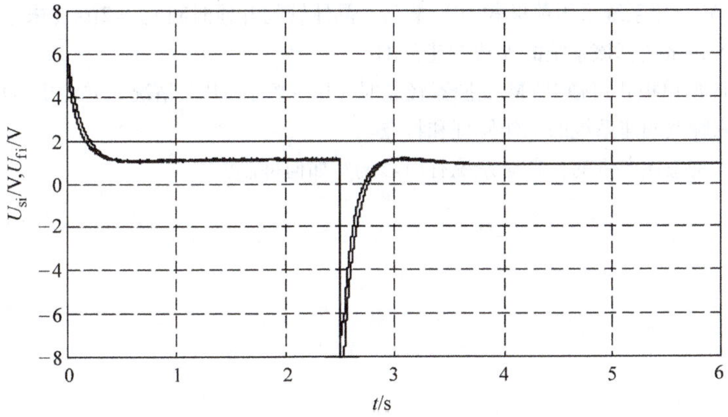

图 7-14　电流环仿真波形

小　结

1）直流脉宽调速系统是利用大功率晶体管的开关作用，将直流电压转换成较高频率的方波电压，通过对方波脉冲宽度的控制，改变直流电压的平均值，从而达到改变直流电动机转速的目的。

2）直流脉宽调速系统和直流相控调速系统的主要区别在主电路和 PWM 控制电路。它们的闭环控制方式，以及静、动态特性分析和校正方法基本相同。

3）直流脉宽调制电路分为不可逆运行直流脉宽调制电路和可逆运行直流脉宽调制电路两类。可逆运行直流脉宽调制电路的控制方式有双极式、单极式、受限单极式等多种。其中占空比和电压系数是两个重要概念。

4）双极式 H 形可逆 PWM 变换器能消除静摩擦死区，低速平稳性好、调速范围宽。双极式控制方式的不足之处在于：除开关损耗外，容易发生上、下两个开关器件同时导通的危险。

5）单极式变换器与双极式变换器相比，VT_3和VT_4二者之中总有一个常通，另一个常截止，开关损耗可以减少，装置的可靠性有所提高，但动态性能略差。

6）直流脉宽调速系统中，IGBT的驱动信号由电压－脉冲变换器产生，但其输出的信号功率较小，还需经过驱动电路放大，并采取一定的保护措施，才能驱动大功率晶体管。

7）直流脉宽调速系统的控制规律和数学模型与晶闸管－电动机调速系统基本一致。

8）当直流电源采用半导体整流装置时，在回馈制动阶段电能不可能通过它送回电网，只能向滤波电容C充电，从而造成瞬间的电压升高，称作泵升电压。如果回馈能量大，泵升电压太高，将危及电力晶体管和整流二极管，需采取措施加以限制。

思考题与习题

7-1 为什么晶体管PWM－电动机系统比晶闸管－电动机系统能获得更高的动态性能？

7-2 双极式PWM变换器与单极式控制方式有何区别？比较它们的优缺点。

7-3 直流PWM调速系统采用单极式H形电路，晶体管的开通时间$t_{on}=2\mu s$（未采用过驱动等措施），开关频率$f=2000Hz$，试估算该系统的大致调速范围。

7-4 试分析H形单极式可逆PWM变换器轻载时$VT_1\sim VT_4$的开关情况，并绘出电压、电流波形。

7-5 简述直流脉宽调速系统的工作原理和特点。

7-6 泵升电压是怎样产生的？它对系统有何影响？如何抑制？

第八章　异步电动机调压调速系统

第一节　概　　述

直流电动机有换向器、电刷等，因而维护量大，转速不可能过高，不能在易燃易爆的环境中工作。而交流电动机则没有上述缺点和限制，交流电动机结构简单、容量大、制造容易。随着电力电子技术、自动控制技术、计算机应用技术以及半导体集成制造工艺的发展，交流调速逐步具备了宽调速范围、高稳态精度和良好的动态响应、四象限可逆运行等技术性能，在调速性能方面可以与直流电力拖动媲美。同时，交流异步电动机在各国的总用电量中都占有很大的比重，异步电动机拖动系统本身存在着很大的节电潜力。因此，高性能交流调速系统已逐步替代直流调速系统。

传统的交流异步电动机调速方法可根据式（8-1）进行分类。基本的调速方法可分为三大类，即调频 f、调转差率 s、调极对数 p_n。

$$n=\frac{60f}{p_n}(1-s)=n_0(1-s) \tag{8-1}$$

式中　n——异步电动机的转子转速；

n_0——异步电动机的同步转速；

p_n——极对数；

f——定子的电源频率；

s——转差率。

常见的交流调速方法及特点如下：

1）异步电动机变极对数调速：是一种有级调速方法，一般只有 2 ~ 3 档转速，但是它的效率很高，没有滑差损耗，结构简单。

2）调压调速：是一种简单、可靠、价格便宜的调速方案，适用于 10kW 以下的小功率异步电动机。对于功率较大的异步电动机，如采用调压调速，则在低压时，由于趋肤效应会引起转子深槽部位发热而无法运行。

3）晶闸管串级调速：是针对绕线转子异步电动机的一种高效节能调速方法，它将电动机的转差损耗通过一定方式回馈电网，应用在数百至数千千瓦的大功率电动机上。

4）变频调速：调节同步转速，可以在转速宽范围内保持很小的转差率，效率高、调速范围大，是一种最好的交流调速方案。

根据交流异步电动机的基本原理，从定子传入转子的电磁功率 P_2 可分为两部分：一部分是拖动负载的有效功率 P_m，另一部分是转差功率 P_s。从能量转换的角度来看，转差功率是否增大，是消耗掉还是得到回收，是评价交流调速系统效率高低的基本标志。从这一观点出发，异步电动机的调速系统可分为以下三类。

1）转差功率消耗型调速系统。全部转差功率都转换成热能的形式消耗。传统分类的调压调速和绕线转子异步电动机转子串电阻调速都属于这一类，它是通过增加转差功率的消耗来换取转速的降低。这类调速系统结构简单，效率最低（对于恒转矩负载，转速越低，效率也越低）。

2）转差功率回馈型调速系统。部分转差功率转换成热能的形式消耗，大部分则通过变流装置回馈电网或转变成机械能予以利用，转速越低，回收的功率也越多。传统分类的绕线转子异步电动机串级调速属于这一类，其效率明显高于第一类。

3）转差功率不变型调速系统。转差功率中的铜耗无论转速高低都基本不变，即转差功率的消耗基本不变，因此效率最高。传统分类的变极对数调速和变频调速属于这一类。

由于变极对数调速常配合调压调速使用，因此将它放在转差功率消耗型调速系统中讲述。

第二节 调压调速系统的基本概念

改变三相异步电动机定子端电压实现调速的方法称为交流调压调速。由于交流调压调速系统只是改变电动机定子端电压，而不改变供电频率，所以常称之为交流调压系统或变压恒频系统。

一、基本原理

由电机学原理可知

$$T_{\mathrm{d}} = \frac{3p_n U_1^2 R_2'/s}{\omega_1[(R_1+R_2'/s)^2+\omega_1^2(L_1+L_2')^2]} = K_{\mathrm{T}}\Phi_{\mathrm{m}} I_2' \cos\psi_2$$

$$I_2' \approx \frac{U_1}{\sqrt{(R_1+R_2'/s)^2+\omega_1^2(L_1+L_2')^2}} \tag{8-2}$$

式中 I_2'——折合到定子侧的转子电流；

R_1、L_1——定子每相电阻和漏感；

R_2'、L_2'——折合到定子侧的转子每相电阻和漏感；

U_1、ω_1——定子相电压和角频率，$\omega_1=2\pi f_1$；

K_{T}——等效转矩系数，$K_{\mathrm{T}}=\frac{3}{\sqrt{2}}p_n N_1 K_{N1}$；

$\cos\psi_2$——转子电路功率因数。

改变 U_1 可以改变转差率 s，即可改变 n。由式（8-2）可知，在输出转矩一定时，电动机转差率 s 与定子端电压 U_1 的二次方成反比；在转差率一定时，电磁转矩 T_{d} 与端电压 U_1 的二次方成正比。

调压调速时的机械特性如图 8-1 所示。带恒转矩负载时，普通笼型异步电动机的稳定工作点为 A、B、C，转差率 s 的变化范围不会超过 $0\sim s_{\mathrm{m}}$，调速范围很小；如带风机类负载，则工作点为 D、E、F，调速范围可以大一些。

由图 8-1 及电机学原理可知：

1）电动机的同步转速 n_0 与定子的端电压无关。

2）最大转差率 s_m 只与电动机参数有关，与定子端电压 U_1 无关，而转差率 s 与定子端电压 U_1 的二次方成反比。

$$s_m = \frac{R_2'}{\sqrt{R_1^2 + \omega_1^2 (L_1 + L_2')^2}} \tag{8-3}$$

3）在负载电流相同的条件下，降压后，电动机的最大电磁转矩 T_{dmax} 减小。

$$T_{dmax} = \frac{3p_n U_1^2}{2\omega_1 [R_1 + \sqrt{R_1^2 + \omega_1^2 (L_1 + L_2')^2}]} \tag{8-4}$$

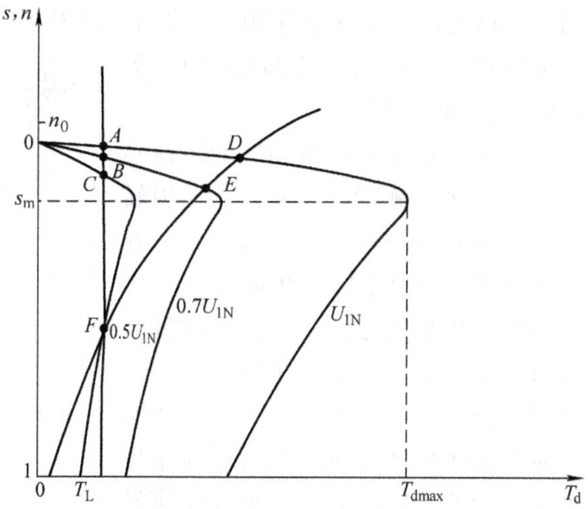

图 8-1　调压调速机械特性

4）降低定子端电压后，机械特性曲线的斜率加大了，但速度变化范围只在 $s=0\sim s_m$ 之间变化，故调速范围不大。

5）降低定子端电压后，电动机自身的效率和功率因数都降低了。

二、不同负载转矩特性下交流调压调速的效果

1. 恒转矩负载

对于恒转矩负载，当转速低于临界转速时，电动机将不能稳定运行，调速范围受到限制。如果采用专用的调压调速电动机，如高转子阻抗或转矩电动机，则调速范围可适当扩大。

2. 风机及泵类负载

对于风机和泵类负载，$T_L \propto n^2$。在低速时所需转矩小，正好与电动机降压后转矩也按二次方规律减小相吻合，因此电动机的调速范围增大了许多。调压调速方法十分适用于风机及泵类负载。

3. 恒功率负载

调压调速方法不适用于恒功率负载。

第三节　调压调速系统

一、系统构成

调压调速系统一般由三部分构成：交流调压装置、异步电动机和控制器。交流调压装置一般是从额定电压向下调，即降压调节。因为当电压超过额定电压后，会导致电动机磁通过饱和，使电流剧增，甚至烧毁电动机。

Y 系列电动机适用于风机和泵类负载，但对于恒转矩负载则不适用。专门为调压调速设计的高转差率三相异步电动机类似深槽、双笼型异步电动机，其转子由高电阻率的黄铜条制成，具有起动转矩大、起动电流小等特性，如 YH 系列高转差率电动机。

除高转差率异步电动机外，调压调速还可采用力矩电动机。它的 $s_m=1.0$，允许一段时

间堵转，堵转电流等于额定电流，具有软机械特性（或称为挖土机特性），如JLT系列力矩电动机。

图8-2所示为力矩电动机的机械特性，它具有软机械特性。显然，在恒转矩负载下的调压调速范围增大了，且在堵转转矩下也不至于烧毁电动机。

当生产机械对静差率要求不高时，如风机和泵类的调速、辊子恒张力、烘干机以及恒张力卷绕机等，均可采用开环控制的调压调速系统。当对调速精度或调速范围要求较高时，必须采用带转速负反馈的闭环控制。

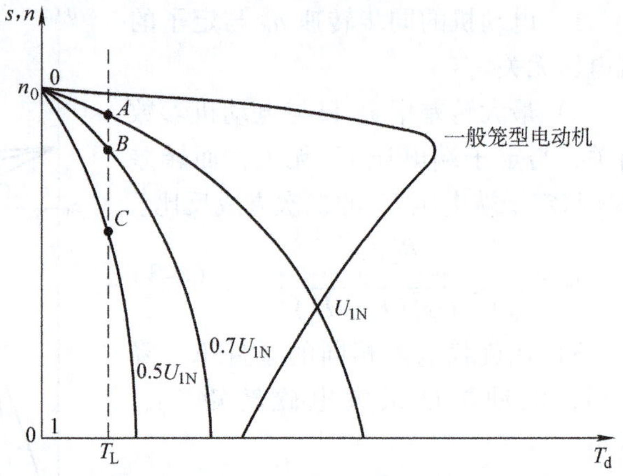

图8-2 力矩电动机机械特性

二、闭环控制的晶闸管调压调速系统及其动、静态特性

如前所述，对异步电动机调压调速，采用普通电动机时调速范围很窄，而采用力矩电动机时，虽然调速范围可以大一些，但机械特性变软。对于恒转矩性质的负载，调速范围要求在2以上时，应采用图8-3所示的带转速负反馈的闭环控制系统。

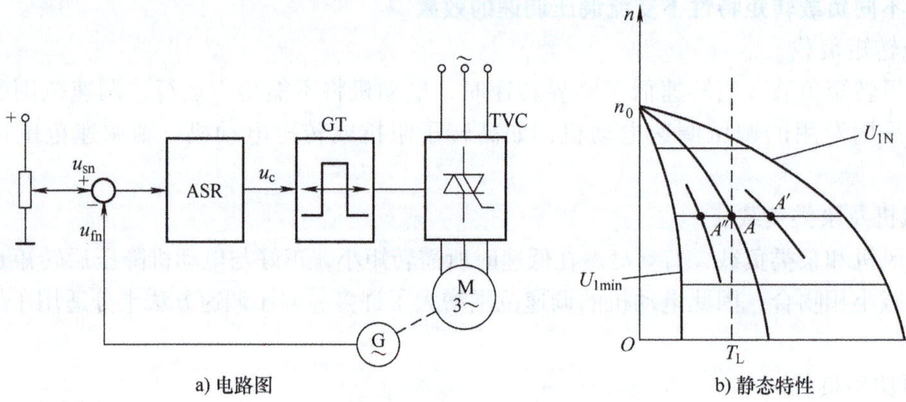

图8-3 转速负反馈闭环控制交流调压调速系统

系统常采用PI（PID）调节器构成无差系统。与直流调压调速系统不同的是，其静态特性曲线在额定电压 U_{1N} 和最小电压 U_{1min} 下的机械特性是闭环系统静态特性的左右两边的极限值，当负载变化超出其极限范围时，系统将失去调节作用而回到开环机械特性上去。

1. 异步电动机的传递函数

在机械特性近似线性段上的稳态工作点A附近，可以证明：

$$\Delta T_d = \frac{3p_n}{\omega_1 R_2'}\left(2U_{1A}s_A\Delta U_1 - \frac{U_{1A}^2}{\omega_1}\Delta\omega\right) \tag{8-5}$$

$$\Delta T_d - \Delta T_L = \frac{J_G}{p_n}\frac{d(\Delta\omega)}{dt} \tag{8-6}$$

由式（8-5）、式（8-6）可以画出异步电动机在忽略电磁惯性下的微偏等效框图，如图

8-4a 所示。如果进一步忽略 ΔT_L 的影响，异步电动机传递函数可等效为

$$G_{MA}=\frac{K_{MA}}{\tau_m s+1}$$

式中　K_{MA}——异步电动机传递系数，$K_{MA}=2s_A\omega_1/U_{1A}$；

τ_m——异步电动机机电时间常数，$\tau_m=J_G\omega_1^2 R'_2/(3p_n^2 U_{1A}^2)$。

2. 晶闸管交流调压装置和相应触发装置的传递函数

与晶闸管触发整流装置的传递函数求法一样，晶闸管交流调压装置和相应触发装置的传递函数可近似为

$$G(s)=\frac{K_{tr}}{\tau_D s+1}$$

上式的近似条件为：$\omega_c\leqslant 1/(3\tau_D)$。对于三相全波 Y 形联结的调压电路，$\tau_D$ 可取 3.3ms。对于其他形式的调压电路，应针对不同情况具体分析。

3. 调压调速系统近似动态框图

调压调速系统近似动态框图如图 8-4b 所示。

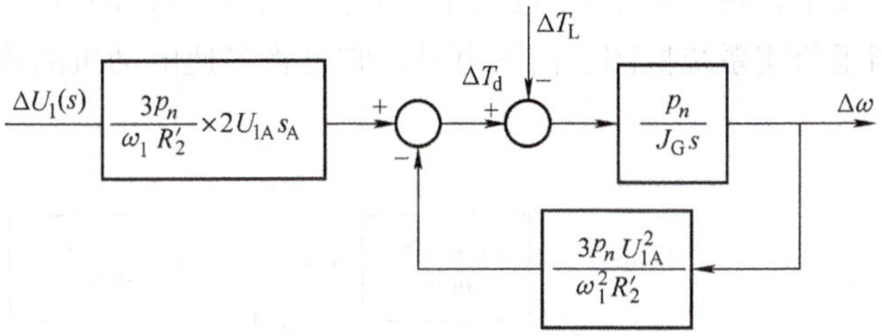

a) 异步电动机近似微偏等效框图

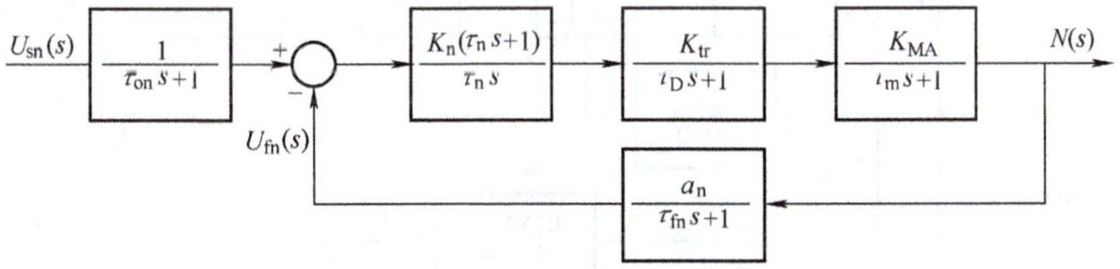

b) 调压调速系统近似动态框图

图 8-4　调压调速系统框图

该动态框图是在稳态工作点 A 处求得的，只能适用于工作点附近的稳定性和动态性能分析，同时该模型忽略了电动机的电磁惯性，因而是一个近似模型。

异步电动机的调压调速系统虽然结构简单、控制方便且成本低廉，但这种调速方法存在着以下问题：

1）随着电压的降低，电动机的输出转矩成二次方地减少，使系统调速范围小。

2）系统的静态模型为非线性，使转速调节器设计困难，影响系统的静态精度。

3）系统采用近似动态模型，工作点范围受限，使固定调节器参数难以满足高动态性能的要求。

第四节 利用电动机的自身结构调速

一、变极调压调速系统

1. 系统特点

为了克服单速笼型电动机调压调速在低速时功率损耗大的缺点，并扩大调速范围，使其具有更大的适用性，可以将调压调速与变极调速相结合，充分发挥它们各自的特长，在相当大的范围内实现平滑调速，扩大调速范围，以及提高低速运转时的电磁转矩和效率。这种调压与变极相结合的调速，称为变极调压调速。

变极调压调速可以提高电动机的效率，如

4 极电动机：转速为950r/min，$s_1=0.37$，$\eta_1=63\%$。

6 极电动机：转速为950r/min，$s_2=0.05$，$\eta_2=95\%$。

变极调速系统效率显著提高的原因在于改变了同步转速 n_0。若某一转速 n 固定不变，由于电动机的转差率变小，转差功率 P_s 也变小，故提高了效率，$\eta\approx1-s$。

图 8-5 是变极调压调速系统框图。由图可见，它是将多速电动机的接触器控制与交流调压调速相结合。

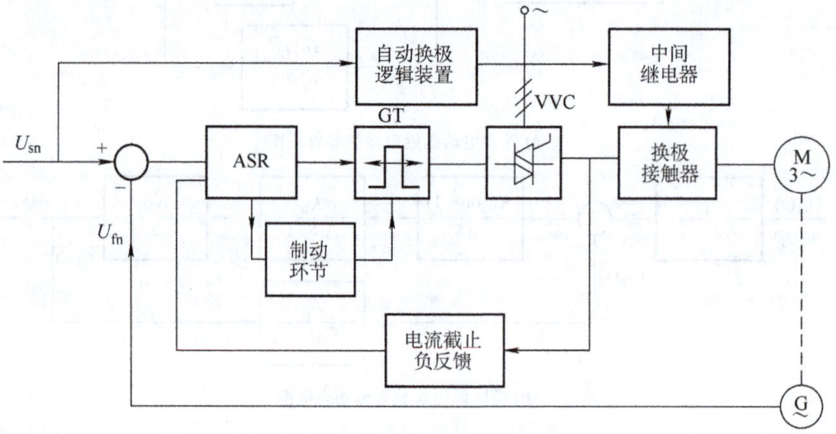

图 8-5 变极调压调速系统框图

2. 应用实例

图 8-6a 所示为一台 11kW 单绕组三速笼型异步电动机，通过定子绕组的不同接法，可以得到 4、6、10 极（都为Y/Y联结）旋转磁场，对应的同步转速分别为 1500r/min、1000r/min、600r/min。

系统采用双向晶闸管 3CTS－50A/1000V 构成的三相对称调压装置。定子绕组接线方式与接触器动作见表 8-1。

在系统减速、停车时采用能耗制动。制动时，在 U、V 相定子绕组通以恒定的直流电流，使转子感应电流产生制动转矩，电动机迅速减速，如图 8-6b 所示。

表 8-1　定子绕组接线方式与接触器动作表

级数	同步转速 n_0/(r/min)	动作接触器	U 相	V 相	W 相	短接点
10	600	Ⅰ、Ⅱ、Ⅵ	①②	④⑤	⑦⑧	③⑥⑧
6	1000	Ⅰ、Ⅲ、Ⅴ	①③	④⑥	⑦⑨	②⑤⑧
4	1500	Ⅱ、Ⅲ、Ⅳ、Ⅶ	②③	⑤⑥	⑧⑨	①④⑦

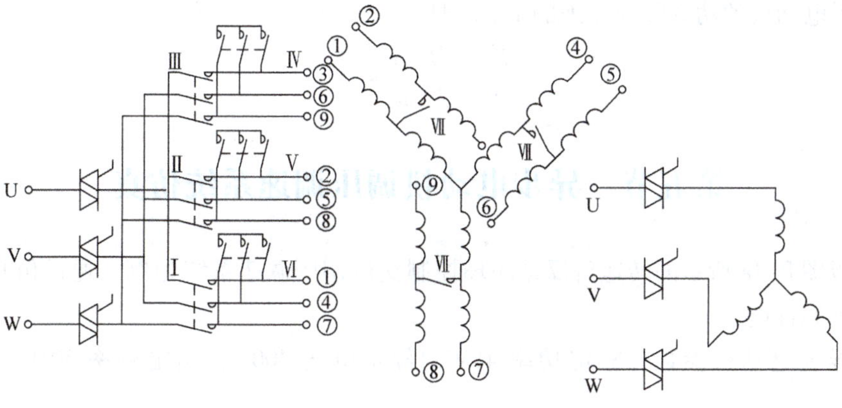

a) 变极调压调速电路　　b) 制动控制电路

图 8-6　变极调压调速实例

图 8-7a 为调压调速和变极调压调速的效率曲线。低速时，多速电动机效率比 4 极单速电动机提高很多，定子电流也减小许多。

变极调压调速系统的机械特性如图 8-7b 所示。最上面为 4 极，最下面为 10 极，中间为 6 极。端电压 $U_1>U_2>U_3>U_4$，可见调速范围扩大了。

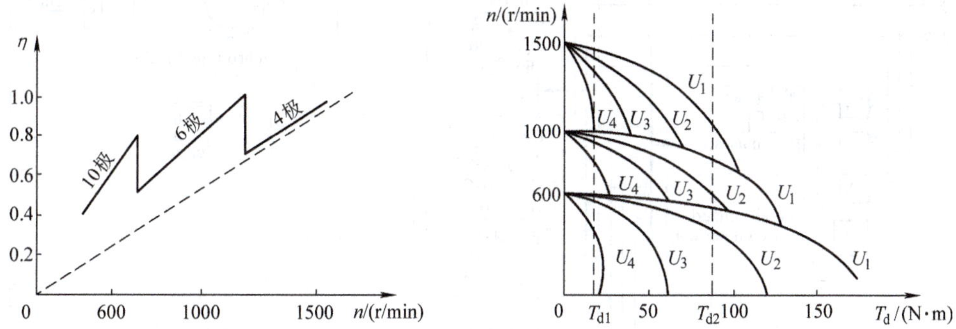

a) 效率曲线　　b) 机械特性

图 8-7　调压调速和变极调压调速效率曲线及机械特性曲线

二、△-Y变换节电

采用交流接触器和时间继电器等简单电器就可构成△-Y切换降压装置。其显著特点是：

体积小、成本低、寿命长、动作可靠。因此在工矿企业中某些轻载设备上使用，可取得显著的节电效果。

当电动机定子绕组由△联结改接成Y联结后，电动机每相定子绕组电压降为原来的 $1/\sqrt{3}$，即 $U_{Y}/U_{\triangle}=1/\sqrt{3}$。

电动机线电流、电磁转矩均降为原来的1/3，即 $I_{Y}/I_{\triangle}=1/3$，$T_{Y}/T_{\triangle}=1/3$。

Y联结与△联结虽然有电压变化，但电动机的转速变化不大，可近似地认为 $n\approx n_N$，所以Y联结时电动机的功率降为原来的1/3，即

$$\frac{P_{Y}}{P_{\triangle}}=\frac{T_{Y}\,n}{T_{\triangle}\,n_N}\approx\frac{1}{3}$$

第五节 异步电动机调压调速系统仿真

本节以图8-3a所示的转速负反馈闭环控制交流调压调速系统为例，通过仿真分析系统的稳态和动态性能。

交流异步电动机参数：额定功率4kW，额定电压400V，额定频率50Hz，额定转速1430r/min。

系统稳态参数：$U_{sn}=10\text{V}$，$\alpha_n=0.01\text{V}\cdot\text{min/r}$，$K_n=0.3$，$\tau_n=0.2$。

在MATLAS/Simulink中建立的转速负反馈交流调压调速系统仿真模型如图8-8所示。其中，交流异步电动机直接选用Simulink模块库SimPowersystems中的交流异步电动机控件，双向晶闸管采用两个反并联的晶闸管实现。电动机带50N·m负载起动，仿真时间为2s。

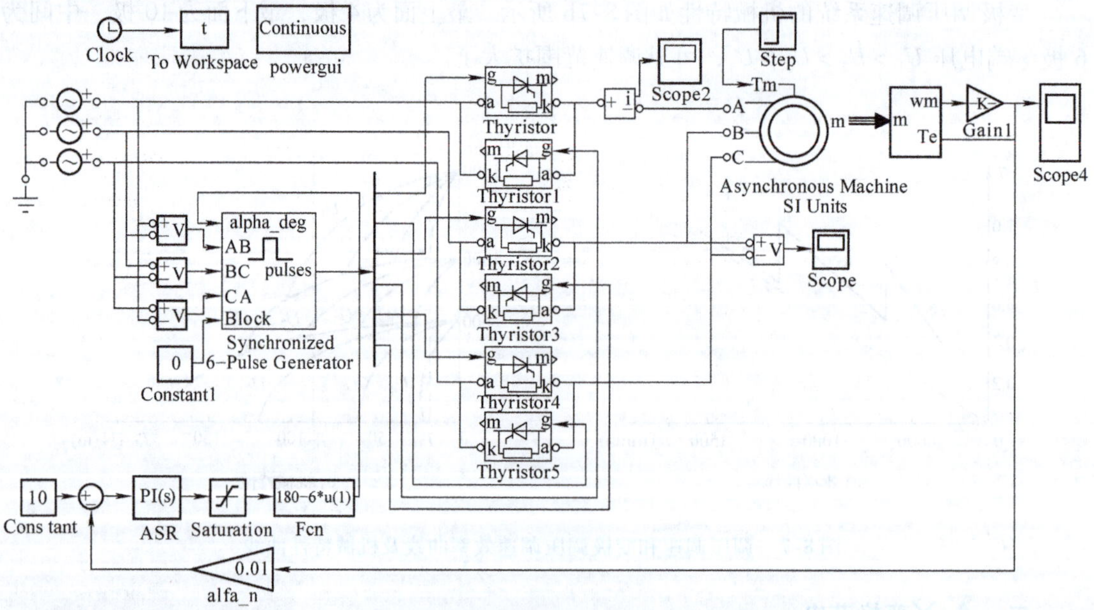

图8-8 交流调压调速系统仿真模型

图 8-9 和图 8-10 分别为交流电动机转速与转矩仿真波形。从图 8-9 可以看出，由于 ASR 采用的是 PI 调节器，实现了无静差调速，但是电动机的动态性能非常差，电动机在起动过程中，转速脉动很大。这是因为电动机起动时，转矩脉动很大，如图 8-10 所示。从图 8-10 还可以看出，即使是稳态时，转矩仍然有脉动，因此晶闸管交流调压调速系统不适用于高精度要求的场合。

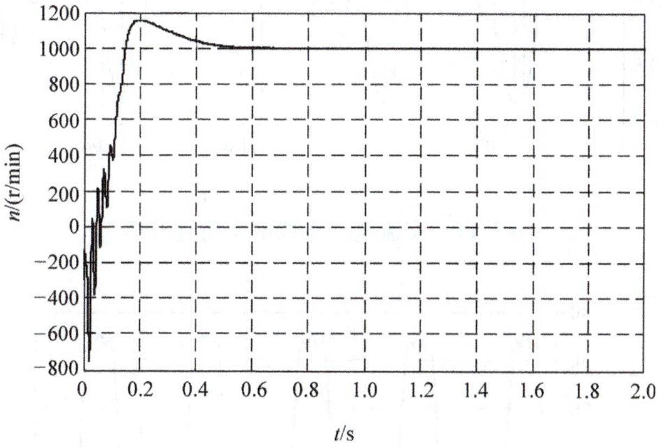

图 8-9　转速仿真波形

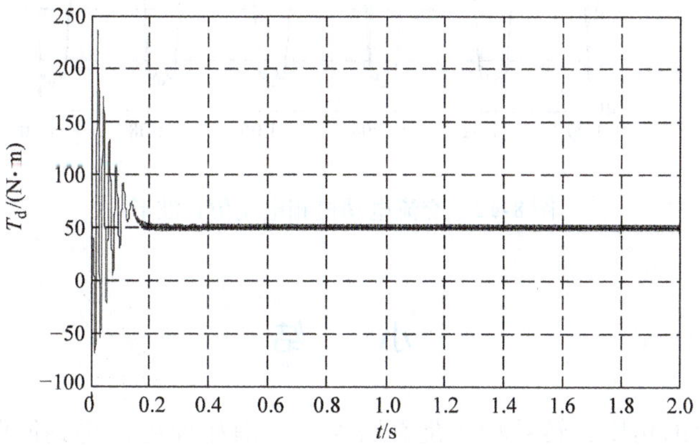

图 8-10　转矩仿真波形

图 8-11 和图 8-12 分别为交流电动机定子线电压波形和相电流仿真波形。从图 8-11 可以看出，电压波形的基波是正弦波，但已含有丰富的谐波。谐波的存在，对电网和电动机运行十分不利，会产生电网谐波污染，造成电动机转矩脉动和高频发热。从图 8-12 所示电流波形也可得出相似的结论。因此，采用晶闸管交流调压调速系统虽然可以实现调速的功能，但动态性能差，且这种装置对电网影响很大，对电动机本身性能影响也很大，只能在一些性能要求不高的场合使用。

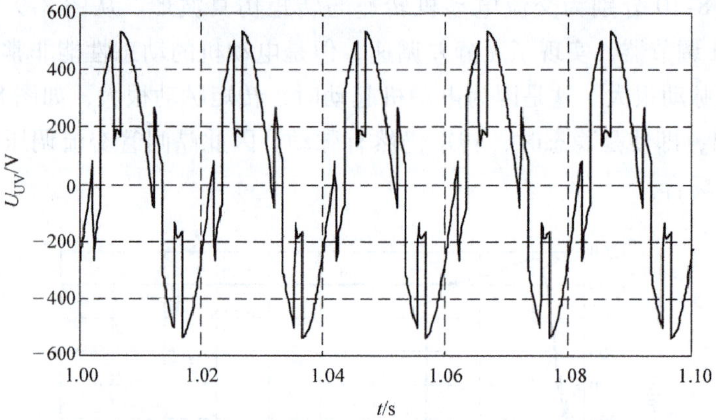

图 8-11 交流电动机线电压仿真波形

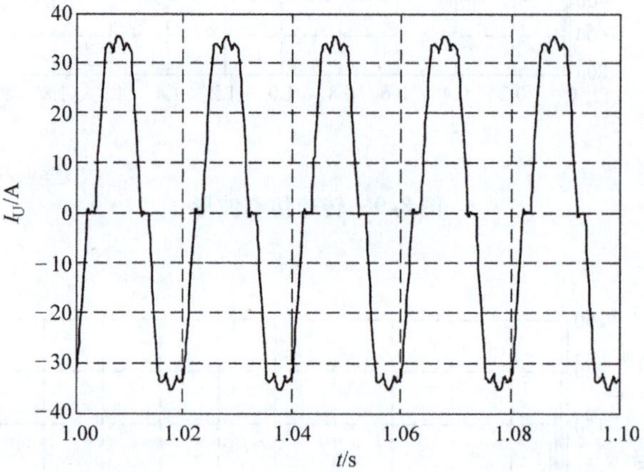

图 8-12 交流电动机相电流仿真波形

小　结

1）从能量转换的角度，转差功率是否增大，是消耗掉还是得到回收，是评价交流调速系统效率高低的基本标志。从这一观点出发，异步电动机的调速系统可分为转差功率消耗型调速系统、转差功率回馈型调速系统和转差功率不变型调速系统。

2）改变 U_1 可以改变转差率 s，即可改变 n，这就是调压调速的原理。对于恒转矩负载定子调压调速的范围甚小，如果采用高转子阻抗调压调速电动机或力矩电动机，调速范围可适当扩大。调压调速方法十分适用于风机及泵类负载。

3）调压调速系统一般由三部分构成：交流调压装置、异步电动机和控制器。为了提高调速精度和扩大调速范围($D\geqslant 2$)，应采用转速负反馈的闭环控制。

4）转速负反馈的调压调速系统常采用 PI（PID）调节器构成无差系统。系统静态特性曲线在额定电压 U_{1N} 和最小电压 U_{1min} 下的机械特性是闭环系统静态特性左右两边的极限值。

5）调压调速系统动态框图是在稳态工作点处求得的，因而只能适用于工作点附近的稳定性和动态性能的分析。

6）将调压调速与变极调速相结合称为变极调压调速。它可以在相当大的范围内实现平滑调速，扩大调速范围，提高低速运转时的电磁转矩和效率。

思考题与习题

8-1　在调压调速中，转矩 T_d 与电压 U_1、转差率 s 与电压 U_1 各是什么关系？

8-2　调压调速系统一般由哪几部分构成？

8-3　调压调速时，电动机的同步转速是否改变？最大转差率 s_m 是否改变？

8-4　调压调速适用于哪些负载？并说明原因。

8-5　在什么条件下可使用减压节能的方法？

8-6　常见的交流调压装置有哪些？

8-7　利用电动机自身的结构可实现哪几种调速方式？

8-8　△-Y变换实现节能的条件是什么？

第九章　异步电动机串级调速系统

第一节　串级调速原理

绕线转子异步电动机转子串电阻时的能量传递关系可用图 9-1 和下面公式表达。异步电动机从电网获得的有功功率 P_1 绝大部分（除定子中的铜耗和铁耗 ΔP_1 外）经气隙传送到转子，转为转子的有功功率，即电磁功率 P_2。P_2 的一部分转换成机械功率 P_M（$P_{out}+\Delta P_M$，ΔP_M 为机械损耗，P_{out} 为从电动机轴上输出的功率）；P_2 的另一部分就是转差功率 P_s，而转差功率 P_s 则转化成为转子回路的铜耗和铁耗，并以发热的形式消耗掉。它们之间的关系如下：

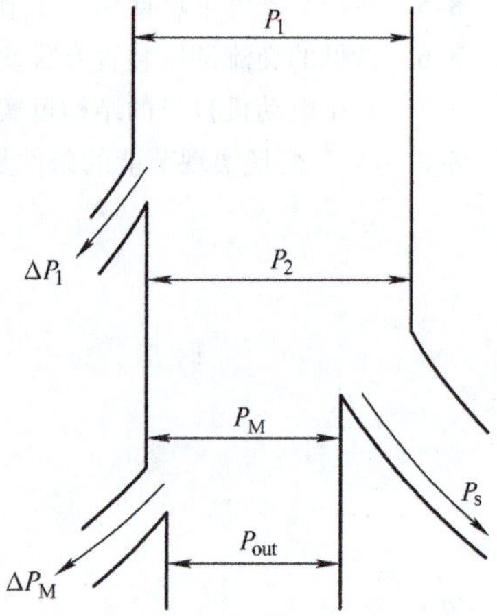

图 9-1　异步电动机转子串电阻调速的能量流图

$$P_2 = T_d\omega_0 = P_M + P_s$$

$$P_M = (1-s)P_2$$

$$P_s = sP_2 = 3I_2^2(R_2+R_{add})$$

式中　I_2——转子每相电流；

ω_0——异步电动机同步角速度；

R_2——转子绕组每相的电阻；

R_{add}——转子每相串入的附加电阻。

当电动机拖动恒转矩负载时，电磁功率 P_2 为常量。以电动机串入 R_{add} 后处于 1/2 同步转速为例，此时 $s=0.5$，电磁功率 P_2 的一半变为转子铜耗 $3I_2^2$（R_2+R_{add}）消耗掉，再考虑到定子中的损耗 ΔP_1，则总效率必定低于 50%。转速越低，效率越低。

若在绕线转子异步电动机转子回路中串入与转子电动势同频率的附加反电动势 E_{add}，如图 9-2 所示。由于 E_{add} 抵消了一部分转子电动势 E_2，因而转子电流 I_2 减小了，使加入了 E_{add} 之后的电动机电磁转矩因 I_2 减小而降低，电动机因其电磁转矩下降而减速，从而达到调速的目的。随着电动机的转速降低，转差率增加，转子电动势 E_2 增加了，I_2 也随之增加，直到电动机的电磁转矩同负载转矩相等，电动机便稳定地运行在较低的新的转速上。由此可见，只要改变附加反电动势 E_{add}，就可以对绕线转子异步电动机进行平滑调速。E_{add} 越大，电动机转速越低。从理论上讲，当 E_{add} 与 E_2 相等时，电动机便停转。这就是串级调速的原理。

利用上述方法，可以使电动机在低速运转时，转子中的转差功率 P_s 只有一小部分在转子绕组本身的电阻 R_2 上消耗掉，而转差功率的大部分被串入的附加电动势 E_{add} 所吸收。再利用产生 E_{add} 的装置设法把所吸收的绝大部分转差功率 P_f（$P_f=P_s-\Delta P_2$，ΔP_2 为转子回路的总损耗）送回电网，就能使电动机在低速运转时具有较高的效率。这种在绕线转子异步电动机转子回路中串入附加电动势 E_{add} 的高效率调速方法，称为串级调速。串级调速完全克服了转子串电阻调速的缺点，它具有高效率、无级平滑调速及低速机械特性较硬等许多优点。

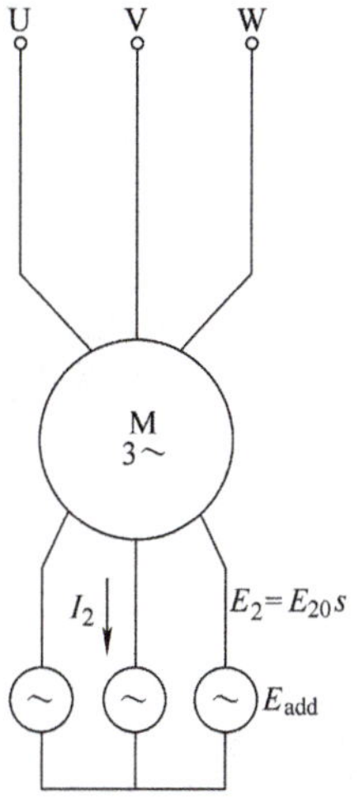

图 9-2　串级调速原理

为什么在转子回路中改变 E_{add} 的大小，就能调节电动机转速的高低呢？下面就对串级调速原理作进一步的分析。当 $E_{add}=0$ 时，相当于异步电动机处在其自然机械特性的运转状态上；当 $E_{add}\neq 0$ 时，则转子电流 I_2 为

$$I_2=\frac{E_{20}s\pm E_{add}}{\sqrt{R_2^2+(sX_{20})^2}}=\frac{E_{20}\pm E_{add}/s}{\sqrt{(R_2/s)^2+X_{20}}} \tag{9-1}$$

式中　E_{20}——电动机转子开路相电动势；

X_{20}——$s=1$ 时的转子绕组每相漏抗。

当 E_{add} 相位与转子感应电动势 $E_2=E_{20}s$ 的相位差为 180°时，电动机从额定转速向下调速。因为反相位 E_{add} 的串入，立即引起转子电流 I_2 的减小，即

$$I_2=\frac{E_{20}s-E_{add}}{\sqrt{R_2^2+(sX_{20})^2}}$$

I_2 减小使电磁转矩亦相应减小，出现电动机的电磁转矩值小于负载转矩值的状态，稳定运行条件被破坏，迫使电动机减速。随着转速的降低，转差率 s 增大，由式（9-1）可知，转子电流 I_2 回升，电磁转矩 T_d 亦回升。直到电动机转速降至某一值，I_2 回升到使得电动机的电磁转矩恢复到与负载转矩相等时，减速过程才结束。串入与 E_2 相位相反的附加反电动势 E_{add} 的幅值越大，电动机的稳定转速越低。这就是电动机向低于同步转速方向调速的原理。

同理，串级调速还可以向高于同步转速方向调速，只要使串入电动机转子的 E_{add} 的相位与 $E_2=E_{20}s$ 的初始相位相同即可。因为当同相位的 E_{add} 引入时，可使 I_2 的值变大。由于 I_2 增大，电动机的电磁转矩亦增大，电磁转矩大于负载转矩，迫使电动机加速。随转速上升，转差率 s 减小，I_2 亦随之减小，最后电动机稳定工作在新的平衡点上。当串入的 E_{add} 足够大时，电动机必然要加速并超过同步转速，使 $s<0$，$E_2=E_{20}s<0$，E_2 反相。式（9-1）的分子项变成 $E_{add}-|E_{20}s|$，才能使 I_2 减小，恢复到电磁转矩与负载转矩相平衡的状态，加速过程结束，电动机处于高于同步转速的某一转速值下稳定运行。这就是异步电动机向高于同步转速方向调速的超同步调速原理。串入的同相位 E_{add} 的幅值越大，电动机的稳定转速就越高。

第二节　能量传递关系及串级调速系统分类

1. 能量传递关系

在异步电动机的转子中串入附加电动势而形成的串级调速，从能量关系来看，实质上就是利用附加电动势 E_{add} 来控制异步电动机转子中的转差能量从而实现调速。因此串级调速的各种基本状态可以通过能量的传递关系加以讨论。串级调速可实现五种基本运行状态。在不同状态下的能量传递关系如图 9-3 所示。为了讨论方便，图中的能量传递关系均不计电动机

内部的各种损耗，即认为 $P_1 = P_2 = P$。

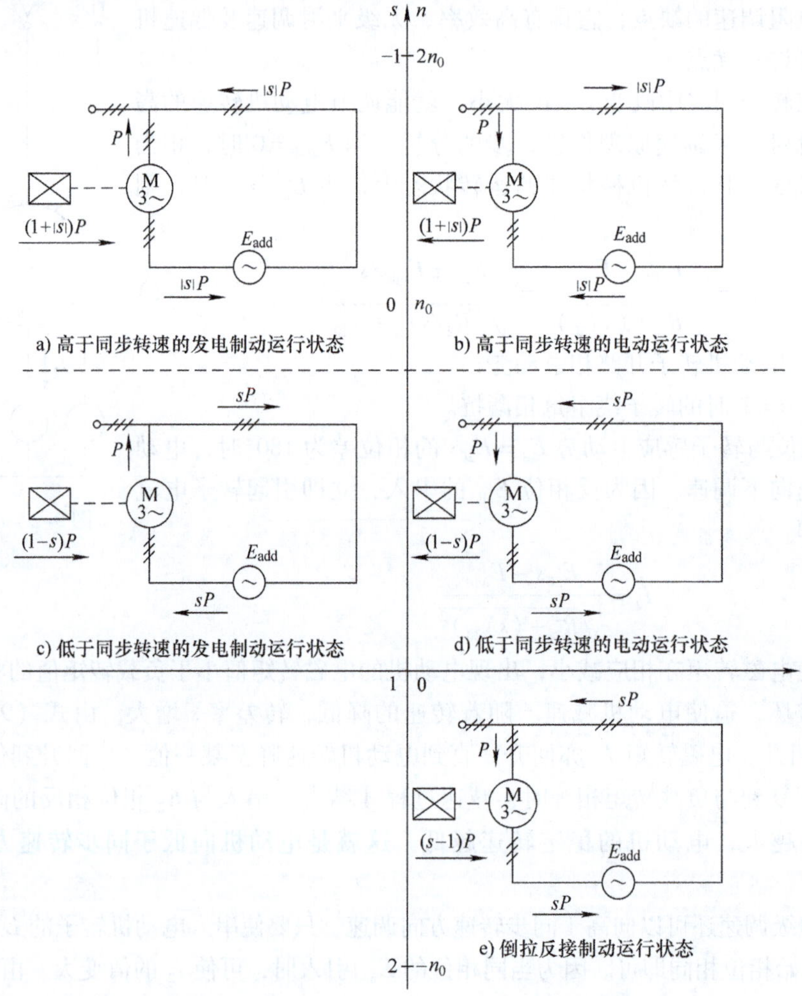

图 9-3 串级调速的基本运转状态与功率传递图

第一种是低于同步转速的电动运行状态，如图 9-3d 所示。这时转子电流 I_2 与转子绕组中的感应电动势 E_2 的相位趋于一致，与串入的附加电动势 E_{add} 的相位相反，故转子绕组输出的转差功率 P_s 被附加电源 E_{add} 吸收。同时，E_{add} 将吸收的转差能量送回到电网。

第二种是高于同步转速的电动运行状态，如图 9-3b 所示。转子中串入的 E_{add} 是与 E_2 初始相位和 I_2 的相位趋于一致的。但当超过同步转速运行时，$s < 0$，这时电网向电动机定子和转子绕组同时输入能量。

第三种是高于同步转速的发电制动运行状态，如图 9-3a 所示。这时电动机转子中的转差功率传递方向与图 9-3d 所示的低于同步转速的电动运行状态是相同的。E_{add} 装置将转差功率吸收并送回电网，定子也向电网回馈电功率。电动机在超同步转速的状态下产生电气制动转矩，电动机工作在第二象限内。

第四种为低于同步转速的发电制动运行状态，如图 9-3c 所示。其特点是电网通过 E_{add} 向电动机转子绕组供给转差功率，与图 9-3b 中的高于同步转速的电动运行状态时转子中功率传递方向相同。这时电动机在低于同步转速下也能产生电气制动转矩，电动机工作在第二象限内。

第五种为倒拉反接制动运行状态，如图 9-3e 所示。这种状态在实际工作中难以实现。

2. 串级调速系统的分类

对于异步电动机的串级调速系统，可根据其一些特点进行分类。

按照异步电动机转速调节的区域来分类，可分为低同步转速单一调节区域的串级调速，超同步转速及低同步转速的两个区域的串级调速。

图 9-4a 所示为异步电动机晶闸管串级调速系统。异步电动机转子侧的不可控整流器和电网侧的逆变器均采用三相桥式电路。通过控制逆变器的逆变角 β 就可调节异步电动机的转速，使其在低于同步转速的范围内运行，因而又称这类系统为次同步串级调速系统。

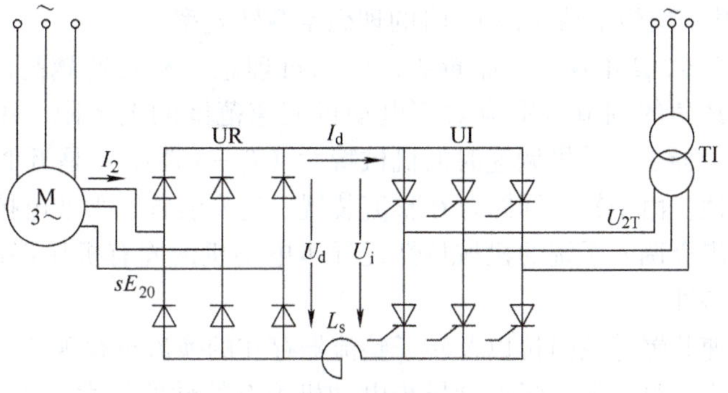

a) 调速系统

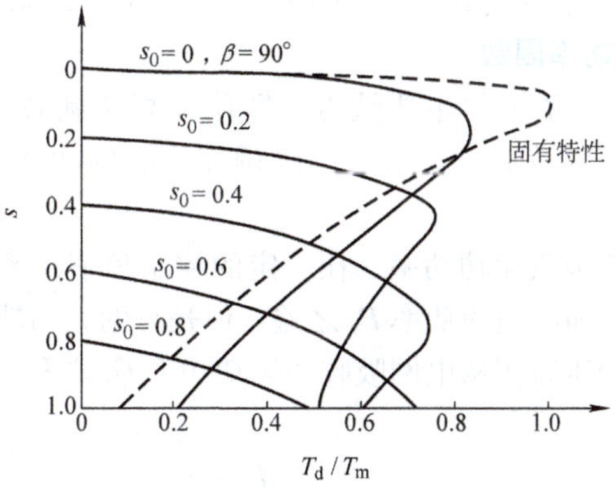

b) 机械特性

图 9-4　异步电动机晶闸管串级调速系统

第三节　串级调速系统的基本特性

一、机械特性

由图 9-4a 可以写出经整流后的转子直流回路电压平衡方程式

$$U_d = U_i + I_d R_\Sigma \tag{9-2}$$

$$K_1 sE_{20} = K_2 U_{2T} \cos\beta + I_d R_\Sigma$$

式中　K_1——整流装置 UR 的电压整流系数；

K_2——逆变装置UI的电压逆变系数；

U_i——逆变器直流侧电压，即直流附加电动势；

U_{2T}——逆变变压器二次相电压；

β——逆变装置的逆变角；

R_Σ——转子直流回路等效总电阻。

若整流装置和逆变装置均采用三相桥式电路，则 $K_1=K_2=2.34$。

由式（9-2）可以写出系统在理想空载运行时的转子直流回路电动势平衡方程式，即

$$K_1 s_0 E_{20}=K_2 U_{2T}\cos\beta$$

$$s_0=\frac{U_{2T}\cos\beta}{E_{20}} \tag{9-3}$$

式中 s_0——对应某一理想空载转速 n_0 时的理想空载转差率。

从式（9-3）可知，β 角越大，s_0 越小，电动机理想空载转速越高。为防止逆变颠覆，β_{min} 一般取为30°。β 角的调节范围应对应电动机调速范围的上下限。由式（9-2）可以看出，在不同 β 角下，异步电动机调速时的机械特性（T_d—s 曲线）是近似平行的，类似于直流电动机的机械特性。由于转子回路存在整流装置、逆变装置、平波电抗器、逆变变压器的等效电阻，因而，串级调速系统的机械特性比异步电动机的固有机械特性软。图9-4b为串级调速系统的机械特性。

同时，串级调速装置等效阻抗以及转子整流器存在的换流重叠现象，使得电动机在串级调速系统中所能产生的最大转矩降低到异步电动机固有特性的最大转矩 T_M 的82.6%。即采用串级调速后，电动机的过载能力损失了17.4%。这一点在实际应用中要特别加以注意。

二、串级调速系统的功率因数

功率因数低是串级调速系统的主要缺点，即使在高速满载运转时其功率因数也只有0.6~0.65，低速时总功率因数更低。造成串级调速系统的功率因数下降的原因有下面几方面。

1）晶闸管逆变器需要吸收无功功率。在一定的控制角下，系统从电网输入的净功率 P 等于电动机吸取的功率 P_1 和回馈的功率 P_f 之差，但是总的无功功率则等于电动机从电网吸收的无功功率 Q_1 和逆变变压器侧从电网吸收的无功功率 Q_f 之和。其功率因数等于系统的有功功率 P 与视在功率 S 之比，即

$$\cos\varphi=\frac{P}{S}=\frac{P_1-P_f}{\sqrt{(P_1-P_f)^2+(Q_1+Q_f)^2}}$$

在低速下，当总的有功功率减少时，因系统的无功功率基本不变，所以系统的功率因数降低了。

2）由于串级调速系统中转子整流器存在换流重叠现象，造成转子电流滞后转子电压 $\gamma/2$（γ 为换相重叠角），使电动机本身运转功率因数变坏。

3）在串级调速系统中，电动机和逆变变压器的电流波形发生畸变，其电流的高次谐波分量引起无功的畸变功率，使串级调速系统的总功率因数亦变坏。后两者所造成的功率因数降低约10%左右。

改善串级调速系统功率因数的措施有以下几种。

1）并联补偿电容器。采用补偿电容，能方便地使串级调速系统的功率因数达到要求的

数值。

2）采用具有超前功率因数的强迫换流逆变器。在逆变器工作时使晶闸管在自然换相点之后换相，产生容性无功功率，以补偿感性负载的无功功率。

3）采用两组逆变装置串联，两组逆变变压器分别采用△和Y联结（必要时，再对两组逆变器进行逆变角不对称控制，原理与整流装置串联运行类似）。这种方法适用于大功率串级调速系统。

4）在电动机转子直流回路的整流装置与逆变装置之间加入斩波器 CH，形成斩波控制串级调速系统。它将逆变器逆变角固定在 β_{min}，从而提高功率因数。

三、串级调速系统的效率

表 9-1 为绕线转子异步电动机串级调速系统效率比较。

表 9-1 绕线转子异步电动机串级调速系统效率

项目	负载特性	速度(%)			
		100	80	60	40
总效率(%)	恒转矩	92	90	88	82
	风机类	92	90	82	75

综上所述，次同步晶闸管串级调速系统具有以下主要特点：

1）调速装置的总效率高，约为 90%，低速运转时也降低得不多。

2）当要求调速范围不大时，串级调速系统的逆变装置的容量和耐压较小，这是优于直流调压调速等方案的最大优点。

3）能实现无级调速，当采用双闭环控制时，具有与直流调压调速几乎相同的高调速精度。

4）安全性、可靠性高。

第四节 具有双闭环控制的串级调速系统

一、双闭环串级调速控制系统组成

图 9-5 为双闭环串级调速控制系统电路图。

双闭环串级调速控制系统与直流电动机双闭环调速控制系统组成方法类似，ASR 和 ACR 同样采用 PI（PID）调节器，所不同的是，它通过调节逆变器的逆变角来达到调节异步电动机转速的目的。

二、串级调速系统的数学模型

图 9-5 中整流装置、调节器和反馈环节的动态框图与直流电动机双闭环调速控制系统一样，下面重点讨论其他环节的数学模型。

1. 直流回路的电压控制环节

与双闭环系统不同的是，在串级调速系统中，电流调节器输出的触发控制电压 U_c 是通过控制有源逆变器的 β 角来达到控制 U_{i0} 的目的。当 $U_c=0$ 时，为防止逆变颠覆，$\beta=\beta_{min}=30°$；当 U_c 增大时，β 增大，U_{i0} 随之减小。U_c 和 U_{i0} 不成正比关系。如果仍考虑逆变环节的传递函数与可控整流环节一样，即为 $K_{tr}/(\tau_D s+1)$，则应将直流回路的合成电压（$U_{d0}-$

U_{i0}）作为输出。这时，当 U_c 增大时，（$U_{d0}-U_{i0}$）才相应增大。

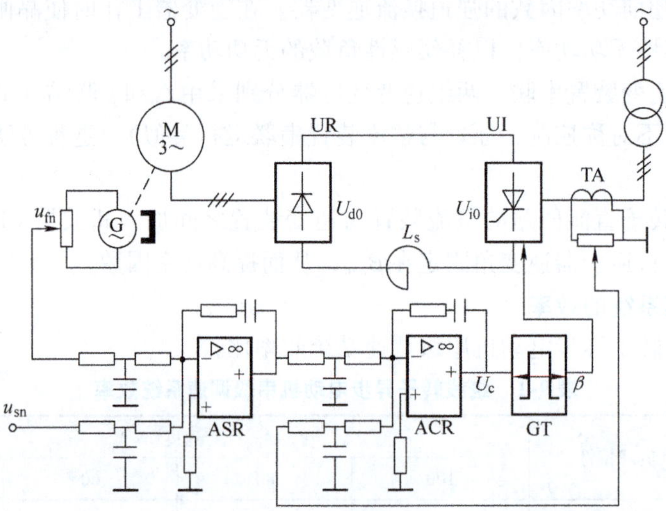

图9-5 双闭环串级调速控制系统电路图

2. 串级调速系统转子直流回路的传递函数

串级调速系统转子直流回路的动态电压平衡方程为

$$sU_{d0}-U_{i0}=L_{\Sigma}\frac{\mathrm{d}i_d}{\mathrm{d}t}+R_{\Sigma s}i_d$$

$$\left(\frac{n_0-n}{n_0}\right)U_{d0}-U_{i0}=L_{\Sigma}\frac{\mathrm{d}i_d}{\mathrm{d}t}+R_{\Sigma s}i_d \tag{9-4}$$

式中 U_{d0}——整流装置理想空载输出电压；

U_{i0}——逆变装置输出理想空载电压，$U_{i0}=2.34U_{2T}\cos\beta$；

i_d——转子直流主电路电流；

L_{Σ}——转子回路总电感，包括折算到转子侧电动机每相漏感 L_{D0}、折算到二次侧的逆变变压器每相漏感 L_T 和平波电抗器电感 L_s，$L_{\Sigma}=2L_{D0}+2L_T+L_s$；

$R_{\Sigma s}$——转差率为 s 时的转子回路总电阻。包括换相压降折算的电阻 $3x_{D0}s/\pi$（x_{D0} 为 $s=1$ 时，折算到转子侧的电动机每相漏抗）、折算到二次侧的逆变变压器每相等效漏抗 x_T 上产生的压降折算的电阻 $3x_T/\pi$（$x_T=x_{T1}+x_{T2}$）、折算到转子侧电动机每相电阻 R_D（$R_D=R_2+sR_1'$）、折算到二次侧的逆变变压器每相等效电阻 R_T（$R_T=R_{T1}'+R_{T2}$）和平波电抗器电阻 R_L，$R_{\Sigma s}=3x_{D0}s/\pi+3x_T/\pi+2R_D+2R_T+R_L$。

对式（9-4）进行拉氏变换，经整理得

$$\frac{I_d(s)}{U_{d0}-U_{i0}(s)-U_{d0}N(s)/n_0}=\frac{K_{Lr}}{\tau_{Lr}s+1} \tag{9-5}$$

式中 τ_{Lr}——转子直流回路时间常数，$\tau_{Lr}=L_{\Sigma}/R_{\Sigma s}$；

K_{Lr}——转子直流回路放大系数，$K_{Lr}=1/R_{\Sigma s}$。

因此，τ_{Lr}和 K_{Lr}都是转速 n（或转差率 s）的函数，它们是非定常系数。

3. 异步电动机的传递函数

$$T_d - T_L = K_T(I_d - I_L) = \frac{GD^2}{375}\frac{dn}{dt}$$

式中 K_T——异步电动机等效转矩系数，$K_T = \frac{1}{\omega_0}\left(U_{d0} - \frac{3x_{D0}}{\pi}I_d\right)$；

ω_0——异步电动机同步角速度。

因而

$$\frac{N(s)}{I_d(s) - I_L(s)} = \frac{1}{\frac{GD^2}{375}\frac{1}{K_T}s} = \frac{1}{\tau_m s} \tag{9-6}$$

式中 $\tau_m = GD^2/(375K_T)$。

由于 K_T 和 τ_m 都是 I_d 的函数，因此它们也是非定常系数。

4. 系统动态框图

双闭环串级调速控制系统动态框图如图 9-6 所示。系统动态结构图与双闭环直流调速系统一样，图中与转速成正比的（U_{d0}/n_0）n 项正好相当于直流电动机中反电动势的影响。

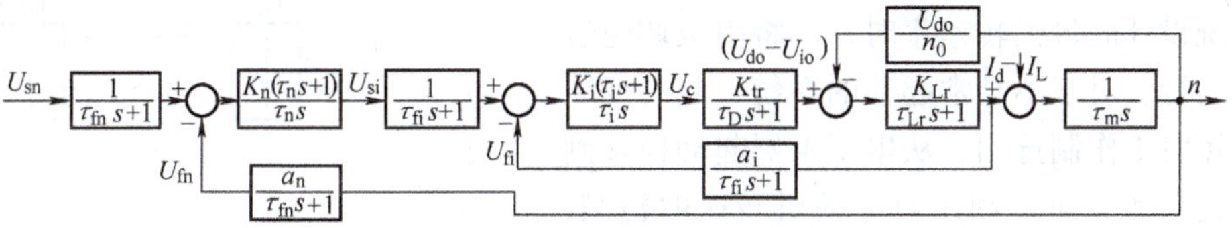

图 9-6 双闭环串级调速控制系统动态框图

系统突加给定时的工作原理与直流电动机双闭环调速控制系统类似。ASR 在起动的大部分时间内处于饱和状态，系统相当于转速开环。随着起动过程的进行，ACR 输出增大，β 角也增大，逆变电压 U_i 减小，打破起动开始瞬间逆变电压大于整流电压 U_{d0} 的平衡状态，产生直流电流 I_d，电动机在电磁转矩的作用下加速起动。在电动机未达到给定值前，ACR 维持 I_d 恒定，使加速过程中逆变电压与转子整流输出电压的变化率相同。转速超调以后，ASR 退出饱和状态，转速环起线性调节作用，将转速维持在给定值上。

三、调节器参数整定

系统校正与直流电动机双闭环调速控制系统类似，主要考虑系统的抗扰性能。由于τ_{Lr}、K_{Lr}和τ_m 都不是常数，对于要求较高的系统应采用微机自适应控制系统，这里只介绍常规的模拟控制。

1. 电流环的设计

对比附录 C 中的图 C-3，电流环开环传递函数可表示为

$$G_I(s) = \frac{K_i(\tau_i s + 1)}{\tau_i s}\frac{\alpha_i K_{tr}}{\tau_{\Sigma i}s + 1}\frac{K_{Lr}}{\tau_{Lr}s + 1}$$

式中 $\tau_{\Sigma i}$——电流环小惯性环节等效时间常数，$\tau_{\Sigma i} = \tau_D + \tau_{fi}$。

按典型 I 型系统设计时，可按系统调速范围的下限（即 s_{max}）所确定的τ_{Lr}、K_{Lr}值，或按 $s_{max}/2$ 时所确定的τ_{Lr}、K_{Lr}值（用在全范围调速系统中），将电流环作为定常系统设计 ACR

的参数，可得到较好的动态性能。

当$\tau_{Lr} > h\tau_{\Sigma i}$（$h$为中频宽）时，直流主电路可以近似为积分环节，电流环才能按典型Ⅱ型系统设计。按典型Ⅱ型系统设计，选取$\tau_i = h\tau_{\Sigma i}$时，$\tau_{Lr}$与$K_{Lr}$的变化是互补的，电流环可视为定常系统。

2. 转速环的设计

为了获得良好的抗扰性能，转速环应按典型Ⅱ型系统设计。设计时，按实际运行工作点的电流值I_d确定相应的τ_m后，再将转速环按定常系统设计。

四、串级调速系统的起制动控制

为了防止逆变颠覆，起动时必须使逆变器先于电动机接上电网，停车时则比电动机后脱离电网。串级调速系统的起动控制电路图如图9-7所示。

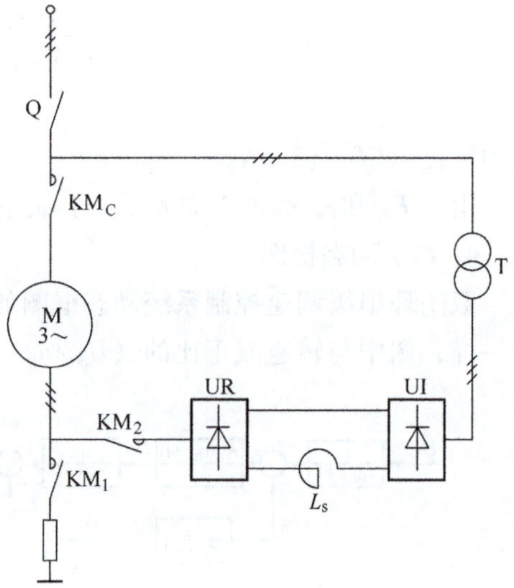

图9-7 串级调速系统的起动控制电路图

1. 间接起动

对于不需要全范围调速的系统，可采用转子串入频敏变阻器间接起动，待电动机起动到串级调速系统设计的最大转差率时，才将串级调速装置投入运行。对于不经常起动的系统，起动变阻器可按短时工作制选用。从串变阻器起动换接到串级调速装置，可以利用对电动机转速的检测，或利用时间控制原则自动控制切换。

起动操作步骤为：接通电源总开关Q，使逆变器处于β_{min}下待工作。然后依次接通KM_1和KM_C。待电动机起动到设计的s_{max}时，接通KM_2，同时断开KM_1。应注意：电动机起动转速未达到设计的s_{max}以前投入逆变装置，将会造成因转子电压超过整流元件的耐压而击穿整流元件的现象。停车时，应先断开KM_2，再断开KM_C。

2. 直接起动

直接起动用于全范围调速方式。起动操作步骤为依次接通Q、KM_C、KM_2。此时，由于转子整流电压$2.34E_{20}$小于逆变电压$2.34U_{2T}\cos\beta_{min}$而处于待工作状态（起动电阻不接入），直流回路无电流，电动机处于待工作状态。当加入给定信号后，随β的增加，电动机才能起动。

3. 串级调速系统的制动与可逆运行

串级调速系统可采用能耗制动，而可逆运行可以采用晶闸管切换相序的方法实现。

五、斩波控制串级调速系统

斩波控制串级调速系统是在常规串级调速系统的基础上，在直流回路中加入斩波器CH。转子整流器通过斩波器与逆变器相连接。CH工作在开关状态下，当CH接通时，转子整流电路被短接，电动机处于转子短接状态下工作；当CH断开时，电动机在串级调速状态下工作。为提高系统的功率因数，逆变器保持在β_{min}状态下。

由式（9-3）可推导出整流装置和逆变装置均采用三相桥式联结时的斩波控制串级调速系统理想空载时的电压平衡方程式为

$$s_0E_{20}=\left(1+\frac{\tau}{T}\right)U_{2T}\cos\beta_{min}$$

$$n_0=n_{syn}\left[1-\left(1-\frac{\tau}{T}\right)\frac{U_{2T}}{E_{20}}\cos\beta_{min}\right] \tag{9-7}$$

式中　τ/T——斩波器输出脉冲的占空比；

n_{syn}——异步电动机的同步转速；

n_0——不同占空比τ/T时的理想空载转速。

由式（9-7）可以看出，当$\beta=\beta_{min}$固定不变时，只要改变占空比τ/T即可改变异步电动机的理想空载转速。斩波控制串级调速系统的机械特性与常规串级调速系统相似，特性随τ/T的减小而平行下移。同时，由于转子直流回路工作在斩波状态，使得回路的等效电阻减小，因而斩波控制串级调速系统的机械特性比常规串级调速系统更硬。

第五节　双馈串级调速系统

前面讨论过的次同步串级调速系统是通过附加电动势将转差功率从异步电动机的转子输出并回馈电网实现调速的，功率的传递是单方面的。如果将图 9-4a 所示的次同步串级调速系统中的转子整流器改为可控整流器，则可达到改变转差功率的传递方向的目的。这样，可将逆变器从电网获得的直流能量输入给电动机的转子绕组，即附加一个反方向的电动势（或视为转差功率和转差率均为负值）。异步电动机可同时从定子和转子绕组获得电能，电动机工作于高于同步转速的状态，称为超同步串级调速系统。超同步串级调速系统的基本原理已在本章第二节中作了介绍。由于这时电动机的转差功率既可以通过转子直流回路回馈电网，转子绕组也可以通过转子直流回路从电网获得能量，因而称为双馈调速系统。

双馈调速系统工作在超同步工作状态时，其直流回路的两个变流器的工作状态正好与系统工作在次同步工作状态时相反，即原工作在整流状态的变流器现工作在逆变状态（逆变角β_1在30°～90°间可调）；原工作在逆变状态的变流器现工作在整流状态（整流控制角α_2在0～90°间可调）。

在理想空载条件下，转子直流回路电压平衡方程式为

$$-s_0E_{20}\cos\beta_1=U_{2T}\cos\alpha_2$$

$$s_0=-\frac{U_{2T}\cos\alpha_2}{E_{20}\cos\beta_1} \tag{9-8}$$

由式（9-8）可知，调节β_1和α_2均可达到调节电动机转速的目的。为了获得较高的系统功率因数，一般将α_2固定在较小的角度，而通过调节β_1来调节电动机的转速，以提高系统的功率因数。

双馈串级调速系统与普通的次同步串级调速系统相比具有以下优点：

1）在同样的额定功率和调速范围之下，双馈串级调速系统可以在同步转速上、下进行调速，因而附加的串级调速装置比单纯采用次同步串级调速时的装置容量小一半。

2）由于转差功率可以双向传递，易于实现再生制动（其基本原理见本章第二节），使系统具有良好的动态特性。

3）具有较高的功率因数。

虽然双馈串级调速系统具有上述优点，但系统要比次同步串级调速系统复杂。双馈串级调速系统从定子端看是恒压恒频供电的，但从转子端看，它是一个交-直-交变频装置。因而从原理上可以看出，转子回路也可以采用交-交变频装置来实现双馈串级调速（实际上，大功率的超同步串级调速系统中常采用交-交变频装置来实现串级调速）。

第六节 异步电动机串级调速系统仿真

本节以图9-5所示的双闭环串级调速系统为例，通过仿真分析系统的稳态和动态性能。

绕线转子异步电动机参数：额定功率2.2kW，额定电压380V，额定转速1400r/min。

系统稳态参数：$U_{sn}=10V$，$\alpha_n=0.008V\cdot min/r$，$\alpha_i=0.1V/A$。

参考双闭环调速系统工程设计方法（详见附录C）和本章第四节调节器参数整定，可以初步确定调节器参数。通过MATLAB/Simulink仿真调试后确定的调节器参数：$K_n=15$，$\tau_n=0.2$；$K_i=0.8$，$\tau_i=1$。

在MATLAB/Simulink中建立的双闭环串级调速系统仿真模型如图9-8所示。电动机、二极管整流桥、晶闸管有源逆变桥、变压器均选自Simulink模块库SimPowersystems中的相应控件。电动机带10N·m负载起动，仿真时间为2.5s。

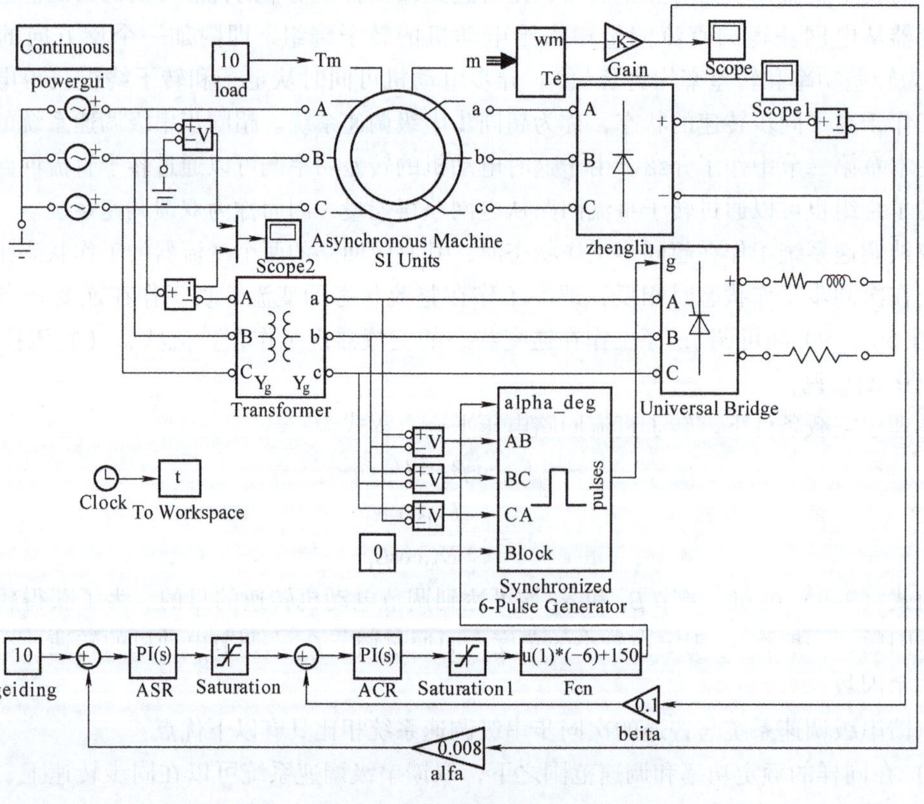

图9-8 双闭环串级调速系统仿真模型

图 9-9 为交流电动机转速仿真波形。可以看出，转速以较快的速度接近给定转速，转速没有超调量，最终稳定在给定转速。由于转速环采用的是 PI 调节器，系统可以实现无静差调速。

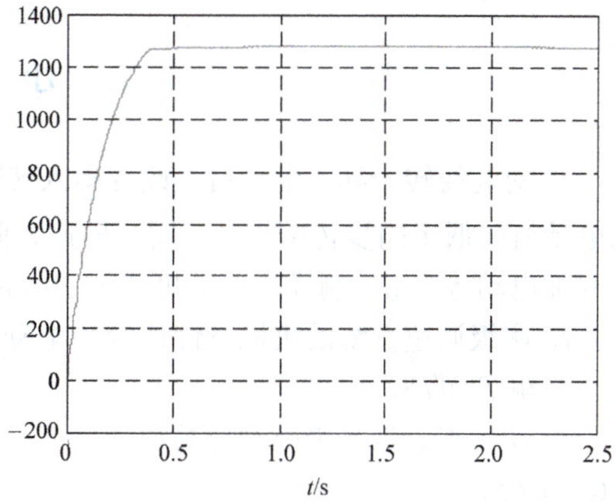

图 9-9 转速仿真波形

图 9-10 为交流电动机转矩仿真波形。电动机输出转矩在负载转矩上下波动，但转矩脉动较大，这与串级调速的特点是相符的，从输出转矩这一点来看，其性能不如双闭环直流调速系统。

图 9-11 为变压器一次侧相电压和相电流仿真波形。从相电压和相电流的相位可以分析出，有部分转差功率回馈到电网。由于电动机功率较小，回馈的转差功率十分有限，其他转差功率都消耗在整流桥装置、有源逆变装置及电动机上。

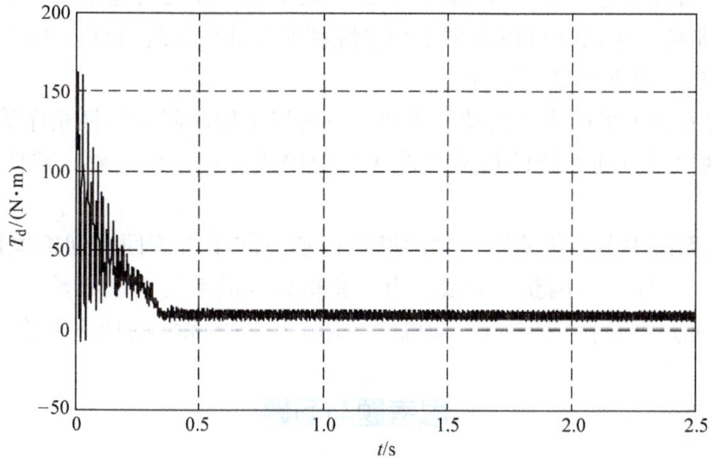

图 9-10 转矩仿真波形

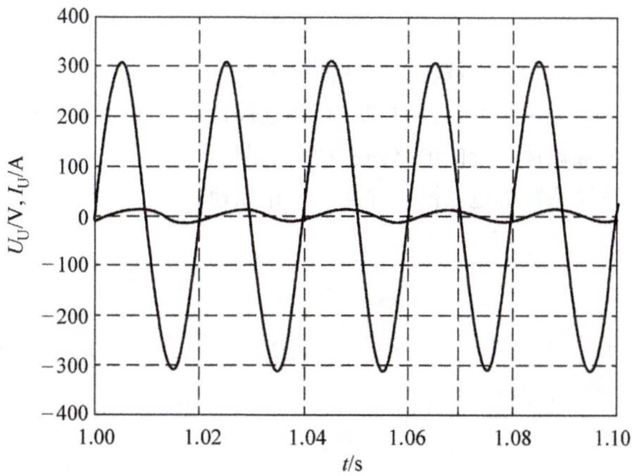

图 9-11 变压器一次侧相电压和相电流仿真波形

小　结

1. 对绕线转子异步电动机，改变串入转子回路的附加反电动势 E_{add} 的幅值与方向即可达到电动机向低于同步转速或高于同步转速方向调速的目的。从能量关系来看，实质上就是利用附加电动势 E_{add} 控制异步电动机转子中的转差能量的传递方向，从而实现调速。

2. 串级调速系统的机械特性比异步电动机的固有机械特性软，其最大转矩为固有特性最大转矩 T_m 的 82.6%。

3. 功率因数低是串级调速系统的主要缺点，即使在高速满载运转时其功率因数也只有 0.6～0.65。

4. 串级调速效率较高，约为 90%，低速运转时也降低得不多。

5. 当采用双闭环控制时，串级调速系统具有与直流调压调速几乎相同的高调速精度。双闭环串级调速控制系统与直流电动机双闭环调速控制系统组成方法类似。所不同的是，它通过调节逆变器的逆变角来达到调节异步电动机转速的目的。

6. 系统校正与直流电动机双闭环调速控制系统类似，主要考虑系统的抗扰性能。但 τ_{Lr}、K_{Lr} 和 K_m 都不是常数。电流环可按典型Ⅰ型系统和典型Ⅱ型系统设计。为了获得良好的抗扰性能，转速环应按典型Ⅱ型系统设计。

7. 串级调速系统可采用能耗制动，可逆运行可以采用晶闸管切换相序的方法实现。

8. 斩波控制串级调速系统的机械特性比常规串级调速系统更硬，特性随占空比 τ/T 的减小而平行下移。

9. 双馈调速系统中电动机的转差功率既可以通过转子直流回路回馈电网，转子绕组也可以通过转子直流回路从电网获得能量。为了获得较高的系统功率因数，一般将 α_2 固定在较小的角度，而通过调节 β_1 来调节电动机的转速，以提高系统的功率因数。

思考题与习题

9-1　试述串级调速的优缺点，并说明为什么串级调速效率高？

9-2　试画出笼型异步电动机在调压调速与绕线转子异步电动机在串级调速时的能量流图，并说明其主要区别是什么。

9-3　为什么串级调速系统的功率因数较低？如何改善？

9-4　试简述晶闸管串级调速系统的工作原理、起动过程，并说明串级调速系统的适用范围。

9-5　试画出斩波控制串级调速系统的电路图和动态框图。

9-6　试画出双馈串级调速系统的电路图，并简述工作原理。

第十章　异步电动机变频调速系统

第一节　概　　述

异步电动机最好的调速方式是变频调速。20 世纪 80 年代以后，由于电力电子技术、微电子技术、计算机控制技术的发展，特别是 SPWM 技术和矢量控制技术的发展，加速了交流调速技术的推广应用。20 世纪末，异步电动机变频调速系统在运动控制领域占据了绝对的主导地位。

异步电动机的变频控制系统分为两大类：基于稳态模型的和基于动态模型的。前者的典型代表是转速开环变压变频调速系统和转速闭环转差频率控制的变压变频调速系统，适用于对动态性能要求不高的场合，如风机、水泵类负载。高性能的异步电动机变压变频控制系统都是基于动态模型的，典型代表是按转子磁场定向的矢量控制系统和按定子磁链控制的直接转矩控制系统。

第二节　变频调速的基本控制方式和机械特性

由电机原理可知，异步电动机稳态等效电路如图 10-1 所示。图中，L_1 为定子每相漏电感；L'_2 为折合到定子侧的转子每相漏电感；L_m 为定子每相绕组产生的气隙主磁通的等效电感，即励磁电感；E_r 为折合到定子侧的转子全磁通的感应电动势；E_g 为气隙在定子每相绕组中的感应电动势；E_s 为定子全磁通的感应电动势；R_1 为定子每相电阻；R'_2 为折合到定子侧的转子每相电阻；U_1 为定子相电压；f_1 为定子电源频率。

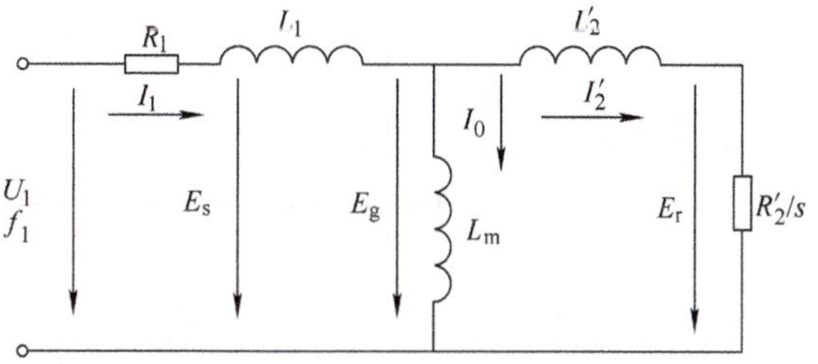

图 10-1　异步电动机稳态等效电路

在三相异步电动机中存在下列关系：

$$E_g = 4.44 f_1 N_1 k_{N1} \Phi_m \tag{10-1}$$

如忽略定子阻抗压降，则

$$U_1 \approx E_g = 4.44 f_1 N_1 k_{N1} \Phi_m \tag{10-2}$$

式中　N_1——定子每相绕组串联匝数；

k_{N1}——基波绕组系数；

Φ_m——每极气隙磁通量。

式 (10-2) 表明，若端电压 U_1 保持不变，随着电源频率 f_1 的升高，气隙磁通 Φ_m 将减少。Φ_m 的减小势必导致电动机允许输出转矩 T_d、最大转矩 T_{dmax} 下降，严重时会使电动机发生堵转；而减小 f_1，Φ_m 将增加，这会使磁路饱和，励磁电流上升，导致铁耗急剧增加。因此，要求在改变频率的同时改变定子电压 U_1，以维持磁通 Φ_m 基本不变，即异步电动机的变频调速必须对电压和频率进行协调控制。因此对电动机供电的变频器一般都要求兼有调压和调频两种功能（即 VVVF 型变频器——Variable Voltage Variable Frequency Inverter）。

变压变频调速的基本控制策略需根据其频率控制的范围而定，而实现基本的控制策略又可选用不同的控制模式。类似于他励直流电动机的调速，分为基速以下采用保持磁通恒定条件下的调压调速，基速以上采用弱磁升速两种控制策略，异步电动机变压变频调速也划分基频以下调速和基频以上调速两个范围，从而采用不同的基本控制策略。

一、基频以下的恒磁通调速

在基频以下调速时，根据式（10-1），要保持 Φ_m 不变，当 f_1 从额定值 f_{1N} 向下调节时，必须同时降低 E_g，使两者同比例下降，即应采用电动势频率比为恒值的控制方式。为达到这一目的，有以下三种控制模式。

1. 恒压频比控制模式（U_1/f_1 = 常值模式）

分析图 10-1 所示的等效电路可以发现，当电动机电动势较高时，可以忽略定子绕组的漏磁阻抗压降，从而认为定子相电压 $U_1 \approx E_g$，因此可以采用恒压频比的控制模式，即有

$$\frac{U_1}{f_1} = 常值 \tag{10-3}$$

恒 U_1/f_1 控制模式需要同时改变异步电动机供电电源的电压和频率，应按照图 10-2 所示的控制曲线实现控制。图中，曲线①为标准的恒压频比控制模式；曲线②为有定子压降补偿的恒压频比控制模式，通过外加一个补偿电压 U_{co} 来提高初始定子电压，以克服低频时定子阻抗上压降所占比重增加不能忽略的影响。在实际应用中，由于负载的变化，所需补偿的定子压降也不一样，应备有不同斜率的补偿曲线，以供选择。

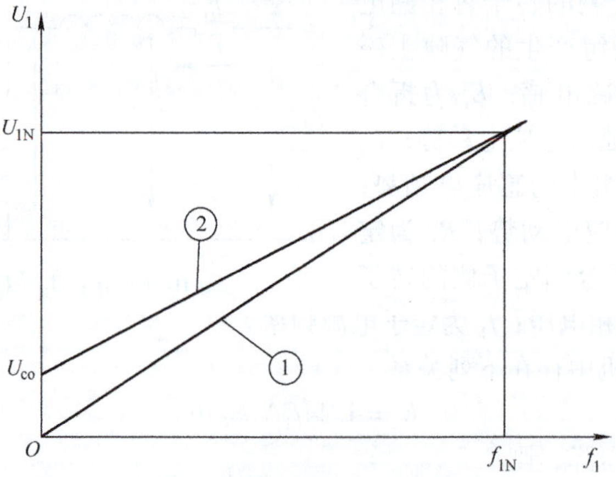

图 10-2 恒压频比模式的控制曲线

恒压频比控制变频调速的机械特性如图 10-3 所示。由于异步电动机电磁转矩与定子电压的二次方成正比，随着电压和频率的降低，电动机的输出转矩有较大的减少，因此在低频时需要加定子电压补偿。但是即便如此，恒压频比控制模式在低频时带负载的能力仍然有限，使其调速范围受到限制并影响系统性能。

2. 恒定子电动势频比控制模式（E_g/f_1 = 常数模式）

分析图 10-1 所示的异步电动机等效电路可以发现：假如能够提高定子电压以完全补偿定子阻抗的压降，就能实现恒定子电动势频比的控制模式，即

$$\frac{E_g}{f_1}=\text{常值} \tag{10-4}$$

这时，从图 10-1 的电路关系中可得转子电流的表达式：

$$I'_2=\frac{E_g}{\sqrt{\left(\frac{R'_2}{s}\right)^2+\omega_1^2L'^2_2}} \tag{10-5}$$

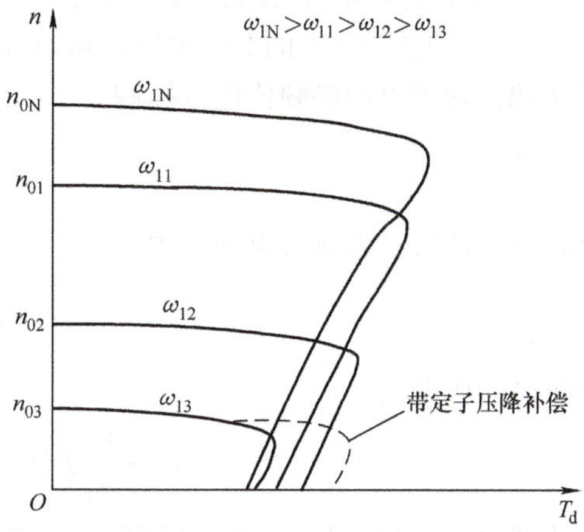

图 10-3 恒 E_g/f_1 控制模式的机械特性

代入电磁转矩关系式，可得

$$T_d=\frac{3p_n}{\omega_1}I'^2_2\frac{R'_2}{s}=3p_n\left(\frac{E_g}{\omega_1}\right)^2\frac{s\omega_1R'_2}{R'^2_2+s^2\omega_1^2L'^2_2} \tag{10-6}$$

在式（10-6）中，对 s 求导，并令 $dT_d/ds=0$，可得最大转矩及对应的最大转差率为

$$s_{max}=\frac{R'_2}{\omega_1L'_2} \tag{10-7}$$

$$T_{dmax}=\frac{3}{2}p_n\left(\frac{E_g}{\omega_1}\right)^2\frac{1}{L'_2} \tag{10-8}$$

由式（10-7）可见，s_{max} 与定子频率 f_1 成反比，即随着 f_1 降低，s_{max} 将增大，而式（10-8）表示最大转矩因 E_g/f_1 保持恒值而不变，这说明特性曲线应从额定曲线平行下移。根据式（10-6）~式（10-8）画出的机械特性如图 10-4 所示，可见，采用恒定子电动势频比（E_g/f_1）控制模式的系统稳态性能优于恒压频比（U_1/f_1）控制模式，这也正是在恒压频比控制模式中采用定子压降补偿所带来的好处。

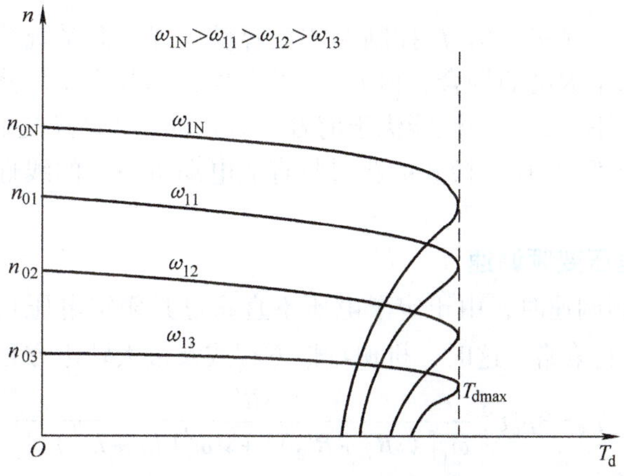

图 10-4 恒 E_g/f_1 控制模式的机械特性

3. 恒转子电动势频比控制模式（E_r/f_1 = 常数模式）

进一步研究图10-1的等效电路，可以设想如果能够通过某种方式直接控制转子电动势，使其按照恒转子电动势频比进行控制，即有

$$\frac{E_r}{f_1} = 常值 \tag{10-9}$$

那么，这时的转子电流可以表达为

$$I'_2 = \frac{E_r}{R'_2/s} \tag{10-10}$$

而电磁转矩则变为

$$T_d = \frac{3p_n}{\omega_1} I'^2_2 \frac{R'_2}{s} = 3p_n \left(\frac{E_r}{\omega_1}\right)^2 \frac{s\omega_1}{R'_2} \tag{10-11}$$

由式（10-11）可知，当采用恒 E_r/f_1 控制模式时，异步电动机的机械特性 $T_d = f(s)$ 变为线性关系，其特性曲线如图10-5所示，是一条下斜的直线，获得与直流电动机相同的稳态性能。这也正是高性能交流调速系统想要达到的目标。

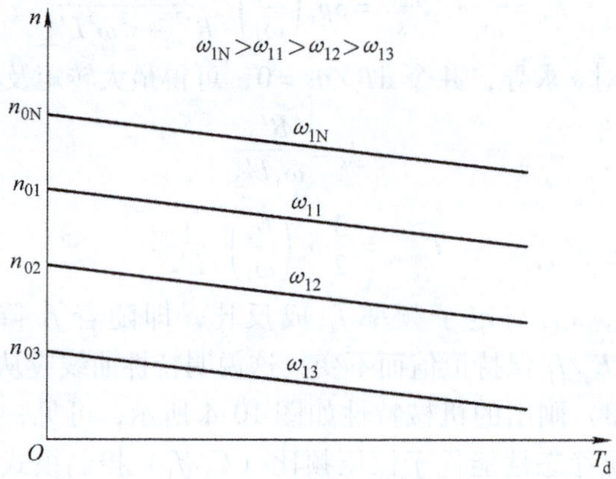

图10-5 恒 E_r/f_1 控制模式的机械特性

比较三种控制模式，显然，U_1/f_1 控制模式最容易实现，但系统性能一般，调速范围有限，适用于对调速要求不太高的场合；恒 E_g/f_1 控制模式因其定子压降得到完全补偿，在调速过程中最大转矩保持不变，系统性能优于前者，但其机械特性还是非线性的，输出转矩的能力仍受一定限制；恒 E_r/f_1 控制模式能获得与直流电动机一样的线性机械特性，其动静态性能优越。

二、基频以上的恒压变频调速

在基频 f_{1N} 以上变频调速时，由于定子电压不宜超过其额定电压长期运行，因此一般需采取 $U_1 = U_{1N}$ 不变的控制策略。这时，机械特性方程式及最大转矩方程式应写成

$$T_d = 3p_n U_1^2 \frac{sR'_2}{\omega_1[(sR_1 + R'_2)^2 + s^2\omega_1^2(L_1 + L'_2)^2]} \tag{10-12}$$

$$T_{dmax} = \frac{3}{2} p_n U_{1N}^2 \frac{1}{\omega_1[R_1 + \sqrt{R_1^2 + \omega_1^2(L_1 + L'_2)^2}]} \tag{10-13}$$

由式（10-12）和式（10-13）可知，T_d 及 T_{dmax} 近似与定子角频率 ω_1 成反比。当 ω_1 提高时，同步转速随之提高，最大转矩减小，机械特性曲线形状基本不变，如图 10-6 所示。由于频率提高而电压不变，气隙磁通势必减弱，导致转矩的减小，但转速却升高了，可以证明输出功率基本不变。所以，基频以上变频调速属于弱磁恒功率调速。

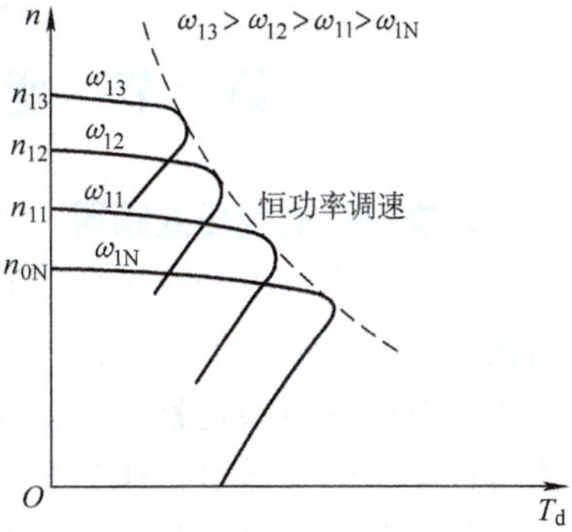

图 10-6　基频以上恒压变频控制模式的机械特性

三、基频以下和基频以上的配合控制

如果要求异步电动机实现大范围的调速，就需要基频以下和基频以上的配合控制，其控制策略如下。

1）在基频以下，以保持磁通恒定为目标，采用变压变频协调控制。

2）在基频以上，以保持定子电压恒定为目标，采用恒压变频控制。

配合控制的异步电动机变频调速控制特性如图 10-7 所示。基频以下变压变频控制时，其磁通保持恒定，转矩也恒定，属于恒转矩调速性质；基频以上恒压变频控制时，其磁通减小，转矩也减小，但功率保持不变，属于弱磁恒功率调速性质。这与他励直流电动机的配合控制相似。

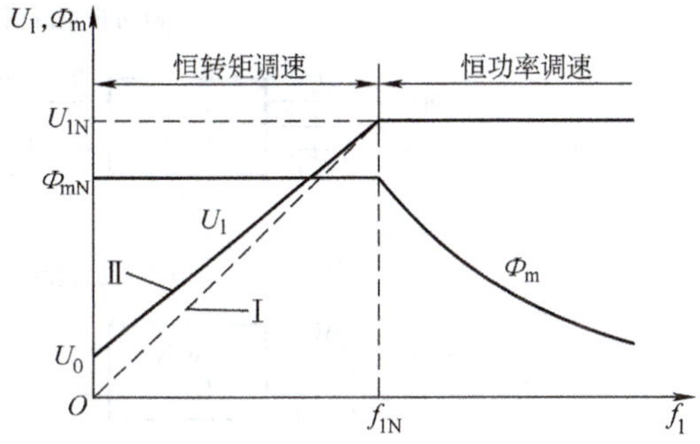

图 10-7　异步电动机变压变频调速控制特性
Ⅰ—无补偿　Ⅱ—带定子压降补偿

四、正弦波恒流供电时的机械特性

变频调速时，采用恒定异步电动机定子电流的控制方式，称为恒流控制。恒流控制是靠带电流 PI 调节器的电流闭环控制来实现的。这种系统对电流直接控制，因而安全可靠，具有良好的动、静态特性。恒流控制时的机械特性如图 10-8 所示。由图可见，恒流控制和恒压控制机械特性相似，但硬度较高。恒流控制时 T_{dmax} 不随 f_1 改变，但 T_{dmax} 与 I_1 的二次方成正比。但由于这种控制方式限制了 I_1，所以 I_1 等于常数时的 T_{dmax} 小于 U_1 等于常数时的 T_{dmax}，但不影响系统的短时过载能力。恒流控制主要用于负载变化不大的场合。这时，s_m、T_{dmax} 可分别表示为

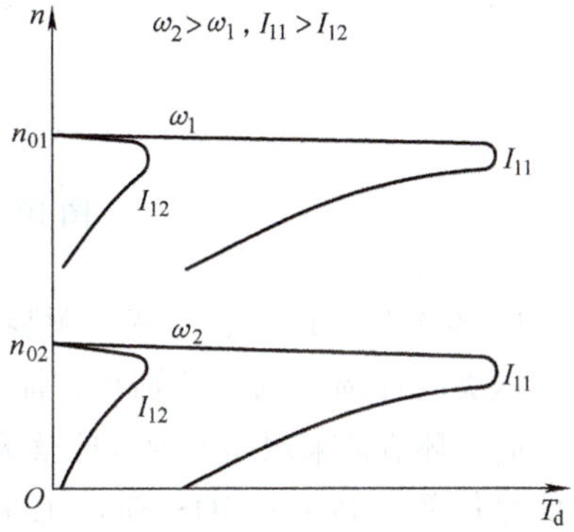

图 10-8　正弦波恒流供电时的机械特性

$$s_m=\frac{R_2'}{\omega_1(L_m+L_2')}$$

$$T_{dmax}=\frac{3p_nI_1^2L_m^2}{2(L_m+L_2')}$$

在上述异步电动机变频调速机械特性的分析中，未考虑谐波的影响。若电源中含有谐波，将增加电动机的损耗，并使机械特性变形。因此设计逆变器时应着重考虑减少输出谐波。

第三节 变压变频装置及其基本控制方式

一、交-直-交变压变频器

常用的静止式电子变压变频器一般分为两大类。第一类称为交-直-交变压变频器，也称为间接变压变频器；另一类称为交-交变压变频器，也称为直接变频器。交-直-交变压变频器先将工频交流电通过整流器变为可控电压的直流电，再将滤波后的平稳直流电经逆变器变换为可控频率的交流电，作为交流异步电动机的驱动电源。这类变频器是目前最常用的。按照不同的控制方式又可分为如图10-9a、b、c所示的三种装置。

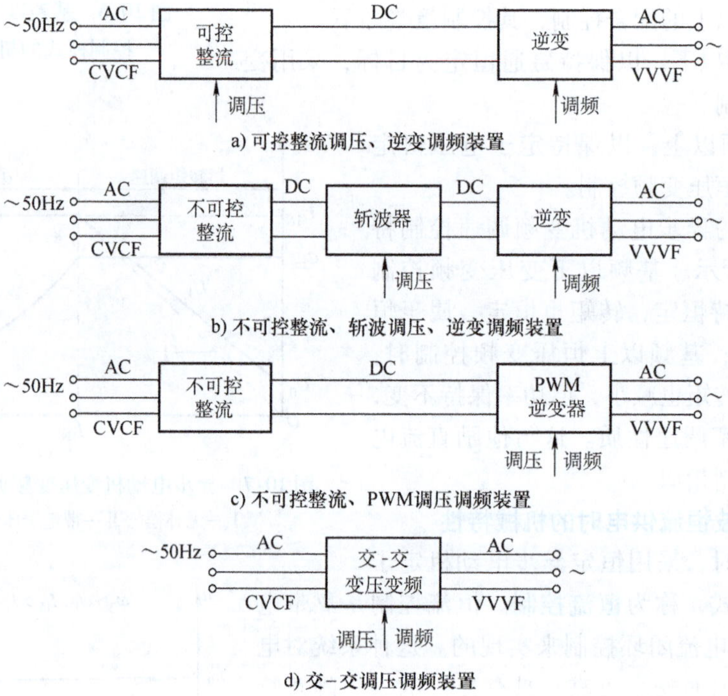

图10-9 常见变压变频装置结构形式

1. 可控整流调压、逆变调频装置

这类装置调压调频分别在整流器（Rectifier）和逆变器（Inverter）上进行，两者协调工作。输入环节常采用晶闸管可控整流器；逆变环节常采用全控型电力电子元件，如IGBT、场效应晶体管（Power MOS Field-Effect，P-MOSFET）、电力晶体管（Giant Transistor，GTR）及门极关断晶闸管（Gate Turn-Off Thyristor，GTO）等构成。输出谐波分量大和低压时功率因数低是这类装置的主要缺点。

2. 不可控整流、斩波调压、逆变调频装置

这类装置的整流器采用二极管不可控整流，并采用斩波器进行脉宽调压，逆变器调频的控制方式。它克服了可控整流调压、逆变装置功率因数低的缺点。

3. 不可控整流、PWM调压调频装置

这类装置采用P-MOSFET或IGBT器件构成的脉宽调制逆变器同时进行调压调频，开关

频率可达20kHz。它克服了其他类型变压变频装置功率因数低和谐波分量大的缺点。

二、交-交变压变频器

交-交变压变频器只有一个变换环节，它将电网的工频50Hz恒压恒频（Constant Voltage Constant Frequency，CVCF）的交流电直接变换成电压和频率都可调的交流电输出，因而它又称为周波变换器（Cycle Converter），如图10-9d所示。交-交变频装置的最高输出频率不超过电网频率的1/3～1/2。虽然交-交变频器省去了中间环节，但三相变压变频装置必须用三套反并联电路，所用器件的数量更多。由于上述特点，它常用于低转速、大功率的电动机调速。

三、电压源型和电流源型变压变频装置

变压变频装置按照逆变电源的性质，可分为电压源型和电流源型两种。

1. 电压源型变压变频装置（Voltages Source Inverter，VSI）

在交-直-交变压变频装置中，当中间直流环节采用大电容滤波时，直流电压波形平稳，其内阻阻抗与其所带的电动机负载相比，可近似为零，近似于电压源，因而称为电压源型变压变频器。一般的交-交变压变频装置虽然没有滤波环节，但供电电源的低阻抗性质决定了它的电压源属性。

2. 电流源型变压变频装置（Current Source Inverter，CSI）

在交-直-交变压变频装置中，当中间直流环节采用大电感滤波时，直流电流波形平稳，其内阻阻抗相当大，对异步电动机负载而言，这类装置近似于电流源，因而称为电流源型变频器。当交-交变压变频装置采用电抗器将输出电流强制变为矩形波或阶梯波时，它也具有电流源的属性。

电压源型变压变频装置与电流源型变压变频装置的性能比较见表10-1。

表10-1 电压源型与电流源型变压变频装置性能比较

项目	电压源型	电流源型
无功功率缓冲环节（直流回路滤波环节）	电容器	电抗器
输出电压	矩形波或阶梯波，滤波电容钳制电压，不易反向	取决于负载（对电动机负载近似为正弦波，电压易于反向）
输出电流波形	波形取决于负载的功率因数，有较大的谐波分量，对负载变化反应迅速	矩形波或阶梯波，滤波电感钳制电流，对负载变化反应迟缓
输出阻抗	小	大
回馈制动	电源侧附加反并联逆变器回馈制动	方便
动态响应速度	较慢	快
适用范围	不频繁起、制动，不可逆调速，多电动机传动	可逆调速，单电动机传动

第四节 SPWM 变压变频器

变频调速系统中使用的 PWM 波是用一组脉冲幅值恒定、宽度可调的矩形脉冲波代替正弦波。由于 PWM 波各脉冲的宽度是按正弦规律变化的，与正弦波等效，因而这种 PWM 波又称为 SPWM（Sinusoidal Pulse Width Modulation，SPWM）波。目前通用逆变器中大多采用 SPWM 控制方式。

一、SPWM 变压变频器的基本原理

SPWM 调制波是用一系列等幅不等宽的矩形脉冲波等效正弦波，如图 10-10 所示。

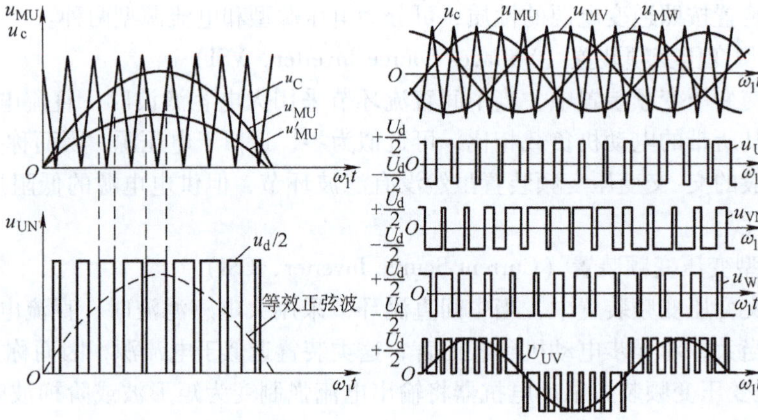

a) 单极式SPWM调制波的形成　　b) 三相双极式SPWM波

图 10-10 SPWM 波形

SPWM 变压变频器主电路图如图 10-11 所示。$VT_1 \sim VT_6$ 是逆变器的 6 个全控型功率开关，它们各并接一个续流二极管，为逆变器换流过程中电动机的无功能量释放及电动机制动过程中能量的回馈提供回路。逆变器由三相不可控整流器供电，所提供的电压恒为 U_d。为便于分析，假设电动机定子绕组按Y联结，其中性点 N 与整流器输出端滤波电容的中点 N′ 相连，因而逆变器任一相导通时，电动机绕组上所获得的相电压为 $U_d/2$。

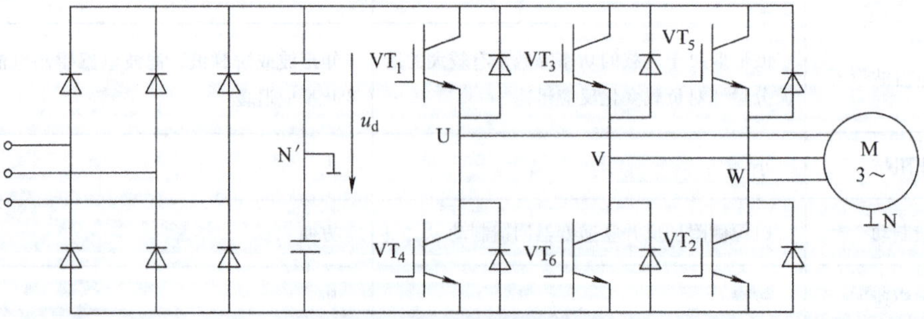

图 10-11 SPWM 变压变频器主电路原理图

图 10-10a 为单极式 SPWM 调制波，其调制方法是利用正弦波作为基准调制波（Modulation Wave），以等腰三角波作为载波（Carrier Wave）。当 U 相调制波电压 u_{MU} 大于载波电压

u_c 时，VT_1 导通，输出电压为 $U_d/2$；当 u_{MU} 小于 u_c 时，VT_1 关断，输出电压为零。这样，对 VT_1 的反复通断控制，就形成了正向 SPWM 波形。在 u_{MU} 负半周中，用类似方法反复控制 VT_4 的通断可获得输出为负的 SPWM 波形。这样得到了 U 相的 SPWM 波 u_{UN}。SPWM 波形在半周期内，主电路每相只有一个开关器件在反复通断，脉冲波形只在“正”（或“负”）和零之间变化，因而称为单极式 SPWM 波。从图中可以看出，各脉冲的宽度是按正弦规律变化的。

如果让同一桥臂上、下两只开关器件交替导通与关断，则输出脉冲在“正”、“负”之间变化，就可得到双极式 SPWM 波，如图 10-10b 所示。当 U 相调制波电压 u_{MU} 大于载波电压 u_c 时，VT_1 导通，关断 VT_4，负载上得到的相电压为 $U_d/2$；当 u_{MU} 小于 u_c 时，VT_1 关断，VT_4 导通，输出电压为 $-U_d/2$。因而，U 相相电压 u_{UN} 在 $\pm U_d/2$ 之间交替变化，形成双极式 SPWM 波。

同理，控制 VT_3 和 VT_6 的通断可得到 V 相的 SPWM 波 u_{VN}；控制 VT_5 和 VT_2 的通断可得到 W 相的 SPWM 波 u_{WN}。由 u_{UN} 和 u_{VN} 相减，可得到逆变器输出的线电压 u_{UV}，其幅值为 $\pm U_d$。

改变调制波的频率，输出电压基波频率随之改变；改变调制波的幅值时，输出电压基波幅值也跟随改变。如 u_{MU} 变为 u'_{MU} 时，则输出电压基波幅值减小。因而，改变正弦调制波幅值和频率可以很方便地达到变压变频的目的。由于 SPWM 变压变频器输出的相电压基波分量幅值只有可控整流调压、逆变调频装置的86% ~90%，因而常在 SPWM 变压变频器的直流回路中并联相当大的滤波电容，以抬高 SPWM 装置的直流电压源电压 U_d。

由图 10-10 可以看出，逆变器主电路上的功率开关器件在其输出电压半周期内的开关次数越多，SPWM 波形的基波分量越接近正弦波，但对功率开关器件的开关频率的要求也越高。

普通晶闸管逆变器由于必须采用强迫换流电路，其开关频率很低，因而逆变器常采用全控型功率开关器件。由于功率开关器件都存在关断恢复时间，为了防止同一桥臂上、下两个开关器件同时导通而造成逆变颠覆，必须在这两个开关器件的通断信号之间设置一段延时时间 t_d。t_d 应根据不同器件的特性进行设置。

二、SPWM 变压变频器的实现

采用微机可方便地计算（或用查表法直接生成）SPWM 波，从而由微机输出 SPWM 波。另外，有些微机芯片本身就带有 SPWM 信号输出端口。SPWM 波也可使用高级专用集成芯片（Advanced Specialized Integrated Circuits，ASIC）产生。利用 ASIC 可以很方便地控制 SPWM 主电路，再利用微机进行系统控制，可以在中、小功率异步电动机变频调速中取得满意的效果。

图 10-12 给出了 HEF4752V（适用于开关频率 1kHz 以下）的引脚图，表 10-2 给出了 HEF4752V 的基本功能。

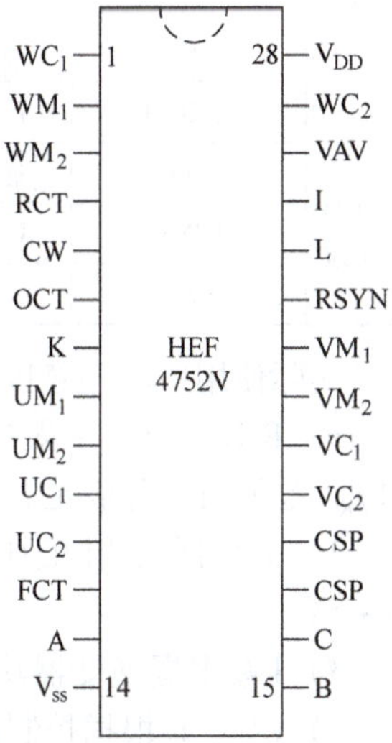

图 10-12　HEF4752V 的引脚图

表 10-2 HEF4752V 的基本功能

管脚		功能	说明
逆变器驱动信号输出端	UM_1、UM_2、VM_1、VM_2、WM_1、WM_2	逆变器主驱动信号输出端。数字1、2表示同一桥臂上的上、下两个开关器件的驱动信号	驱动信号经放大后才能驱动逆变器的开关器件
	UC_1、UC_2、VC_1、VC_2、WC_1、WC_2	逆变器辅助驱动信号输出端。用于控制逆变器辅助关断晶闸管。其余含义同上	逆变器若采用全控型开关器件，这6个信号不用
时钟输入端	FCT	频率控制时钟，控制逆变器的输出频率：$f_{FCT}=3360f_1$	f_1 为逆变器输出频率
	VCT	电压控制时钟，控制逆变器的输出电压：$f_{VCT(nom)}=6720f_{1(nom)}$	$f_{1(nom)}$ 为当载波为100%调制时逆变器输出频率。$f_{VCT(nom)}$ 为 f_{VCT} 的标称值
	RCT	频率参考时钟，控制逆变器的最高载波频率：$f_{RCT}=280f_{c(max)}$、$f_{c(min)}=0.6f_{c(max)}$	$f_{c(max)}/f_{c(min)}$ 为逆变器最高/低载波频率（即最高/低开关频率），$f_{c(min)}$ 由电路内部自动设定
	OCT	输出延时时钟 $t_d=8/f_{OCT}$ (K=0) $t_d=16/f_{OCT}$ (K=1)	与K端配合使用，控制每一相互补输出之间的延时时间及最小脉冲宽度
控制输入端	I	逆变器输出模式控制端	I=0，晶体管模式 I=1，晶闸管模式
	CW	输出相序控制端	CW=0，UWV相序 CW=1，UVW相序
	L	逆变器驱动信号封锁端	L=0，封锁SPWM控制信号 L=1，输出SPWM控制信号
	K	与OCT配合使用	
	A、B、C	厂家测试端	正常使用时接地
控制信号输出端	VAV	逆变器输出线电压平均值模拟输出端	
	PSYN	U相同步信号	供示波器外同步用
	CSP	逆变器开关频率输出信号	用以指示理论的开关频率

实际使用中应注意以下几点：

1）RCT、OCT一般应接固定频率的时钟源，f_{RCT} 的适用条件是保持 f_{FCT} 在 $0.043f_{RCT}\sim0.8f_{RCT}$ 范围内，并满足 $f_{FCT}/f_{RCT}<0.5$。

2）为保证每相互补输出之间有较大的延时时间，提高系统的可靠性，K端一般接+5V。

3）I端根据逆变器功率开关器件确定。

4）CW、L根据控制系统的要求确定。通过控制CW端电平，可改变异步电动机的运行方向。

5）一般用压频转换器（或定时器）将频率指令信号和电压指令信号转换成与频率成正比的方波信号，分别作为频率时钟信号 U_{FCT} 和电压时钟信号 U_{VCT}，并分别加在FCT和VCT端。

当$f_{FCT}/f_{VCT} \leqslant 0.5$时，有

$$U_1 = K\frac{f_{FCT}}{f_{VCT}} = \frac{3360 f_1 K}{f_{VCT}} = K' f_1$$

因此，若在整个调频范围内维持f_{VCT}恒定，且$f_{FCT}/f_{VCT} \leqslant 0.5$满足，则可自动保持$U_1/f_1$=恒值，实现恒压频比控制。

三、通用变频器

通用变频器是目前变频器市场的主流。它可以和通用异步电动机配套使用，具有多种可供选择的功能，适用于各种不同性质的负载。通过模式选择和参数设定可以满足众多用户的不同需求。它全部采用 SPWM 技术控制，调速精度高、调速范围大、可靠耐用、智能化程度高，便于组成工业控制网络和实现远程监控，功率范围从几百瓦到上千千瓦。

1. 通用变频器的基本结构

通用变频器的基本结构如图 10-13 所示，主要由主电路、控制电路、检测与保护电路、接口电路和各种外设组成。

（1）主电路　主电路主要包括整流电路、中间直流环节和逆变器三部分。整流电路一般采用不可控的二极管整流桥，1～2kW 以下的小功率多为单相 220V 输入，大功率多为三相 380V（或 440V）输入。中间直流环节采用电容滤波，电容数值大，所充电压高。为了限制初始电容充电电流，一般在整流桥与电容器之间设置限流电阻R_0。初始充电完成后（几十毫秒），触点S_0将其短接，避免能量损耗，电阻的功率也可以因此选小些。S_0可以是继电器触点，也可以是电子开关，如晶闸管等。

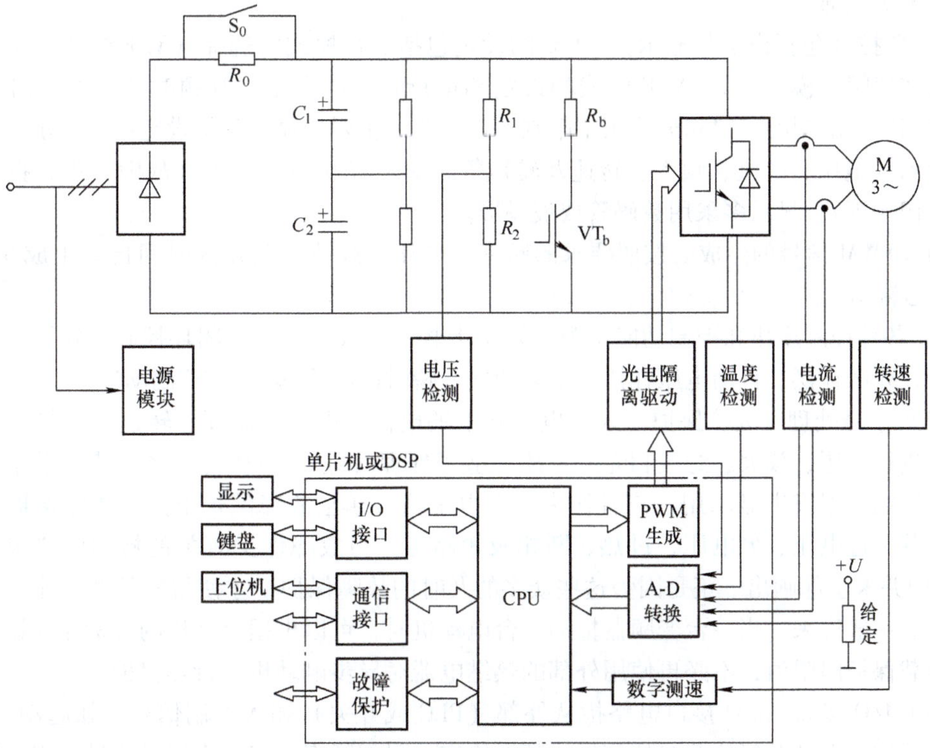

图 10-13　通用变频器的基本结构

逆变器可以是单相的，也可以是三相的，驱动电动机用的多为三相逆变器。目前，逆变桥开关器件大都采用IGBT，由控制电路产生的SPWM信号经光电隔离放大后去驱动IGBT。由于采用SPWM技术，调压和调频都在逆变桥完成，它们的协调由计算机软件实现。

主电路采用模块化结构，功率不大时，一般整流桥封装在一个模块中，逆变桥封装在另一个模块中；功率在1~2kW以下时，甚至整流桥、逆变桥、驱动电路和部分保护电路封装在一个模块中。

通用变频器的中间直流环节还设置有泵升电压吸收电路R_b和VT_b。它们的作用是，在变频器快速降频的过程中，异步电动机处于发电制动状态，电能通过逆变桥开关器件反并联的二极管回送到中间电容，引起电容电压异常升高，此时触发VT_b导通，电容器中的过量储能通过电阻R_b释放掉，维持直流母线电压基本不变，保证逆变器和电容器的安全。R_b一般装在变频器的外部，作为附件供用户选购；VT_b装在变频器的内部，有端子与外部相连。

（2）控制电路　通用变频器的控制电路大都采用高性能微处理器和专用大规模集成电路（Large Scale Integration，LSI）作为数字电路的核心。一个例子是采用专为变频调速开发的DSP2000系列数字信号处理器芯片。16位的DSP24××和32位的DSP28××具有变频调速所需要的各种专门功能，包括SPWM信号生成功能、A-D转换功能、D-A转换功能；各种接口，包括与光电编码器连接的数字测速接口、过电流保护需要的紧急封锁接口、变频器组网用的现场总线接口、外部开关量进出的I/O接口；各种存储器，包括程序存储器FLASH、数据存储器RAM等。

控制功能大致分监控（包括设定与显示）、SPWM信号的生成以及各种控制规律和控制功能实现等三部分。

1）监控（包括设定与显示）。主要的设定包括运行模式的选择（V/F模式、矢量控制模式及转速闭环模式等）、V/F曲线的设定和运行频率的设定、升频时间与降频时间的设定、最高频率限制的设定和最低频率限制的设定等。主要的显示包括设定值的显示、运行状态的显示（电压、电流、频率、转速及转矩等）和故障状态的显示（故障类型、报警类型及历史记录等）。显示多采用数码管或液晶屏。

2）SPWM信号的生成。按照要求的频率、电压、载波比及死区时间自动生成6路SPWM信号输出。

3）各种控制规律和控制功能实现。如V/F控制、矢量控制、闭环控制、转矩提升、转差补偿、死区补偿、自动电压补偿、工频切换、瞬时停电重起动、DC制动等。

（3）信号处理与故障保护　采样电路获取的电流、电压、温度、转速等信号经信号调理电路进行分压、放大、滤波和光电隔离等适当处理后进入A-D转换器，其结果作为CPU控制算法的依据或供显示用，或者作为一个电平信号送至故障保护电路。故障保护有过电流、过载、过电压、欠电压、过热、断相及短路等。与故障保护有关的检测电路很多，图10-13中并未全部画出。正是因为这些众多的及时的故障保护，才使得变频器工作可靠，很少损坏。一般说来，当一台变频器拖动一台电动机时，可以根据电动机的容量相应设定变频器的过载保护门限值，不必再使用外部的热继电器对异步电动机进行热保护。

（4）I/O接口　I/O接口电路指从外部（PLC或开关）输入控制信号，如起动、停止、正转、反转、电动及复位等二位信号或频率给定、附加频率给定等模拟量信号；将故障等二位信号输出供外部使用，或将正常运转的状态信号，如电压、电流、频率、速度及转矩输出供外部显示或使用。它们以接线端子的形式提供给用户，方便现场配线。

（5）通信接口 现代的变频器上都配有通信接口，如 RS-485 串行通信接口，使变频器可以组成控制网络。借助上位机，如 PLC 或工业控制计算机，对变频器实行远程设定和控制。最新的变频器上已经配备工业以太网接口，从而可以进入企业网，进而与互联网相连。作为配件，用户可以选用各种现场总线（如 CAN、Profibus-DC 等）板卡，使变频器具备组成工业现场底层网络的能力。

通过通信接口对变频器实行远程设定和控制，比起接线端子控制和操作面板控制来说，更方便和节省布线，因而也更受欢迎。

2. 通用变频器的控制方式

（1）V/F 控制与矢量控制 通用变频器有很多控制方式，其中用得较多的是 V/F 控制和矢量控制。V/F 控制就是恒压频比控制，是最基本、最普通的变频调速方式，适用于对动态性能要求不高的调速场合。矢量控制是基于异步电动机动态模型的一种先进的控制技术，矢量控制能达到和直流电动机调速相似的动态性能，在本章后续内容中将对其阐述。

（2）开环与闭环控制 V/F 控制可以转速开环，也可以转速闭环；矢量控制则经常是转速闭环的，大多数需要有转速传感器反馈转速信号。变频器为转速反馈信号留有接口，内部设有闭环用的软件 PID 调节器。有速度传感器的矢量控制系统能达到较高的动态性能。矢量控制变频调速系统也有不需要转速传感器反馈转速信号的，而是通过检测系统的电流、电压信号构造转速观测器，再通过算法辨识出反馈转速。它可应用于一些实际应用中不便安装转速传感器，但又对调速性能要求较高的调速系统。

（3）转速模式与转矩模式 如果选用矢量控制方式，那么用户有两种模式可以进一步选择：转速模式和转矩模式。转速模式的给定是转速或者频率，转矩自动地随负载变化；转矩模式的给定是转矩，转速自动地随转矩变化。转矩模式常用于卷绕系统，它可以很方便的构成恒张力卷绕系统。

3. 通用变频器的附加功能和通用变频器的保护

通用变频器之所以能称为“通用”，还在于它有很多附加功能，如转矩提升功能、转差补偿、瞬时断电后自动重起动、故障失速后的重起动功能及防失速功能和 DC 制动功能等。除了这些附加功能外，为了提高变频器的可靠性，通用变频器设置了很多保护措施。通用变频器提供的保护有过电流、过载、对地短路、过电压、欠电压、运行出错、CPU 错误、外部跳闸、瞬时电源故障、功率模块过热及散热器过热等。高档通用变频器还具有故障自诊断功能，当系统出现故障时可以显示故障类型。限于篇幅，这部分内容可参考相应的文献。

第五节 转速开环变压变频调速系统

上一节介绍了基于 SPWM 控制的通用变频器。不同性能的通用变频器主要在于控制方式不同。从本节开始介绍采用四种比较典型控制方式的由通用变频器组成的变频调速系统。其变频器的主电路一般都是采用上面介绍的主电路，不再阐述，这里重点阐述不同控制方式变频调速系统的组成和控制原理。

采用电压-频率协调控制时，异步电动机在不同频率下都能获得较硬的机械特性。如果对调速系统的动、静态特性要求不高时，可采用带低频补偿的恒压频比转速开环控制方案。

转速开环变压变频调速系统的基本原理在本章第二节已作了详细的论述，其控制系统结构图如图10-14所示。图中ω_{1ref}为ω_1的参考输入量[⊖]。

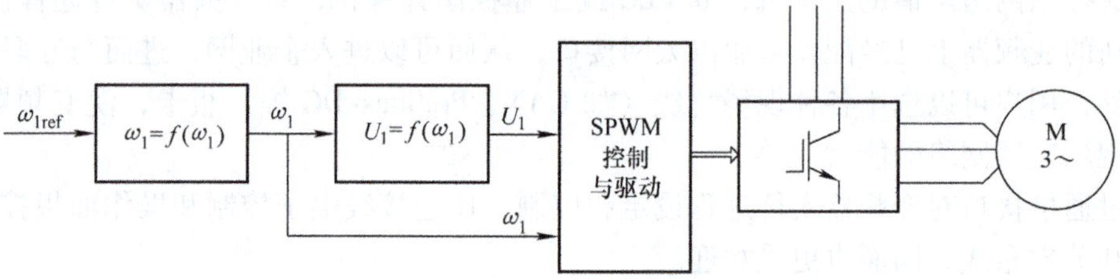

图10-14 转速开环变压变频调速系统结构图

由于系统本身没有自动限制起制动电流的作用，因此，频率设定必须通过给定积分算法产生平缓的升速或降速信号。图中

$$\omega_1(t)=\begin{cases}\omega_{1ref} & \omega_1=\omega_{1ref}\\ \omega_1(t_0)+\displaystyle\int_{t_0}^{t}\frac{\omega_{1N}}{\tau_{up}}dt & \omega_1<\omega_{1ref}\\ \omega_1(t_0)-\displaystyle\int_{t_0}^{t}\frac{\omega_{1N}}{\tau_{down}}dt & \omega_1>\omega_{1ref}\end{cases} \tag{10-14}$$

式中 τ_{up}——从0上升到额定频率ω_{1N}的时间；

τ_{down}——从额定频率ω_{1N}下降到0的时间，可根据负载需要分别进行选择。

电压-频率特性为

$$U_1=f(\omega_1)=\begin{cases}U_N & \omega_1\geqslant\omega_{1N}\\ f'(\omega_1) & \omega_1<\omega_{1N}\end{cases} \tag{10-15}$$

当实际频率f_1大于或等于额定频率f_{1N}（即$\omega_1\geqslant\omega_{1N}$）时，只能保持额定电压$U_{1N}$不变。而当实际频率$f_1$小于额定频率$f_{1N}$时，$U_1=f'(\omega_1)$一般是带低频补偿的恒压频比控制。

调速系统的机械特性如图10-3所示。在负载扰动下，转速开环变压变频调速系统存在转速降落，属于有静差调速系统，故调速范围有限。转速开环变频调速系统结构最简单，成本最低。转速开环变频调速系统虽然能够满足一般的平滑调速要求，但动、静态性能均有限，只能用于调速性能要求不高的场合，特别适合风机、水泵等的节能调速。

第六节 转速闭环转差频率控制的变压变频调速系统

为了进一步提高变频调速系统的性能，一方面可以采用转速负反馈组成闭环调速系统，转速闭环控制可以提高调速系统的静态性能；另一方面在矢量控制出现之前，通常采用转差频率控制的方法提高系统动态性能。

⊖ 为了避免与转差角频率ω_s符号冲突，凡是以ω表示的参量和物理量的给定，在参量和物理量的基础上加下标ref，如ω_{1ref}、ω_{sref}分别代表定子角频率ω_1、转差角频率ω_s的给定。

一、转差频率控制的基本思想

要使异步电动机调速系统获得良好的动态性能，主要是针对转速变化率 dn/dt 的控制。通过对转矩实现动态控制就能达到对 dn/dt 的控制，也就是说调速系统的动态性能就是控制转矩的能力。异步电动机变频调速系统外部施加的控制信号是电压（电流）和频率，因而必须通过实现对电压（电流）和频率的控制来达到对转矩的控制。

异步电动机的电磁转矩与气隙磁通、转子电流及转子电路功率因数等有关。由电机原理可知，T_d 可以表示为

$$T_d = K_T \Phi_m I'_2 \cos\varphi_2 = K_m \Phi_m^2 \frac{\omega_s R'_2}{R'^2_2 + (\omega_s L'_2)^2} \tag{10-16}$$

式中　K_m——电动机的结构常数，$K_m = \frac{3}{2} p_n N_1^2 K_{N1}^2$。

$\omega_s = s\omega_1$——电动机转差角频率。

当电动机稳态运行时，转差率 s 较小，因而 ω_s 也较小，可以认为 $\omega_s L'_2 \ll R'_2$，则转矩可近似表示为

$$T_d \approx K_m \Phi_m^2 \frac{\omega_s}{R'_2} \tag{10-17}$$

由此可知，若能够保持气隙磁通 Φ_m 不变，且在 s 值较小的稳态运行范围内，异步电动机的转矩就近似与 ω_s 成正比。也就是说，在保持气隙磁通 Φ_m 不变的前提下，可以通过控制转差角频率 ω_s 来控制转矩，这就是转差频率控制的基本思想。

因此，变频调速系统转差频率控制实现的前提条件有两个：一是维持电动机气隙磁通 Φ_m 不变；另一个是在 $s(\omega_s)$ 很小的范围内，转矩近似与 ω_s 成正比。

由本章第二节内容可知，严格恒磁通控制即恒 E_g/f_1 控制，在实际应用中需在恒 U_1/f_1 控制的基础上根据负载电流和转速大小适当提高定子电压，以便补偿定子电阻压降，避免磁通 Φ_m 减弱。如果忽略电流相量相位变化的影响，不同定子电流时恒 U_1/f_1 控制所需的电压-频率特性如图 10-15 所示。只要 U_1、ω_1 及 I_1 的关系符合图 10-15 所示特性，就能保持 Φ_m 恒定。

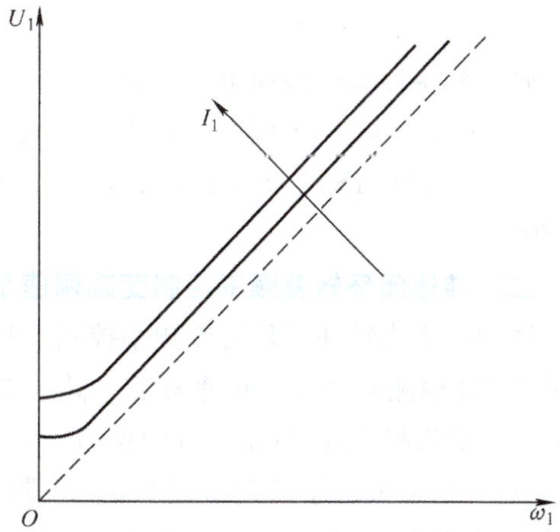

图 10-15　不同定子电流时，恒 E_g/f_1 控制所需的电压-频率特性

上面分析得到的转差频率与转矩的关系式（10-17）是在转差率 s 很小，即转差角频率 ω_s 很小的前提下得到的，这只是定性的分析结论。那么，在实际中，ω_s 的最大值为多少才能保持与电磁转矩 T_d 的线性关系呢？

由式（10-16）画出的 $T_d = f(\omega_s)$ 特性曲线如图 10-16 所示，它实际就是前面讨论的恒气隙磁通控制（恒 E_g/f_1）时的机械特性。

根据式（10-16）可方便地求出：

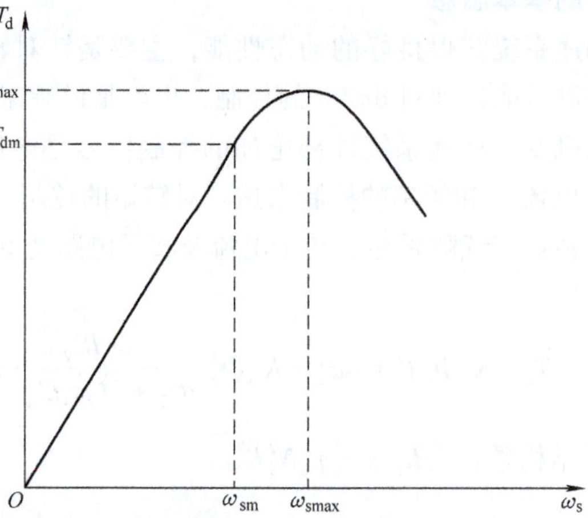

图 10-16 恒 Φ_m 条件下的 $T_d=f(\omega_s)$ 特性

$$T_{dmax}=\frac{K_m\Phi_m^2}{2L'_2}$$

$$\omega_{smax}=\frac{R'_2}{L'_2}=\frac{R_2}{L_2}$$

因此，在维持气隙磁通 Φ_m 不变的条件下，将 ω_s 限幅在 ω_{sm}，使系统运行在 $\omega_s \leqslant \omega_{sm} \leqslant \omega_{smax}$ 范围内，就可以基本保持 T_d 与 ω_s 成正比关系，即控制转差频率就可达到控制转矩的目的。

转差频率控制的规律可总结如下：

1）在 $\omega_s \leqslant \omega_{sm}$ 的范围内，T_d 基本上与 ω_s 成正比，条件是气隙磁通不变。

2）按图 10-15 的 $U_1=f(\omega_1, I_1)$ 函数关系控制定子电压和频率，就能保持气隙磁通 Φ_m 恒定。

二、转速闭环转差频率控制变频调速系统的组成及控制原理

图 10-17 为转速闭环转差频率控制变频调速系统的结构图。其控制原理是：由光电编码测速器 PG 检测电动机的转速 ω_f，一路与转速给定信号 ω_{ref} 相比较，转速误差经转速调节器 ASR（一般选择 PI 调节器）并限幅以后产生转差角频率信号 ω_{sref}，再与另一路转速检测信号 ω_f 相加后形成定子给定角频率 ω_{1ref}。限幅的主要目的在于限制最大转差角频率，并且使电动机可以用逆变器允许电流下的最大转矩进行加减速运转。通过函数发生器 FG，按恒 E_g/f_1 控制曲线产生相应的定子电压幅值给定信号 U_{1s}。最终，由同时输出的定子电压幅值 U_{1s} 和频率 ω_{1ref} 指令，去控制 SPWM 变频器改变其输出的电源电压和频率，达到调速的目的。

转差频率控制的突出优点在于频率环节的输入是转差信号，而给定角频率信号是由转差信号与电动机的实际转速信号相加后得到的，因此，逆变器输出的实际角频率 ω_1 随着电动机转子角频率同步上升或下降。与转速开环系统相比，加、减速更为平滑，且容易使系统稳定。同时，由于在动态调节过程中，转速调节器饱和，系统将以最大转矩进行调节，保证了系统的快速性。

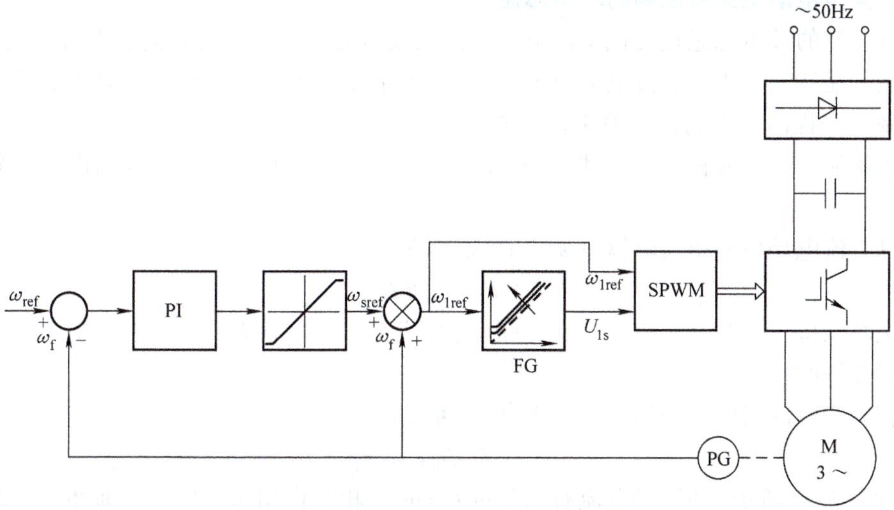

图 10-17　转差频率控制变频调速系统结构图

第七节　异步电动机矢量控制调速系统

恒压频比控制的异步电动机开环调速系统和转差频率控制的异步电动机闭环调速系统解决了平滑调速的问题。特别是转差频率控制系统已经具有了直流电动机双闭环控制系统的优点和较好的动、静态特性，是一个比较优良的控制策略，结构也不太复杂，因而具有广泛的应用价值，可以满足许多工业应用的要求。

对于要求具有很高动、静态特性的系统，上述系统就不能满足要求了。这是由于恒压频比控制、转差频率控制规律都是在异步电动机稳态等效电路和稳态转矩的基础上，采用了较大的近似措施之后得到的，均属标量控制。交流异步电动机的一些量是矢量，因而标量控制不可能得到像直流电动机那样高的动、静态特性。

异步电动机变压变频调速时需要进行电流（电压）和频率的协调控制，而电流（电压）、频率、磁通和转速之间是相互影响的。实际上，异步电动机是一个非线性、强耦合多变量（多输入：电流或电压、频率；多输出：磁通、转速）的高阶非定常系统。要进一步提高异步电动机调速性能，必须从异步电动机动态模型出发，研究其控制规律，提出更好的控制方案。

1969 年，K. Hasse 博士在他的博士论文中提出了矢量控制的基本思想，1971 年，F. Blaschke 工程师将这种一般化的概念形成系统理论，并以磁场定向控制（Field Orientation Control）的名称发表。矢量控制理论的基本思想是把交流电动机模拟成直流电动机进行控制，它把磁链矢量的方向作为坐标轴的基准方向，采用矢量变换的方法实现交流电动机的转速和磁链控制的完全解耦，以得到类似直流电动机的优良的动态调速性能。20 世纪 90 年代以后，采用矢量控制方式的通用变频器组成的交流调速系统逐步取代传统的双闭环直流调速系统，已成为运动控制的主流。

一、异步电动机矢量控制的基本思想

矢量控制的基本思想是要把交流电动机模拟成直流电动机，使其能够像直流电动机一样容易控制。显然，它正是交流电动机调速系统所追求的目标。因此，矢量变换控制（简称矢量控制）一提出就受到普遍关注和重视。

为了阐明矢量变换控制的基本概念和思想，先分析一下交、直流电动机电磁转矩的异同点。

他励直流电动机转矩与电枢电流 I_d 的关系是

$$T_d = K_T \Phi I_d \tag{10-18}$$

当磁场保持恒定时，转矩 T_d 与电枢电流 I_d 成正比，控制 I_d，就可以控制 T_d。这样，很容易获得良好的动态性能。

三相异步电动机转矩与转子电流 I'_2 的关系是

$$T_d = K_T \Phi_m I'_2 \cos\varphi_2 \tag{10-19}$$

T_d 是气隙磁场 Φ_m 和转子电流有功分量 $I'_2\cos\varphi_2$ 相互作用而产生的。即 Φ_m 保持恒定时，T_d 不但与转子电流的大小有关，而且还取决于转子电路的功率因数角 φ_2。它随转子电流的频率变化而变化，即随电动机的转差率变化。更何况异步电动机的气隙磁场是由定子电流 I_1 和转子电流 I'_2 共同产生的，随着负载的变化，磁通 Φ_m 也要变化。因而在动态过程中要准确控制异步电动机的电磁转矩就显得比较困难。

为了解决这个问题，方法之一是在普通三相交流电动机上设法模拟直流电动机控制转矩的规律，即采取矢量变换控制。矢量变换控制的基本思路是将三相交流电动机绕组产生的旋转磁场变换为和直流电动机类似的两绕组产生的旋转磁场，然后控制这两个绕组中的电流，从而得到像直流电动机一样的转矩控制特性。也就是说，它是按照产生同样的旋转磁场这一等效原则建立起来的。

下面是建立这种等效变换的讨论分析。

由电机学理论可知，三相位置固定的对称绕组 U、V、W，通以三相平衡正弦交流电流 i_U、i_V、i_W 时，即产生转速为 ω_1 的旋转磁场 Φ，如图 10-18a 所示。

产生旋转磁场不一定非要三相不可，除单相以外，两相、三相、四相等任意多相对称绕组通以多相对称电流，都能产生旋转磁场。图 10-18b 所示是两相对称绕组 α、β（位置上相差 90°），通以两相对称电流 i_α、i_β（相位互差 90°）时所产生的旋转磁场 Φ。当旋转磁场的大小和转速都相同时，图 10-18a 所示的三相绕组 U、V、W 和图 10-18b 所示的两相对称绕组 α、β 是等效的。图 10-18b 所示的坐标系即为静止两相正交坐标系。

图 10-18c 中有两个匝数相等、空间上相互垂直的绕组 M 和 T，分别通以直流电流 i_M 和 i_T，产生位置固定的磁通 Φ。如果使两个绕组同时以同步转速 ω_1 旋转，磁通 Φ 自然跟着旋转，也可以和图 10-18a、b 中的绕组等效。当观察者站到电动机转子铁心上和绕组一起旋转时（即转子磁链定向），观察者看到的是，M 和 T 是两个通以直流电流的互相垂直的固定绕组。既然图 10-18a、b、c 中的绕组等效，当观察者站到一个以同步转速 ω_1 旋转的坐标系上时，看到的是图 10-18a 的三相绕组及图 10-18b 的两相绕组就等效为图 10-18c 的通以直流电流的相互垂直的固定绕组。图 10-18c 所示的坐标系即为旋转正交坐标系。

这样，以产生同样的旋转磁场为准则，可以将异步电动机三相绕组经过三相到两相的变换，再经过旋转坐标系变换而得到模拟的直流两相绕组（绕组 M 相当于直流电动机的励磁

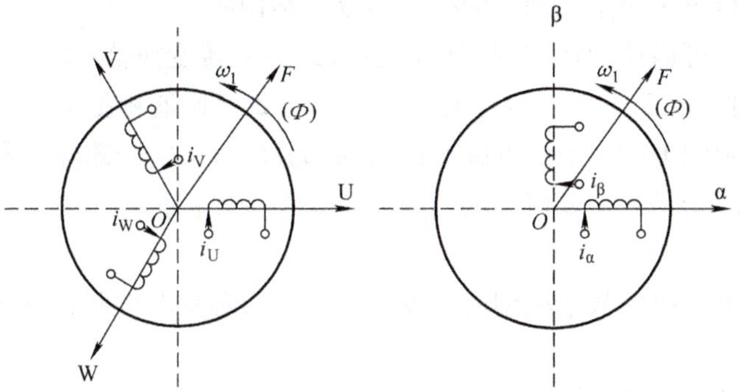

a) 三相交流绕组　b) 两相交流绕组　c) 旋转直流绕组

图 10-18　等效的交流电动机绕组与直流电动机绕组物理模型

绕组，i_M 相当于励磁电流；绕组 T 相当于直流电动机的电枢绕组，i_T 相当于与转矩成正比的电枢电流）。控制模拟的直流两相绕组中的电流 i_M 和 i_T，也就可以得到和直流电动机类似的控制特性了。要保持 i_M 和 i_T 为某一定值，i_U、i_V、i_W 必须按一定的规律变化。

一般的旋转坐标系通常用 dq 坐标系来表示。图 10-18c 所示的旋转正交坐标系中，将 d 轴定位在转子磁链上，则在 dq 坐标系下，M 轴相当于 d 轴，T 轴相当于 q 轴。这时，电流 i_M 和 i_T 就对应 dq 坐标系下的 i_d 和 i_q。

下面阐述矢量变换控制系统的构想。

既然异步电动机经过坐标系变换以后可以等效成直流电动机，那么，模仿直流电动机的控制方法求得直流电动机的控制量，经过相应的坐标系反变换，就能够控制异步电动机了。由于进行的坐标变换是电流（代表磁动势）的空间矢量，因此这样通过坐标系变换实现的控制系统就称作矢量控制系统（Vector Control System，VCS）。所设想的控制系统结构如图 10-19 所示。

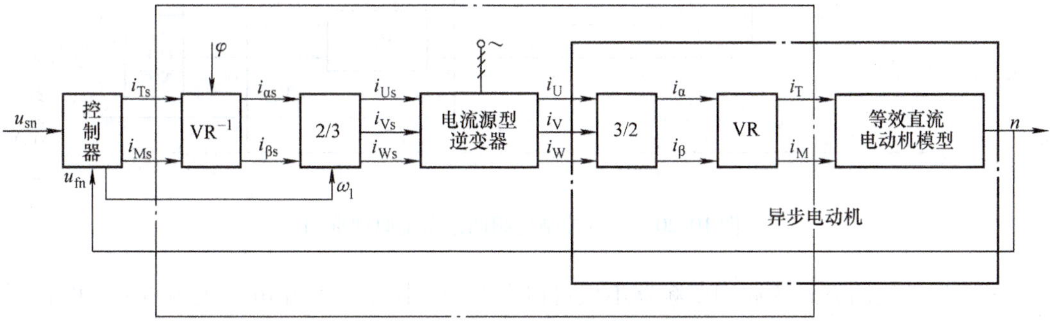

图 10-19　矢量变换控制系统的构想

图 10-19 中，转速给定信号和从异步电动机来的反馈信号经过类似于直流调速系统所用的控制器，产生励磁电流的给定信号 i_{Ms} 和电枢电流的给定信号 i_{Ts}，经过反旋转变换 VR^{-1} 得到等效两相交流绕组电流 $i_{αs}$ 和 $i_{βs}$，再经过两相/三相变换得到三相交流电流给定信号 i_{Us}、i_{Vs}、i_{Ws}。把这三个电流控制信号和由控制器输出的频率控制信号 $ω_1$ 加到带电流控制的变频器中，就可以输出异步电动机调速所需的三相变频电流。在异步电动机的粗点画线框内，根

据前面模拟直流电动机的思路描绘出了异步电动机的坐标系变换结构图。

在设计矢量变换控制系统时，可以认为在控制器后面引入的反旋转变换器 VR^{-1} 与异步电动机内部的旋转变换器 VR 相抵消，2/3 变换器与电动机内部 3/2 变换器相抵消，如果再忽略变频器中可能产生的延迟，则图 10-19 中细点画线框内的部分就可以完全删除，剩下的部分和直流电动机调速系统相似。于是，需要研究的问题就是这个用以模拟异步电动机的等效直流电动机电路的数学模型了。

矢量控制的基础理论是异步电动机的数学模型的建立、矢量变换和解耦控制，该部分内容详见相应的参考文献。

二、异步电动机矢量控制系统的组成

矢量控制变频调速系统的原理框图如图 10-20 所示。图中右边为采用电压型逆变器的变频调速系统的主电路，已在第四节中阐述。主电路左边为矢量控制系统，整个功能全部由采用高档微控制器组成的控制系统完成。图中，ASR 为转速调节器，AΨR 为转子磁链调节器，ACMR 为定子电流励磁分量调节器，ACTR 为定子电流转矩分量调节器，PG 为光电编码测速器。

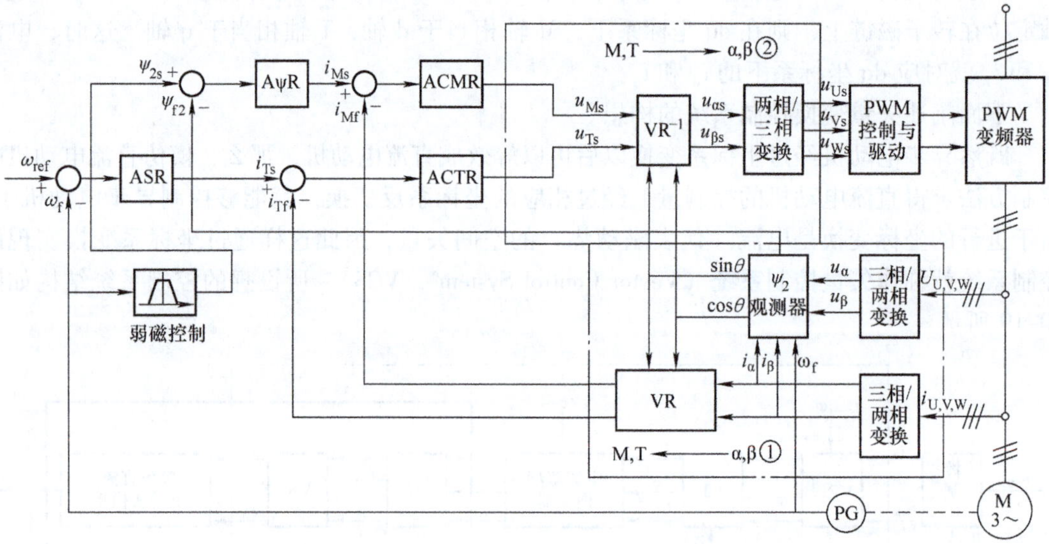

图 10-20 矢量控制变频调速系统原理框图

采用矢量控制方式的通用变频器不仅可以在调速范围上与直流电动机相匹配，而且可以控制异步电动机产生的转矩，使系统的静态性能和动态性能都可以和直流调速系统媲美。由于矢量控制方式所依据的是准确的被控异步电动机的参数，有的通用变频器在使用时需要准确输入异步电动机的参数，有的通用变频器需要使用速度传感器和编码器，并需使用厂商指定的和变频器配套的异步电动机进行控制，否则难以达到理想的控制效果。目前，矢量控制通用变频器中已经具备异步电动机参数的自动检测、自动辨识、自适应功能，带有这种功能的通用变频器在驱动异步电动机进行正常运转之前，可以自动地对异步电动机的参数进行辨识，并根据辨识结果调整控制算法中的有关参数，从而对异步电动机进行有效的矢量控制。

三、矢量控制变频调速系统的实现

这里以转差频率矢量控制变频调速系统为例，介绍矢量控制变频调速系统的具体实现方案。其硬件电路组成如图 10-21 所示。

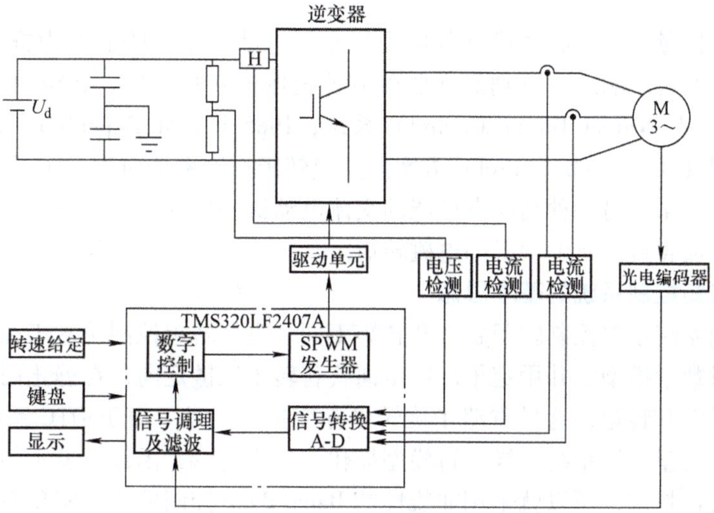

图 10-21　矢量控制变频调速系统硬件电路组成

为实现实时全数字化矢量控制变频调速，系统采用了 TI 公司的 TMS320LF2407A 型 DSP 为控制核心。系统的内环为电流调节环，调节周期为 100μs；外环为速度调节环，调节周期为 1ms。在通用定时器 1 中断处理程序中调用电流环调节子程序或速度环调节子程序，并且电流环中断优先级比速度环中断优先级高。

使用 TMS320LF2407A 内部的两路 10 位 A-D 转换通道 ADCIN6 和 ADCIN5 对电动机的两相定子电流进行采样，采样周期为 50μs。系统采用增量式 E6C-2EZ5C 旋转编码器检测电动机转速，经整形后输入给 DSP 事件管理器的正交编码脉冲（QEP）接口，利用通用定时器 2 进行转速计算，此时通用定时器 2 工作在 QEP 模式。系统的通用定时器 1 工作在连续增减计数模式，产生频率为 20kHz 的 SPWM 信号。同时，通用定时器 1 也作为实时中断发生器，每 50μs 触发一次中断，调用电流环或速度环调节子程序，通过一个软件计数器，每两个 SPWM 周期（100μs）执行一次电流环调节子程序；另一个软件计数器用来每 20 个 SPWM 周期（1ms）执行一次速度环调节子程序。这两个时间周期是独立的，可以分别进行更改。

DSP 在系统上电后首先进行系统自检，然后是硬件和软件的初始化，包括初始化通用定时器 1、A-D 转换器、编码器等，接着初始化中断服务，包括通用定时器 2 的周期中断、通用定时器 2 的比较中断、A-D 中断等。系统的初始化完成后，启动 SPWM 输出和正交脉冲编码器计数，然后进入无限循环等待中断信号。中断发生后，在中断处理子程序中调用电流环调节子程序或速度环调节子程序。对全数字化实现的电流环而言，其周期越短越好，故应尽量减少定子电流的采样与转换时间。在每次电流环循环周期中，首先启动两路 A-D 转换，读取转换结果并计算三相定子电流值，然后经过两次坐标变换得到转矩电流和励磁电流分量，接着读取存放于数据存储区中的电流矢量运算资源信息：转矩电流 i_T 指令值、励磁电流 i_M 指令值、定子角频率 ω_1 和电动机运转信号并经标度变换得到三相定子电流的瞬时值，经电流调节器运算输出SPWM信号控制逆变器。

第八节 异步电动机直接转矩控制调速系统

为了解决大惯量运动控制系统（如电力机车、电动汽车和船舶电力推进等）在起动和制动时要求快速的转矩响应，特别是在弱磁调速范围的转矩问题，1984年，I. Takahashi提出了直接转矩控制（Direct Torque Control）系统，1985年，M. Depenbrock教授研制出了类似的直接自控制（Direct Self-control）方案。直接转矩控制系统简称DTC系统，是继矢量控制系统之后发展起来的另一种高动态性能的交流电动机变压变频调速系统，在它的转速环里面，利用转矩反馈直接控制电动机的电磁转矩。

一、直接转矩控制系统的基本思想

与矢量控制系统主要控制转子磁链和转矩不同，直接转矩控制是基于在定子坐标系下建立的交流电动机数学模型，并用定子磁链定向代替转子磁链定向，在静止两相坐标系上直接控制电动机的磁链和转矩，这样省略了旋转坐标变换。但是，由于DTC系统采用了定子磁链控制，无法像矢量控制系统一样进行模型简化并实现解耦，因而也就不能简单地模仿直流调速系统进行线性控制，所以就采用非线性的Bang-Bang控制方式来实现系统解耦控制，以加速系统的转矩动态响应。由于它不需要模仿直流电动机的控制，所以需要的信号处理工作比较简单。

直接转矩控制强调的是转矩的直接控制效果，因此它并不强调获得理想的正弦波波形，而是采用电压空间数量和近似圆形磁链轨迹的概念。具体控制方式是：直接将电动机瞬时转矩和瞬时磁链作为状态变量加以反馈，分别通过转矩和磁链两位式调节器（Bang-Bang控制），把转矩检测值和磁链检测值分别与各自的给定值作比较，转矩调节器和磁链调节器的输出直接对逆变器开关状态做最佳调节，把转矩和磁链波动限制在规定的误差范围内，因此它的控制直接而简单。

二、直接转矩控制系统的组成

图10-22是按定子磁链控制的经典DTC系统结构图。系统由磁链闭环和转速闭环两个部分组成。速度给定值ω_{ref}和反馈值ω_f相比较，经过速度PI调节器得到转矩给定值T_{ds}，此给定值与转矩反馈值T_{df}比较，其误差量经转矩Bang-Bang控制器得到转矩控制量dT_d。定子磁链给定值$|\psi_{1s}|$和磁链反馈值$|\psi_{1f}|$相比较，其误差量经磁链Bang-Bang控制器得到磁链控制量$d\Psi$。根据dT_d、$d\Psi$和磁链扇区数（由磁链位置角ρ_s得到）查逆变器优化开关表，得到最优电压矢量。通过对电压型逆变器VSI施加电压矢量，控制电动机转矩和定子磁链在其磁滞带内独立调节。其中，转矩反馈值T_{df}和定子磁链反馈值$|\psi_{1f}|$由电磁转矩、定子磁链观测器得到。

DTC系统在转速环内设置了转矩控制环，它可以抑制磁链变化对转速子系统的影响，从而使转速和磁链子系统实现近似解耦；由于采用转矩和磁链的Bang-Bang控制，简化控制结构，避免了调节器设计；而且Bang-Bang控制本身属于P调节器控制，可以获得比PI调节器更快的系统动态响应；又因DTC系统仅控制定子磁链而非转子磁链，所以不会受到转子参数变化的影响。但是，由于Bang-Bang控制会产生转矩脉动，特别是低速时的转矩脉动会带来系统的调速精度变差，限制了其调速范围。

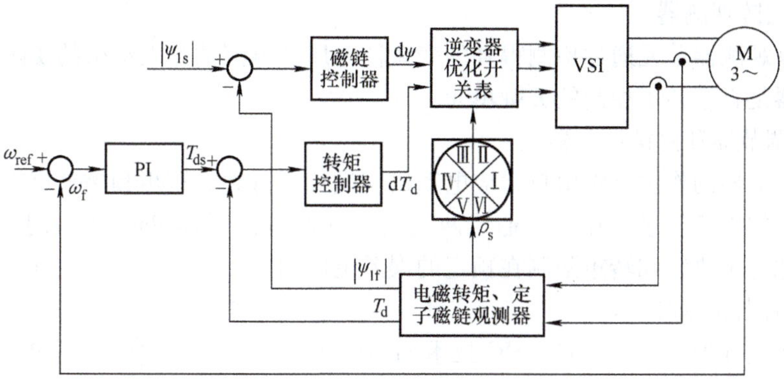

图 10-22 直接转矩控制系统结构图

三、直接转矩控制变频调速系统的实现

工业发达国家，如德国、日本、美国等，都竞相发展此项新技术。目前，直接转矩控制技术已成功地应用在电力机车牵引等大功率交流传动上。

ABB 公司 ACS600 系列变频器直接转矩控制系统框图如图 10-23 所示，它由速度控制环和转矩控制环组成。其中，速度控制器采用 PI 调节器，转矩控制环则是该系统的控制核心。转矩控制环由电动机电流和电压检测环节、定子磁链观测器、转矩调节器、磁链调节器和脉冲优化选择器等环节组成。

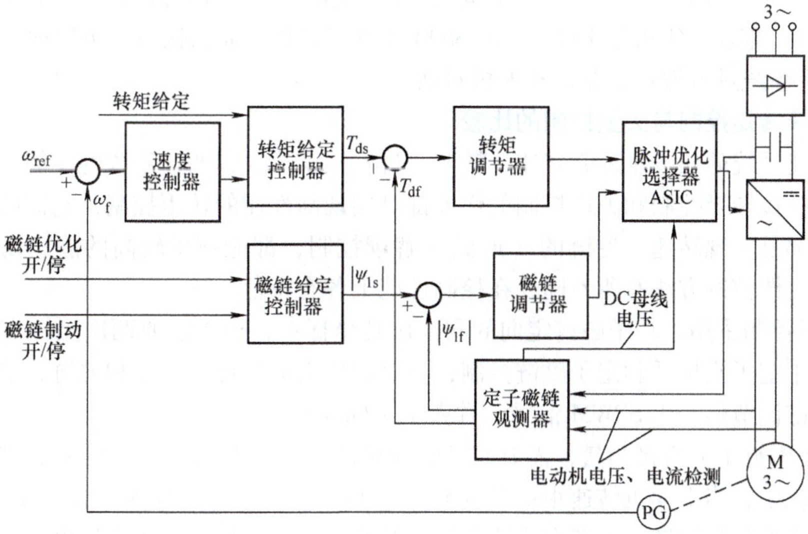

图 10-23 ACS600 系列变频器直接转矩控制系统框图

1. 速度控制器

系统的速度控制器为 PI 调节器，实际转速来自光电编码器测速环节 PG 输出的速度反馈信号，速度控制器的输出给转矩给定控制器。

2. 磁链和转矩给定控制器

磁链给定控制器的主要任务是优化磁链给定曲线，提供磁链制动给定功能。转矩给定控制器是一个带输出限幅的斜坡函数发生器，可以实现内、外给定功能。

3. 定子磁链观测器

定子磁链观测器单元通过检测得到的变频器电压和电流估算电动机的实际转矩、定子磁链。该观测器是直接转矩控制的关键单元。

4. 转矩调节器和磁链调节器

这两个调节器的作用是将由自适应电动机模型计算得到的转矩和磁链反馈值与转矩和磁链控制器送来的参考值进行比较，通过两点式滞环调节器（即 Bang-Bang 控制）进行快速调节，从而把定子磁链和转矩限制在预定的误差范围内。

5. 脉冲优化选择器

脉冲优化选择器是一个具有 ASIC 技术的 40MHz 数字信号处理器（DSP），该单元具有很高的处理速度。实际上，对定子磁链和转矩的控制最终都是通过控制逆变器功率器件的开关状态来实现的，脉冲优化选择器的任务就是选择合适的开关组合状态，使定子磁链和转矩运行在期望的误差范围内，同时又使开关器件的动作频率最低。

ACS600 DTC 系统利用电动机在运行中所测得的参数建立的电动机模型，对实时测得的电动机的二相电流值、电压值和中间环节的直流电压值进行分析、计算，把计算得到的实际转矩、定子磁链同给定控制器给出的磁链、转矩给定值进行比较，用 Bang-Bang 调节器进行调节，把它们的误差值限定在给定的误差范围之内。借助 Bang-Bang 调节器控制产生 SPWM 控制信号直接对逆变器的开关状态进行控制。逆变器的每次开关模式都是实时、单独确定的，其间隔是 25μs。把转矩响应限制在一拍（1～5ms）之内、无超调。ACS600 的静态精度为 0.1%～0.5%，开环转矩阶跃上升时间为 5ms，起动转矩平稳可控，最大起动转矩为额定转矩的 200%，零速转矩可达 100%。ACS600 装置配有数据通信接口，可以通过数据总线对 ACS600 DTC 系统进行编程、监控和人机对话。

四、直接转矩控制与矢量控制的比较

交流调速系统的任务是控制转速，转速通过转矩来改变，调速系统的性能取决于转矩控制的质量。直接转矩控制和矢量控制的任务都是实现高性能的转矩控制，它们的速度调节部分相同，且都是实现转速、磁链的（近似）解耦控制，都能获得较高的静、动态性能。但两种系统的具体控制方法有所不同，在控制性能上各有特色。

1）矢量控制采用以转子磁链定向的同步旋转坐标系，至少需要两次坐标变换；直接转矩控制则选用定子坐标系和定子磁链控制，直接利用交流量计算转矩和磁链，然后通过转矩调节器和磁链调节器产生 SPWM 信号，省去了坐标变换。

2）由于磁链不能直接测量，需要通过电动机的电压、电流及电动机参数进行计算。在矢量控制系统中，当电动机转速很低时（5%～10%），定子电压也很小，电压模型误差大，需要用电流模型计算磁链。为了在高速和低速都能取得好的性能，需应用电压和电流两个模型，涉及的电动机参数较多，特别是受转子参数变化影响较大。

3）直接转矩控制采用定子磁场定向，因定子磁链的估算只与相对比较容易测量、变化较小的定子电阻有关，所以对磁链的估算更容易，受电动机参数变化的影响也较小。但在低速运行时，直接转矩控制的转矩脉动大，限制了系统的调速范围。这时若引入电流模型，也要用到转子磁链，涉及的电动机参数和矢量控制一样多。

4）直接转矩控制不进行坐标变换，计算简单，但为了实现 Bang-Bang 控制，要求计算速度很快，必须在一个开关周期内计算多次，前面讲到 ACS600 系列变频器的计算周期是

25μs。矢量控制中是测量电压、电流一个开关周期内的平均值，然后一周期计算一次，对计算速度的要求低，以西门子公司的 6SE70 系列变频器为例，它的计算周期是 400μs，与 ACS600 相比相差 16 倍。根据产品样本，ACS600 的转矩响应时间是 5ms，6SE70 也是 5ms，两者的转矩响应时间是一样的。

综上所述，矢量控制系统调速范围宽，计算较为复杂，但以现在处理器的运算能力不难实现；直接转矩控制系统保持定子磁链恒定，转矩和定子磁链闭环都采用两位式 Bang-Bang 控制，直接选择电压空间矢量 SVPWM 的开关状态，省去了线性调节器和旋转坐标变换，系统结构简洁明了，对电动机参数变化不敏感。缺点是输出转矩有脉动，限制了系统的调速范围。由于这两种控制系统各自的特色，所以它们除了普遍适用于高性能调速系统以外，还各有侧重。矢量控制系统更适用于宽范围调速系统和伺服系统，而直接转矩控制则更适用于需要快速转矩响应的大惯量运动控制系统（如电力机车）。

鉴于两种控制策略各有其优势，也都有不足之处，目前两种系统的研究和开发工作都在朝着克服其缺点的方向发展：对矢量控制系统的进一步研究工作主要是提高其控制的鲁棒性，对直接转矩控制系统的进一步研究则主要集中在提高其低速性能上。

第九节　异步电动机变频调速系统仿真

一、恒压频比控制的开环调速系统

以图 10-14 所示的恒压频比控制的调速系统为例，通过仿真分析系统的稳态和动态性能。图中，PWM 控制模块采用 SPWM 方法得到逆变器驱动信号。

交流电动机参数：额定功率 2.2kW，额定电压 220V，额定频率 50Hz，额定转速 1450r/min。

在 MATLAB/Simulink 中，依据上述参数建立的转差频率控制变频调速系统仿真模型如图 10-24 所示。异步电动机、整流装置、逆变器、SPWM 发生器等直接选用 Simulink 模块库中

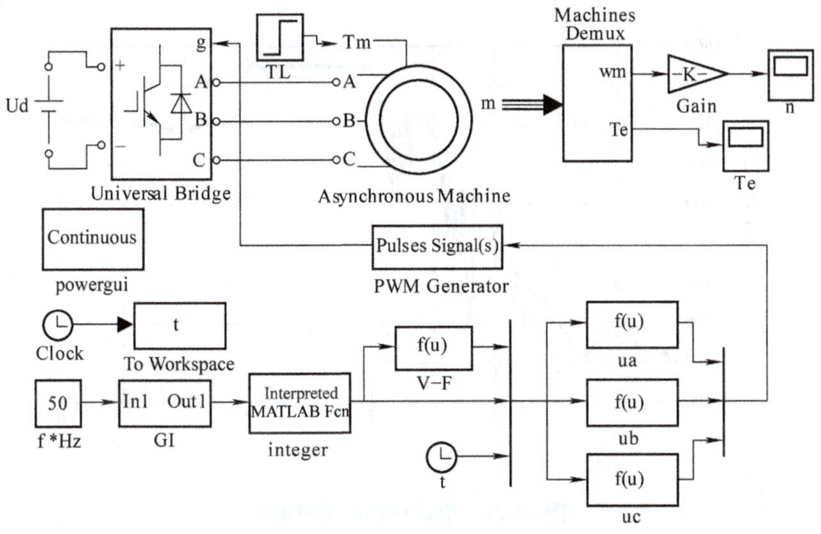

图 10-24　转差频率控制变频调速系统仿真模型

的 SimPowersystems 相应控件。频率给定为 50Hz，仿真时间为 10s，在电动机空载起动后 7s 时突加负载 100N · m。

图 10-25 为交流电动机输出转矩仿真波形，图 10-26 为交流电动机转速仿真波形。从图中可以看出，电动机在起动过程中，转速和转矩的波动很大，说明恒压频比这种控制方法的动态特性很差。

起动 5s 后，电动机进入稳速状态，此时转速波动较小，说明恒压频比这种控制方法稳态性能较好，用于风机、水泵等调速能够满足要求。

在 7s 时刻突加负载 100N · m，从图中还可以看出，电动机输出转矩较快地跟随负载转矩，但波动较大。转速降落到 1200r/min 多一点，然后重新稳定，这是由于开环控制带负载能力较差造成的。

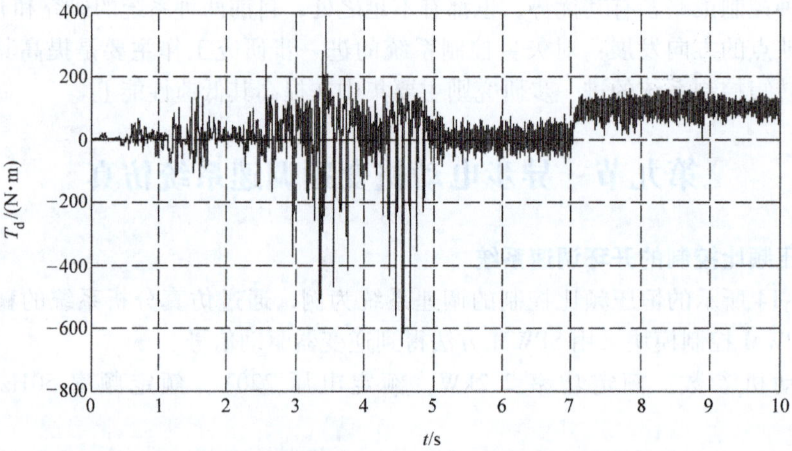

图 10-25 电动机输出转矩仿真波形

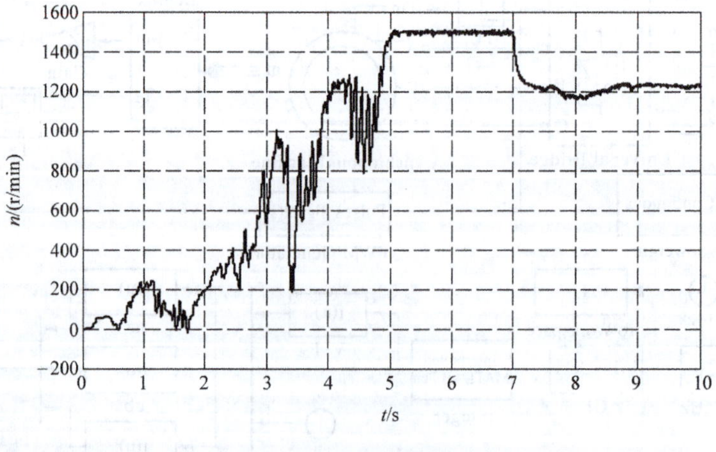

图 10-26 电动机转速仿真波形

二、转差频率控制的闭环调速系统

以图 10-17 所示的转差频率控制的交流电动机变频调速系统为例，通过仿真分析系统的稳态和动态性能。

PWM 模块采用矢量变换方法得到逆变器的驱动信号。参考图 10-20，转速给定信号和从异步电动机来的反馈信号经过 ASR 得到转矩电流给定 i_{Ts}，经过反旋转变换 VR^{-1}得到模拟直流两相绕组的电流 i_d 和 i_q，再经过两相/三相变换得到三相交流电流给定信号 i_{sU}、i_{sV}、i_{sW}。

异步电动机参数：额定功率 2.2kW，额定电压 220V，额定频率 50Hz，额定转速 1450r/min。

系统稳态参数：$U_{sn}=10V$，$\alpha_n=0.0075V\cdot min/r$。

参考双闭环调速系统工程设计方法（详见附录 C），可以初步确定调节器参数。通过 MATLAB/Simulink 仿真调试后确定的调节器参数：$K_n=35$，$\tau_n=0.15$。

在 MATLAB/Simulink 中依据上述参数建立的转差频率控制变频调速系统仿真模型如图 10-27 所示。异步电动机、整流装置、逆变器、SPWM 发生器、两相旋转到三相静止坐标变换等直接选用等直接选用 Simulink 模块库中的 SimPowersystems 相应控件。仿真时间为 0.7s，在电动机空载起动后 0.4s 时突加负载 50N·m。

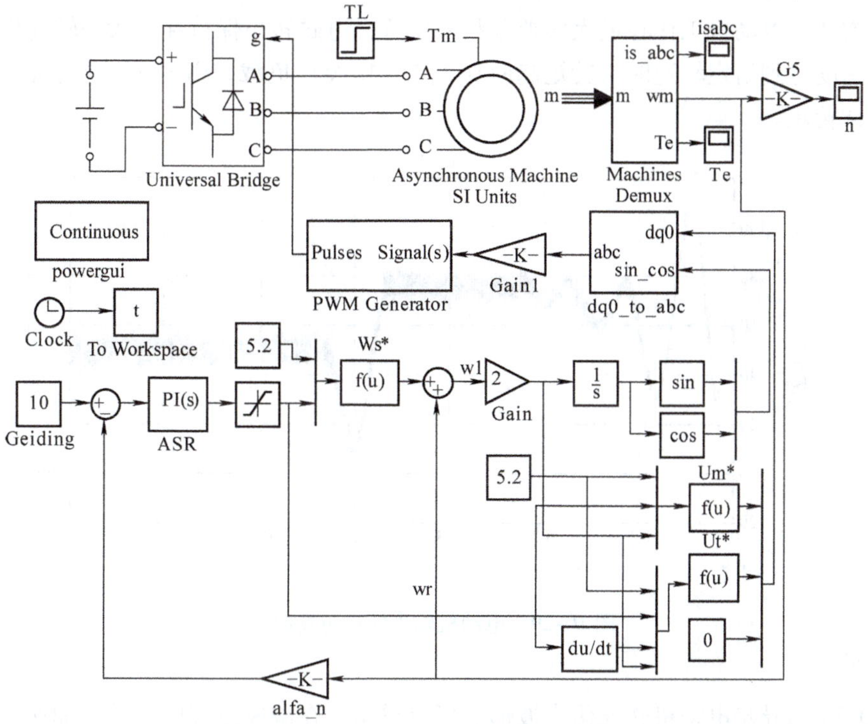

图 10-27 转差频率控制变频调速系统仿真模型

图10-28为异步电动机定子相电流仿真波形，可以看出，定子相电流的频率随着转速的升高而增高。按某种规律控制定子电流，才能维持气隙磁通不变，这正是转差频率控制的基本原理。

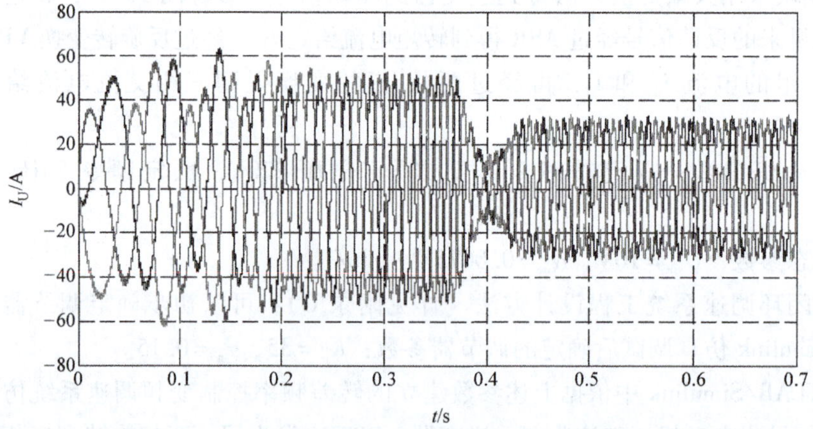

图10-28 电动机定子相电流仿真波形

图10-29为异步电动机输出转矩仿真波形，可以看出，由于速度还未达到给定转速，速度调节器饱和，电动机工作在最大转差角频率位置，电磁转矩保持在最大，转速以最大加速度上升。速度达到给定转速时，转矩趋向0。在0.4s突加负载50N·m，电动机输出转速快速跟踪负载转矩。

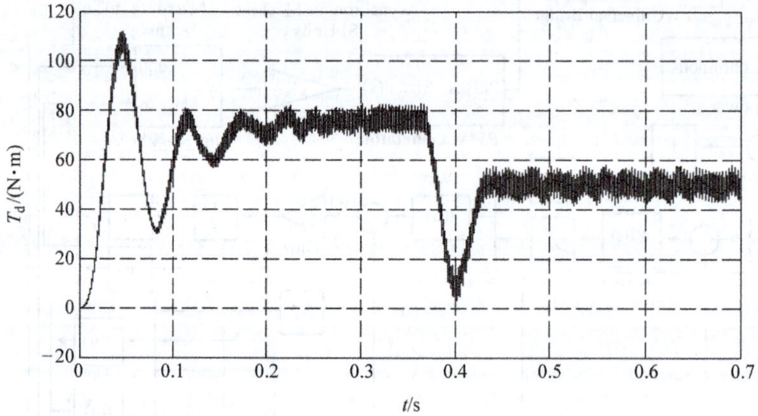

图10-29 电动机输出转矩仿真波形

图10-30为异步电动机转速仿真波形。可以看出，在调速过程中，转速加速平滑且近似线性。在0.42s左右进入稳态，稳态无静差。说明转差频率控制的交流变频调速方法是一个性能比较优越的控制策略，结构也不算复杂。

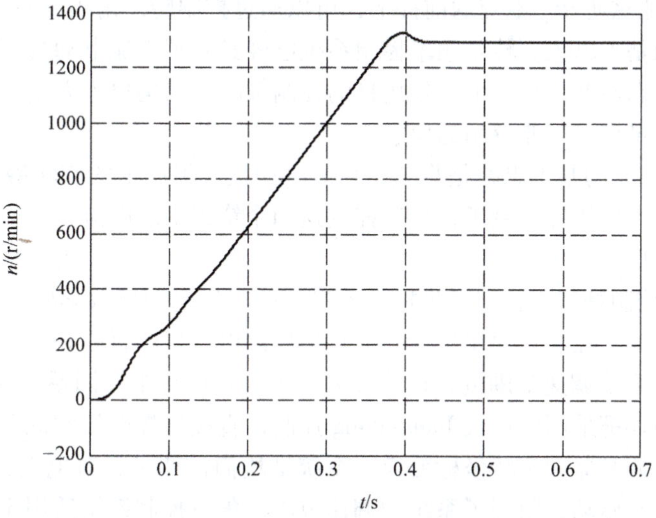

图 10-30　转速仿真波形

小　结

1）异步电动机的变频调速控制系统分为两大类：基于稳态模型的和基于动态模型的。前者的典型代表是转速开环变压变频调速系统和转速闭环转差频率控制的变压变频调速系统。高性能的异步电动机变压变频控制系统都是基于动态模型的，典型代表是按转子磁场定向的矢量控制系统和按定子磁链控制的直接转矩控制系统。

2）变压变频调速的基本控制策略需根据其频率控制的范围而定，而实现基本的控制策略，又可选用不同的控制模式。异步电动机变压变频调速也分为基频以下调速和基频以上调速两个范围。在基频以下，以保持磁通恒定为目标，采用变压变频协调控制。在基频以上，以保持定子电压恒定为目标，采用恒压变频控制。

3）变压变频装置常采用全控型电力电子器件组成的 SPWM 变压变频器。利用 ASIC 芯片可以很方便地控制 SPWM 主电路，再利用微机进行系统控制，可以在中、小功率异步电动机的变频调速中取得满意的效果。

4）通用变频器是目前变频器市场的主流。它可以和通用异步电动机配套使用，具有多种可供选择的功能，适用于各种不同性质的负载。

5）按变频调速系统控制原理来分，可分为

- 变频调速系统
  - 开环控制系统——V/F控制系统
  - 闭环控制系统
    - 转差频率控制系统
    - 矢量控制系统
    - 直接转矩控制系统

6）采用电压-频率协调控制的开环控制系统，在不同频率下都能获得较硬的机械特性线性段，解决了平滑调速的问题。这种控制方案系统结构最简单，成本最低，特别适合风机、水泵等的节能调速。

7）在保持气隙磁通 Φ_m 不变的前提下，可以通过控制转差角频率 ω_s 来控制转矩，这就是转差频率控制的基本思想。转差频率控制系统已经具有了直流电动机双闭环控制系统的优点和较好的动、静态性能，是一个比较优良的控制策略，结构也不太复杂，因而具有广泛的应用价值，可以满足许多工业应用的要求。

8）矢量变换控制的基本思路是将三相交流电动机绕组产生的旋转磁场变换为和直流电动机类似的两绕组产生的旋转磁场，然后控制这两个绕组中的电流，从而得到像直流电动机一样的转矩控制特性。

9）直接转矩控制是基于在定子坐标系下建立的交流电动机数学模型，并用定子磁链定向代替转子磁链定向，在静止两相坐标系上直接控制电动机的磁链和转矩。

10）矢量控制系统调速范围宽，计算较为复杂；直接转矩控制系统保持定子磁链恒定，转矩和定子磁链闭环都采用两点式 Bang-Bang 控制，直接选择电压空间矢量 SVPWM 的开关状态，省去了线性调节器和旋转坐标变换，系统结构简洁明了，对电动机参数变化不敏感，缺点是，输出转矩有脉动，限制了系统的调速范围。矢量控制系统适用于宽范围调速系统和伺服系统，而直接转矩控制则适用于需要快速转矩响应的大惯量运动控制系统。

思考题与习题

10-1 在变频调速中，在基频以下调速时，为什么要保证 V/F 等于常量？

10-2 试画出变频调速的机械特性曲线，并简要分析其特点。

10-3 简述 SPWM 变压变频器的工作原理。

10-4 试分析比较交-直-交电流源型变频器的恒压频比控制的调速系统与交-直-交电压源型变频器的恒压频比控制的调速系统的优缺点。

10-5 简述采用交-直-交电流源型变频器的转差频率控制的变压变频调速系统的工作原理和优缺点。

10-6 简述矢量控制的变压变频调速系统的工作原理和优缺点。

10-7 简述直接转矩控制的变压变频调速系统的工作原理和优缺点。

10-8 对图 10-27 的仿真模型，改变速度调节器参数为 $K_p=30$，$\tau_p=0.5$，观察仿真结果有什么变化，为什么？

第十一章　位置随动控制系统

第一节　概　　述

位置随动控制系统又称为跟随系统或伺服系统，可用来实现对机械运动的位置控制，如数控机床的定位控制和工件轮廓的加工控制，连轧机压下装置的压下量控制，以及机器人控制，雷达天线和电子望远镜的方位瞄准等控制。在现代计算机集成制造系统（CIMS）、柔性制造系统（FMS）等领域，位置随动控制系统得到越来越广泛的应用。

典型位置随动控制系统框图如图 11-1 所示。该系统有位置环、速度环和电流环三个反馈回路。其中，位置环为主环，主要起消除位置偏差的作用；速度环和电流环为副环，速度环起稳定转速和限制加速度的作用，电流环起稳定电流和限制电流过大的作用。在位置控制精度要求较高且驱动力矩较大的场合，多采用闭环位置随动控制系统。位置环是必需的，而速度环和电流环可根据需要设置。伺服电动机一般采用宽调速范围的直流或交流伺服电动机，小功率位置随动控制系统中多采用永磁式直流伺服电动机、直流无刷伺服电动机，永磁式交流伺服电动机等。

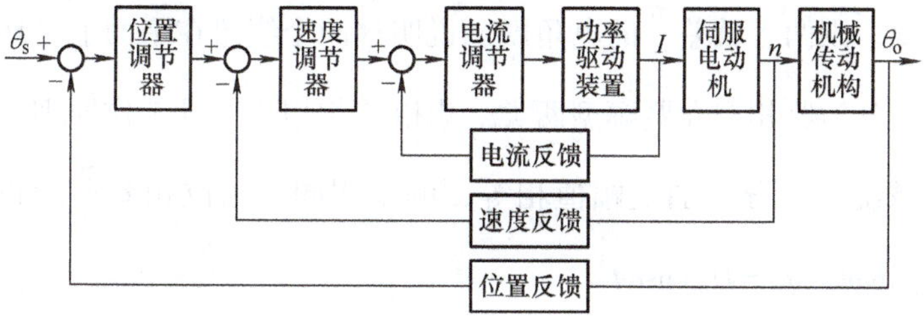

图 11-1　位置随动控制系统框图

位置随动控制系统和调速系统的控制原理相同，但两者性能指标要求不同。对调速系统而言，给定量通常为恒值，要求系统维持恒速，所以抗干扰性能作为其主要指标。对随动系统而言，给定量通常是变化的，要求输出准确跟踪，因而跟随性能成为它的主要指标。位置检测装置、位置调节器，以及速度调节器和电流调节器是位置随动控制系统的关键所在。

位置随动控制系统又可分为模拟式和数字式两类。随着计算机控制技术的发展，模拟式位置随动控制系统逐步被计算机数字控制所取代，现在计算机数字控制的位置随动控制系统已占据主导地位。

位置随动控制系统中如果没有任何反馈回路，则称为开环位置随动控制系统。开环位置随动控制系统的伺服电动机一般采用步进电动机，控制器将指令信号转变成与步进电动机步进角对应的脉冲，通过功率放大装置将脉冲信号变换成步进电动机的驱动信号。开环控制系统没有位置检测，结构简单，成本较低，但控制精度有限，所以开环位置随动控制系统主要用于对位置控制精度要求不高的场合，如简易数控机床、水轮机导叶控制等。

第二节 位置检测装置

位置检测装置主要用于检测长度、角度、直线位移和角位移，是位置随动系统的重要部件，它对控制系统的精度和工作效率有很大的影响。位置随动系统中常用的位移检测装置有感应同步器（直线和圆盘）、光电编码盘和光电编码器等。

一、感应同步器

感应同步器是一种测量位移的平面形状变压器式检测元件，按其结构特点分为直线式和圆盘式两种。前者用于直线位移测量，后者用于角位移测量。感应同步器具有检测精度高（可达 1μm）、分辨力高（可达 0.2μm）、测量速率高（可达 50m/min）、抗干扰性强、寿命长、维护方便等优点。这里以直线感应同步器为例，对其结构特点和工作原理进行叙述。

直线感应同步器由定尺和滑尺组成。它是利用滑尺和定尺上的励磁绕组和感应绕组之间随着它们相对位置变化而产生互感系数的变化，从而发出相应的位移电信号，达到位置测量的目的。

感应同步器的定尺和滑尺上均粘有用印制电路的方法制成的矩形绕组，如图 11-2 所示。通常定尺装在固定部件上（如机床床身），滑尺装在运动部件上（如机床工作台），面对面安装，它们之间只有很小的空气隙（0.25mm ±0.05mm）。定尺的长度一般为 250mm，绕组的节距（s）为 2mm。滑尺上刻有两套励磁绕组：一套称为正弦绕组，另一套称为余弦绕组。当正弦绕组的每一只线圈和定尺对准时，余弦绕组的每只线圈和定尺相差 $s/4$ 的距离，如 $s=2\pi$ 的电角度，则两者就差$\frac{\pi}{2}$的电角度。说明这两个绕组在平面上是相交的。按工作状态，感应同步器可分为鉴相型和鉴幅型两类。现以鉴相型说明其工作原理。鉴相测量方式是在滑尺的两个励磁绕组上分别加上幅值相等、频率相同，相位相差$\frac{\pi}{2}$的正弦励磁电压 u_s、u_c。其中 $u_s=U_m\sin\omega t$，$u_c=U_m\cos\omega t$。

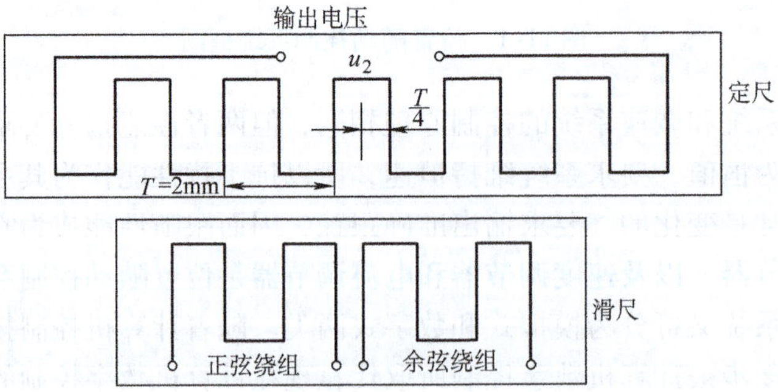

图 11-2 直线式感应同步器

若起始时供给 u_s 的绕组与定尺的感应绕组重合，这时定尺上的感应电压最大，当滑尺移动时，滑尺和定尺的绕组不重合，则在定尺上感应电压为

$$u'_2=ku_s\cos\theta=kU_m\sin\omega t\cos\theta$$

式中 k——耦合系数；

θ——滑尺绕组相对于定尺绕组的空间相位角，$\theta=\dfrac{2\pi x}{s}$，x 为滑尺直线位移值。

同理可得另一绕组的感应电压，由于它和定尺绕组相差 1/4 极距，在定尺上感应电压为

$$u''_2=ku_c\cos\left(\theta+\frac{\pi}{2}\right)=-kU_m\sin\theta\cos\omega t$$

根据叠加定理，定尺上感应产生的电压为两者之和，即

$$\begin{aligned}u_2&=u'_2+u''_2=kU_m\sin\omega t\cos\theta-kU_m\cos\omega t\sin\theta\\&=kU_m\sin(\omega t-\theta)\end{aligned}\tag{11-1}$$

从上式可见，定尺感应总电压 u_2 和滑尺的位移有严格的关系，所以可以通过鉴别定尺感应电动势的相位 θ 的大小测得滑尺和定尺的相对位移量 x。

二、光电编码盘

编码盘是将被测转角直接转换成相应代码的检测元件。编码盘有光电式、接触式和电磁式三种。

光电式编码盘是目前应用较多的一种位置和速度测量装置。它是在用透明材料制成的圆盘上精确地印制上二进制编码。图 11-3 所示为 4 位二进制的编码盘，编码盘上各圆圈环分别代表 1 位二进制的数字码道，在同一码道上印制黑白等间隔图案，形成一套编码。黑色不透光区和白色透光区分别代表二进制的“0”和“1”。在一个 4 位光电编码盘上，有 4 圈数字码道，在 360°范围内可编数码数为 $2^4=16$ 个。不难看出，码道的圈数就是二进制的位数。若是 n 位二进制编码盘，就有 n 圈码道，且圆周均匀分成 2^n 等份，即共有 2^n 个数据分别表示其不同位置，所能分辨的角度为 $\alpha=360°/2^n$，分辨率为 $1/2^n$。

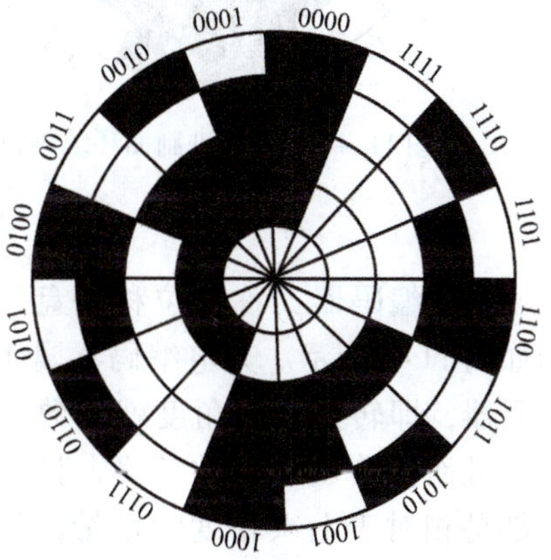

图 11-3 4 位二进制编码盘

工作时，编码盘的一侧放置电源，另一侧放置光电接收装置，每个数位都对应一个光电管及放大、整形电路。编码盘转到不同位置，光电元件接受光信号，并转换成相应的电信号，经放大整形后，成为相应数码电信号。编码盘的刻划和光电元件的安装要求十分严格，否则容易引起阅读误差。即当光电管安装位置不准时，在编码盘回转在两码段交替过程中，就会有一些光电管越过分界线，而另一些尚未越过，于是产生阅读误差。例如，当编码盘顺时针方向旋转，由位置“0111”变为“1000”时，这 4 位数要同时都变化，可能将数码误读成 16 种代码中的任意一种（这取决于光电管位置的偏离情况），如读成 1111、1011、1101、…、0001 等，产生了无法估计的很大的数值误差，这种误差称为非单值性误差。

为消除非单值性误差，可采用以下方法。

（1）循环编码盘（或称格雷编码盘） 图 11-4 所示为 4 位二进制循环编码盘。这种编码的特点是任意相邻的两个代码间只有一位代码变化，即“0”变为“1”或“1”变为“0”。因此，在两数变换过程中，因光电管安装不准确等产生的阅读误差，最多不超过“1”，只可能读成相邻两个数中的一个数，即产生的误差最多也只是一位数。所以，它是消

除非单值性误差的一种有效方法。

（2）带判位光电装置的二进制循环编码盘　这种编码盘是在二进制循环编码盘的最外圈再增加一圈信号位，如图11-5所示。该编码盘最外圈上的信号位的位置正好与状态交线错开，只有当信号位处的光电元件有信号时才读数，这样就不会产生非单值性误差。粗精结合的编码盘分辨率已能做到$1/2^{20}$，如果编码盘制造非常精确，则编码精度可达到量化误差。可见，光电编码盘用作位置检测可以大大提高测量精度。

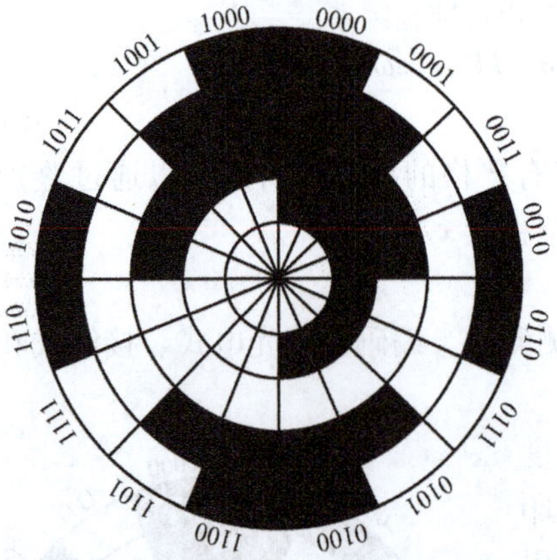

图11-4　4位二进制循环编码盘

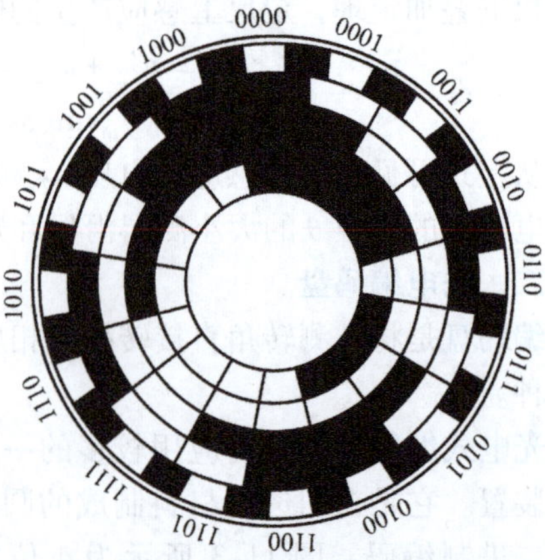

图11-5　带判位光电装置的二进制循环编码盘

三、光电编码器

光电编码器又称为位移码盘，它的结构如图11-6所示。光电编码器属于增量式编码器，即转过一个角度就有数个脉冲发出，进而换算出对应的角度，且每次反映的都是相对于上次角度的增量，旋转轴的具体坐标位置并不确定。

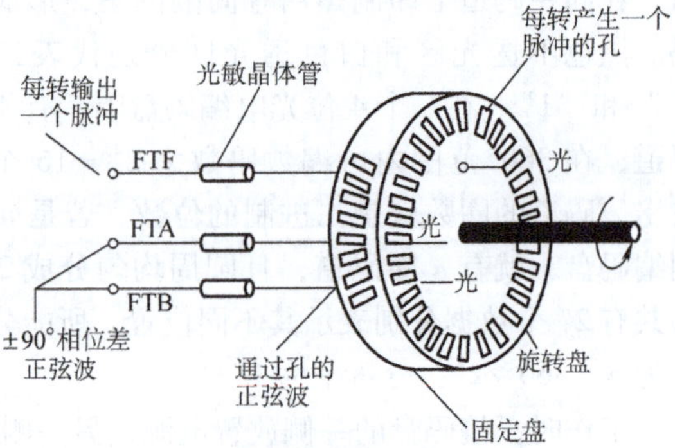

图11-6　光电编码器结构图

光电编码器实际上是由两个偏圆盘组成的，圆盘的边缘上刻有相等角距的缝隙（分成透光部分和不透光部分），其中相邻的透光与不透光缝隙构成一个节距，用τ表示。一个圆盘安装在电动机的轴上，与电动机以相同的速度旋转；另一个圆盘是固定不转的，与旋转的圆盘平行放置，在平行的圆盘两侧分别安装光源和光敏元件。当旋转的圆盘随电动机轴一起转动时，每转过一个缝隙就发生一次光线的明暗变化，经过光敏元件，就产生一个近似正弦的电信号。此信号经放大、整形电路的处理，可以得到一定幅值和功率的电脉冲输出信号。如将上述脉冲信号送到计数器中进行计数，则计数码就能反映圆盘转过的角度。测出脉冲的变化率，即单位时间脉冲的数目，就可求出旋转速度。

光电编码器的测量精度取决于它能分辨的最小角度，而这与码盘圆周所分的缝隙条数有关，即

$$\text{分辨角} = \frac{360°}{\text{缝隙数}} \tag{11-2}$$

$$分辨率 = \frac{1}{缝隙数} \tag{11-3}$$

为了判断电动机的旋转方向，在固定圆盘缝隙群中制出两个错开 1/4 节距的相邻缝隙。这两个缝隙各对应一套光电转换装置，得到两组不同的光电脉冲，分别称为 FTA 与 FTB 相脉冲。它们在相位上相差 1/4 周期，即相差 90°电角度。正转时，FTA 相超前于 FTB 相 90°；反转时，FTB 相超前于 FTA 相 90°。通常在圆盘的里圈不透光圆环上还刻有一条透光条纹，用来产生一转脉冲的信号，即电动机每转过一转就发出一个脉冲，称之为 FTF 脉冲，用于找出电动机在初始状态的绝对位置。

第三节　步进电动机位置随动控制系统

典型步进电动机位置随动控制系统组成框图如图 11-7 所示。它主要由三部分组成：环形分频器、功率驱动装置和步进电动机。指令脉冲可以来自单片机、数字信号处理器（DSP）和可编程序控制器（PLC）等。环形分频器将指令脉冲按照所要求的配电方式自动地循环地提供给步进电动机各相绕组。环形分频器输出信号脉冲电流一般只有几毫安，需经功率驱动装置将脉冲电流放大至几至十几安培，从而驱动步进电动机运转。机械传动机构为齿轮箱或丝杠螺母机构等，它将电动机的旋转运动转换为工作台的角位移 θ_o 或直线位移 x_L。

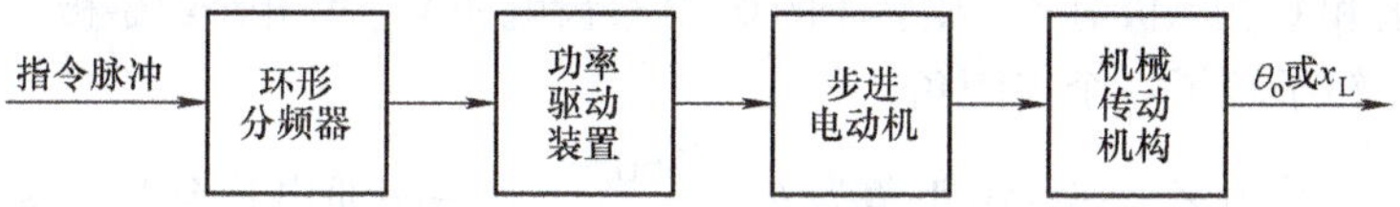

图 11-7　步进电动机位置随动控制系统组成框图

一、步进电动机的工作原理

步进电动机按励磁方式可分为反应式、永磁式和混合式三种。其中，反应式步进电动机具有惯性小、转速高、响应快和结构简单等特点，应用比较普遍。下面以反应式步进电动机为例来介绍其工作原理。

步进电动机电源一般都采用单极性直流电源。要使步进电动机转动，就必须对步进电动机的定子各相绕组按适当的时序进行通电。三相反应式步进电动机结构简图如图 11-8 所示。定子上有三对磁极，磁极上有若干个小齿，每两个相对磁极组成一相，即 U、V、W 三相，磁极上缠绕励磁绕组，即 U、V、W 绕组。

步进电动机的工作原理如图 11-9 所示。定子的每相都有一对磁极，每个磁极只有一个齿，即磁极本身；转子由软磁材料构成，转子有四个齿，分别称为 0、1、2、3 齿。初始状态时，U 相绕组通电，则 U 相磁极和转子的 0、2 号齿对齐，同时转子的 1、3 号齿和 V、W 相磁极形成错齿状态。

当 U 相绕组断电，V 相绕组通电，由于 V 相绕组和转子的 1、3 号齿之间的磁力线作用，使得转子的 1、3 号齿和 V 相磁极对齐，则转子的 0、2 号齿就和 U、W 相绕组磁极形成错齿状态。

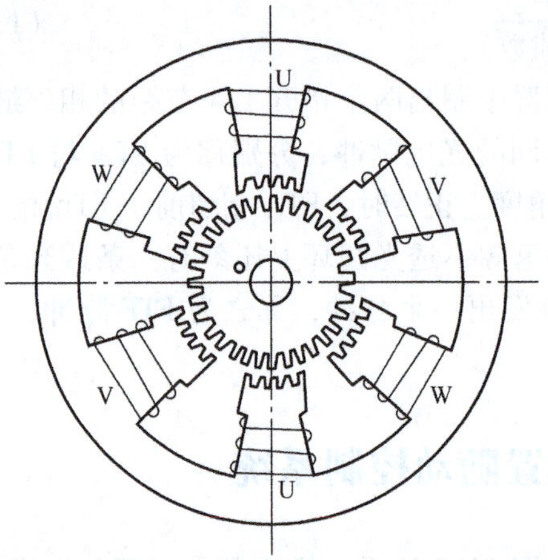

图 11-8 步进电动机结构简图

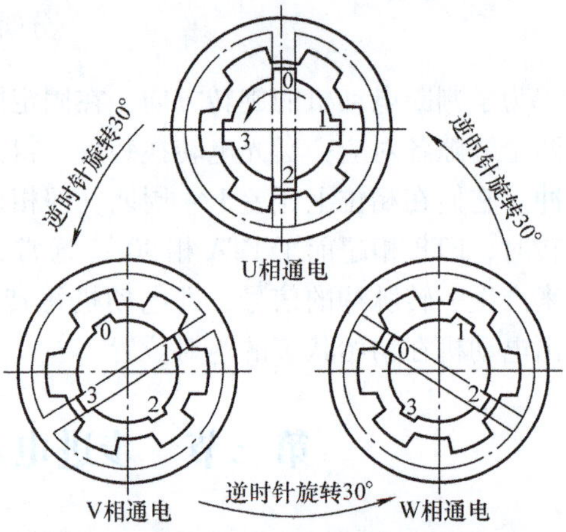

图 11-9 步进电动机工作原理图

当V相绕组断电，W相绕组通电，由于W相绕组和转子的0、2号齿之间的磁力线作用，使得转子的0、2号齿和W相磁极对齐，则转子的1、3号齿就和U、V相绕组磁极形成错齿状态。

此后W绕组断电，U绕组通电，由于U相绕组和转子的1、3号齿之间的磁力线作用，使得转子的1、3号齿和U相磁极对齐，则转子的0、2号齿就和V、W相绕组磁极形成错齿状态。

可以看出，转子转了一个齿距角。

如果转子的齿数为Z，它的齿距角为$\theta_Z=\dfrac{360°}{Z}$。从一相通电换到另一相通电称为一拍。步进电动机每一拍执行一次步进，所以步进电动机的步距角θ_Z可以表示如下：$\theta=\dfrac{\theta_Z}{N}=\dfrac{360°}{NZ}$，其中，$N$是步进电动机工作拍数。对于转子有4个齿且采用三拍方式的步进电动机，则它的步距角是$\theta_Z=\dfrac{360°}{3\times4}=30°$；对于转子有40个齿且采用三拍方式的步进电动机，其步距角是$\theta_Z=\dfrac{360°}{3\times40}=3°$。

二、步进电动机的工作方式与特性

1. 工作方式

三相步进电动机可以工作于单相通电方式，也可工作于双相通电方式和单、双相交叉通电方式。选用不同的工作方式，可使步进电动机具有不同的工作性能，如减少步距，提高定位精度和工作稳定性等。下面以转子有4个齿的步进电动机为例进行说明。

（1）单相三拍工作方式　步进电动机正向旋转时，各相的通电顺序为U→V→W→U→…，各相通电的电压波形如图11-10所示。若要反向旋转，则通电顺序相反。这种方式的步距角为30°。

（2）双相三拍工作方式　双相三拍工作方式各相的通电顺序为UV→VW→WU→UV→…，各相通电的电压波形如图11-11所示。这种方式步距角与单相三拍方式一样，依然是30°，但工作稳定性比单相三拍好。

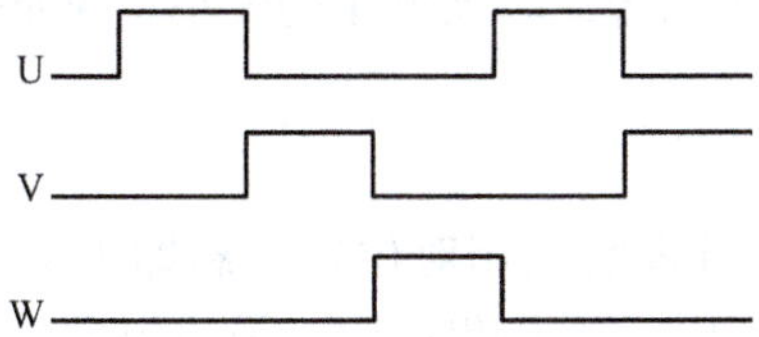

图 11-10 单相三拍工作电压波形

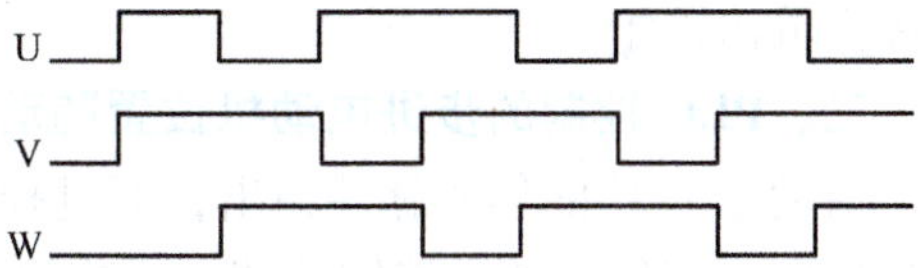

图 11-11 双相三拍工作电压波形

(3) 三相六拍工作方式 三相六拍工作方式各相的通电顺序为 U→UV→V→VW→W→WU→…，各相通电的电压波形如图 11-12 所示。这种方式步距角为 15°，定位精度提高 1 倍。步距角越小，步进电动机分辨力越高。

2. 转矩 – 频率特性

步进电动机的动态特性直接影响到系统的快速响应及工作的可靠性，动态转矩与脉冲频率的关系简称为矩频特性，如图 11-13 所示。

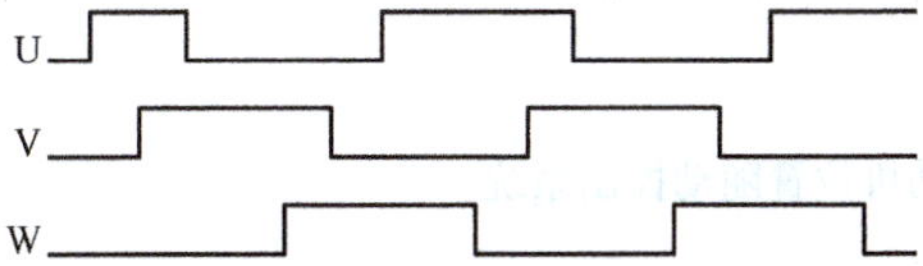

图 11-12 三相六拍工作电压波形

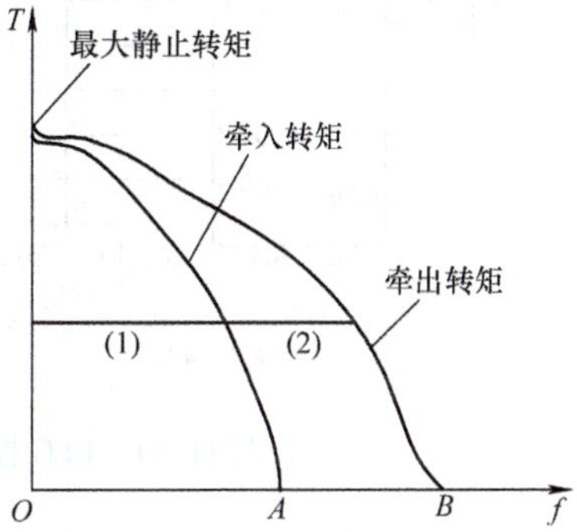

图 11-13 步进电动机的矩频特性

从图 11-13 可以看出，脉冲频率增加，动态转矩减少。A 点为最大起动频率点，B 点为最大频率运行点。图中（1）为自起动区域，（2）为运行区域。运行频率与负载转矩大小有关。

提高运行频率对于提高生产效率和系统的快速性具有很大的实际意义。由于运行频率比起动频率高得多，所以使用时常通过变速方式控制。在低频下使电动机起动，起动中间频率高，控制到位前再降低频率。对于开环控制的步进电动机位置伺服系统，起动频率过高或负载过大易出现丢步或堵转的现象，停止时转速过高易出现过冲的现象。为保证其控制精度，应处理好升、降速问题。

3. 细分控制技术

步进电动机细分控制技术主要是利用计算机数字处理技术和 D-A 转换控制技术，将各相励磁绕组电流通过 PWM 控制，获得按规律改变其幅值的大小和方向，实现将步进电动机一个整步均匀分为若干个更细的微步。细分技术的应用可以避开步进电动机传动机构的共振区，改善电动机低速振动，提高每个脉冲运行的精度，提升电动机的输出性能，因而在高级别控制系统中获得广泛应用。

4. 驱动电压

步进电动机对电压没有做硬性的规定，但是步进电动机的驱动电压、相电阻、相电感与保持转矩之间有着很大的联系。对于高速大转矩的应用场合，驱动电压的大小将决定电动机的最大输出转矩。

三、PLC控制的步进电动机位置随动控制系统

借助于PLC的集成脉冲输出，通过控制步进电动机来实现相对位置控制即为PLC控制的步进电动机位置随动控制系统。由提供指令脉冲的PLC、专用集成驱动模块组成的三相步进电动机位置随动控制系统如图11-14所示。SB_1、SB_2、SB_3和SB_4分别是起动、停止和电动机方向选择按钮。PLC根据控制要求输出某频率的脉冲信号、方向信号、脱机信号等给步进电动机的驱动模块，再由驱动模块控制步进电动机的运行。

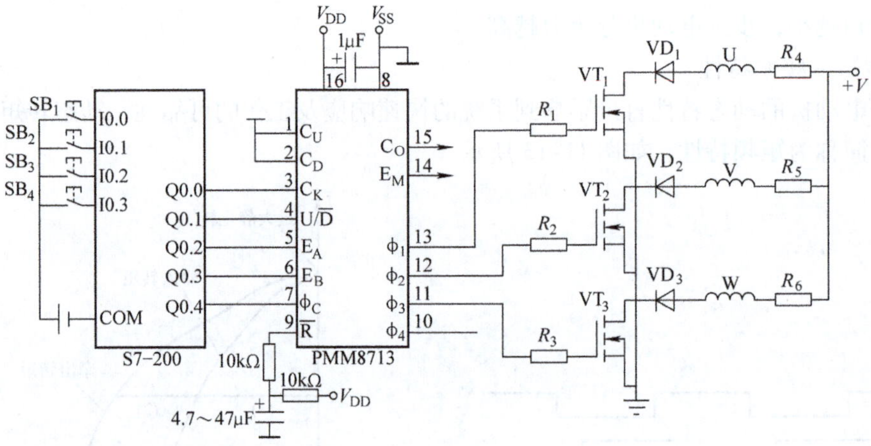

图11-14 PLC控制的步进电动机位置随动控制系统

PLC采用S7-200系列可编程序控制器。S7-200系列可编程序控制器的Q0.0和Q0.1可以产生高速脉冲序列输出，可方便地应用于步进电动机的控制。S7-200系列PLC通常仅仅指其CPU22×系列产品，它提供了四个不同的基本型号CPU模块，即CPU221、CPU222、CPU224和CPU226。根据输入/输出点数来具体选择CPU型号。

PMM8713是三洋（Sanyo）公司生产的步进电动机专用控制芯片，适用于三相和四相步进电动机，可选择单相、双相和单/双相工作方式。使用电源电压$V_{DD}=4\sim18V$，相输入（或输出）电流为±20mA。C_U、C_D、C_K为脉冲输入方式选择信号，C_K连接PLC的Q0.0意味着单时钟输入方式。$U/\overline{D}$为步进电动机正反转控制信号输入端，$U/\overline{D}$端输入1，电动机正转；$U/\overline{D}$端输入0，电动机反转。E_A和E_B为步进电动工作方式选择信号端，E_A端输入1且E_B端输入1为单双拍工作方式；E_A端输入1且E_B端输入0或E_A端输入0且E_B端输入1为单三拍工作方式，E_A端输入0且E_B端输入0为双三拍工作方式。ϕ_C为步进电动机相数选择输入端，ϕ_C端输入1，则ϕ_1、ϕ_2、ϕ_3、ϕ_4均有输出，接四相步进电动机；ϕ_C端输入0，则ϕ_1、ϕ_2、ϕ_3有输出，接三相步进电动机。C_O为输入脉冲监视信号端，E_M为步进电动机工作方式监视信号端。$\overline{R}$为复位端，低电平有效。

VT_1、VT_2、VT_3为功率放大电路，这里采用P-MOSFET，R_1、R_2、R_3为栅极限流电阻。U、V、W为三相步进电动机励磁绕组，R_4、R_5、R_6用来限定励磁绕组电流。为了隔离各相通路，在P-MOSFET管漏极上串联了二极管VD_1、VD_2、VD_3。

第四节 直流伺服电动机位置随动控制系统

直流伺服系统的执行元件为直流伺服电动机。直流伺服电动机与普通电动机相比，其电枢形状较细长，因而惯量小，机电时间常数小，响应迅速。磁极与电枢间的气隙较小，加工精度与机械配合要求高，铁心材料好，磁极多采用稀土永久磁钢。

下面选择直线位移检测器作为位置检测元件，以晶闸管控制直流电动机为驱动装置的双闭环伺服进给系统为例，讨论位置随动系统的数学模型、稳定性、稳态和动态性能。系统的原理图如图 11-15 所示。

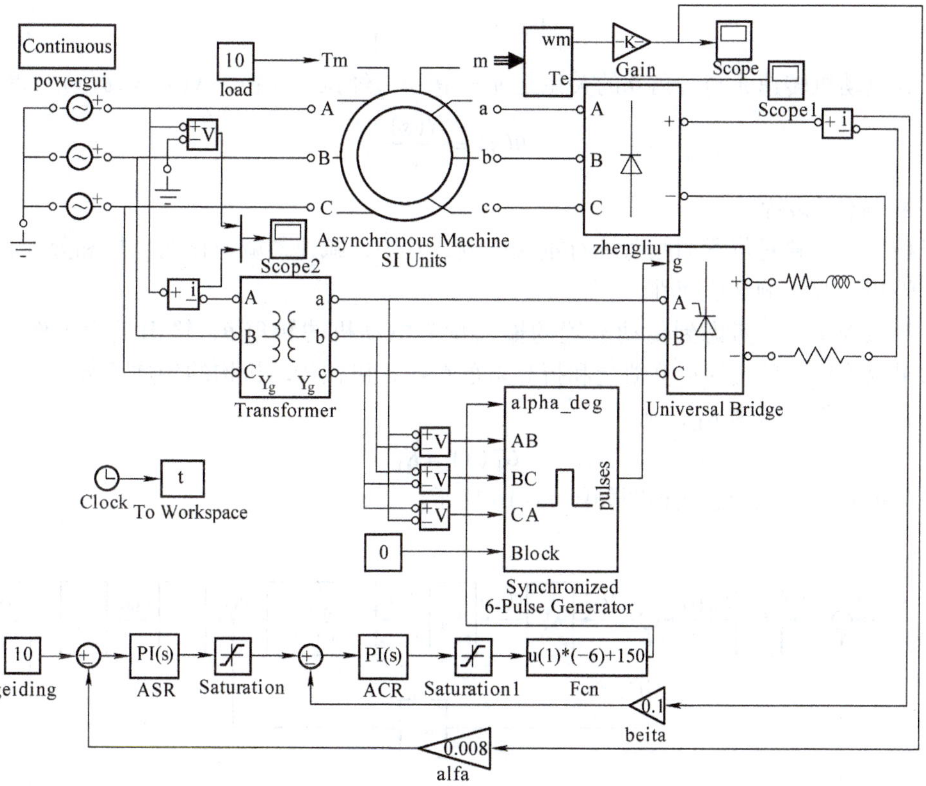

图 11-15 位置随动伺服系统原理图

一、闭环伺服系统的数学模型

1. 调节器

为使讨论问题简便，这里假设位置调节器和速度调节器都为比例调节，其传递函数分别为 $G_1(s)=K_1$ 和 $G_2(s)=K_2$。

2. 检测元件

通常测量转换装置可以看成一个比例环节，则速度检测器和位置检测器的传递函数分别为 $H_n(s)=K_n$ 和 $H_p(s)=K_p$。

3. 可逆功率放大装置

大功率位置伺服系统的功率放大器常采用可逆晶闸管整流装置，而中小功率位置伺服系统常采用脉宽调制型功率放大装置，其传递函数近似为比例环节。若采用晶闸管整流电路，则其传递函数可近似表达为 $K_{tr}/(\tau_D s+1)$，当 τ_D 远小于其他环节的时间常数时，近似认为 $\tau_D\approx 0$，则可得

$$G_{th}(s)=K_{tr}$$

4. 执行机构

直流伺服电动机的传递函数可表达成一个二阶环节 $\dfrac{K_d}{\tau_m\tau_d s^2+\tau_m s+1}$，由于伺服系统中一般不串联平波电抗器，因此电枢回路的电感很小，所以电磁时间常数 τ_d 就很小。在一定条件下，伺服电动机可近似为一阶惯性环节，则传递函数变为

$$G_d(s)=\frac{K_d}{\tau_m s+1}$$

因为电动机转速 n 与转角 θ 的关系是 $n=\mathrm{d}\theta/\mathrm{d}t$，经拉氏变换，$N(s)=s\theta(s)$，得

$$\theta(s)=\frac{N(s)}{s}$$

5. 机械传动装置

机械传动装置对位置伺服系统有重大影响，其中，减速器减速比的选择和分配将影响系统的惯性矩，并影响到快速性。

对于数控机床，考虑到传动装置的输入量为电动机的转角 θ，输出量为工作台的位移 x_L，如果忽略传动装置的折算惯量和折算阻尼系数，机械传动机构的传递函数可简化为一比例环节，其比例系数为 K_L，则

$$G_L(s)=K_L$$

经简化后的整个系统动态结构图如图 11-16 所示。

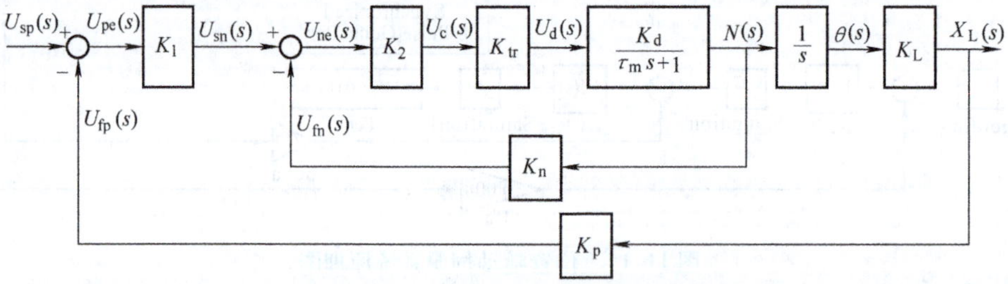

图 11-16 闭环系统动态结构图

若令速度环传递函数为 $G_n(s)$，则

$$G_n(s)=\frac{N(s)}{U_{sn}(s)}=\frac{K_2K_{tr}K_d}{\tau_m s+1}\Bigg/\left(1+\frac{K_2K_{tr}K_dK_n}{\tau_m s+1}\right)=\frac{K_2K_{tr}K_d}{\tau_m s+K_2K_{tr}K_dK_n+1}$$

$$=\frac{K_2K_{tr}K_d}{1+K_2K_{tr}K_dK_n}\Bigg/\left(\frac{\tau_m}{1+K_2K_{rt}K_dK_n}s+1\right)=\frac{K_0}{\tau_0 s+1}$$

式中
$$K_0=\frac{K_2K_{tr}K_d}{1+K_2K_{tr}K_dK_n}$$
$$\tau_0=\frac{\tau_m}{1+K_2K_{tr}K_dK_n}$$

整个系统的传递函数为 $G_p(s)$，则
$$G_p(s)=\frac{X_L(s)}{U_{sp}(s)}=\frac{K_1K_LK_0}{s(\tau_0 s+1)}\bigg/\left(1+\frac{K_1K_LK_0K_p}{s(\tau_0 s+1)}\right)$$
$$=\frac{K_1K_LK_0}{\tau_0 s^2+s+K_1K_LK_0K_p}=\frac{K\omega_n^2}{s^2+2\zeta\omega_n s+\omega_n^2} \tag{11-4}$$

式中 K——系统增益，$K=1/K_p$；

ζ——系统的阻尼系数，$\zeta=\dfrac{1}{2\sqrt{K_1K_LK_0K_p\tau_0}}$；

ω_n——系统的自然振荡频率，$\omega_n=\sqrt{\dfrac{K_1K_LK_0K_p}{\tau_0}}$。

式（11-4）表明，直流伺服电动机构成的闭环控制系统简化后为二阶系统。

二、系统性能分析

1. 稳定性

为保证系统具有一定的相对稳定性，稳定裕度就不能太小。对于数控机床，建议点位控制系统的增益裕量 K_g 为 5~10dB，相位裕量 γ 为 50°左右；轮廓控制系统的 K_g 为 12~20dB，γ 为 50°~65°。

位置环的主要作用是消除位置偏差，常采用 PID 串联校正。为稳定速度和限制加速度，改善系统的动态性能，又常采用转速负反馈或转速微分负反馈进行局部反馈校正。

2. 稳态性能

位置伺服系统的稳态性能指标主要是定位精度，表示系统过渡过程终了时输出量实际值与期望值之间的偏差程度。一般数控机床的定位精度应不低于 0.01mm，而高性能数控机床的定位精度将达到 0.001mm 以下。影响伺服系统稳态精度的因素有：①位置检测元件引起的检测误差。检测误差取决于检测元件本身的精度。检测误差是稳态误差的主要部分，这是系统无法克服的。②系统误差。它是由系统自身的结构形式、系统特征参数和输入信号的形式决定的。

3. 动态性能

位置伺服系统在跟随加工的连续控制过程中，几乎始终处于动态过程中，生产工艺要求系统应具有很好的跟随性和很强的抗扰性。

对于数控机床，超调量影响加工精度和粗糙度。调节时间的长短影响机床的动作灵敏度与动态误差，一般在 0.2s 以内能使电动机转速从 0 升至 1500r/min。

三、数控机床对位置伺服系统的要求

以图 11-15 所示的双闭环控制系统为例，数控机床对位置伺服系统的要求如下。

1. 开环增益

一般情况下，数控机床伺服机构的增益取为 20~30（1/s）。通常把 $K<20$ 的伺服系统应用于点位控制。而把 $K>20$ 的系统应用于轮廓加工系统。

为了不影响加工零件的表面粗糙度和精度，希望阶跃响应不产生振荡，即要求ζ取值大一些，开环增益K就小些；若从系统的快速性出发，希望ζ选择小一些，即希望开环增益较大些，同时K值的增大有利于系统稳态精度的提高。因此，应综合考虑选择K值的大小。当输入速度突变时，高增益可能导致输出剧烈的变动，机械装置将受到较大的冲击，有时还可能引起系统的稳定性问题。低增益系统也有一定的优点，如系统调整比较容易，结构简单，对扰动不敏感，加工的表面粗糙度好等。

在实际系统中，当对稳态与动态性能都必须有较高的要求时，可以采取变参数控制方法。其设计思想是K值不是一个定值，可根据需要变化。例如，在动态响应的开始阶段取高增益值，由于阻尼系数$\zeta=\dfrac{1}{2\sqrt{K\tau}}$，则在$\tau$不变时，$\zeta$偏小，曲线上升变陡。在接近稳态的90%左右时，$K$取低值，使$\zeta$接近于1，过程趋于平稳，无超调。

另外，采用前馈控制与反馈控制相结合的方法，也是解决系统控制精度与动态性能矛盾的一种良好措施。

2. 位置精度

数控机床的加工精度取决于伺服控制系统的位置精度，而伺服控制系统的位置精度主要取决于检测装置的精度。位移检测装置能够测量的最小位移量称为分辨率。分辨率不仅取决于检测元件本身，也取决于测量电路。分辨率一般要求比加工精度高一个数量级。

3. 调速范围

伺服系统为了同时满足高速快移和单步点动，要求进给驱动具有足够宽的调速范围。低速平稳，高速能满足定位速度和轮廓切削进给速度。一个较好的伺服系统的调速范围D往往可达到800～1000。在脉冲当量$\delta=1\mu m$的条件下，进给速度在0～240m/min范围内连续可调。

伺服系统在低速情况下实现平稳进给，则要求速度必须大于死区范围α。所谓死区是指电动机克服静摩擦力和机械间隙而转动所需要的最小输入量。如图11-17所示。

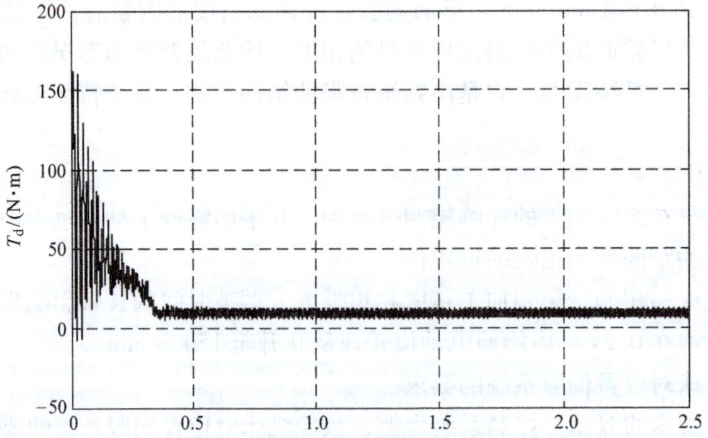

图11-17 速度死区特性

4. 速度误差系数

多数情况下，数控加工命令是按速度输入的形式给出的，因此Ⅰ型系统输出的稳态响应存在一个常值的速度误差。对 K_v 的要求可由下式给出：

$$K_v = \frac{最高进给速度\ V_{max}}{允许跟随误差\ e}$$

当 V_{max} 为空行程的最高速度时，e 可规定得宽一些，只要不失步就行。但在轮廓加工中，e 应控制在精度范围内，不能随便设定。这是因为在数控机床中，除了走直线外还要走圆弧，过大的误差会直接引起工件的尺寸误差。为此，提高伺服系统的 K_v 值是至关重要的，即 K_v 越大，系统的跟随误差越小，但过大的 K_v 会影响系统的稳定性。

连续切削系统要求同时精确地控制每个坐标轴运动的位置与速度，实际上由于每个轴的系统存在着稳态误差，将会影响坐标轴的协调运动和位置的精确性，产生轮廓跟随误差，简称轮廓误差。因此要求各轴的系统速度误差系数值尽量接近，其值应尽量高。

加工直线轮廓时，两轴的系统速度误差系数相同，即使有跟随误差，也不会产生轮廓误差。两轴的系统速度误差系数的差值增大，轮廓误差增大，实际运动轨迹将偏离指令轨迹。圆弧加工时，增大速度误差系数将大大提高轮廓加工精度。同时，加工圆弧的半径越大，加工误差越小。对于一定的加工条件，当两轴系统的速度误差系数相同时，只影响尺寸误差，不产生形状误差。两轴的速度误差系数增大，将会产生形状误差，加工圆形时会形成椭圆。

第五节　交流伺服电动机位置随动控制系统

交流伺服电动机具有交流电动机的优点，特别是转动惯量小，动态响应快。它以其高性能逐步替代了直流伺服电动机。交流伺服电动机分两种类型：感应型和同步型。感应型指笼型感应伺服电动机。同步型一般指采用永磁结构的同步伺服电动机，也称为无刷直流伺服电动机。本节以感应型交流伺服电动机为例介绍系统的组成及工作原理。

一、系统组成与工作原理

一种矢量控制的交流伺服电动机位置随动控制系统如图 11-18 所示。主电路为交-直-交

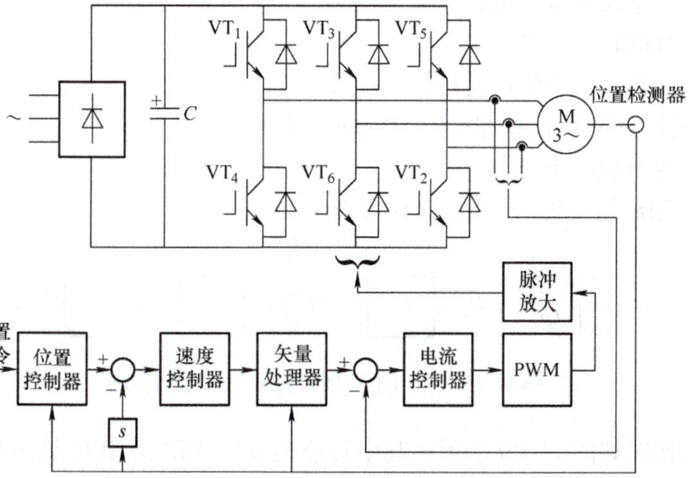

图 11-18　位置随动控制系统框图

结构，整流桥为三相桥式二极管不可控整流，滤波电容为大电容 C，三相桥式逆变装置由 IGBT 器件 $VT_1 \sim VT_6$ 构成，位置检测器采用光电编码盘。

位置检测器输出为交流伺服电动机的转子位置角，送到三个地方：一是位置控制器，反馈信号与位置指令相比较，完成位置环控制，位置控制器输出为速度指令；二是微分环节，位置反馈信号通过一个微分环节 s 便得到速度反馈信号，速度指令与速度反馈相比较，偏差信号送到速度控制器，速度控制器的输出为转矩指令信号（或转矩电流分量指令）；三是送到矢量处理器，由矢量处理器将转子位置角 θ_r 计算得到 $\sin\theta_r$、$\sin(\theta_r - 2\pi/3)$ 和 $\sin(\theta_r - 4\pi/3)$ 信号，再将三个彼此相差120°的三个正弦信号送到矢量处理器的乘法器，得到一定幅值的三相电流指令信号。电流指令信号与电动机三相检测信号相比较，经电流控制器、脉宽调制电路调制（PWM），将脉冲信号放大隔离后，去驱动三相桥式逆变器，使交流伺服电动机按规定的转速值旋转，并输出要求的转矩值。

二、系统的传递函数

无论是异步电动机还是同步电动机，经过矢量变换、磁链定向和电流闭环控制均可等效为电流控制的直流电动机。下面分析感应型交流伺服电动机位置随动控制系统的性能。

当采用转子磁链定向时，转子磁链 ψ_r 达到稳态后，ψ_r 等于常数。为简单起见，设电动机极对数 $p_n = 1$，考虑转角 θ_m 与转速 ω 的关系，则采用电流闭环控制后，对象的数学模型为

$$\frac{di_T}{dt} = -\frac{1}{\tau_i}i_T + \frac{1}{\tau_i}i_{Ts}$$

$$\frac{d\omega}{dt} = \frac{C_T}{J}i_T - \frac{1}{J}T_L \tag{11-5}$$

$$\frac{d\theta_m}{dt} = \frac{\omega}{j}$$

式中 C_T——包含磁链作用在内的转矩系数，$C_T = \frac{L_m}{L_2}\psi_r$。其中，$L_2$ 为转子自感，L_m 为定子与转子间的互感；

i_T——转矩电流分量，相当于直流电动机的电枢电流 I_d；

i_{Ts}——转矩电流分量给定；

J——系统的转动惯量；

j——机械传动机构的传动比；

τ_i——电流环等效为一阶惯性环节的时间常数；

T_L——系统负载转矩。

式（11-5）用结构图表示，如图11-19所示。

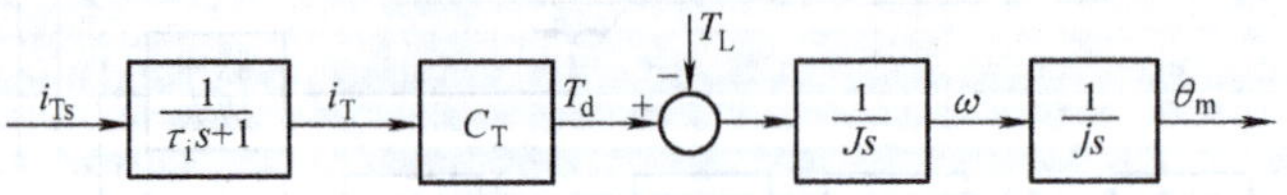

图11-19 带有电流闭环控制的对象结构图

转速闭环结构图如图11-20所示。其中转速调节器 ASR 采用 PI 调节器。

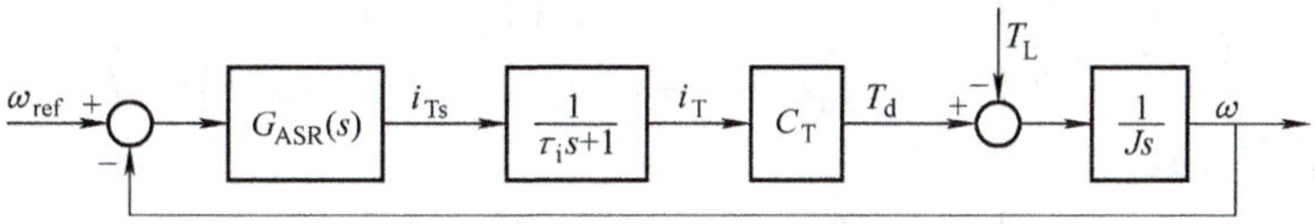

图 11-20 转速闭环结构图

忽略负载转矩 T_L，则由图 11-20 可推导出转速闭环传递函数为

$$G_n(s)=\frac{\omega(s)}{\omega_{ref}(s)}=\frac{K_N(\tau_n s+1)}{s^2(\tau_{\Sigma n}s+1)+K_N(\tau_n s+1)}=\frac{K_N(\tau_n s+1)}{\tau_{\Sigma n}s^3+s^2+K_N\tau_n s+K_N} \tag{11-6}$$

式中 K_N——转速环开环放大系数，$K_N=\frac{k_n}{J\tau_n}C_T$；

τ_n——转速调节器的超前时间常数；

$\tau_{\Sigma n}$——转速环等效时间常数。

再加上转角与转速的传递函数 $G(s)=\frac{1}{js}$，便可得到位置环的控制对象，如图 11-21 所示。

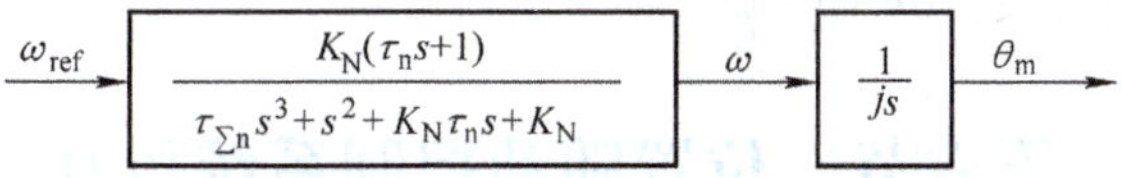

图 11-21 位置环的控制对象结构图

位置环控制对象的传递函数为

$$G_0(s)=\frac{\theta_m(s)}{\omega_{ref}(s)}=\frac{K_N(\tau_n s+1)/j}{s(\tau_{\Sigma n}s^3+s^2+K_N\tau_n s+K_N)} \tag{11-7}$$

位置闭环控制结构图如图 11-22 所示，系统的开环传递函数 $G_{\theta o}(s)$ 为

$$G_{\theta o}(s)=G_{APR}(s)\frac{K_N(\tau_n s+1)/j}{s(\tau_{\Sigma n}s^3+s^2+K_N\tau_n s+K_N)} \tag{11-8}$$

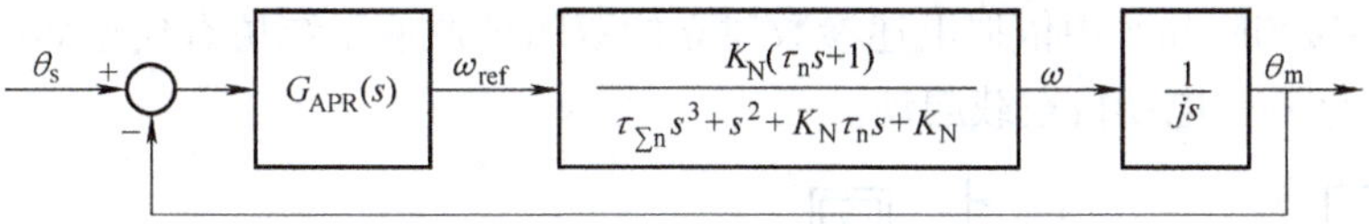

图 11-22 位置闭环控制结构图

由于控制对象在前向通道上有一个积分环节，当输入 θ_s 为阶跃信号时，位置控制器选用 P 调节器就可实现稳态无静差，则系统的开环传递函数可改写为

$$G_{\theta o}(s)=\frac{K_pK_N(\tau_n s+1)/j}{s(\tau_{\Sigma n}s^3+s^2+K_N\tau_n s+K_N)}=\frac{K_\theta(\tau_n s+1)}{s(\tau_{\Sigma n}s^3+s^2+K_N\tau_n s+K_N)} \tag{11-9}$$

式中 K_p——P 调节器的比例系数；

K_θ——系统的开环放大系数，$K_\theta=\frac{K_pK_N}{j}$。

伺服系统的闭环传递函数 $G_\theta(s)$ 为

$$G_\theta(s)=\frac{\theta_m(s)}{\theta_s(s)}=\frac{K_\theta(\tau_n s+1)}{\tau_{\Sigma n}s^4+s^3+K_N\tau_n s^2+(K_N+K_\theta\tau_n)s+K_\theta} \tag{11-10}$$

系统的特征方程式为

$$\tau_{\Sigma n}s^4+s^3+K_N\tau_n s^2+(K_N+K_\theta\tau_n)s+K_\theta=0 \tag{11-11}$$

用赫尔维茨稳定判据可求得系统的稳定条件为

$$\left.\begin{aligned}&K_\theta<\frac{K_N(\tau_n-T_{\Sigma n})}{\tau_{\Sigma n}\tau_n}\\&-\tau_{\Sigma n}\tau_n^2K_\theta^2+(\tau_n^2K_N-2\tau_{\Sigma n}K_N\tau_n-1)K_\theta+K_N^2(\tau_n-\tau_{\Sigma n})>0\end{aligned}\right\} \tag{11-12}$$

当 θ_s 输入为斜坡信号时，APR 应选用 PI 调节器才能实现稳态无静差。

由于交流伺服电动机具有非线性、强耦合的性质，单环位置控制方式难以达到伺服系统的动态要求，一般不采用单环位置控制。位置环加电流环可以构成双环位置伺服系统，在双环的基础上加一个转速环便构成一个三环位置伺服系统。对于多环控制伺服系统，调节器的设计方法也是从内环到外环，逐个设计各环的调节器。逐环设计可以使每个控制环都是稳定的，从而保证了整个控制系统的稳定性。当转速环和电流环内的对象参数变化或受到扰动时，转速反馈和电流反馈能够起到及时抑制作用，使之对位置环的工作影响很小。同时，每个环节都有自己的控制对象，分工明确，易于调整。

第六节 位置随动控制系统仿真

本节以图 11-18 所示的交流伺服电动机位置随动控制系统为例，通过仿真分析系统的稳态和动态性能。系统传递函数如图 11-20 所示。

交流伺服电动机参数：额定功率 0.3kW，额定电压 100V，额定电流 0.6A，额定转速 2000r/min，转动惯量 0.185kg · m^2，机械传动比为 2。

参照本章第五节和双闭环调速系统工程设计方法（详见附录 C），可以初步确定调节器参数。通过 MATLAB/Simulink 仿真调试后确定的调节器参数：$k_p=5.5$，$\tau_p=0.05$；$k_n=2$，$\tau_n=0.2$。

在 MATLAB/Simulink 中依据上述参数建立的双闭环调速系统仿真模型如图 11-23 所示。仿真时间为 2s，电动机空载起动。

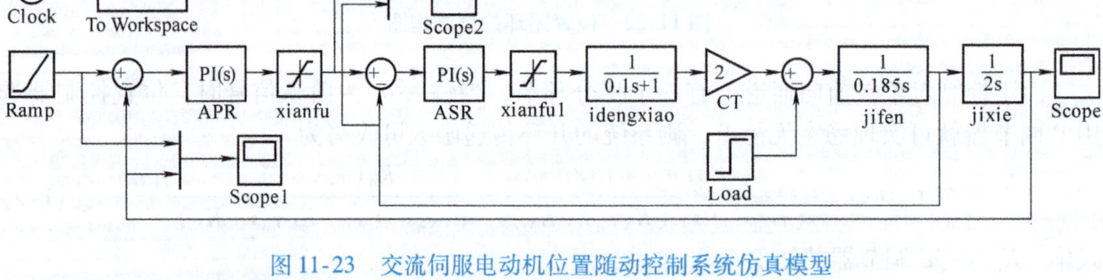

图 11-23 交流伺服电动机位置随动控制系统仿真模型

图 11-24 为交流伺服电动机给定转速 ω_{ref} 与实际转速 ω 的仿真波形，单位为 rad/s。其中曲线 1 为给定转速，曲线 2 为实际转速。从图中可以看出，由于转速调节器选用的是 PI

调节器，实际转速能够较快地跟随给定转速，并实现稳态无静差。

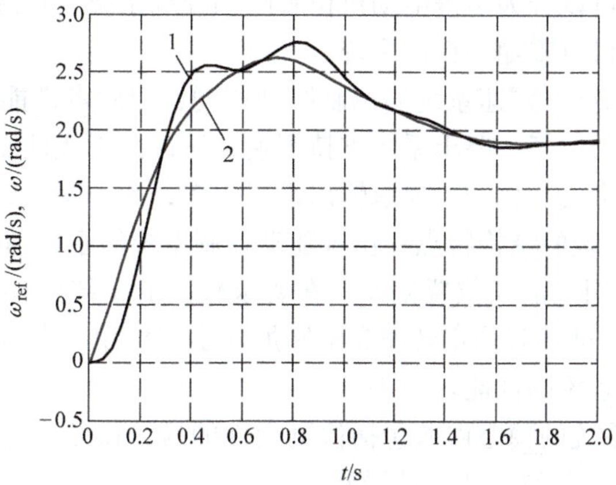

图 11-24　交流伺服电动机转速仿真波形

图 11-25 为位置角跟随情况仿真波形，曲线 1 为单位斜坡输入 θ_s，曲线 2 为交流伺服电动机转子位置角 θ_m。由于是单位斜坡输入，要实现稳态无静差，位置控制器必须选用 PI 调节器。从图中可以看出，交流伺服电动机转子位置角除了在开始起动瞬间误差较大外，其他时段跟随性能良好，并可以实现稳态无静差。这跟前面提到的位置随动控制系统强调的主要是跟随性能是一致的。

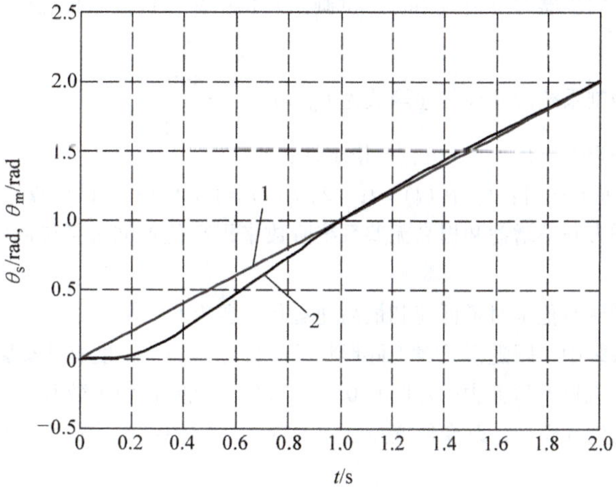

图 11-25　交流伺服电动机位置角跟随仿真波形

小　结

1）位置随动控制系统的特点：①要求输出量准确地跟随输入量。②位置随动控制系统的主要矛盾是输入量在不断地变化着。③供电主线路应是可逆电路，以便消除正或负向偏差。④高精度的位置检测装置。

2）位置随动控制系统分为开环位置随动控制系统和闭环位置随动控制系统。按照采用伺服电动机的不同，又可以分为步进电动机位置随动控制系统、直流伺服电动机位置随动控制系统和交流伺服电动机位置随动控制系统。

3）位置随动控制系统和调速系统的控制原理相同，但两者性能指标要求不同。对调速系统而言，给定量通常为恒值，要求系统维持恒速，所以抗干扰性能作为其主要指标。对随动系统而言，给定量通常是变化的，要求输出准确跟踪，因而跟随性能成为它的主要指标。

4）位置随动控制系统的结构特点：位置随动控制系统的主反馈（外环）为位置负反馈（位置环），它的主要作用是消除位置偏差。在要求较高的系统中还增设速度环和电流环作为局部反馈（内环），速度环起稳定转速和限制加速度的作用，电流环起稳定电流和限制电流过大的作用，以改善系统的性能。

5）位置随动控制系统的稳态误差包括检测元件的检测误差、由系统结构和特征参数决定的原理误差（又称系统误差）和扰动误差。

6）位置伺服系统一般要求高定位精度。同时，在跟随过程中要求系统应具有很好的跟随性和很强的抗扰性。

思考题与习题

11-1 位置随动控制系统要解决的主要问题是什么？试比较位置随动控制系统和调速系统的异同点。

11-2 如果角差检测装置只能检测角差大小，而不能分辨它的极性，位置系统能否正常工作？为什么？

11-3 设直线式感应同步器的节距为2mm，试画出其相位移与机械位移之间的关系曲线，并求相位移量为18°时的机械位移量。

11-4 某位置随动控制系统的开环传递函数为 $G_o(s)=\dfrac{500}{s(0.1s+1)}$。

1）画出该系统的开环伯德图，并分析它的稳定性；

2）当输入量具有下列形式时：1）$\theta_s(t)=t$；2）$\theta_s(t)=1+2t+t^2$，试计算它们的稳态误差。

11-5 试说明通过增大开环增益和提高无差系统阶数来提高位置伺服系统的跟踪精度将受到哪些因素的限制？

11-6 伺服系统速度调节范围对最低速和最高速有什么要求和约束？

11-7 在连续切削系统中，跟随误差对不同形状的工件轮廓加工精度有什么影响？

11-8 三相步进电动机技术指标中的步距角0.75°/1.5°，试问这两个数有何意义？

11-9 对图11-23的仿真模型，改变位置控制器参数为 $K_p=10$，$\tau_p=0.5$，观察仿真结果有什么变化，为什么？

附　　录

附录 A　常用文字符号

一、元器件和装置文字符号

A	放大器、调节器、电流表
ACR	电流调节器
ADR	电流变化率调节器
AE	电动势运算器
AER	电动势调节器
AF	函数发生器
AFR	励磁电流调节器
AG	给定积分器
AMR	磁通调节器
AP	脉冲放大器
APR	位置调节器、功率调节器
ASIC	高级专用集成电路
ASR	速度调节器
AT	触发器
ATR	转矩调节器
AVR	电压调节器
B	变换器
BI	电流变换器
BIS	感应同步器
BJT（GRT）	电力晶体管
BQ	位置变换器
BR	旋转变压器
BRR	旋转变压器接收器
BRT	旋转变压器发送器
BS	自整角机
BSR	自整角机接收器
BST	自整角机发送器
BU	电压变换器
BV	速度变换器
C	电容器
CD	电流微分环节
CH	斩波器
$\cos\varphi$	功率因数表
CSI	电流源逆变器
CT	电流互感器
CVCF	恒压恒频系统
Cyclo-converter	交-交变频器
D	数字集成电路
DA	与门
DHC	滞环比较器
DLC（LC）	无环流逻辑控制器
DLD	逻辑延时环节
D（A）N	与非门
DN	非门、反相器
DO	或门
DPI	极性鉴别器
DSP	数字信号处理器
DPT	转矩性能鉴别器
DPZ	零电流检测器
DRC	环形分配器
F	励磁绕组
FB	反馈环节
FBS	测速反馈环节
G	发电机、振荡器、发生器
GA	异步发电机
GD	直流发电机、驱动器
GF	函数发生器、变频机
GFC	频率给定动态校正器
GI	给定积分
GM	调制波发生器
G-M	发电机-电动机组
GP	永磁发电机
GS	同步发电机
GT	触发器

GTF	正组触发器	QF	断路器
GTO	门极可关断晶闸管	QS	隔离开关
GTR	反组触发器	R	电阻器、变阻器
GTR	功率晶体管	RISC	精简指令集计算机
GVF	压频变换器	RP	电位器
IGBT	绝缘栅双极晶体管	RV	压敏电阻器
IPM	智能功率模块	SA	控制开关、选择开关、电子模拟开关
K	继电器、接触器	SB	按钮
KC	控制继电器	SB（P）	停止按钮
KF	正向继电器	SB（T）	起动按钮
KMF	正向接触器	SIT	静电感应晶体管
KMR	反向接触器	SITH	静电感应晶闸管
KOC	过电流继电器	SM	伺服电动机
KOV	过电压继电器	SPWM	正弦波脉宽调制器
KR	反向继电器	T	变压器
KUC	欠电流继电器	TA	电流互感器
KUV	欠电压继电器	TAFC	励磁互感器
L	电感器、电抗器	TC	控制电源变压器
L_1	交流系统电源第一相	TCS	矢量变换控制系统
L_2	交流系统电源第二相	TI	脉冲变压器、逆变变压器
L_3	交流系统电源第三相	TM	电力变压器
LB	平衡电抗器	TR	整流变压器
LC	限流电抗器	TS	感应同步器
LS	饱和电抗器	TT	调压变压器
M	电动机（总称）	TU	自耦变压器
MA	异步电动机	TV	电压互感器
MA(C)	交流电动机	TVD	直流电压隔离变换器
MC	笼型电动机	U	变换器
MD	直流电动机	UI	逆变器
MS	同步电动机	UPW	脉宽调制器
MT	力矩电动机	UR	整流器
N	运算放大器	URP	相敏整流器
n	转速表	V	开关器件；二极管、晶体管、晶闸管等（总称）；晶闸管装置
PAM	脉冲幅值调制器	V	电压表
PF	频敏变阻器	var	无功功率表
PG	光电编码测速器	VC	控制电路用电源的整流器
PIC	功率集成电路	VCO	压控振荡器
PLC	可编程序控制器	VCS	矢量控制系统
P-MOSFET	功率场效应晶体管	VD	二极管
PS	信号发生器	VFC	励磁电流可控整流装置
PFM	脉冲频率调制器		
PWM	脉宽调制器		
Q	刀开关		

VF	正组晶闸管整流装置
V-M	晶闸管-电动机调速系统
VR	反组晶闸管整流装置
VR	矢量旋转变换器
VR^{-1}	同步旋转反变换器
VS	稳压管
VSI	电压源逆变器
VT	晶体管
VTH	晶闸管（必须区分时用）
VTR	晶体管（必须区分时用）
VVC	晶闸管交流调压器
VVVF	变压变频系统
W	功率表、绕组（线圈）
YB	电磁制动器
YC	电磁离合器
Ψ	相位表

二、参数和物理量文字符号

E，e	反电动势、感应电动势（大写为平均值或有效值，小写为瞬时值，下同）
E_{add}	附加反电动势
E_g	异步电动机气隙在定子每相绕组中的感应电动势
E_r	异步电动机转子全磁通的感应电动势
E_s	异步电动机定子全磁通的感应电动势
e_d	扰动误差
e_r	跟随误差
e_{ss}	稳态误差
GD^2	飞轮力矩
G_M	增益裕度
h	Bode 图中频宽
I，i	电流，电枢电流
I_a，i_a	电枢电流
I_d，i_d	整流电流
I_f	励磁电流
J	转动惯量
J_G	转速惯量
K	放大系数、增益
K_a	加速度误差系数
K_e	直流电动机电动势常数
K_g	增益裕度
K_p	位置误差系数
K_{tr}	整流装置放大系数
K_v	速度误差系数
K_T	直流电动机转矩常数
L	电感、自感
L_a，L_d	直流电动机电枢电感
$L(\omega)$	对数幅频特性
M_r	系统闭环频率特性谐振峰值
N	振荡次数
n	转速
n_N	额定转速
n_0	理想空载转速
P	有功功率
p_n	异步电动机极对数
Q	无功功率
q	整流器输出波头数
R	电阻
r	参考输入量
R_a	直流电动机电枢电阻
R_{add}	附加电阻
R_d	整流电路电枢回路总电阻
R_{rec} （R_r）	整流装置内阻
s	拉氏变量、转差率
t	时间
T_e （T_d）	电磁转矩
T_L	负载转矩
T_N	额定转矩
t_{re}	恢复时间
t_p	峰值时间
t_r	上升时间
t_s	调整时间
U_a，u_a（U_d，u_d）	直流电动机电枢电压
U_B，u_B	反馈电压
U_d，u_d	整流电压
U_{d0}	理想空载电压
U_f	励磁电压
U_{fn}，u_{fn}	转速反馈
U_{fi}，u_{fi}	电流反馈
U_{fv}，u_{fv}	电压反馈
U_g	晶闸管门极电压

U_i，u_i	输入电压	τ_m	电动机机电时间常数
U_N	额定电压	Φ_m	异步电动机气隙磁通量
U_o，u_o	输出电压	Ω	机械角速度
U_r，u_r	参考输入电压	ω	角速度、频率
Z	阻抗	ω_c	转折频率
ΔU	偏差电压	ω_b	通频带
ΔU_D	正向管压降	ω_d	有阻尼振荡角频率
ζ	阻尼比	ω_{gc}	幅值穿越频率
τ_D	延迟时间常数	ω_{pc}	相位穿越频率
τ_a，τ_d	电动机电磁时间常数	ω_n	自然振荡角频率

三、关于本书参量和物理量的给定（参考输入）与反馈的文字符号说明

1）参量和物理量的给定符号说明。参量和物理量的给定符号一般在参量和物理量的基础上加下标s，如U_{sn}、T_{ds}、Ψ_{1s}分别代表转速n的电压给定、电磁转矩T_d的转矩给定、定子磁链Ψ_1的磁链给定。

2）参量和物理量的反馈符号说明。参量和物理量的反馈符号一般在参量和物理量的基础上加下标f，如U_{fn}、Ψ_{1f}分别代表转速n的电压反馈和定子磁链Ψ_1的磁链反馈。

3）为了避免与转差角频率ω_s符号冲突，凡是以ω表示的参量和物理量的给定，在参量和物理量的基础上加下标ref，如ω_{1ref}、ω_{sref}分别代表定子角频率ω_1、转差角频率ω_s的给定。

附录B Laplace 变换

一、Laplace 变换的主要定理

	名　称	公　式	备　注
1	线性定理	$L[af_1(t) \pm bf_2(t)] = aF_1(s) \pm bF_2(s)$	
2	微分定理	$L\left[\dfrac{d^n}{dt^n}f(t)\right] = s^nF(s)$	设初值为零
3	积分定理	$L\left[\underbrace{\int\cdots\int}_{n} f(t)\,dt\right] = F(s)/s^n$	设初值为零
4	位移定理	$L[e^{-\alpha t}f(t)] = F(s+\alpha)$	
5	延迟定理	$L[f(t-\tau_0)] = e^{-s\tau_0}F(s)$	
6	相似定理	$L[f(t/\alpha)] = \alpha F(\alpha s)$	
7	初值定理	$\lim\limits_{t\to 0} f(t) = \lim\limits_{s\to\infty} sF(s)$	
8	终值定理	$\lim\limits_{t\to\infty} f(t) = \lim\limits_{s\to 0} sF(s)$	

二、常用函数 Laplace 变换对照表

序　号	原函数 $f(t)$	象函数 $F(s)$
1	$\delta(t)$	1
2	$1(t)$	$1/s$
3	$e^{-\alpha t}$	$1/(s+\alpha)$
4	t^n	$n!\ /s^{n+1}$
5	$te^{-\alpha t}$	$1/(s+a)^2$
6	$t^n e^{-\alpha t}$	$n!\ /(s+a)^{n+1}$
7	$\sin\omega t$	$\omega/(s^2+\omega^2)$
8	$\mathrm{con}\omega t$	$s/(s^2+\omega^2)$
9	$\frac{1}{\beta-\alpha}(e^{-\alpha t}-e^{-\beta t})$	$\frac{1}{(s+\alpha)(s+\beta)}$
10	$\frac{1}{\beta-\alpha}(\beta e^{-\beta t}-\alpha e^{-\alpha t})$	$\frac{s}{(s+\alpha)(s+\beta)}$
11	$\frac{1}{\alpha}(1-e^{-\alpha t})$	$\frac{1}{s(s+\alpha)}$
12	$\frac{1}{\beta\alpha}\left[1+\frac{1}{\alpha-\beta}(\beta e^{-\alpha t}-\alpha e^{-\beta t})\right]$	$\frac{1}{s(s+\alpha)(s+\beta)}$
13	$e^{-\alpha t}\sin\omega t$	$\omega/[(s+\alpha)^2+\omega^2]$
14	$e^{-\alpha t}\mathrm{con}\omega t$	$(s+\alpha)/[(s+\alpha)^2+\omega^2]$
15	$\frac{1}{\alpha^2}(e^{-\alpha t}+\alpha t-1)$	$\frac{1}{s^2(s+\alpha)}$
16	$\frac{\omega_n}{\sqrt{1-\zeta^2}}e^{-\zeta\omega_n t}\sin(\sqrt{1-\zeta^2}\omega_n t)$	$\frac{\omega_n^2}{s^2+2\zeta\omega_n s+\omega_n^2}(0<\zeta<1)$
17	$\frac{-1}{\sqrt{1-\zeta^2}}e^{-\zeta\omega t}\sin(\sqrt{1-\zeta^2}\omega_n t-\varphi)$ $\varphi=\arctan\frac{\sqrt{1-\zeta^2}}{\zeta}$	$\frac{s}{s^2+2\zeta\omega_n s+\omega_n^2}(0<\zeta<1)$
18	$1+\frac{1}{\sqrt{1-\zeta^2}}e^{-\zeta\omega_n t}\sin(\omega_n\sqrt{1-\zeta^2}t-\varphi)$ $\varphi=\arctan\frac{1}{\sqrt{1-\zeta^2}}$	$\frac{\omega_n^2}{s(s^2+2\zeta\omega_n s+\omega_n^2)}(0<\zeta<1)$
19	$\frac{1}{a^2+\omega^2}+\frac{1}{\sqrt{a^2+\omega^2}\omega}e^{-at}\sin(\omega t-\varphi)$ $\varphi=\arctan\frac{\omega}{-a}$	$\frac{1}{s[(s+\alpha)^2+\omega^2]}$

附录 C　双闭环调速系统工程设计方法

工程设计方法的指导思想是：第一，预期特性典型化，即把典型系统的开环频率特性作为待校正系统的预期频率特性；第二，典型系统性能指标与其参数的关系表格化，即通过查

表便可获得调节器有关参数或参数变化趋势。

一、典型系统

(1) 典型Ⅰ型系统及其参数和性能的关系 典型Ⅰ型系统的结构图和开环对数频率特性如图4-17所示，其跟随指标和参数$K\tau$之间的关系见表C-1。

表C-1 典型Ⅰ型系统跟随指标和参数关系

参数$K\tau$	0.25	0.309	0.39	0.5	0.69	1.0
阻尼比ζ	1.0	0.9	0.8	0.707	0.6	0.5
上升时间t_r	—	11.1τ	6.67τ	4.71τ	3.32τ	2.42τ
超调量σ_p(%)	0	0.15%	1.5%	4.3%	9.5%	16.5%
幅值穿越频率ω_{gc}	$\frac{0.234}{\tau}$	$\frac{0.296}{\tau}$	$\frac{0.367}{\tau}$	$\frac{0.455}{\tau}$	$\frac{0.596}{\tau}$	$\frac{0.786}{\tau}$
相角裕量$\gamma(\omega_{gc})$	76.3°	73.6°	69.9°	65.6°	59.2°	51.8°

τ为系统固有参数，可由$K\tau$值确定K值。随着K的增大，超调量增大，相位裕量减小。以跟随性为主要目标进行校正时，若以快速性为主，宜取$\zeta=0.5\sim0.6$；若以稳定性为主，宜取$\zeta=0.8\sim0.9$；若要求两者兼顾，可取$\zeta=0.707$。一般将$\zeta=0.707$的典型Ⅰ型二阶系统称为二阶最佳系统。

(2) 典型Ⅱ型系统及其参数和性能的关系 典型Ⅱ型系统的系统框图和开环对数幅频特性如图4-19所示。一般τ_2是调节对象的固有参数，K、τ_1为未知参数。当采用M_{rmin}准则时，有

$$K=\omega_1\omega_{gc}=\frac{h+1}{2h^2\tau_2^2} \tag{C-1}$$

$$G_o(s)=\frac{K(\tau_1 s+1)}{s^2(\tau_2 s+1)}=\frac{h+1}{2h^2\tau_2^2}\frac{h\tau_2 s+1}{s^2(\tau_2 s+1)} \tag{C-2}$$

$$G_R(s)=\frac{C(s)}{R(s)}=\frac{h\tau_2 s+1}{\frac{2h^2}{h+1}\tau_2^3 s^3+\frac{2h^2}{h+1}\tau_2^2 s^2+h\tau_2 s+1} \tag{C-3}$$

以τ_2为时间基准，针对不同的h值，可获得单位阶跃响应的跟随性能指标σ_p%、t_r/τ_2、t_s/τ_2和N等，其结果列于表C-2中。

表C-2 典型Ⅱ型系统的跟随指标性能与参数的关系

h	3	4	5	6	7	8	9	10
M_{rmin}	2.0	1.67	1.5	1.4	1.33	1.29	1.25	1.22
σ_p%	52.6	43.6	37.6	33.2	29.8	27.2	25.6	23.3
t_r/τ_2	2.4	2.65	2.85	3.0	3.1	3.2	3.3	3.35
t_s/τ_2	12.15	11.65	9.55	10.45	11.30	12.25	13.25	14.20
N	3	2	2	1	1	1	1	1

中频宽选在$h=4\sim5$时，系统的跟随性较好，工程设计中常选$h=5$。

二、非典型系统的典型化

对被控对象固有部分做近似处理后，采用串联校正，将系统传递函数校正为典型Ⅰ型或

典型Ⅱ型系统，调节器的选择见表 C-3 和表 C-4。

表 C-3　校正成典型Ⅰ型系统的调节器选择

调节对象	$\frac{K_T}{(\tau_1 s+1)(\tau_2 s+1)}$ $\tau_1 > \tau_2$	$\frac{K_T}{\tau s+1}$	$\frac{K_T}{s(\tau s+1)}$	$\frac{K_T}{(\tau_1 s+1)(\tau_2 s+1)(\tau_3 s+1)}$ τ_1、τ_2、τ_3 都差不多大，或只有 τ_3 略小一些
调节器	$K_R \frac{\tau_R s+1}{\tau_R s}$	$\frac{K_R}{s}$	K_R	$K_R \frac{(\tau_{R1} s+1)(\tau_{R2} s+1)}{\tau_{R1} s}$
参数配合	$\tau_R = \tau_1$			$\tau_{R1} = \tau_1$，$\tau_{R2} = \tau_2$

表 C-4　校正成典型Ⅱ型系统的调节器选择

调节对象	$\frac{K_T}{s(\tau s+1)}$	$\frac{K_T}{(\tau_1 s+1)(\tau_2 s+1)}$ τ_1、τ_2 相近	$\frac{K_T}{(\tau_1 s+1)(\tau_2 s+1)}$　$\tau_1 \gg \tau_2$
调节器	$K_R \frac{\tau_R s+1}{\tau_R s}$	$K_R \frac{(\tau_{R1} s+1)(\tau_{R2} s+1)}{\tau_{R1} s}$	$K_R \frac{\tau_R s+1}{\tau_R s}$
参数配合		$\tau_{R2} = \tau_2$（或 τ_1）	认为 $\frac{1}{\tau_1 s+1} \approx \frac{1}{\tau_1 s}$

三、双闭环调速系统调节器的设计

多环系统的设计步骤是先设计内环，再把内环简化为外环中的一个环节，然后设计外环。设计时，首先把闭环系统等效成单位反馈结构形式，再根据对该系统的要求用串联调节器的方法将它校正成典型Ⅰ型或Ⅱ型系统。最后计算出调节器的参数。双闭环调速系统的电路图如图 C-1 所示。

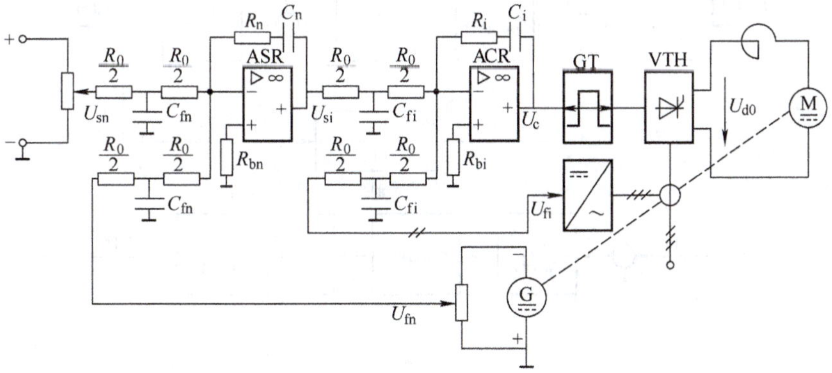

图 C-1　双闭环调速系统电路

由于检测信号常含有交流噪声，因此必须加反馈滤波环节。同时，为了补偿反馈通道中这一惯性作用，在给定通道中也加入时间常数相同的给定滤波环节。转速、电流环滤波时间常数分别为

$$\tau_{fn} = \frac{1}{4} R_0 C_{fn}$$

$$\tau_{fi} = \frac{1}{4} R_0 C_{fi}$$

1. 电流环的设计

由于处于转速环的τ_m 比电流环的τ_d 大得多，因而电流的调节过程快。反电动势E 的变化相对来说较缓慢，设计电流环时，可近似认为$\Delta E=0$。另外，由于τ_D 和τ_{fi}都很小，可作为小时间常数近似处理，取$\tau_{\Sigma i}=\tau_D+\tau_{fi}$。简化后的电流环动态结构图如图 C-2 所示。

电流环可以校正为典型Ⅰ型系统或典型Ⅱ型系统。如果要求跟随性能好，可将电流环设计成典型Ⅰ型系统。为此，电流调节器选择 PI 调节器，其传递函数为

$$G_{ACR}(s)=\frac{U_c(s)}{I_i(s)}=\frac{K_i(\tau_i s+1)}{\tau_i s}$$

令$\tau_i=\tau_d$。此时，系统的开环传递函数成为

$$G_{IR}(s)=\frac{K_I}{s(\tau_{\Sigma i}s+1)} \tag{C-4}$$

式中 $K_I=\dfrac{K_i K_{tr}\alpha_i}{\tau_i R_\Sigma}$。

根据电流环的动态指标，从表 C-1 中查得$K\tau$（即电流环中的$K_I\tau_{\Sigma i}$值），计算得到K值。例如，当要求电流环的$\sigma_P\%<5\%$时，可选择$K\tau=1/2$，即

$$\frac{K_i K_{tr}\alpha_i}{\tau_i R_\Sigma}\tau_{\Sigma i}=\frac{1}{2}$$

则

$$K_i=\frac{1}{2}\frac{\tau_i R_\Sigma}{K_{tr}\alpha_i\tau_{\Sigma i}} \tag{C-5}$$

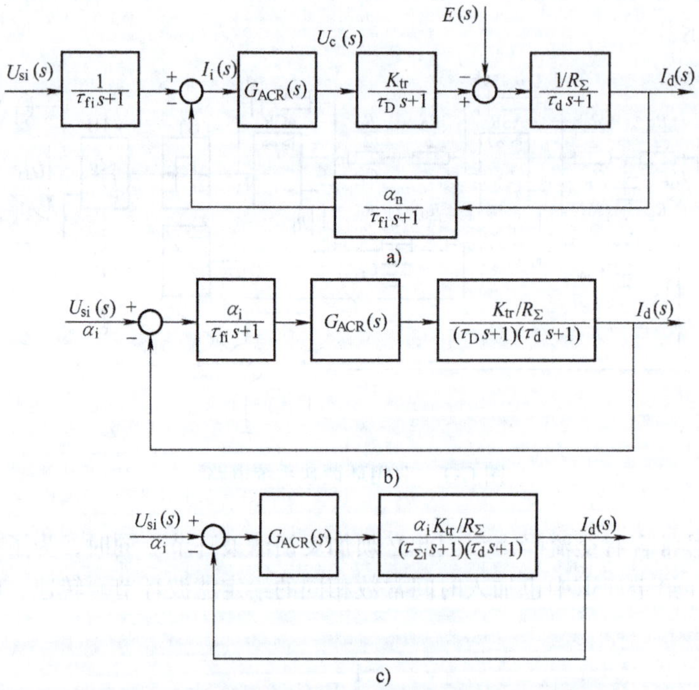

图 C-2 电流环动态结构图及其简化

2. 转速环的设计

电流环设计闭环传递函数为

$$\frac{\alpha_i I_d(s)}{U_{si}(s)}=\frac{\tau_i s+1}{\dfrac{\tau_i R_\Sigma}{K_i K_{tr}\alpha_i}s(\tau_d s+1)(\tau_{\Sigma i}s+1)+(\tau_i s+1)} \tag{C-6}$$

若选择$\tau_i=\tau_d$，$K_i=\dfrac{1}{2}\dfrac{R_\Sigma}{K_{tr}\alpha_i}\dfrac{\tau_d}{\tau_{\Sigma i}}$，则式（C-6）可改写为

$$\frac{\alpha_i I_d(s)}{U_{si}(s)}=\frac{\tau_d s+1}{2\tau_{\Sigma i}s(\tau_d s+1)(\tau_{\Sigma i}s+1)+(\tau_d s+1)}=\frac{1}{2\tau^2_{\Sigma i}s^2+2\tau_{\Sigma i}s+1}$$

$$\frac{I_d(s)}{U_{si}(s)}=\frac{1/\alpha_i}{2\tau^2_{\Sigma i}s^2+2\tau_{\Sigma i}s+1} \tag{C-7}$$

一般转速环的幅值穿越频率$\omega_{gc}\ll\dfrac{1}{\sqrt{2}\tau_{\Sigma i}}$，可以忽略式（C-7）分母中的高次项，因此设计后的电流环可近似为一个惯性环节，即

$$\frac{I_d(s)}{U_{si}(s)}=\frac{1/\alpha_i}{2\tau_{\Sigma i}s+1} \tag{C-8}$$

若K_I取任意值时，电流环可等效为$\dfrac{I_d(s)}{U_{si}(s)}=\dfrac{1/\alpha_i}{(1/K_I)s+1}$。简化电流环后，可得到转速环的动态结构图，如图 C-3 所示。

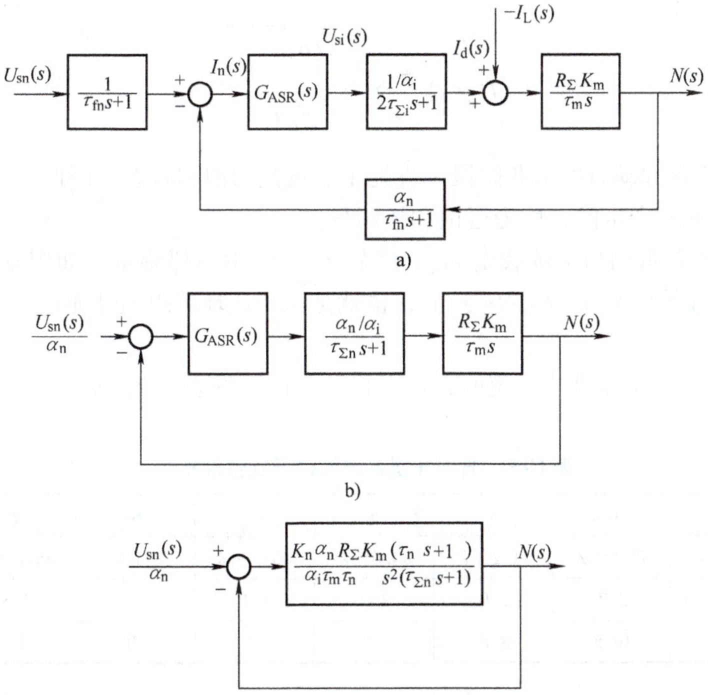

图 C-3 转速环的动态结构图及其简化

由于τ_{fn}和$\tau_{\Sigma i}$均很小，可作为小时间常数近似处理，取$\tau_{\Sigma n}=2\tau_{\Sigma i}+\tau_{fn}$。

由于转速恒值调节系统强调抗负载扰动能力，应设计成典型Ⅱ型系统。选择PI调节器，其传递函数为

$$G_{ASR}(s)=K_n\frac{\tau_n s+1}{\tau_n s}$$

转速环的开环传递函数为

$$G_{NR}(s)=\frac{\alpha_n K_n R_\Sigma(\tau_n s+1)}{\tau_n\alpha_i K_e\Phi\tau_m s^2(\tau_{\Sigma n}s+1)}=\frac{K_N(\tau_n s+1)}{s^2(\tau_{\Sigma n}s+1)} \tag{C-9}$$

式中

$$\tau_n=h\tau_{\Sigma n}$$

$$K_N=\frac{\alpha_n K_n R_\Sigma}{\tau_n\alpha_i K_e\Phi\tau_m}=\frac{h+1}{2h^2\tau_{\Sigma n}^2} \tag{C-10}$$

由于$h=5$时恢复时间最短，因此从抗干扰能力出发，可直接选取$h=5$。

四、几点说明

1）如果要求抗扰性能好，电流环按典型Ⅱ型系统设计。采用PI调节器，令

$$\tau_i=h\tau_{\Sigma i}$$

$$\frac{1}{\tau_d s+1}\approx\frac{1}{\tau_d s}$$

则

$$K_i=\frac{h+1}{2h}\frac{R_\Sigma}{K_{tr}\alpha_i}\frac{\tau_d}{\tau_{\Sigma i}} \tag{C-11}$$

电流环等效传递函数为

$$\frac{I_d}{U_{si}(s)}\approx\frac{1/\alpha_i}{\frac{2h^2}{h+1}\frac{\tau_{\Sigma i}^2}{\tau_d}s+1} \tag{C-12}$$

2）由于ASR在起动时的第Ⅱ阶段一直处于非线性的饱和状态，因此，转速超调量实际上是ASR退出饱和时产生的，称为退饱和超调量。

转速退饱和超调量相当于负载由I_{dm}突降到I_L时产生的超调量，如图6-14所示，所以退饱和超调量与动态速降的大小是一致的，也就是说转速环的跟随性能指标与抗扰性能指标是一致的。

3）速度环设计成典型Ⅱ型系统时，抗干扰性能指标见表C-5。$h=5$时，抗干扰综合性能指标最好。

表C-5 典型Ⅱ型系统的抗干扰性能指标

h	3	4	5	6	7	8	9	10
$\Delta C_{max}\%$	72.2%Z	77.5%Z	81.2%Z	84.0%Z	86.3%Z	88.1%Z	89.6%Z	90.8%Z
$t_m/t_{\Sigma n}$	2.4	2.7	2.9	3.0	3.1	3.2	3.3	3.4
$t_{re}/\tau_{\Sigma n}$	13.3	10.5	8.8	13	17	20	23	26

在表C-5中，$Z=2DR_\Sigma\tau_{\Sigma n}/(K_e\Phi\tau_m)$。$Z$为$\Delta C_{max}$的基准值，$D=I_{dm}-I_L$为扰动量。

4）若取$I_{dm}=\lambda I_N$（λ为电动机允许过载倍数），则

$$Z = 2(\lambda I_N - I_L) R_\Sigma \tau_{\Sigma n} / (K_e \Phi \tau_m) \tag{C-13}$$

实际转速超调量和调节时间分别为

$$\sigma_p\% = \frac{n_{max} - n_1}{n_1} = \frac{\Delta C_{max}\%}{n_1} \tag{C-14}$$

$$t_s = t_{st} + t'_{re} \approx t_{st} + t_{re} \tag{C-15}$$

式中　n_1——转速稳定值；

t_{st}——转速第一次达到 n_1 所需的时间；

t'_{re}——对应 $5\% n_1$ 的恢复时间。一般来说，它小于对应 $5\% Z$ 的恢复时间 t_{re}。

考虑到转速在起动时的Ⅰ、Ⅱ阶段近似为恒加速起动，则

$$t_{st} \approx \frac{K_e \Phi \tau_m n_1}{R_\Sigma (\lambda I_N - I_L)} \tag{C-16}$$

5）为了进一步减小超调量，ASR、ACR 均可在采用 PI 调节器的基础上加入反馈校正，如图 C-4 所示。微分反馈时间常数 $\tau_0 = R_0 C_1$，滤波时间常数 $\tau_f = R_0 C_f / 4$，抑制反馈回路高频噪声对应的微分时间常数 $\tau_1 = R_1 C_1$。

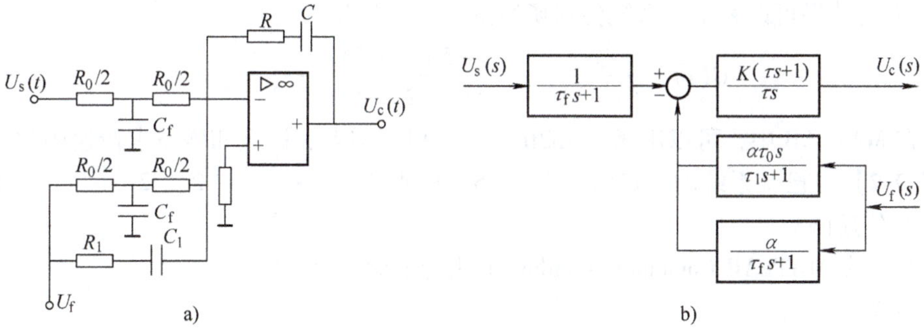

图 C-4　带微分负反馈校正的 PI 调节器

校正是在采用 PI 调节器串联校正的基础上，再采用微分反馈校正。为简化校正步骤，也可仅进行 PI 串联校正，通过调试直接获取反馈校正参数。一般 C_1 为几微法，R_1 为几千欧至几十千欧。

附录 D　MATLAB 在自动控制原理中的应用

MATLAB（Matrix Laboratary）是美国 Mathworks 公司推出的是一种大型多功能的数学应用软件。它提供了强大的矩阵处理和绘图功能，因而成为科学研究，工程设计与计算的有力助手，也是各高校所开设的线性代数、数理统计、自动控制原理、数字信号处理等课程的基本教学工具。

下面举例说明 MATLAB7.0 在自动控制原理中的基本应用。

一、控制系统的数学模型

1）在 MATLAB 中，函数 tf2zp（　）可以用来求传递函数的零点、极点和增益。

【例 D-1】　求下列传递函数的零点、极点和增益。

$$G(s) = \frac{s^2 + 12s + 35}{s^4 + 11s^3 + 48s^2 + 104s + 96}$$

【解】 在 MATLAB Command Window 下执行下面命令：

```
num = [1 12 35];
den = [1 11 48 104 96];
[z, p, k] =tf2zp (num, den)
z =
      -7.0000
      -5.0000
p =
      -2.0000 +2.0000i
      -2.0000 -2.0000i
      -4.0000
      -3.0000
k =
      1
```

从上面的结果可以看出，系统传递函数的零极点模型为

$$G(s)=\frac{(s+5)(s+7)}{(s+3)(s+4)(s+2+j2)(s+2-j2)}$$

2）在 MATLAB 中，可以用函数 zp2tf（ ）根据零点、极点和增益求传递函数。

【例 D-2】 已知系统的零点为 -7、-5，极点为 -2+j2、-2-j2、-4、-3，增益为1，求其传递函数。

【解】 在 MATLAB Command Window 下执行下面命令：

```
z=[ -7  -5]';
k=1;
i=sqrt( -1);
p=[ -2+2*i, -2-2*i, -3, -4]';
[num,den]=zp2tf(z,p,k)
num =
    0     0     1     12     35
den =
    1     11    48    104    96
```

从上面的结果可以看出，该系统的传递函数为

$$G(s)=\frac{s^2+12s+35}{s^4+11s^3+48s^2+104s+96}$$

3）在 MATLAB 中，可以利用函数 [r，p，k] =residue（b，a）对两个多项式的比进行展开。

【例 D-3】 将系统传递函数 $G(s)$ 展成部分分式。

$$G(s)=\frac{2s^3+3s^2+5s+10}{s^3+2s^2+s+1}$$

【解】 在 MATLAB Command Window 下执行下面命令：

```
b = [2 3 5 10];
a = [1 2 1 1 ];
[r, p, k] =residue (b, a)
r =
     -0.1069
     -0.4465 - 3.1569i
     -0.4465 + 3.1569i
p =
     -1.7549
     -0.1226 + 0.7449i
     -0.1226 - 0.7449i
k =
      2
```

因而，部分分式为

$$G(s)=2+\frac{-0.1069}{s+1.7549}+\frac{-0.4465-\mathrm{j}3.1569}{s+0.1226-\mathrm{j}0.7449}+\frac{-0.4465+\mathrm{j}3.1569}{s+0.1226+\mathrm{j}0.7449}$$

4）函数 [b, a] =residue (r, p, k) 还可以将部分分式转化为多项式比 $P(s)/Q(s)$ 的形式。

二、控制系统的分析方法

1. 控制系统的时域特性分析

MATLAB 提供了大量对控制系统的时域和频域特征进行分析的工具函数，对连续系统和离散系统均能进行分析，而且适用于用传递函数或状态空间表示的模型。

控制系统常用的输入为单位阶跃函数和脉冲激励函数。在 MATLAB 的控制系统工具箱中提供了求取两种输入下系统典型响应的函数，它们分别是 step ( ) 和 impulse ( )。

step ( ) 函数可用于求系统的阶跃响应，其用法如下：

[y, x] =step (num, den, t)

[y, x] =step (num, den, t) 中的 num 和 den 分别为线性系统传递函数的分子和分母多项式系数，t 为选定的仿真时间。该函数的返回值 y 为系统在仿真时刻各个输出所组成的矩阵，而 x 为自动选择的状态变量的时间响应数据。当该函数没有返回值时，MATLAB 将直接在屏幕上给出系统的阶跃响应曲线。

【例 D-4】 已知二阶系统的传递函数如下所示，求该系统在阻尼系数 ζ、无阻尼振荡角频率 ω_n 在不同取值下的单位阶跃响应。

$$G(s)=\frac{\omega_n^2}{s^2+2\zeta\omega_n s+\omega_n^2}$$

【解】 对系统进行仿真，在 MATLAB Command Window 下执行下面的 M 文件，可绘出 $\omega_n=5$，ζ 为 0.2，0.4，0.6，0.8，1，2 时典型二阶系统的单位阶跃响应曲线。

注：由于 MATLAB 源程序中不能使用希腊字母作为变量，因此，源程序中使用“w”代替“ω”，下面的例子相同。

```
wn =5;
```

```
xigma = [0.2:0.2:1, 2];
figure (1)
hold on
for I = xigma
    num = wn.^2;
    den = [1, 2*I*wn, wn.^2];
    step (num, den)
end
xlabel ('t/s');
ylabel ('c (t)');
grid on
```

运行结果如图 D-1 所示。

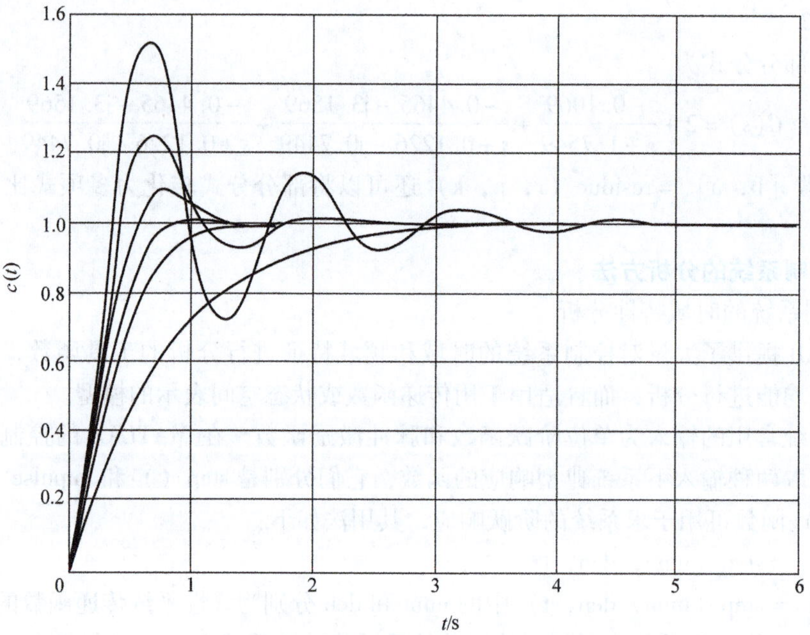

图 D-1 二阶系统单位阶跃响应（阻尼系数不同时）

在 MATLAB Command Window 下执行下面的 M 文件，可绘出$\zeta=0.7$，$\omega_n=2$，4，6，8，10，12 时典型二阶系统的单位阶跃响应曲线。

```
wn = [2: 2: 12];
xigma = 0.7;
figure (1)
hold on
for I = wn
  num = I.^2;
  den = [1, 2*I*xigma, I.^2];
  step (num, den)
```

```
end
xlabel ('t/s');
ylabel ('c (t)');
grid on
```

运行结果如图 D-2 所示。

2. 控制系统的频率特性分析

对数频率特性图（伯德图）包括了对数幅频特性图和相频特性图。MATLAB 提供了函数 bode（）来绘制系统的对数频率特性图。其用法如下：

[mag, phase] = bode (num, den, ω)

在该函数中，num 指传递函数的分子多项式，den 指传递函数的分母多项式，ω 指角频率。mag 和 Phase 分别指求得的频率特性的幅值和相位。当该函数不带返回参数时，将直接在屏幕上绘制出系统的伯德图。

【例 D-5】　典型二阶系统如下所示，绘制出当 ζ 取不同值时的伯德图。

$$G(s) = \frac{\omega_n^2}{s^2 + 2\zeta\omega_n s + \omega_n^2}$$

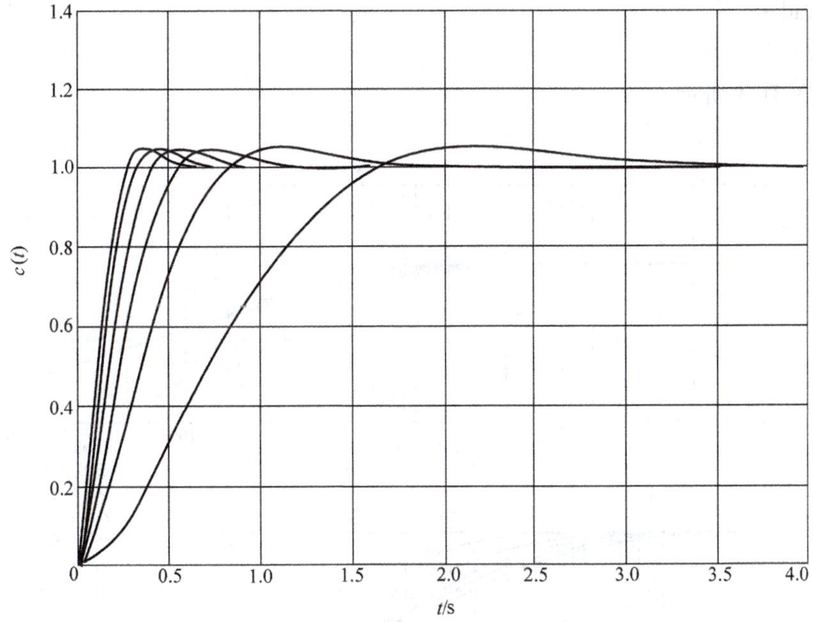

图 D-2　二阶系统单位阶跃响应（无阻尼振荡角频率不同时）

【解】　取 $\omega_n = 10$，ζ 取［0.3:0.4:2］时的二阶系统的伯德图，可直接由 bode（）函数得到。

在 MATLAB Command Window 下执行下面的 M 文件：

```
wn = 10;
z = [0.3:0.4:2];
num = [wn^2];
for i = z;
```

```
    den = [1,2 * wn * i,wn^2];
    [mag,phase, w1] = bode(num,den);
    subplot(2,1,1);
    semilogx(w1,20 * log10(mag))
    hold on;
    subplot(2,1,2);
    semilogx(w1,phase)
    hold on;
end
subplot(2,1,1);
grid on;
xlabel('w/(rad · s^-1)');
ylabel('L(w)/dB');
subplot(2,1,2);
grid on;
xlabel('w/(rad · s^-1)');
ylabel('Φ(w)/(°)');
```

运行结果如图 D-3 所示。

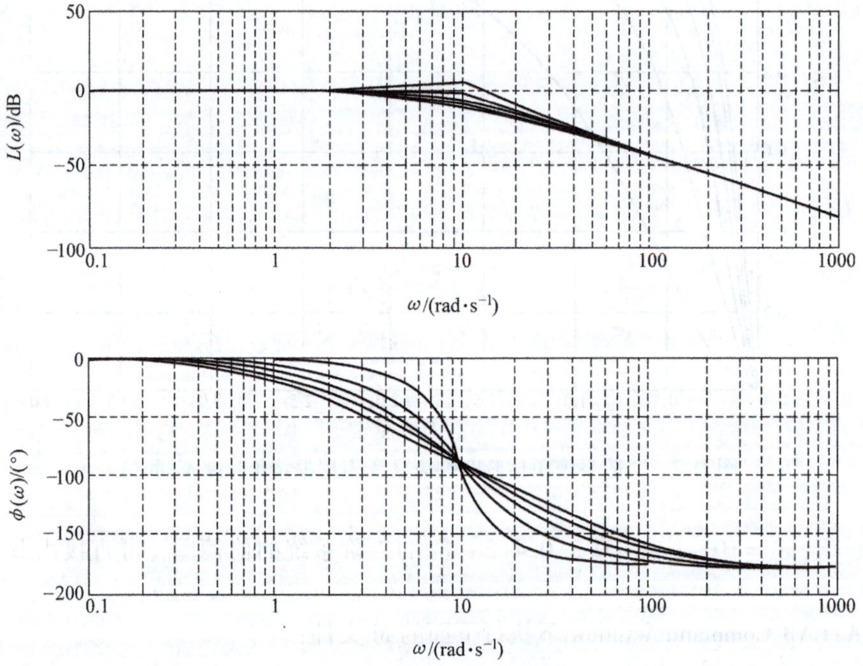

图 D-3 二阶系统的伯德图

三、Simulink 简介

Simulink 工具箱（Toolbox）是实现动态系统建模、仿真的一个软件包。它使 MATLAB 的功能得到进一步的扩展和增强。其主要功能为：1）实现了可视化建模。在 Windows 环境下，用户通过简单的鼠标操作就可建立起直观形象的系统模型，并进行仿真；2）实现了多工作环境图文件互用和数据交换，如 Simulink 与 MATLAB，Simulink 与 FORTRAN、C 和 C ++；3）把理论研究和工程实践有机地结合在一起。

进入 MATLAB 之后，在命令行输入 Simulink 命令即可打开相应的系统模型库，如图 D-4a 所示。该模型库包括 Sources（信号源）、Sinks（输出方式）、Discrete（离散时间模型）、continuous（连续系统）、Nonlinear（非线性环节）等模型库。

若需要建立一个控制系统的结构框图，则应该选择 File/New 菜单项，这样就会自动打开一个空白的模型编辑窗口，如图 D-4b 所示，允许用户输入自己的模型框图。打开信号源模型库的图标，将出现一个子模块库，包含阶跃函数、正弦函数、白噪声函数、时钟、常数、MATLAB 空间变量和信号发生器等几个子模块，可以利用鼠标点中的方式来选取所需的子模块，并将之拖到所打开的空白模型窗口中。

连接两个模块非常简单，可以用鼠标先点一下起点模块的输出端（三角符号），然后拖动鼠标器，这时就会出现一条带箭头的直线，将它的箭头拖到模块的输入端再释放鼠标左键，这时 SIMULINK 将自动产生一条带箭头的连线，从而将两个模块连接起来。

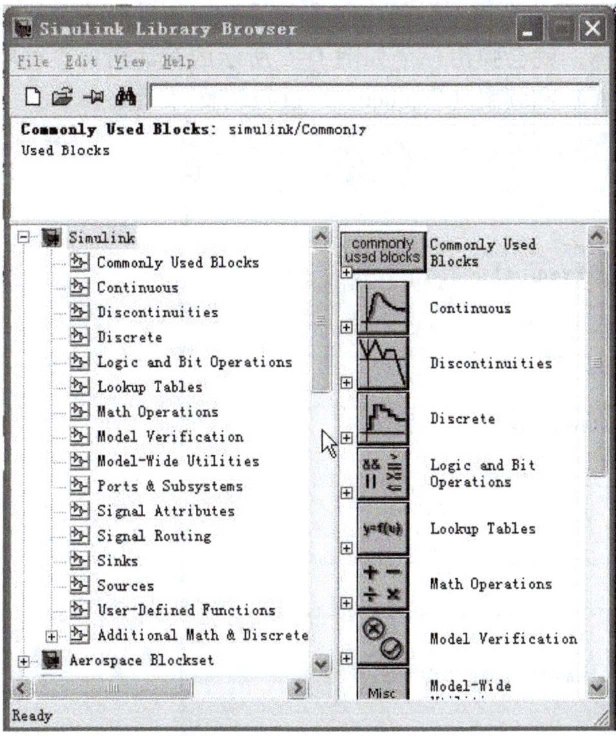

a) SIMULINK的模型库

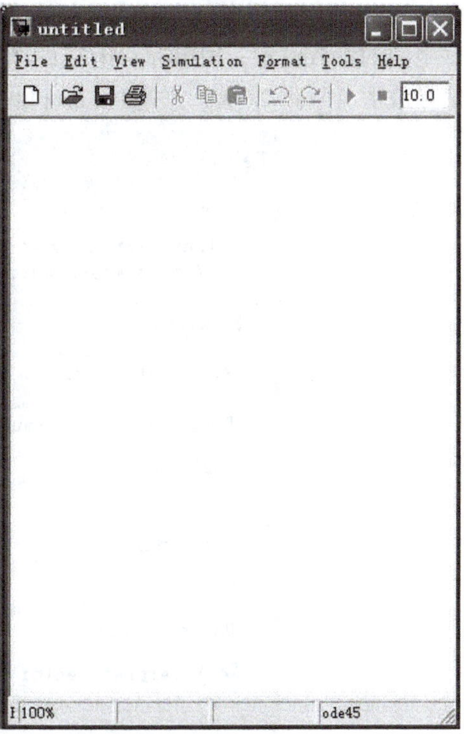

b) 空白的模型编辑窗口

图 D-4　SIMULINK 的模型库与空白的模型编辑窗口

下面通过两个实例来讨论 SIMULINK 建模和仿真的一般方法。

【例 D-6】 用示波器观察频率为 1Hz，幅值为 1 单位的正弦波。

【解】 1. 打开一个名为“Untitled”的空白窗口（可重新命名“sim1”），用鼠标双击信号源（Source）子库框打开信号源模块库。

2. 用鼠标将信号发生器（Signal Generator）模块从子库窗口拖到空白窗口中，该操作完成后如图 D-5 所示。

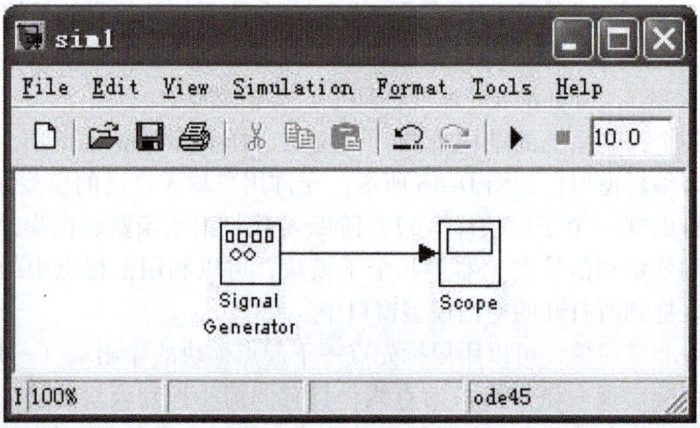

图 D-5 应用窗口

3. 被复制到新窗口中的模块包含着与原始模块一样的内部参数设置。如果想改变信号发生器的参数设置，用鼠标双击它的图标，就会弹出一个如图 D-6 所示的对话窗口，可对信号波形（Wave form）、幅值（Amplitude）和频率（Frequency）进行调整。

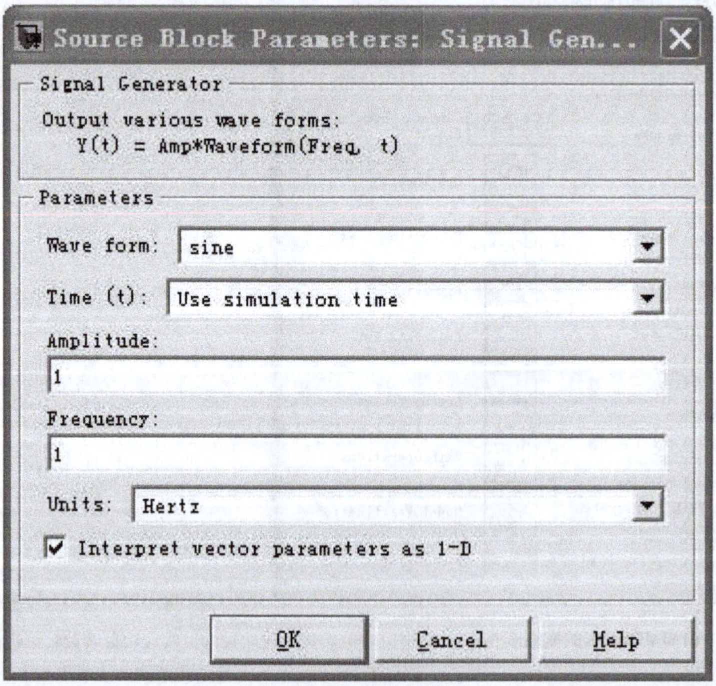

图 D-6 对话窗口

用同样的方法打开信号显示模块库（Sinks），从中选取示波器（Scope），然后将它拖到窗口中，如图 D-5 所示。

Signal Generator 和 Scope 外面的大于号（“>”）分别表示信号的输出和输入。为了连接这两个模块，使用鼠标的任一个按钮单击输入或输出端口，看到光标变为“+”后，拖动“+”到另外一个端口，然后释放鼠标按钮，则带箭头的连线会表示信号的流向，至此，一个最简单的模型创建完成。

4. 仿真。双击示波器图标后，出现一个虚拟示波器。选择“sim1”窗口中“Simulation”菜单中的“Start”命令启动仿真过程。在虚拟示波器上将看到如图 D-7 所示的波形。如果看不到希望的波形，应该先仔细选择示波器的时间轴范围（Time Range）和波形幅值范围（Ymax 和 Ymin）。

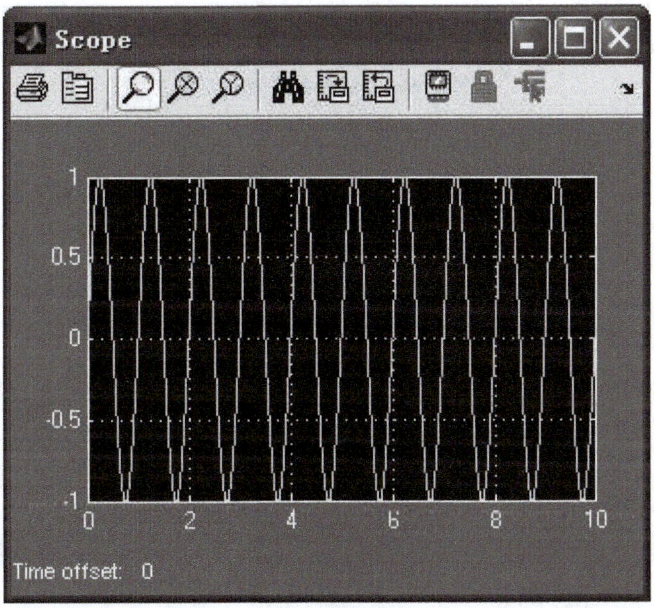

图 D-7 虚拟示波器所示正弦波

5. 算法参数的设置。

在 SIMULINK 中，仿真中动态数据的计算都是由数值积分实现的。因此，必须适当选取算法参数。算法参数的设置方法是在“sim1”窗口“Simulation”菜单中选取“Parameters”选项。于是，出现一个名为“Configuration Parameters：sim1/Configuration”的窗口，如图 D-8所示。将该窗口中“Max step size”和“Initial step size”由“auto”设为“1e-3”，并将 Stop Time 设为“10”。经过以上设置后，就可以在示波器上看到如图 D-7 所示较光滑的波形。

【例 D-7】 用 SIMULINK 建立图 D-9 所示控制系统模型并仿真。

【解】 要建立如图 D-9 所示的控制系统模型，首先应当启动 SIMULINK 软件包，在其界面下，按以下步骤进行。

1. 利用 SIMULINK 窗口中“File”菜单的“New”选项新建一个“Untitled”窗口，另存为“sim2”。

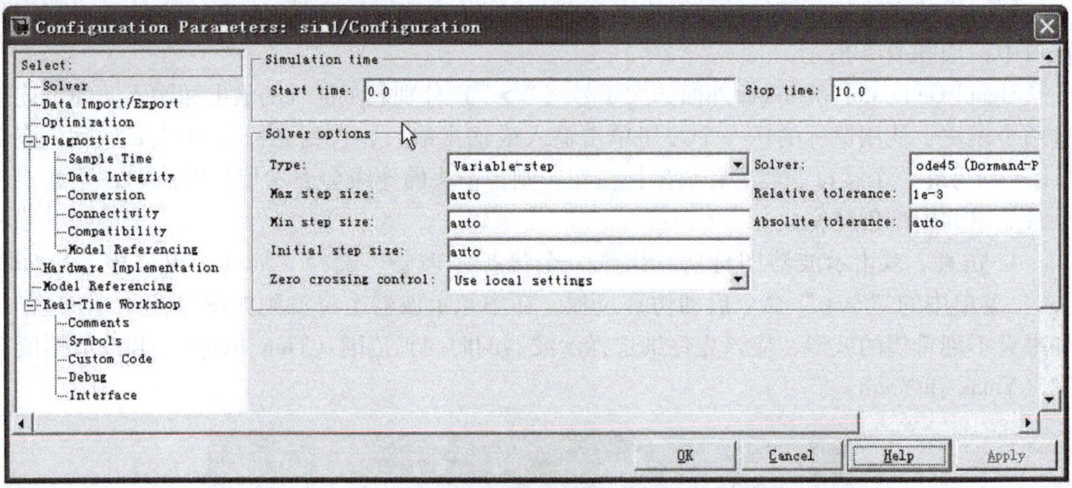

图 D-8　算法参数设置对话框

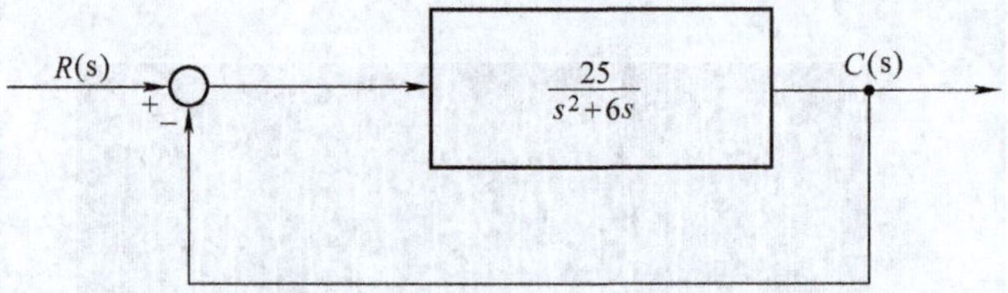

图 D-9　例 D-7 控制系统模型

2. 分别从信号源库（Source）、数学运算模块库（Math）、连续系统模块库（Continuous）、输出方式（Sinks）中，用鼠标将信号发生器（Signal Generator）、求和模块（Sum）、传递函数模块（Transfer Fcn）和示波器（Scope）拖取到 sim2 窗口。各个模块的位置如图 D-10 所示。

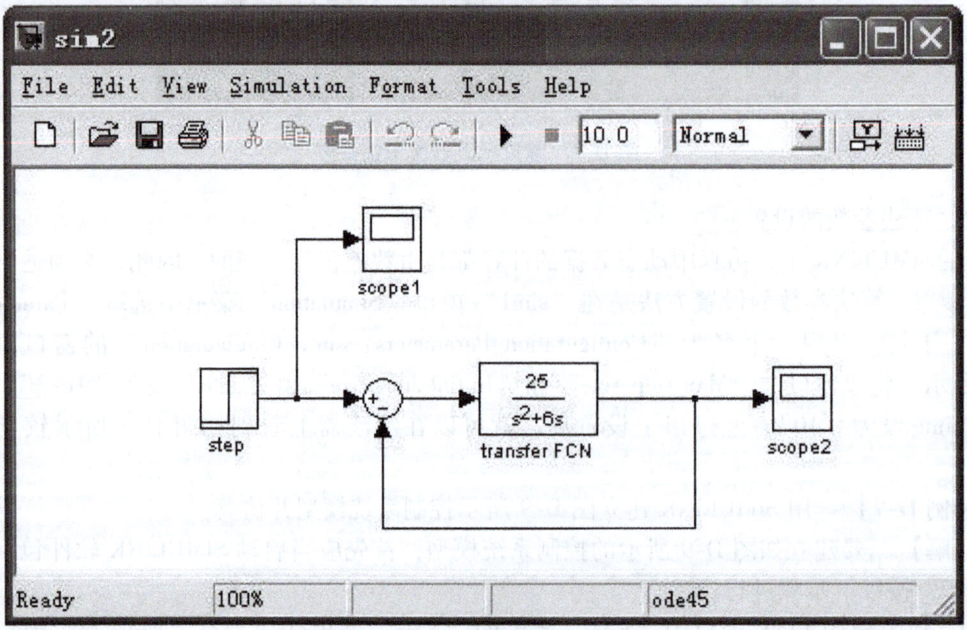

图 D-10　各个模块的位置

3. 图 D-10 中模块间的连线有两类：一类是“直”线，它从模块的输出口出发到另一模块的输入口上。这种连线的生成方法在前面已经介绍过了。另一类连线是“折”线。这类“折”线的生成方法是：将鼠标光标移到传递函数模块和示波器连线的中点附近，按下鼠标右键，光标由箭头变为十字，往下拉动鼠标到适当位置后放开右键，屏幕上就出现一条由中点引出的箭头线，再从此箭头开始用鼠标水平向左画线到适当位置，直到整个“折”线完成。

4. 修改模块的标题和模块的内部参数。为适合自己的需要，常需要对标准模块的标题和参数做必要的修改。下面简介修改方法。

1）求和模块输入极性的修改。用鼠标双击求和模块（Sum），就会弹出对话框。将“List of Signs”栏中的默认极性改成如图 D-11 所示的形式，再单击“Apply”按钮，原求和模块图表便自动改成如图 D-10 所示的形式。

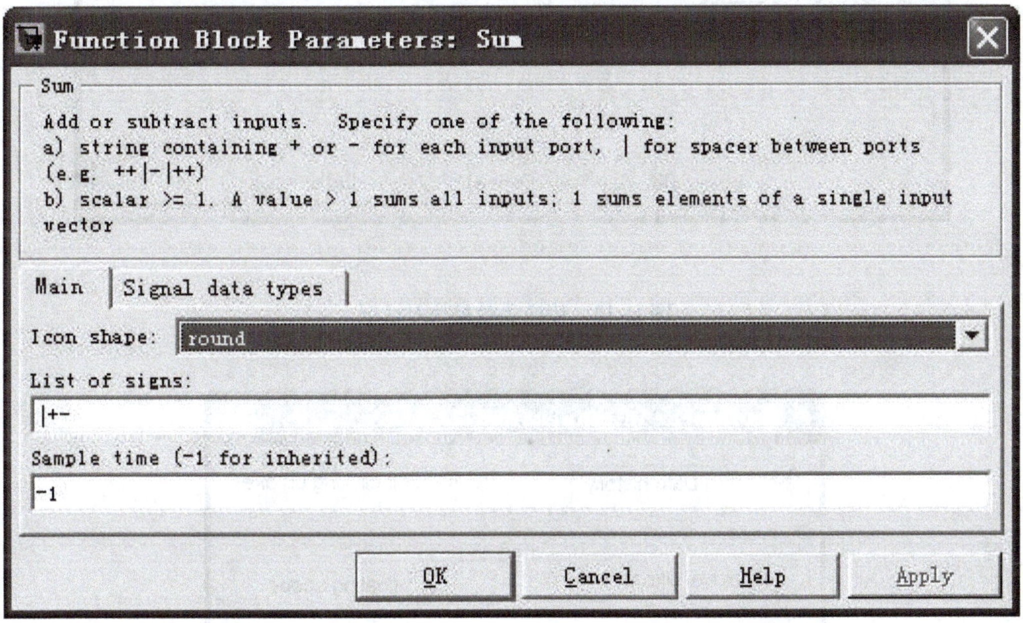

图 D-11　求和模块对话窗口

2）对传递函数块参数的修改。用鼠标双击传递函数模块图标，弹出如图 D-12 所示对话框，“Denominator”栏表达的是传递函数的分母多项式系数向量。将该栏中的原默认值改成所示的行向量，再单击“Apply”按钮，原传递函数模块图标中的函数表达式就自动变成如图 D-10 的形式。

5. 仿真操作

1）双击示波器模块，打开示波器，单击属性按钮，打开属性对话框如图 D-13 所示，作相应参数设置。

2）双击打开阶跃信号发生器，其对话框如图 D-14 所示，作相应参数设置。

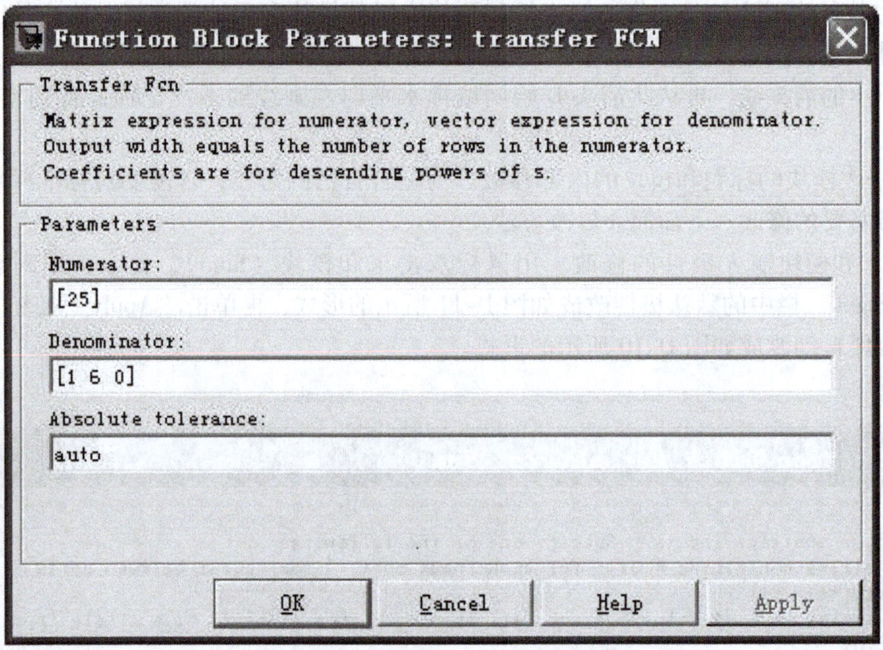

图 D-12 传递函数模块对话框

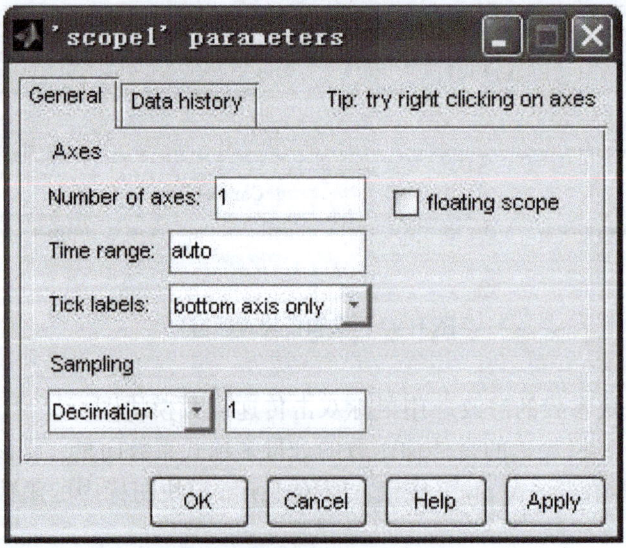

图 D-13 示波器属性对话框